高等学校计算机基础教育规划教材

Visual FoxPro 程序设计基础教程（第2版）

薛磊 谢慧敏 顾晓清 方骥 王军 编著

清华大学出版社
北京

内容简介

本书精要地介绍了数据库的基础概念和理论以及 Visual FoxPro 提供的开发工具，围绕一个具体的数据库应用系统的开发，按照后台数据库设计－SQL 语言和程序设计－前台设计－系统集成的结构，深入浅出地阐述了使用 Visual FoxPro 开发系统所用到的概念、理论、方法和步骤，主要内容包括数据库系统概述、Visual FoxPro 基础知识、数据库和表的建立与使用、关系数据库标准语言、查询和视图、结构化程序设计、面向对象程序设计、表单和控件、报表技术、菜单技术和系统集成技术等。全书共 12 章，每章都配有丰富的例题、习题和上机练习。

本书既可以作为高等院校程序设计基础课程或者数据库应用课程的教材，也可以作为数据库系统开发人员的参考用书。本书另配有上机实验和辅导教材。

图书在版编目（CIP）数据

Visual FoxPro 程序设计基础教程 / 薛磊等编著．--2 版．--北京：清华大学出版社，2013
（2015.2 重印）
高等学校计算机基础教育规划教材
ISBN 978-7-302-33729-4

Ⅰ. ①V…　Ⅱ. ①薛…　Ⅲ. ①关系数据库系统－程序设计－高等学校－教材　Ⅳ. ①TP311.138

中国版本图书馆 CIP 数据核字(2013)第 201633 号

责任编辑：袁勤勇
封面设计：傅瑞学
责任校对：白　蕾
责任印制：杨　艳

出版发行：清华大学出版社
　网　　址：http://www.tup.com.cn，http://www.wqbook.com
　地　　址：北京清华大学学研大厦 A 座　　邮　　编：100084
　社 总 机：010-62770175　　邮　　购：010-62786544
　投稿与读者服务：010-62776969，c-service@tup.tsinghua.edu.cn
　质 量 反 馈：010-62772015，zhiliang@tup.tsinghua.edu.cn
　课 件 下 载：http://www.tup.com.cn,010-62795954
印 刷 者：北京富博印刷有限公司
装 订 者：北京市密云县京文制本装订厂
经　　销：全国新华书店
开　　本：185mm×260mm　　印　张：21　　字　　数：488 千字
版　　次：2008 年 9 月第 1 版　　2013 年 9 月第 2 版　　印　　次：2015 年 2 月第3 次印刷
印　　数：3501～5500
定　　价：34.00 元

产品编号：038325-01

第2版前言

本书第1版于2008年由清华大学出版社出版，是根据教育部高等教育司组织制定的《高等学校文科类专业大学计算机教学基本要求》编写而成，涵盖了《全国计算机等级考试二级 Visual FoxPro 考试大纲》的全部内容。经过多年使用，我们觉得某些章节在结构上和内容上需要调整和更新，因此组织了第2版的编写。

在进行第2版的编写时，充分考虑了应用型人才的培养定位以及文科专业学生的认知特点，在保持教材原有特色的基础上，更加强调"以能力培养为目标，以项目为载体"的编写思路，调整部分章节结构，补充实例，对语言进行进一步修饰，努力做到"利教利学"。教材选择了贴近学生生活的项目——图书管理系统作为载体，围绕该系统的开发组织内容，形成体系；在介绍必备理论知识的同时，注重与实际应用相结合，引导学生逐渐形成应用数据库技术管理、加工和使用信息的能力；语言朴实，通俗易懂，力求让学生看得懂学得进；习题丰富，体现重点，引导学生深入思考；上机练习难度适中，自成体系，将系统开发自始至终贯穿于教学之中。

全书共12章，主要包括4个部分。

第1至第4章作为本书的第一部分，重在培养学生的后台数据库设计能力，使学生能熟练掌握数据库和表的操作。其中第1章介绍数据库基本知识，并结合本书项目实例讲解数据库应用系统的设计过程；第2章介绍 Visual FoxPro 的操作环境、语法基础，以及项目文件的管理和项目管理器的使用；第3章介绍表的设计和实现，包括表文件的操作、记录的操作、索引的创建和使用等；第4章介绍数据库的设计和基本操作，包括数据库的基本操作、数据库表的基本操作、永久关系和参照完整性的概念及实现方法以及工作区和临时关系等概念。

第5章和第6章是本书的第二部分，重在培养学生的查询设计能力，使学生能够熟练运用 SQL 语言以及相关辅助工具，解决应用系统开发中的查询设计等相关问题。其中第5章介绍结构化查询语言，围绕实例，设计了许多应用场景，将 SQL 语法融汇其中，使枯燥的理论变得生动易学；第6章介绍查询和视图的概念以及二者的区别和联系，引入了运用查询设计器和视图设计器创建查询和视图的方法。

第7和第8章归为本书的第三部分，重在培养学生的程序设计能力。其中第7章介绍结构化程序设计的基本知识，包括结构化程序设计的基本思想，3种基本控制结构的实现，过程和函数的使用以及全局变量、局部变量等基本概念；第8章介绍面向对象程序设计的基本概念和类的创建，以及在面向对象程序设计过程中对象的创建和引用、属性设置、方法调用以及代码编写等方面的知识。

第 9 章至第 12 章是本书的第四部分，其目的是培养学生的可视化程序设计能力以及系统观、整体观。其中第 9 章是本次编写改动最大的章节，本章打破了以往列出控件，然后举例说明的写法，而是从系统角度出发，通过数据库应用系统的基本功能界面的设计和实现过程，引出对 Visual FoxPro 各类控件的阐述；第 10 章介绍报表的作用以及使用报表设计器或者报表向导实现报表的方法；第 11 章介绍 Visual FoxPro 的各种菜单类型、菜单系统的规划设计方法，通过图书管理系统菜单的建立过程介绍使用菜单设计器创建菜单文件的方法；第 12 章介绍应用系统的集成和发布过程，通过项目管理器将开发的各个模块和元素集成为一个整体并发布。

在第 2 版中，各章的执笔人与第 1 版相同。执笔人按照修订要求进行修改，最后由主编统稿、定稿。

尽管在本书编写过程中作者做出了许多努力，但是终究难免错误和不足之处，敬请读者指正。

作　者

2013 年 6 月

目录

第 1 章　数据库系统概述 …… 1

1.1　数据库的基本概念 …… 1

1.1.1　信息、数据与数据处理 …… 1

1.1.2　数据库系统 …… 4

1.2　数据模型 …… 5

1.2.1　数据模型的组成要素 …… 5

1.2.2　概念模型 …… 6

1.2.3　最常用的数据模型 …… 8

1.3　关系数据库 …… 10

1.3.1　关系的性质 …… 10

1.3.2　关系的完整性 …… 10

1.3.3　关系代数 …… 11

1.4　数据库应用系统开发概述 …… 13

1.4.1　需求分析 …… 13

1.4.2　确定信息模型(E-R 图) …… 14

1.4.3　确定数据模型 …… 14

1.4.4　物理设计 …… 15

1.4.5　功能设计 …… 16

1.4.6　应用程序发布 …… 17

1.4.7　系统运行与维护 …… 17

本章小结 …… 17

习题一 …… 17

第 2 章　Visual FoxPro 概述 …… 20

2.1　Visual FoxPro 6.0 概述 …… 20

2.1.1　Visual FoxPro 6.0 的启动和退出 …… 20

2.1.2　Visual FoxPro 的工作方式 …… 20

2.2 Visual FoxPro 6.0 的操作环境 …… 22
2.2.1 菜单系统的操作 …… 22
2.2.2 工具栏的操作 …… 23
2.2.3 命令窗口的操作 …… 24
2.2.4 Visual FoxPro 的屏幕区 …… 25
2.2.5 Visual FoxPro 的状态栏 …… 25
2.2.6 Visual FoxPro 的环境设置 …… 25
2.3 项目管理器 …… 28
2.3.1 项目文件的建立和打开 …… 28
2.3.2 项目管理器界面的组成 …… 30
2.4 Visual FoxPro 中的语言基础 …… 32
2.4.1 数据类型 …… 32
2.4.2 常量 …… 34
2.4.3 变量 …… 35
2.5 Visual FoxPro 中的常见函数 …… 42
2.5.1 数值处理函数 …… 42
2.5.2 字符处理函数 …… 44
2.5.3 日期及日期时间处理函数 …… 47
2.5.4 数据类型转换函数 …… 48
2.5.5 测试函数 …… 50
2.5.6 显示信息函数 …… 52
2.6 运算符和表达式 …… 53
2.6.1 算术运算符和数值表达式 …… 53
2.6.2 字符串运算符和字符表达式 …… 53
2.6.3 日期时间运算符和日期时间表达式 …… 54
2.6.4 关系运算符和关系表达式 …… 54
2.6.5 逻辑运算符和逻辑表达式 …… 55
2.6.6 不同类型运算符的运算优先级 …… 56
本章小结 …… 56
习题二 …… 56

第3章 表的创建及使用 …… 62

3.1 创建自由表 …… 62
3.1.1 表结构的设计 …… 62
3.1.2 表结构的创建 …… 65
3.1.3 输入新记录 …… 68
3.2 表的基本操作 …… 70
3.2.1 表的打开与关闭 …… 71

3.2.2 记录的操作 …… 72
3.2.3 表结构的修改与复制 …… 85
3.3 表的索引 …… 86
3.3.1 索引的概念 …… 86
3.3.2 索引的类型 …… 88
3.3.3 索引的创建 …… 89
3.3.4 索引的使用 …… 91
3.3.5 排序 …… 93
3.4 数据统计 …… 93
3.4.1 计数命令 COUNT …… 93
3.4.2 求和命令 SUM …… 94
3.4.3 求平均值命令 AVERAGE …… 94
3.4.4 TOTAL 命令 …… 94
本章小结 …… 95
习题三 …… 95

第4章 数据库的创建与使用 …… 100

4.1 数据库设计概述 …… 100
4.2 数据库的基本操作 …… 101
4.2.1 创建数据库 …… 101
4.2.2 打开数据库 …… 103
4.2.3 关闭数据库 …… 104
4.2.4 删除数据库 …… 104
4.3 数据库表的操作 …… 105
4.3.1 数据库表的操作 …… 105
4.3.2 数据库表字段的扩展属性 …… 107
4.3.3 数据库表的表属性 …… 110
4.4 数据库表间的永久关系 …… 113
4.4.1 永久关系的种类 …… 113
4.4.2 永久关系的建立、编辑和删除 …… 114
4.5 参照完整性 …… 115
4.6 多张表的同时使用 …… 117
4.6.1 工作区的概念 …… 117
4.6.2 临时关系 …… 120
本章小结 …… 122
习题四 …… 122

第5章　关系数据库标准语言SQL …… 126

5.1　SQL语言概述 …… 126
5.2　数据定义 …… 127
5.2.1　定义表结构 …… 127
5.2.2　修改表结构 …… 129
5.2.3　删除表 …… 131
5.3　数据操纵 …… 132
5.3.1　插入记录 …… 132
5.3.2　删除记录 …… 133
5.3.3　更新记录 …… 133
5.4　数据查询 …… 134
5.4.1　单表查询 …… 135
5.4.2　连接查询 …… 141
5.4.3　嵌套查询 …… 145
5.4.4　集合的并运算 …… 147
5.4.5　查询结果输出 …… 147
本章小结 …… 150
习题五 …… 150

第6章　查询和视图 …… 154

6.1　查询 …… 154
6.1.1　查询的概念 …… 154
6.1.2　查询设计器 …… 154
6.2　视图 …… 161
6.2.1　视图的概念 …… 161
6.2.2　视图设计器 …… 162
6.2.3　在视图设计器中创建本地视图 …… 164
6.2.4　用SQL命令创建视图 …… 167
6.2.5　使用视图 …… 168
6.3　视图和查询的区别 …… 168
本章小结 …… 168
习题六 …… 169

第7章　程序设计基础 …… 171

7.1　程序文件的建立和运行 …… 171
7.1.1　程序文件的建立与修改 …… 171

7.1.2 程序文件的运行…… 172
7.2 基本命令 …… 173
7.2.1 程序注释命令…… 173
7.2.2 基本输入输出命令…… 173
7.2.3 结束程序运行命令…… 175
7.3 程序的基本控制结构 …… 176
7.3.1 顺序结构…… 176
7.3.2 分支结构…… 176
7.3.3 循环结构…… 181
7.4 程序的模块化 …… 189
7.4.1 子程序…… 189
7.4.2 过程及过程文件…… 191
7.4.3 用户自定义函数…… 194
7.5 变量的作用域 …… 197
7.5.1 全局变量…… 197
7.5.2 私有变量…… 198
7.5.3 局部变量…… 198
本章小结…… 199
习题七…… 200

第8章 面向对象的程序设计…… 204

8.1 对象 …… 204
8.1.1 属性…… 204
8.1.2 事件和方法程序…… 205
8.2 类 …… 206
8.2.1 Visual FoxPro 定义的类 …… 206
8.2.2 自定义类…… 208
8.2.3 使用类库…… 209
8.2.4 使用类浏览器…… 211
8.2.5 使用类设计器…… 212
8.3 在程序中使用类和对象 …… 213
8.3.1 创建和定义类…… 213
8.3.2 创建对象…… 214
8.3.3 引用对象…… 216
8.3.4 设置界面对象属性…… 217
8.3.5 调用界面对象的方法程序…… 217
本章小结…… 218

习题八…… 218

第9章　表单和控件…… 221

9.1　表单…… 221
9.1.1　创建表单…… 221
9.1.2　定义数据环境…… 227
9.1.3　管理表单…… 230
9.2　控件概述…… 234
9.3　登录表单…… 235
9.3.1　标签(Label)控件…… 236
9.3.2　文本框(TextBox)控件…… 237
9.3.3　命令按钮(CommandButton)控件…… 240
9.3.4　“登录”表单的实现…… 241
9.4　数据浏览表单…… 242
9.4.1　命令按钮组(CommandGroup)控件…… 242
9.4.2　线条和形状控件…… 244
9.4.3　“图书信息浏览”表单的实现…… 244
9.5　添加记录表单…… 246
9.5.1　编辑框(EditBox)控件…… 246
9.5.2　复选框(CheckBox)控件…… 248
9.5.3　选项按钮组(OptionGroup)控件…… 248
9.5.4　“读者注册”表单的实现…… 250
9.5.5　微调(Spinner)控件和“读者注册”表单的优化…… 252
9.6　数据维护表单…… 254
9.6.1　列表框(ListBox)控件…… 255
9.6.2　组合框(ComboBox)控件…… 258
9.6.3　“图书信息维护”表单的实现…… 258
9.7　查询统计功能表单…… 260
9.7.1　表格(Grid)控件…… 261
9.7.2　页框(PageFrame)控件…… 264
9.7.3　“图书查询”表单的实现…… 264
9.7.4　“读者借阅情况统计”表单的实现…… 266
9.8　系统封面表单…… 269
9.8.1　计时器(Timer)控件…… 269
9.8.2　图像(Image)控件…… 271
9.8.3　“欢迎”表单的实现…… 272
本章小结…… 272

习题九…………………………………………………………………………………… 273

第10章　报表和标签 …………………………………………………………………… 278

10.1　报表向导……………………………………………………………………… 278
10.2　报表设计器…………………………………………………………………… 282
10.2.1　报表格式与布局……………………………………………………… 283
10.2.2　报表控件……………………………………………………………… 284
10.2.3　报表输出……………………………………………………………… 289
10.3　快速报表……………………………………………………………………… 290
10.4　标签设计……………………………………………………………………… 291
10.4.1　标签向导……………………………………………………………… 291
10.4.2　标签设计器…………………………………………………………… 293
10.4.3　标签输出……………………………………………………………… 294
本章小结…………………………………………………………………………… 295
习题十……………………………………………………………………………… 295

第11章　菜单设计 ………………………………………………………………… 297

11.1　菜单系统的结构……………………………………………………………… 297
11.2　创建菜单系统………………………………………………………………… 298
11.2.1　创建菜单的步骤……………………………………………………… 298
11.2.2　菜单设计器…………………………………………………………… 298
11.2.3　应用系统菜单设计…………………………………………………… 301
11.2.4　定制菜单系统………………………………………………………… 305
11.2.5　快速菜单功能………………………………………………………… 306
11.3　创建表单菜单………………………………………………………………… 307
11.4　创建快捷菜单………………………………………………………………… 308
本章小结…………………………………………………………………………… 309
习题十一…………………………………………………………………………… 309

第12章　应用系统集成 …………………………………………………………… 311

12.1　编译应用程序………………………………………………………………… 311
12.1.1　构造应用程序框架…………………………………………………… 311
12.1.2　将文件加入到项目中………………………………………………… 315
12.1.3　编辑项目信息………………………………………………………… 317
12.1.4　创建并运行应用程序………………………………………………… 318
12.2　生成可发布的应用程序……………………………………………………… 319
12.2.1　准备要发布的应用程序……………………………………………… 320

12.2.2 准备制作发布磁盘…………………………………………………………………… 320
本章小结……………………………………………………………………………………… 321
习题十二……………………………………………………………………………………… 321
附录 A 图书管理数据库主要数据表记录……………………………………………… 323
附录 B VF6 文件类型……………………………………………………………………… 324

第1章

数据库系统概述

数据库技术是专门研究数据库结构、存储、设计和使用的一门计算机学科，它直接关系到数据的准确性、及时性、完整性和可靠性。

数据库技术产生于20世纪60年代末，其首先是在大中型计算机上应用和发展起来的。随着个人计算机性能的不断提高，人们对在个人计算机上使用数据库技术的需求也越来越迫切，如今，在科学计算、数据处理、过程控制等计算机应用领域中，数据处理约占70%，因此，数据库技术是计算机科学的重要分支。

目前，对于个人计算机数据库管理系统的建立，一方面从大中型计算机上开发的复杂的数据库管理系统中，选取其主要部分进行结构简化和程序模型压缩，并根据各类个人计算机的配置和用户实际需要，生成不同规模和不同功能的数据库管理系统，如DB2、Oracle；另一方面根据个人计算机的结构特点，专门设计适合在微型计算机上运行的数据库管理系统，如各种版本的dBASE、FoxBASE、FoxPro及Visual FoxPro等。

1.1 数据库的基本概念

1.1.1 信息、数据与数据处理

数据和信息是两个相互联系但又相互区别的概念，简单来说，数据是信息的具体表现形式，信息是数据有意义的表现。

1. 数据与信息

人们通常使用各种各样的物理符号来表示客观事物的特性与特征，这些符号及其组合就是数据。数据的概念包括两个方面：数据内容和数据形式。数据内容是指所描述客观事物的具体特性，也就是通常所说的数据的“值”；数据形式则是指数据内容存储在媒体上的具体形式，也就是通常所说的数据的“类型”。数据主要有数字、文字、声音、图形和图像等多种形式。

信息是指数据经过加工处理后所获取的有用知识。信息是以某种数据形式表现的。

2. 数据处理

数据处理是指将数据转换成信息的过程，主要包括数据的收集、整理、存储、加工、分类、维护、排序、检索和传输等。数据处理的目的是从大量的数据中，根据数据自身的规律及其相互联系，通过分析、归纳、推理等科学方法，利用计算机技术、数据库技术等技术手段，提取有效的信息资源，为进一步分析、管理、决策提供依据。

例如，以学生各门成绩为原始数据，经过计算得出平均成绩和总成绩等信息，计算处理的过程就是数据处理过程。

数据处理的中心问题是数据管理。计算机对数据的管理是指对数据的组织、分类、编码、存储、检索和维护提供操作手段。

3. 数据处理的发展

伴随着计算机技术的不断发展，数据处理及时地应用了这一先进的技术手段，使数据处理的效率和深度大大提高，也促进了数据处理和数据管理技术的发展。数据处理和数据管理的发展过程大致经历了 4 个阶段。

1) 人工管理阶段

20 世纪 40 年代末至 50 年代末，计算机主要用于科学计算。当时的硬件状况是，外存只有纸带、卡片、磁带，没有磁盘等直接存取的存储设备；软件状况是，没有操作系统，没有管理数据的软件；数据处理的方式基本上是批处理，即数据与程序相互依赖，存在大量的重复数据，系统中无管理数据的软件。人工管理数据具有如下特点。

- 数据不保存。在计算某一课题时将数据输入，用完就撤走。
- 应用程序管理数据。数据需要由应用程序管理，没有相应的系统软件负责数据的管理工作。
- 数据不共享。数据是面向应用的，一组数据只能对应一个程序。当多个应用程序涉及相同的数据时，必须各自定义，因此程序与程序之间有大量的冗余数据。
- 数据不具有独立性。数据的逻辑结构或物理结构发生变化后，必须对应用程序做相应的修改，这就进一步加重了程序员的负担。

2) 文件系统阶段

20 世纪 50 年代末至 60 年代中期，计算机的硬件系统和软件系统都有了长足的进步。硬件方面有了磁盘、磁鼓等直接存取设备，软件出现了高级语言和操作系统，操作系统中的文件系统是专门管理外存储器的数据管理软件。文件系统管理数据具有如下特点。

- 数据可以长期保存。
- 由文件系统管理数据。利用“按文件名访问，按记录进行存取”的管理技术，程序可以对文件进行修改、插入和删除操作。
- 数据共享性差，冗余度大。在文件系统中，一个文件基本上对应于一个应用程序，即文件仍然是面向应用的；当不同的应用程序具有部分相同的数据时，也必须建立各自的文件，而不同共享，因此数据的冗余度大，浪费存储空间。

- 数据独立性差。文件系统中的文件是为某一个特定应用服务的，文件的逻辑结构对该应用程序来说是优化的，一旦数据的逻辑结构改变，必须修改应用程序，修改文件结构的定义。

3）数据库系统阶段

从 20 世纪 60 年代中期至 70 年代初，由于硬件技术不断成熟，使计算机联机存取大量数据成为可能，数据库技术的出现让多种应用程序并发地使用数据库中具有最小冗余度的共享数据，使数据与程序具有较高的相对独立性。数据库管理系统利用了操作系统提供的输入输出控制和文件访问功能，因此它需要在操作系统的支持下进行。

与人工管理和文件系统相比，数据库系统的特点主要有以下三个方面。

（1）数据结构化。

数据结构化是数据库与文件系统的根本区别。

在数据库系统中，数据不再针对某一应用，而是面向全组织，具有整体的结构化。不仅数据是结构化的，而且存取数据的方式也很灵活，可以存取数据库中的某一个数据项、一组数据项、一个记录或一组记录。

（2）数据的共享性高，冗余度低，易扩充。

数据库系统从整体角度看待和描述数据，数据不再面向某个应用而是面向整个系统，因此数据可以被多个用户、多个应用共享使用。数据共享可以大大减少数据冗余，节约存储空间。数据共享还能够避免数据之间的不相容性与不一致性。

所谓数据的不一致性是指同一数据不同副本的值不一样。采用人工管理或文件系统管理时，由于数据被重复存储，当不同的应用使用和修改不同的副本时就很容易造成数据的不一致。在数据库中数据共享，减少了由于数据冗余造成的不一致现象。

（3）数据独立性高。

数据独立性包括数据的物理独立性和数据的逻辑独立性。

物理独立性是指用户的应用程序与存储在磁盘上的数据库中数据是相互独立的。也就是说，数据在磁盘上的数据库中怎样存储是由数据库管理系统管理的，用户程序不需要了解，应用程序要处理的只是数据的逻辑结构，这样即使数据的物理存储改变了，应用程序也不用改变。

逻辑独立性是指用户的应用程序与数据库的逻辑结构是相互独立的，也就是说，数据的逻辑结构改变了，用户程序也可以不变。

在数据库系统阶段，程序与数据之间的关系如图 1-1 所示。

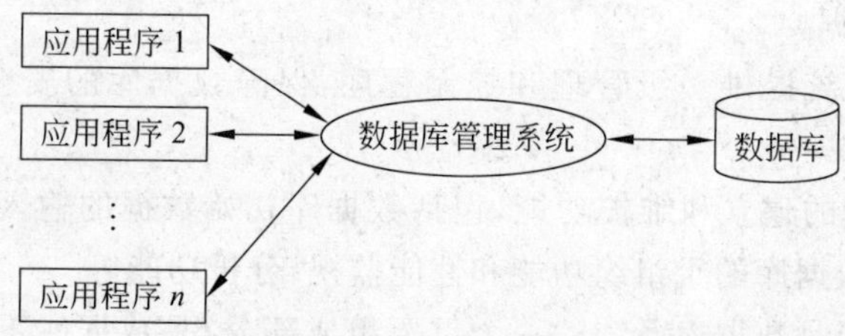

图 1-1　数据库系统阶段应用程序与数据之间的对应关系

4）分布式数据库系统阶段

自20世纪70年代末以后，数据库理论研究进入了成熟阶段，此时数据库系统多数是集中式的。网络技术的发展为数据库提供了越来越好的环境，使数据库系统从集中式发展到分布式，从主机-终端体系结构发展到客户/服务器（Client/Server，C/S）系统结构。该系统巧妙地将硬件进行了分工：服务器专门用来存储共享数据及事务处理过程，客户机用来实现用户的应用程序，有助于用户建立一个分布式的，既支持联机事务处理，又具有友好用户界面和良好可扩充性的应用系统。

1.1.2 数据库系统

在计算机的主要应用领域中，数据处理占的比重很大。数据库技术研究如何存储、使用和管理数据，它是计算机数据管理技术发展的新阶段。数据库、数据库系统、数据库管理系统等几个基本概念，既有区别，又有联系。

1. 数据库

数据库（DataBase，DB）是指长期存储在计算机内的、有组织的、可共享的数据集合。数据库中的数据按一定的数据模型组织、描述和存储，具有较小的冗余度、较高的数据独立性和易扩展性，并可为各种用户共享。

数据库是表和关系（relation）的集合。它不仅包括描述事物的数据本身，而且还包括相关事物之间的联系，它是数据组织层次中目前已达到的最高级别。数据库中的数据面向多种应用，可以被多个用户、多个应用程序所共享，可被Excel、Access、Visual Basic等应用软件调用。例如，一个图书馆中的图书数据库，涉及图书信息表、读者信息表、借阅信息表等全部数据的汇集，各个图书馆的数据还可以汇集为一个更大的数据库。

2. 数据库管理系统

数据库管理系统（DataBase Management System，DBMS）是用于帮助用户在计算机上建立、使用和管理数据库的软件系统，它使得数据独立于具体的应用程序，单独组织起来，成为各种应用程序的共享资源。数据库管理系统应该具有以下四大功能。

（1）支持数据定义语言（DDL），供用户描述数据库文件的结构，建立所需要的数据库。

（2）支持数据操纵语言（DML），供用户操作（查询、检索、排序、索引等）数据库与存储（修改、删除等）数据。

（3）为数据库系统提供一级管理和控制程序，保障数据库的安全、通信与其他管理任务。

（4）提供数据库的建立和维护功能，包括数据库初始数据的输入、转换功能，数据库的存储、恢复功能，数据库的重组织功能和性能监视、分析功能等。

数据库管理系统是数据库系统的一个重要组成部分，是数据库系统中对数据库进行管理的核心软件。

3. 数据库系统

数据库系统(DataBase System,DBS)是指在计算机系统中引入数据库后的系统,一般由数据库、数据库管理系统、应用系统、数据库管理员和用户共同组成,它为有组织地、动态地存储大量相关数据,进行数据处理和信息资源共享提供了便利手段。

1.2 数据模型

计算机不可能直接处理现实世界中的具体事物,所以人们必须事先把具体事物转换成计算机能够处理的数据。在数据库中用数据模型这个工具来抽象、表示和处理现实世界中的数据和信息。可以说,数据模型就是现实世界的模型。

根据模型应用的不同目的,可以将这些模型划分为两类,它们分属于两个不同的层次。一类模型是概念模型,也称信息模型,它是按用户的观点来对数据和信息建模,主要用于数据库设计。另一类模型是数据模型,主要包括网状模型、层次模型和关系模型,它是按计算机系统的观点对数据建模,主要用于 DBMS 的实现。

1.2.1 数据模型的组成要素

一般来讲,数据模型是严格定义的一组概念的集合。这些概念精确地描述了系统的静态特性、动态特性和完整性约束条件。因此数据模型通常由数据结构、数据操作和完整性约束三部分组成。

1. 数据结构

数据结构是所研究的对象类型的集合,是刻画一个数据模型性质最重要的方面。因此在数据库系统中,通常按照其数据结构的类型来命名数据模型。例如,层次结构、网状结构和关系结构的数据模型分别命名为层次模型、网状模型和关系模型。数据结构是对系统静态特性的描述。

2. 数据操作

数据操作是指对数据库中各种对象的实例允许执行的操作的集合,包括操作及有关的操作规则。数据库主要有检索和更新(包括插入、删除、修改)两大类操作。数据模型必须定义这些操作的确切含义、操作符号、操作规则以及实现操作的语言。数据操作是对系统动态特性的描述。

3. 数据的约束条件

数据的约束条件是一组完整性规则的集合。完整性规则是给定的数据模型中数据及其联系所具有的制约和依存规则,用以保证数据的正确、有效、相容。

数据模型应该反映和规定本数据模型必须遵守的、基本的、通用的完整性约束条件，并提供定义完整性约束条件的机制，以反映具体应用所涉及的数据必须遵守的特定的语言约束条件。

1.2.2 概念模型

概念模型用于信息世界的建模，是现实世界到信息世界的第一层抽象，是数据库设计人员进行数据库设计的有力工具，也是数据库设计人员和用户之间进行交流的语言，因此概念模型一方面应该具有较强的语义表达能力，另一方面还应该简单、清晰、易于用户理解。

1. 信息世界中的基本概念

1) 实体

客观存在并可相互区别的事物称为实体(entity)。实体可以是具体的人、事、物，也可以是抽象的概念或联系，例如，一个借阅者、一本书、读者的一次借阅、书与书库的关系等都是实体。

2) 属性

实体所具有的某一特性称为属性(attribute)。一个实体可以由若干个属性来刻画。例如，书实体可以由书号、书名、出版社、编著者、入库时间、借阅时间等属性组成。如"00001，数据库系统原理教程，清华大学出版社，王珊，10-1-1，10-10-4"这些属性组合起来就表征了一本书。

3) 码

能够唯一标识实体的属性集称为码(key)。例如，书号是书实体的码。

4) 域

属性的取值范围称为该属性的域(domain)。例如，书名的域为字符串集合，书号的域为5位整数。

5) 实体型

具有相同属性的实体(entity)必然具有共同的特征和性质。用实体名及其属性名集合来抽象和刻画同类实体，称为实体型。例如，书(书号，书名，出版社，编著者，入库时间，借阅时间)就是一个实体型。

6) 实体集

同型实体的集合称为实体集(entity set)。例如，全体书籍就是一个实体集。

7) 联系

在现实世界中，事物内部以及事物之间是有联系(relationship)的，这些联系在信息世界中反映为实体内部的联系和实体之间的联系。

两个实体型之间的联系可以分为以下三类。

(1) 一对一联系(1∶1)。如果对于实体集 A 中的每一个实体，实体集 B 中至多有一个(也可以没有)实体与之联系，反之亦然，则称实体集 A 与实体集 B 具有一对一联系，记为 1∶1。

例如，学校里面，一个班级只有一个班长，而一个班长只在一个班中任职，则班级与班长之间具有一对一联系。

(2) 一对多联系(1∶n)。如果对于实体集 A 中的每一个实体，实体集 B 中有 n 个实体($n\geqslant 0$)与之联系，反之，对于实体集 B 中的每一个实体，实体集 A 中至多只有一个实体与之联系，则称实体集 A 与实体集 B 具有一对多联系，记为 1∶n。

例如，一个班级中有若干名学生，而每个学生只在一个班级中学习，则班级与学生之间具有一对多联系。

(3) 多对多联系(m∶n)。如果对于实体集 A 中的每一个实体，实体集 B 中有 n 个实体($n\geqslant 0$)与之联系，反之，对于实体集 B 中的每一个实体，实体集 A 中也有 m 个实体($m\geqslant 0$)与之联系，则称实体集 A 与实体集 B 具有多对多联系，记为 m∶n。

例如，一门课程同时有若干个学生选修，而一个学生可以同时选修多门课程，则课程与学生之间具有多对多联系。

可以用图形来表示两个实体型之间的这三类联系，如图 1-2 所示。

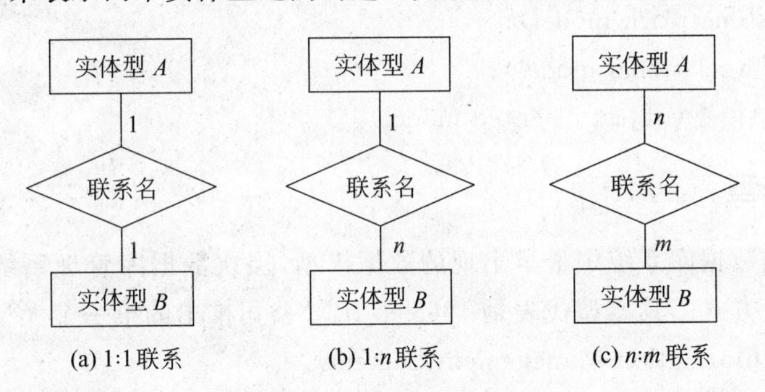

图 1-2　两个实体型之间的三类联系

2. 概念模型的表示方法

概念模型是对信息世界建模，所以概念模型应该能够方便、准确地表示出上述信息世界中的常用概念。概念模型的表示方法很多，其中最为著名、最为常用的是 P. P. S. Chen 于 1976 年提出的实体-联系方法(entity-relationship approach)。该方法用 E-R 图来描述现实世界的概念模型。

E-R 图提供了表示实体型、属性和联系的方法。

(1) 实体型：用矩形表示，矩形框内写明实体名。

(2) 属性：用椭圆形表示，并用无向边将其与相应的实体连接起来。

(3) 联系：用菱形表示，菱形框内写明联系名，并用无向边分别与有关实体连接起来，同时在无向边旁标上联系的类型(1∶1,1∶n,m∶n)。

例如，书具有书号、书名、出版社、作者等属性，读者具有姓名、性别、注册日期等属性，二者之间有借阅关系，用借阅日期来描述借阅联系的属性，由此可以计算某读者已经借阅某本书多少天。那么这两个实体及其之间联系的 E-R 图表示如图 1-3 所示。

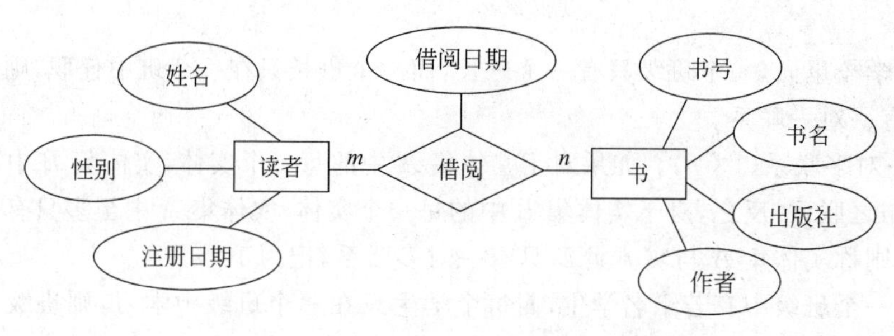

图 1-3　E-R 图示例

1.2.3　最常用的数据模型

目前，数据库领域中最常用的数据模型有 4 种，它们是：

- 层次模型（hierarchical model）；
- 网状模型（network model）；
- 关系模型（relational model）；
- 面向对象模型（object oriented model）。

1. 层次模型

层次模型是数据库系统中最早出现的数据模型，层次数据库管理系统采用层次模型作为数据的组织方式。其典型代表是 1968 年 IBM 公司推出的第一个大型的商用数据库管理系统 IMS(Information Management System)。

层次模型用树形结构来表示各类实体以及实体间的联系。现实世界中许多实体之间的联系本来就呈现出一种很自然的层次关系，如行政机构、家族关系等。

在数据库中，定义满足下面两个条件的基本联系的集合为层次模型：

(1) 有且只有一个结点没有双亲结点，这个结点称为根结点；

(2) 根以外的其他结点有且只有一个双亲结点。

在层次模型中，每个结点表示一个记录类型，记录之间的联系用结点之间的连线（有向边）表示，这种联系是父子之间的一对多的联系。这就使得层次数据库系统只能处理一对多的实体联系。

2. 网状模型

在现实世界中事物之间的联系更多的是非层次关系的，用层次模型表示非树形结构是很不直接的，网状模型则可以克服这一弊病。

网状数据库管理系统采用网状模型作为数据的组织方式。网状数据模型的典型代表是 DBTG 系统，亦称 CODASYL 系统。

在数据库中，把满足以下两个条件的基本联系的集合称为网状模型：

(1) 允许一个以上的结点无双亲；

(2) 一个结点可以有多于一个的双亲。

网状模型是一种比层次模型更具普遍性的结构，它去掉了层次模型的两个限制，允许多个结点没有双亲结点，允许结点有多个双亲结点，此外它还允许两个结点之间有多种联系。因此网状模型可以更直接地去描述现实世界。

3. 关系模型

关系模型是目前最重要的一种数据模型。关系数据库管理系统采用关系模型作为数据的组织方式。

关系模型与以往的模型不同，它是建立在严格的数学概念基础上的。在用户观点下，关系模型中数据的逻辑结构是一张二维表，它由行和列组成。下面以图书信息表(见表 1-1)为例，介绍关系模型中的一些术语。

表 1-1 图书信息表

图书编号	书　　名	作者	出版社	定价	入库日期
K2011	Delphi 程序设计基础	刘海涛	清华大学	32.5	2006/09/17
K2102	Delphi 数据库开发教程	王文才等	电子工业	33.5	2006/09/17
K2002	C 程序设计	谭浩强	清华大学	22	2006/09/26
K3241	SQL Server 实用教程	郑阿奇	电子工业	32	2006/07/13
K5002	实用软件工程	郑人杰	清华大学	34.5	2006/08/22
K3112	Visual FoxPro 程序设计	胡杰华等	高等教育	25.5	2006/10/11

1) 关系

一个关系(relation)对应通常说的一张表，如表 1-1 中的这张图书信息表。

2) 元组

表中的一行即为一个元组(tuple)。

3) 属性

表中的一列即为一个属性(attribute)，给每一个属性起一个名字即属性名。如表 1-1 有 6 列，对应 6 个属性(图书编号，书名，作者，出版社，定价，入库日期)。

4) 主码

表中的某个属性组，它可以唯一地确定一个元组，如表 1-1 中的书号，可以唯一地确定一本书，也就成为本关系的主码(key)。

5) 域

域(domain)是属性的取值范围，如定价一般为大于 0 的数值，书名一般为字符串的集合。

6) 分量

元组中的一个属性值。

关系模型要求关系必须是规范化的，即要求关系必须满足一定的规范条件，这些规范条件中最基本的一条就是，关系的每一个分量必须是一个不可分的数据项，也就是说，不允许表中还有表。

1.3 关系数据库

关系数据库应用数学方法来处理数据库中的数据。从其诞生以来，关系数据库管理系统的研究取得了辉煌的成就，涌现出许多性能良好的商品化关系数据库管理系统，如DB2、Oracle、Sybase等，数据库应用领域迅速扩大。

1.3.1 关系的性质

在关系模型中，无论是实体还是实体之间的联系均由单一的结构类型即关系(表)来表示，所以关系也是一个二维表，表的每行对应一个元组，表的每列对应一个域。由于域可以相同，为了加以区分，必须对每列起一个名字，称为属性名。

关系应该具有以下6条性质。

(1) 列是同质的，即每一列中的分量是同一类型的数据，来自同一个域；

(2) 不同的列可出自同一个域，称其中的每一列为一个属性，不同的属性要给予不同的属性名；

(3) 列的顺序无所谓，即列的次序可以任意交换；

(4) 任意两个元组不能完全相同；

(5) 行的顺序无所谓，即行的次序可以任意交换；

(6) 分量必须取原子值，即每一个分量都必须是不可分的数据项。

1.3.2 关系的完整性

关系模型的完整性规则是对关系的某种约束条件。关系模型中可以有三类完整性约束：实体完整性、参照完整性和用户自定义的完整性。其中实体完整性和参照完整性是关系模型必须满足的完整性约束条件。

1. 实体完整性

现实世界中的实体总是可以区分的，即它们具有某种唯一性标识。因此实体完整性规则规定关系模型中以主码作为唯一性标识，关系的所有主属性都不能取空值。所谓空值就是“不知道”或“无意义”的值。如果主属性取空值，就说明存在某个不可标识的实体，即存在不可区分的实体。

2. 参照完整性

现实世界中的实体之间往往存在某种联系，在关系模型中实体及实体之间的联系都是用关系来描述的。这样就自然存在着关系与关系间的引用。

【例 1-1】 学生实体和专业实体可以用下面的关系表示，其中主码用下划线标识：

学生(学号,姓名,性别,专业号,年龄)
专业(专业号,专业名)

这两个关系之间存在着属性的引用，即学生关系引用了专业关系的主码“专业号”。显然，学生关系中的“专业号”值必须是确实存在的专业的专业号，即专业关系中有该专业的记录。这也就是说，学生关系中的某个属性的取值需要参照专业关系的属性取值。

由于学生关系的“专业号”属性与专业关系的主码“专业号”相对应，因此“专业号”属性是学生关系的外码。这里专业关系是被参照关系，学生关系是参照关系。

参照完整性规则就是定义外码与主码之间的引用规则，规定当参照关系的每个属性值均为空值，则外码可取空值，否则外码等于被参照关系中某个元组的主码值。

例如，对于例 1-1，学生关系中每个元组的“专业号”属性只能取下面两类值：

(1) 空值，表示尚未给该学生分配专业；

(2) 非空值，这时该值必须是专业关系中某个元组的“专业号”属性值。表示该学生被分配到一个已存在的专业中。

3. 用户自定义的完整性

任何关系数据库系统都应该支持实体完整性和参照完整性。除此之外，不同的关系数据库系统根据其应用环境的不同，往往还需要一些特殊的约束条件，用户自定义的完整性就是针对某一具体关系数据库的约束条件。它反映某一具体应用所涉及的数据必须满足的语义要求。

1.3.3 关系代数

关系代数是一种抽象的查询语言，它的运算对象是关系，运算结果也为关系。关系代数的运算通常按运算符的不同可分为传统的集合运算和专门的关系运算两类。

1. 传统的集合运算

传统的集合运算都是二目运算，包括并、差、交、广义笛卡儿积 4 种运算。

设关系 R 和关系 S 具有相同的目 n(即两个关系都有 n 个属性)，且相应的属性取自同一个域，则可以定义并、差、交运算如下。

1) 并(union)

关系 R 和关系 S 的并的结果仍为 n 目关系，由属于 R 或属于 S 的元组组成。记为：$R \cup S$，如图 1-4(c)所示。

2) 交(intersection)

关系 R 和关系 S 的交的结果仍为 n 目关系，由既属于 R 又属于 S 的元组组成。记为：$R \cap S$，如图 1-4(d)所示。

3）差(difference)

关系 R 和关系 S 的差的结果仍为 n 目关系，由属于 R 而不属于 S 的所有元组组成。记为：$R-S$，如图 1-4(e)所示。

4）广义笛卡儿积

两个分别为 n 目和 m 目的关系 R 和 S 的广义笛卡儿积是一个$(n+m)$列的元组的集合。元组的前 n 列是关系 R 的一个元组，后 m 列是关系 S 的一个元组。若 R 有 i 个元组，S 有 j 个元组，则关系 R 和关系 S 的广义笛卡儿积有 $i\times j$ 个元组。记为：$R\times S$。

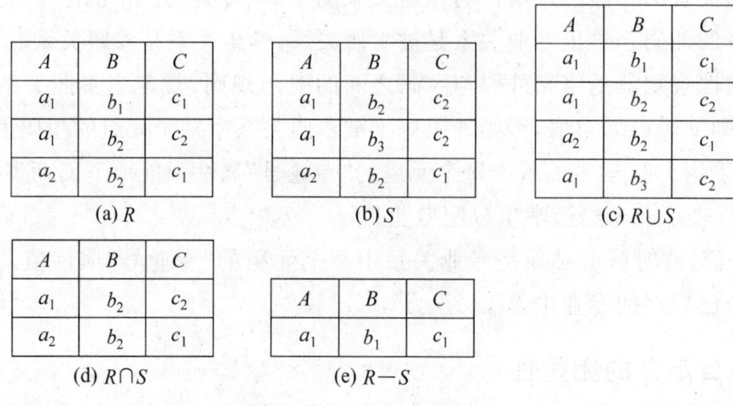

A	B	C
a_1	b_1	c_1
a_1	b_2	c_2
a_2	b_2	c_1

(a) R

A	B	C
a_1	b_2	c_2
a_1	b_3	c_2
a_2	b_2	c_1

(b) S

A	B	C
a_1	b_1	c_1
a_1	b_2	c_2
a_2	b_2	c_1
a_1	b_3	c_2

(c) $R\cup S$

A	B	C
a_1	b_2	c_2
a_2	b_2	c_1

(d) $R\cap S$

A	B	C
a_1	b_1	c_1

(e) $R-S$

图 1-4　传统集合运算举例

2. 专门的关系运算

专门的关系运算包括选择、投影、连接、除等。

1）选择

选择(selection)运算是从关系中查找符合指定条件的元组的操作。以逻辑表达式指定选择条件，选择运算将选取使逻辑表达式为真的所有元组。选择运算的结果构成关系的一个子集，是关系中的部分元组。

例如，对图书信息表(见表 1-1)按照"作者＝"谭浩强""的条件进行选择运算，可得到如表 1-2 所示的结果。

表 1-2　选择运算结果

图书编号	书名	作者	出版社	定价	入库日期
K2002	C 程序设计	谭浩强	清华大学	22	2006/09/26

2）投影

投影(projection)运算是从关系中选取若干个属性的操作。投影运算从关系中选取若干属性形成一个新的关系，其关系模式中属性个数比原关系少，或者排列顺序不同，同时也可能减少某些元组。因此排除了一些属性后，特别是排除了原关系中关键字属性后，所选属性可能有相同值，出现相同的元组，而关系中必须排除相同元组，从而有可能减少某些元组。

例如,选取表 1-1 中书名、作者两列的投影操作,可得到如表 1-3 所示的结果。

表 1-3　投影运算结果

书　名	作者	书　名	作者
SQL Server 实用教程	郑阿奇	Delphi 程序设计基础	刘海涛
实用软件工程	郑人杰	Delphi 数据库开发教程	王文才等
Visual FoxPro 程序设计	胡杰华等	C 程序设计	谭浩强

3) 连接

连接(join)运算是将两个关系模式的若干属性拼接成一个新的关系模式的操作,对应的新关系中,包含满足连接条件的所有元组。连接过程是通过连接关系来控制的,连接条件中将出现两个关系中的公共属性名,或者具有相同语义、可比的属性。

连接是将两个二维表格中的若干列,按同名等值的条件拼接成一个新的二维表格的操作。

例如,将表 1-2 和表 1-3 中的若干列,以"书名"为依据,连接生成一个新的二维表,结果如表 1-4 所示。

表 1-4　连接运算结果

图书编号	书名	作者	出版社	定价	入库日期
K2002	C 程序设计	谭浩强	清华大学	22	2006/09/26

1.4　数据库应用系统开发概述

数据库应用系统是在数据库管理系统的支持下,开发的面向某一类实际需求的应用软件。开发人员要结合需求,实现数据设计和功能设计。其中数据设计主要体现在对数据库的设计,在系统的整个开发过程中是一项独立的活动,它是否科学、合理、规范直接影响数据存储的一致性、数据的冗余度、数据访问的速度以及功能实现的难易程度。功能设计主要实现用户需要的多种功能。

Visual FoxPro 是关系数据库管理系统,经需求分析后,数据库设计过程一般包括设计信息模型、设计数据模型和物理实现等阶段。功能设计则包括确定总体结构、实现各模块功能以及编码调试等内容。

1.4.1　需求分析

需求分析是数据库应用系统开发的第一步。通过分析总结,逐步明确应用系统的最终目标,明确工作过程中数据来源、作用,数据间的相互关系,明确数据流的方向,业务流程。在进行需求分析时,需要最终用户参与分析,分析结果要得到他们的认可。

【例 1-2】 图书信息管理系统的需求分析。

用户希望本系统可以实现：图书管理，包括新书入库，修改图书信息等；读者管理，包括读者信息填写，修改等；图书服务，包括图书查询、借还等。根据这些要求得到如图 1-5 所示的图书信息管理系统的工作流程图。

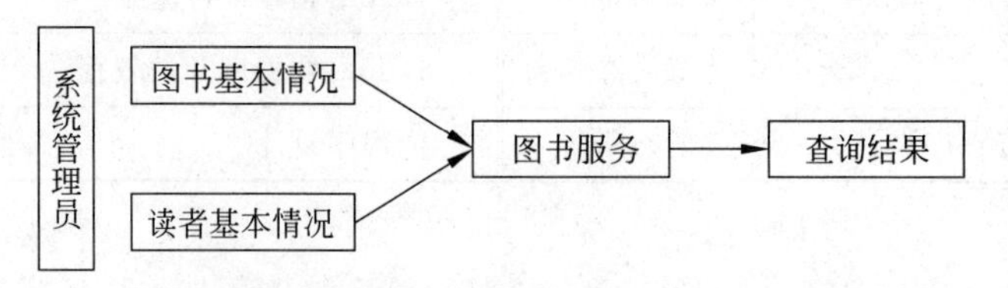

图 1-5 图书信息管理系统工作流程

在此过程中涉及的所有信息，应根据数据使用者的不同，设计不同的使用权限，实现录入、查询、修改和打印输出等操作。

1.4.2 确定信息模型(E-R 图)

根据需求分析的结果，为了便于理清数据间的关系，可以将系统中所涉及的实体集以及它们之间的联系设计成 E-R 图。

【例 1-3】 图书信息管理系统的 E-R 图。

经分析，该系统包括图书、读者两个实体集。它们各自的属性以及相互间的联系如图 1-6 所示。

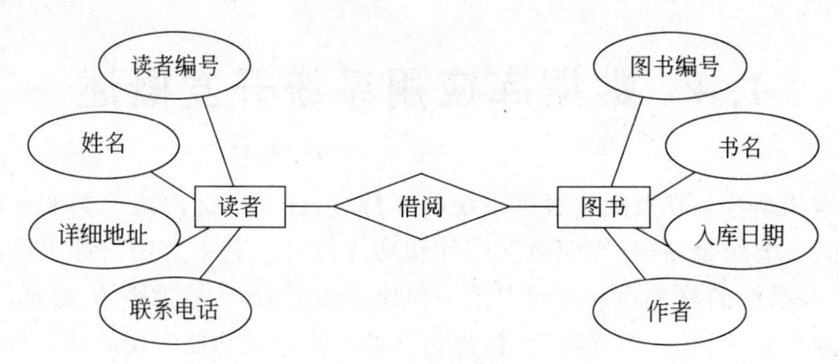

图 1-6 图书信息管理系统 E-R 图

1.4.3 确定数据模型

由于 Visual FoxPro 是关系数据库管理系统，所以数据以关系的形式存储，每个关系是一个二维表，一个二维表对应数据库中的一个表文件。

1. 将 E-R 图中的实体转换为相应的关系

根据图 1-6 所示，首先，将实体集转换为对应关系，通常一个实体集可以作为一个关系；其次，设计每个实体需要哪些属性，大多数情况下只选择与本管理系统密切相关的属性。另外，在设计属性时，应确保每个关系都有可以作为关键字的属性。

【例 1-4】 将图书信息管理系统中的实体转换为对应关系。

在此用下划线标识每个实体中的关键字。

(1) 实体名：读者。

对应的关系：读者(<u>读者编号</u>，姓名，详细地址，联系电话)

在此关系中，读者编号是一个互不相同的数据，所以非常适合作为关键字。

(2) 实体名：图书。

对应的关系：图书(<u>图书编号</u>，书名，入库时间，作者)

此关系主要说明图书的基本信息，在此将图书编号作为关键字，每种图书的编号互不相同。

2. 将 E-R 图中的联系转换为关系

在实际应用中伴随着联系的发生，有些实体集间会生成一些新属性。若将这些属性放在某个实体集中会破坏原有属性的一致性，所以要为此单独建立关系。联系的属性一般应包括两部分：联系本身的属性和所联系的各个实体的关键字。根据图 1-6，本系统中借阅联系需要建立关系。

【例 1-5】 将图书信息管理系统中的借阅联系转换为关系。

所联系的实体：读者、图书

各实体的关键字：读者关系的关键字是读者编号，图书关系的关键字是图书编号

联系对应的关系：借阅(<u>读者编号</u>，<u>图书编号</u>，借阅日期，借阅情况)

3. 将关系转换为表文件

每一个关系在计算机中存储时都要以表的形式存在，但将关系转化为表文件并不是简单地把每个关系对应一个表文件，每个属性作为一个字段。在设计表文件时，要考虑数据的存储量、冗余度和检索效率等问题。表设计的好坏直接关系到系统的运行效率和功能开发的难易程度。一般应注意以下几方面。

(1) 一个表文件突出一个中心，每个字段的内容都与中心直接相关。例如，读者情况表就是要突出每个读者的自然情况，姓名、地址和性别等都是每个人的自然情况，所以放到该表中。

(2) 每个表文件中应有能唯一确定一条记录的主关键字段，例如读者的读者编号。

(3) 决定表中保留哪些字段时，应既考虑用户当前的需求，又考虑今后的发展，但也不要保留一些毫不相关的信息。

(4) 表中不应同时包含经分析、统计可得出同一结论的字段，例如出生年月和年龄。

1.4.4 物理设计

确定了表文件及相关的信息，就可以创建数据库了。

例如，为图书信息管理系统创建数据库文件，数据库中应包含读者基本情况表、图书

基本情况表、借阅情况表等表文件。

读者基本情况表与借阅情况表之间可按读者编号建立一对多联系，同样图书情况表和借阅情况表之间也可按图书编号建立一对多联系。

具体的实现方法将在第3章详细介绍。

1.4.5 功能设计

1. 确定总体结构

在与用户充分沟通后，将所有功能部分的要求归纳总结，自顶向下地对整个系统进行功能分解。分解时可以按照业务流程，也可以按照功能需求，还可以按照对象类别分解。以图书信息管理系统为例，若按照功能需求，可以分为输入、修改、删除、查询及输出5个功能模块；若按照对象类别，可以分为读者、图书、借阅、系统管理员4个功能模块。多数情况下，每一个功能模块还需要进一步细分。

2. 实现功能模块

开发数据库应用系统时，通常要求有数据输入、按条件查询、记录定位、修改删除、数据统计及按条件输出等功能模块。在一个系统中针对不同对象，这些功能可以反复使用，例如对读者、图书等都要有输入功能。在实现过程中，首先，无论怎样都要将问题分解成可单独处理的几个步骤，便于代码的编写与重复利用。

在 Visual FoxPro 中采用了模型化方法，即利用 Visual FoxPro 提供的工具快速地创建应用程序的外壳，从而显示出系统的整体框架。创建的框架包括一个菜单系统和与之相连的基本表单和报表。这种技术被称为快速应用程序开发。但是，这样开发出的只是一个外壳，很多用户需要的功能还没有实现，需要开发人员为它们编写对应的事件代码，实现用户所需特定功能。

3. 编码调试

在快速开发了应用程序框架后，下一步就是编码工作了。一旦开始进行编码，工作重点就从界面设计转移到编码和调试上。调试的目的就是查找使程序失败或产生不正确结果的原因并排除它们，而发现错误的过程就是测试。

Visual FoxPro 所具有的交互功能使得在开发过程中，进行同步测试变得简单、有效。

编码阶段采用的测试方法主要包括代码审查、语法检查、单元测试、功能测试和强度测试。

4. 整体测试

在开发应用程序中应将测试作为一个独立的并且是有计划的任务。测试应用程序的两个重点是有效性和范围。有效性测试是检查应用程序是否对特定的输入产生预期的结果;范围是检查所有的语句是否都已被测试执行,任何没有被执行的代码都有可能隐藏错误。

进行测试时,需要创建一个测试环境,其中要考虑两个重要问题:硬件和测试人员。在测试应用程序时,测试时的硬件应当与程序今后应用中的硬件配置相同。程序测试人员尽可能不是应用程序的开发者。

不管采用什么方式进行测试都不可能找出所有的错误,而且,随着用户的使用仍然可能发现新的错误。也就是说,整个应用系统的测试永远不会结束,直到应用程序废弃为止。

1.4.6 应用程序发布

应用程序最好能加密,并且能在 Windows 环境中独立运行,这就需要将应用程序连编为 exe 程序,并进行应用程序发布。

1.4.7 系统运行与维护

试运行的结束标志着系统开发的基本完成,但是只要系统还在使用,就可能常需要调整和修改。即还须做好系统的"维护"工作,这包括纠正错误和系统改进等。

本章小结

数据库系统是一个应用系统,它是在计算机硬件、软件系统支持下,由用户、数据库管理系统、存储在存储设备上的数据和数据库应用程序构成的数据处理系统。

本章从信息、数据与数据处理等基本概念出发,简要介绍数据库、数据库系统、数据库管理系统、数据模型等基本概念以及它们之间的相互关系,并着重介绍关系模型、关系数据库的基本概念,同时,通过例子介绍了开发数据库应用系统的步骤和过程,为学习和使用 Visual FoxPro 奠定基础。

习题一

一、思考题

1. 说明数据和信息的区别和联系。
2. 数据处理经历了哪几个阶段?
3. 举例说明实体间的联系有哪几种。
4. 解释以下名词:实体、属性、关系、关系模型、关键字。

5. 文件系统和数据库系统有何不同?

6. 简述数据库应用系统的开发步骤。

二、选择题

1. ________是________的具体表现形式,________是________有意义的表现。

   (A) 信息、数据、数据、信息　　(B) 数据库、信息、信息、数据库

   (C) 数据、信息、信息、数据　　(D) 数据、信息、数据库、信息

2. 关系数据库系统中所使用的数据结构是________。

   (A) 树　　(B) 图　　(C) 表格　　(D) 二维表格

3. 常见的三种数据模型是________、________和________。

   (A) 链状模型、关系模型、层次模型　　(B) 关系模型、环状模型、结构模型

   (C) 层次模型、网状模型、关系模型　　(D) 链表模型、结构模型、网状模型

4. 数据库系统的特点不包括________。

   (A) 数据共享　　(B) 加强了对数据安全性和完整性保护

   (C) 完全没有数据冗余　　(D) 具有较高的数据独立性

5. 关系模型中,一个关系就是一个________。

   (A) 一维数组　　(B) 一维表　　(C) 二维表　　(D) 三维表

6. 关系模型中,一个关键字是________。

   (A) 可由多个任意属性组成

   (B) 至多由一个属性组成

   (C) 可由一个或多个其值能唯一标识该关系模式中元组的属性组成

   (D) 以上都不是

7. 从关系中找出满足条件的记录的操作称为________。

   (A) 选择　　(B) 投影　　(C) 连接　　(D) 比较

8. 从关系中指定若干个字段组成新的关系的操作称为________。

   (A) 选择　　(B) 投影　　(C) 连接　　(D) 关联

9. 将两个关系模式的字段名拼接成一个新关系模式的操作称为________。

   (A) 选择　　(B) 投影　　(C) 连接　　(D) 比较

10. ________是________的特殊形式,________是________的一般形式。

    (A) 关系模型、网状模型、网状模型、关系模型

    (B) 层次模型、网状模型、网状模型、层次模型

    (C) 链状模型、关系模型、关系模型、链状模型

    (D) 环状模型、链状模型、网状模型、关系模型

三、填空题

1. 一个完整的数据库系统应包括________、________、________、________和________ 5 个部分。

2. 数据的概念包括________和________两个方面。

3. 在关系模型中,二维表中每一行的所有数据在关系中称为________。

4. 二维表中每一列的所有数据在关系中称为________。

5. 关键字是指能唯一确定一个记录的单个________或多个________的组合。
6. 数据库系统的核心是________。
7. 关系数据库中每个关系的形式是________。
8. 实体与实体之间的联系有三种，即一对一联系、________和________。
9. 对关系进行选择、投影或连接运算之后，运算的结果仍然是一个________。
10. 概念模型中的实体对应关系模型中的________，而概念模型中的属性对应关系模型中的________。

第2章

Visual FoxPro 概述

Visual FoxPro 是在 FoxBASE 和 FoxPro 基础上发展起来的新一代关系型数据库管理系统软件。FoxBASE 和 FoxPro 曾在 PC 数据库系统的应用中取得了极大的成功，随着面向对象技术的成熟和可视化编程技术的推广，Microsoft 公司于 1995 年推出了 Visual FoxPro 3.0 版，随后不久又推出了 Visual FoxPro 5.0 版及其中文版，1998 年 Microsoft 发布了名为 Visual Studio 6.0 的可视化编程语言的集成软件包，Visual FoxPro 6.0 即是其中的一员。本书将以 Visual FoxPro 6.0 为基础展开对 Visual FoxPro 的探讨。

2.1 Visual FoxPro 6.0 概述

2.1.1 Visual FoxPro 6.0 的启动和退出

用户可以用在 Windows 中运行任何其他应用程序一样的方法来启动 Visual FoxPro 6.0。启动 Visual FoxPro 6.0 有多种方法，通常采用以下两种方法。

(1) "开始"菜单启动法：首先单击 Windows 的"开始"按钮，打开"开始"菜单，选择"开始"→"程序"菜单命令，最后选择 Visual FoxPro 6.0 选项即可进入 Visual FoxPro 6.0 主屏幕。

(2) 快捷方式启动法：如果桌面上有 Visual FoxPro 6.0 快捷图标，直接双击即可启动程序。

要退出 Visual FoxPro 6.0 系统，可以使用以下几种方法。

(1) 在 Visual FoxPro 主菜单下，执行"文件"→"退出"菜单命令。

(2) 按 Alt+F4 组合键。

(3) 在 Visual FoxPro 6.0 系统环境窗口，单击系统主窗口右上角的"关闭"按钮。

(4) 在命令窗口中，输入命令 QUIT，并按回车键。

2.1.2 Visual FoxPro 的工作方式

Visual FoxPro 6.0 提供了交互式和程序运行两种操作方式。

1. 交互式操作方式

Visual FoxPro启动成功后，便处在交互式操作方式环境下。交互式方式又可分为菜单选择执行方式、工具操作方式和命令执行方式。

1) 菜单选择执行方式

菜单选择执行方式是Visual FoxPro的一种重要的工作方式。Visual FoxPro的大部分功能都可通过菜单操作来实现。菜单选择执行方式利用系统提供的菜单、工具栏、窗口、对话框等进行交互操作。菜单直观易懂、操作方便、不需要记忆命令格式。例如，若要执行与文件相关的功能时，选择菜单栏中的"文件"菜单项，或按Alt＋F组合键，打开"文件"菜单，然后选择其中的菜单项，即可实现相应的功能。

2) 工具操作方式

在Visual FoxPro系统中提供了多种工具，包括设计器、向导和生成器三种交互式的可视化开发工具。这些工具使创建数据库、表、表单、查询和报表以及管理数据变得轻而易举。进入某一工具之后，系统提供了围绕该工具的许多选择和对话框。

3) 命令方式

命令方式是指在Visual FoxPro的命令窗口中输入并执行命令来完成任务。在命令窗口可以输入和执行命令，也可以运行程序。执行命令或运行程序的结果将显示在屏幕上。例如，在命令窗口键入DIR命令并按Enter键，即可在窗口工作区内快速列出当前文件夹中所有表文件的信息；键入并执行CLEAR命令，将清除窗口工作区内容；键入并执行QUIT命令，则将直接退出Visual FoxPro并返回Windows环境。

Visual FoxPro中命令的格式为：命令动词 子句

例如，显示内存变量信息DISPLAY MEMORY的命令格式如下：

```
DISPLAY MEMORY [LIKE<通配符>] [TO PRINTER][PROMPT][TO FILE FILENAME]
```

其中，分隔符的含义为：

- ＜＞表示其内的选项是必须有的；
- [ ]表示其内的选项是可选的；
- [＜＞]表示有该选项时，尖括号内的内容是必须有的；
- |表示"或者"，"二者取其一"的意思。

注意：*在命令的实际使用中，尖括号和方括号本身不需要书写。*

2. 程序运行方式

程序运行方式是指根据实际工作需要，将一批经常要执行的命令按照所要完成的任务和系统的约定编写成程序，并将其存储为程序文件，待需要时执行该程序文件，就可以自动地执行其包含的一系列命令，完成所要完成的任务。

程序运行方式的突出优点是运行效率高，而且编制好的程序可以反复执行。对于一些复杂的数据处理和管理问题通常都是采用程序运行方式运行的。Visual FoxPro支持结构化的程序设计方法和面向对象程序设计方法，开发人员可以结合此两种方法并根据所要解决问题的具体要求，编制出相应的应用程序。

2.2 Visual FoxPro 6.0 的操作环境

在启动 Visual FoxPro 6.0 系统后，首先进入如图 2-1 所示的 Visual FoxPro 6.0 系统的主界面，主界面窗口主要由标题栏、菜单栏、工具栏、状态栏、工作区以及命令窗口组成。用户既可以在命令窗口中输入命令，也可以使用菜单和工具栏来完成所需操作。

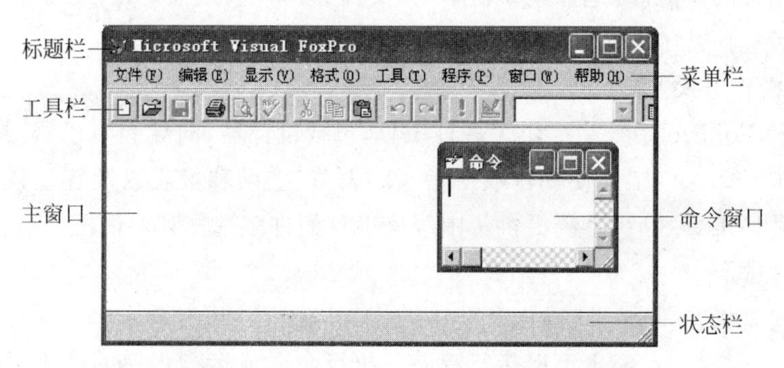

图 2-1 Visual FoxPro 6.0 系统的主界面

2.2.1 菜单系统的操作

菜单作为软件的操作界面，内容十分丰富。菜单的种类很多，如条形菜单、下拉式菜单、弹出式菜单、层叠式菜单和列表菜单等，Visual FoxPro 6.0 的菜单系统在交互方式下实现人机对话。

1. 菜单系统

如图 2-2 所示，最为常用的菜单有主菜单、子菜单和快捷菜单三种。

1）主菜单

主菜单又叫条形菜单。主菜单是指屏幕上或者窗口中一个水平放置的、由若干条形菜单项组成的菜单。如图 2-2 所示的“文件”、“编辑”和“显示”等都是主菜单的菜单项。

2）子菜单

子菜单是指在屏幕或窗口中垂直放置的、由若干菜单项组成的菜单。当某个条形菜单项被激活后，相应的子菜单就会弹出显示，用完后，再次隐藏起来。

3）快捷菜单

快捷菜单通常是指在某一区域右击鼠标时弹出的一种菜单。这种菜单的组成和子菜单的结构相同，只是所处的位置不同而已。

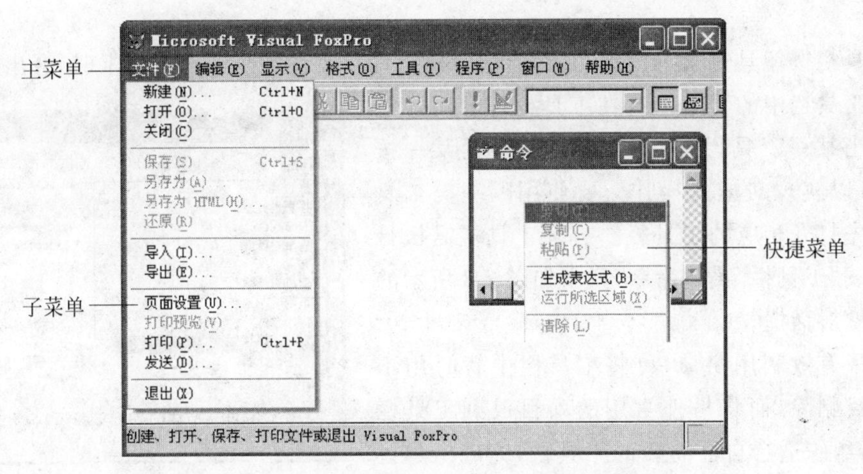

图 2-2 Visual FoxPro 6.0 中常用的菜单

2. 菜单系统的选择

1）鼠标操作

用鼠标操作左键单击主菜单中的菜单项，相应的子菜单出现在屏幕上。单击所选的菜单项，则激发与之相关的操作。有时把选择菜单项也称为选择“命令”。

值得注意的是，在 Visual FoxPro 6.0 中，系统菜单并不是一成不变的，当用到某些功能时，系统会动态地增加或修改一些菜单项，所以 Visual FoxPro 6.0 的菜单是动态菜单。

2）键盘操作

所有菜单项的名字后都有一个带下划线的字母，该字母是菜单项的“热键”（又称访问键）。对于主菜单栏，按住 Alt 键后，再按下所选菜单项的热键，则可激活该菜单。例如，按下 Alt+F 键则展开“文件”菜单。对于子菜单，打开相应的主菜单项后，再按下相应的热键，则执行该菜单项的功能。例如，按 Alt+F 键打开主菜单后，再直接按下 O 键，执行“打开”文件的操作。

3）光标操作

在选择子菜单时，按光标键将光带移动到所需菜单选项上，然后按回车键即可激发相关的操作。

2.2.2 工具栏的操作

工具栏位于菜单栏下面，对于常使用的功能，直接单击工具栏上的各种工具按钮比菜单选择更为便捷。启动 Visual FoxPro 6.0 后，可根据需要用鼠标将工具栏拖到任意位置，随时打开和关闭工具栏，还可以重新设置工具栏中的工具并定制新的工具栏。Visual FoxPro 系统提供了“常用”、“布局设计器”、“表单控件”、“数据库设计器”、“报表控件”等 10 个基本的工具栏，启动 Visual FoxPro 6.0 系统时，默认显示的工具栏是“常用”工具栏。

工具栏按钮具有文本提示功能，当把鼠标指针停留在某个图标按钮上时，会出现文字说明。工具栏中的工具只有在工具栏打开时才能使用。当某一工具栏打开后，单击其中的某一按钮，便可以实现对应的操作。要使用哪一类工具必须事先打开相应的工具栏。打开工具栏需执行"显示"→"工具栏"菜单命令，弹出如图 2-3 所示的"工具栏"对话框。

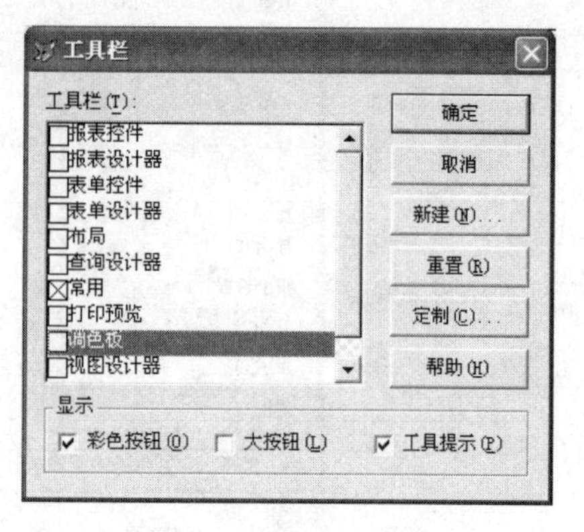

图 2-3 "工具栏"对话框

为了有效利用窗口，可将工具栏中暂时用不到的项目删除，而将另外常用的项目放到工具栏中，重新组织适合自己需要的工具栏，完成工具栏的定制。定制工具栏的方法是在"工具栏"对话框中单击"定制"按钮，在打开的"定制工具栏"对话框中操作。

2.2.3 命令窗口的操作

命令窗口是 Visual FoxPro 的一种系统窗口，Visual FoxPro 中几乎所有任务都可以通过在命令窗口中输入相应的命令来完成。命令窗口是一个可编辑的窗口，就像其他文本编辑窗口一样，可进行各种插入、删除、块复制等操作，用光标键或滚动条可以在整个命令窗口中上下移动。

1. 命令窗口的显示和隐藏

有三种方法来显示和隐藏命令窗口：

(1) 单击命令窗口右上角的"关闭"按钮可关闭它，执行"窗口"→"命令窗口"菜单命令可以重新打开。

(2) 单击"常用"工具栏上的"命令窗口"按钮，按下则显示，弹起则隐藏。

(3) 按 Ctrl+F4 组合键隐藏命令窗口，按 Ctrl+F2 组合键显示命令窗口。

2. 在命令窗口输入并执行命令的规则

在命令窗口输入并执行命令时需要注意以下几点：

- 每行只能写一条命令，每条命令均以按 Enter 键结束。
- 当用户需要再次输入以前已执行过的命令时，只要将光标移到先前执行过的命令行的任何位置上，按 Enter 键将重新执行该命令。
- 输入命令语句尚未按 Enter 键执行前，按 Esc 键可清除刚输入的命令。
- 当用户从主菜单中选择某一选项时，该选项所对应的命令行便显示在命令窗口中。

- 从用户进入 Visual FoxPro 系统起，主菜单或命令窗口中输入的命令在退出系统前均会保留在命令窗口中。
- 并非所有的命令都能在命令窗口运行，如 IF 语句、For 循环、表单中常用到的命令 Thisform. release 等。
- 当一条命令过长时，可使用续行符(;)后换行编写，续行符表示续行符所在行的下一行命令仍是该行命令的组成部分。这样就可以把一条命令分成多行来写，但应注意的是命令的最后一行不能以续行符(;)结尾。

2.2.4 Visual FoxPro 的屏幕区

Visual FoxPro 的屏幕对象可以被认为是 Visual FoxPro 最大的容器对象，表单集、表单都包含在屏幕中。在 Visual FoxPro 中提供了一个系统变量_Screen，通过此变量可以操纵屏幕。_Screen 是作为一个系统变量出现的，但用户可以像使用对象一样使用它。设置 Screen 属性的语法格式是：_Screen. 属性＝值，具体可参考 MSDN 中的相关帮助。

2.2.5 Visual FoxPro 的状态栏

状态栏位于屏幕的最低部，用于显示当前数据管理和操作的状态。状态栏可以随时打开和关闭。执行“工具”→“选项”菜单命令，在弹出的对话框中选择“显示”选项卡，使用“状态栏”复选框可以打开或关闭状态栏，也可以用 Set 命令来设置。命令如下：

```
Set Status OFF/ON
```

如果当前工作区中没有表文件打开，则状态栏的内容是空白的，如果当前工作区中有表文件打开，则状态栏显示的是表名、表所在的数据库名、表中当前记录的记录号、表中的记录总数和表中当前记录的共享状态等内容。

2.2.6 Visual FoxPro 的环境设置

Visual FoxPro 允许用户对工作环境按个人意愿进行一些设置。例如，可设置主窗口的标题、是否以独占方式打开数据表、是否忽略已删除的记录等，并可以设置默认的文件存取位置、指定日期与时间的格式等。通常用户可以使用 Visual FoxPro 的“选项”对话框或 SET 命令对工作环境进行设置。

1. 使用“选项”对话框实现系统设置

执行“工具”→“选项”菜单命令，即可打开如图 2-4 所示的“选项”对话框，其中包含了一系列的选项卡。用户可以根据需要选择某一个或多个选项卡对系统的相关参数进行设置，各常用选项卡的功能如表 2-1 所示。

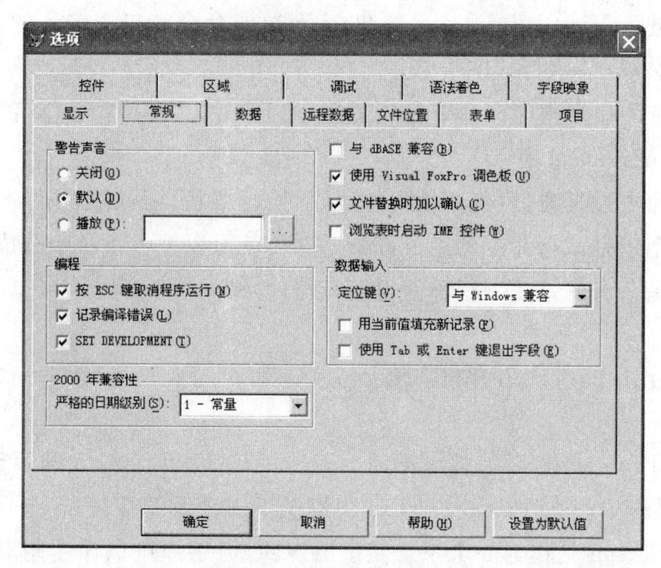

图 2-4 “选项”对话框

表 2-1 “选项”对话框中的选项卡

选项卡	功　能
显示	用于设置界面显示的内容，如时钟、命令结果和系统信息等
常规	用于设置警告时的声音、编程与数据输入等选项。如是否可按 Esc 键取消程序运行、输入时是否用当前值填充新的记录等
数据	用于设置字符串的比较方式、排序序列方法等
远程数据	远程数据访问选项，设置如连接超时限定值，如何使用 SQL 更新等
文件位置	设置默认的文件存取磁盘目录，以及帮助文件和临时文件的位置等
表单	表单设计器选项，设置如网格面积，所用刻度单位以及最大设计区域等
控件标签	设置在“表单控件”工具栏中的“查看类”按钮提供的有关可视类库和 ActiveX 控件选项等
区域	设置日期、时间、货币、数字的格式等
调试	调试器显示及跟踪选项，如字体与颜色等
语法着色	设置区分程序元素所用的字体及颜色，如注释与关键字等
字段映象	从数据环境设计器、数据库设计器或项目管理器中向表单拖动表或字段时创建何种控件等
项目	设置项目创建管理时的一些初始值和默认值等

利用“选项”对话框进行的系统设置可以被永久保存，也可以仅在本次运行期间有效。

1) 将设置保存为仅在本次 Visual FoxPro 运行期间有效

在“选项”对话框中根据用户的需要选择各选项卡中的参数，单击“确定”按钮，关闭“选项”对话框。

通过这种方法保存的参数仅在本次 Visual FoxPro 运行期间有效，直到退出 Visual FoxPro 或再次更改它们时为止。

2) 将设置保存为永久性有效

在“选项”对话框中更改设置，单击“设置为默认值”，再单击“确定”按钮，关闭“选项”对话框。

通过这种方法保存的参数将永久性地保存在 Windows 注册表中，直到使用同样地方法更改为止。

2. 运行 SET 命令设置系统运行环境

“选项”对话框中的大部分选项也可以通过 SET 命令来设置。例如，用户可以通过 SET DATE TO 命令来改变日期的显示方式，用 SET CLOCK ON 命令使系统启动时在主屏幕上显示一个时钟。

使用 SET 命令设置环境变量时，仅在本次 Visual FoxPro 运行期间有效，当退出系统时，设置全部失效。可以通过每次启动时自动运行这些 SET 命令来自行配置 Visual FoxPro。

3. 设置默认工作目录

在如图 2-5 所示的“文件位置”选项卡中，用户可以根据需要设置自己的工作目录，以存放系统开发过程中产生的各种文件。

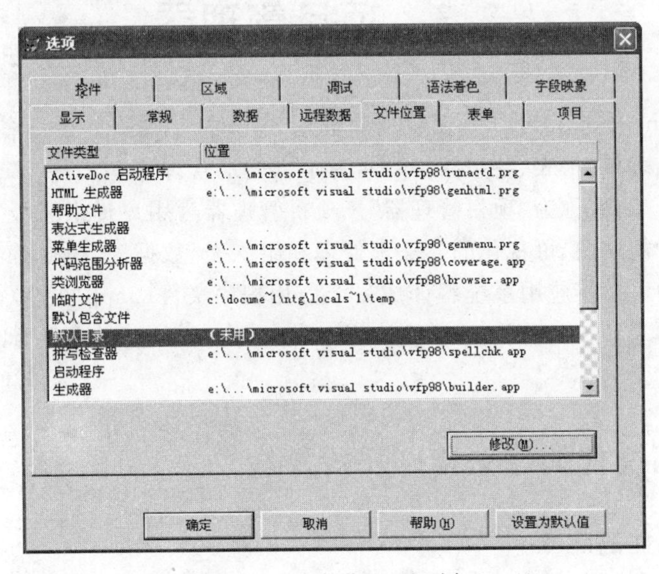

图 2-5 “文件位置”选项卡

具体的设置步骤如下：

① 单击“文件位置”选项卡，在“文件类型”列表框中选中“默认目录”，然后单击“修改”按钮，弹出如图 2-6 所示的“更改文件位置”对话框。

② 在“更改文件位置”对话框中选中“使用默认目录”复选框，然后在“定位默认目录”文本框中键入要作为默认磁盘目录的目录名。或者单击该文本框右侧的带省略号的小按钮，在弹出的“选择目录”对话框中选取一个目录，然后单击“选定”按钮关闭“选择目录”对

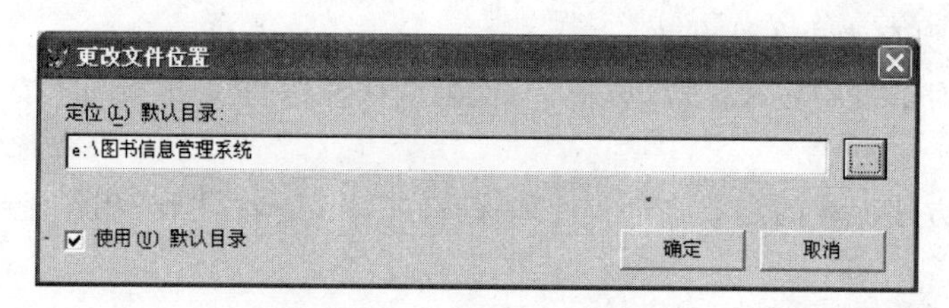

图 2-6 “更改文件位置”对话框

话框。

③ 单击“确定”按钮,关闭“更改文件位置”对话框。

默认目录设置完成后,用户新建的文件将自动保存到这个默认的文件夹中,并且在打开某个文件时,默认的文件路径也是这个文件夹。

以上操作还可以通过 SET 命令完成,例如:

```
SET DEFAULT TO E:\图书信息管理系统    && 设置 E 盘的"图书信息管理系统"文件夹为默认目录
```

注意:用 SET DEFAULT TO 指定的目录必须是磁盘上存在的目录,否则系统会出现“无效的路径或文件名”的提示。

2.3 项目管理器

当使用 Visual Foxpro6.0 开发数据库应用系统时,往往需要建立各种类型的文件,包括表、数据库、表单、报表、菜单、程序等,为了方便地管理这些文件,Visual FoxPro 6.0 提供了一种设计工具,称为“项目管理器”。项目管理器为用户提供了极为便利的工作平台,其一,提供了简便的、可视化的方法来处理和组织表、数据库、表单等各类文件;其二,在项目管理器中可以将应用系统编译成一个应用程序文件(.app 文件)或者可执行文件(.exe 文件)。本节仅介绍作为 Visual FoxPro 6.0“控制中心”的项目管理器的功能与使用方法。

2.3.1 项目文件的建立和打开

1. 项目文件的建立

在使用 Visual FoxPro 进行程序开发的流程中,首先要建立项目文件,因为在 Visual FoxPro 中应用程序是以项目为组织单位的。项目(project)是一种文件,它是数据、文档、类库以及其他一些对象的集合,项目文件的扩展名为 pjx。

创建项目文件可以通过菜单方式或者命令方式实现。

下面以创建图书信息管理系统为例,说明创建项目文件的方法。

1) 菜单方式

① 执行“文件”→“新建”菜单项或单击“常用”工具栏中的“新建”按钮,打开如图 2-7

所示的“新建”对话框。

② 在“文件类型”组框中选择“项目”，然后单击“新建文件”按钮，弹出如图 2-8 所示的“创建”对话框。

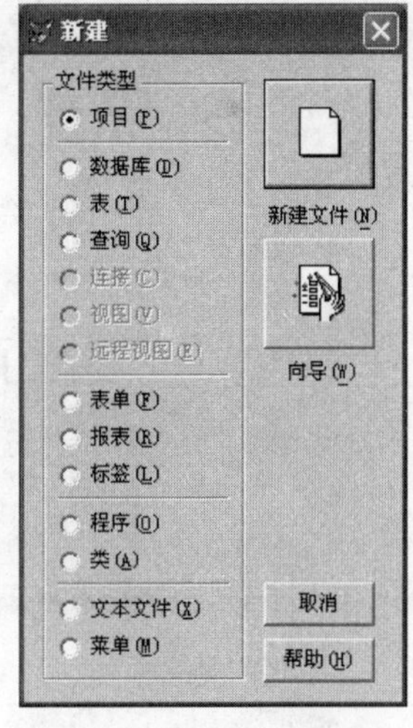

图 2-7 “新建”对话框

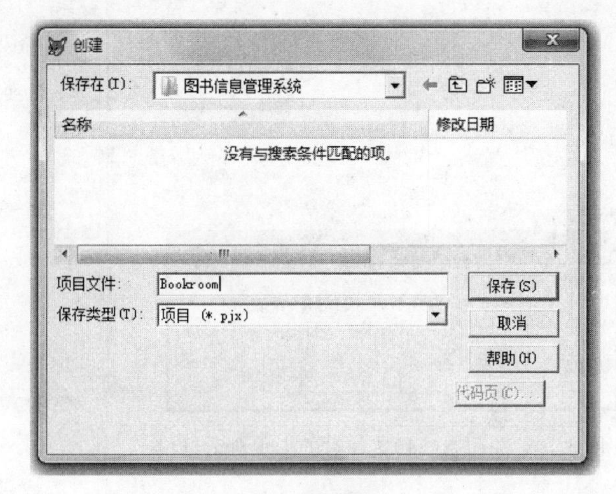

图 2-8 “创建”对话框

③ 在“项目文件”文本框中输入 Bookroom，按“确定”按钮后系统会创建名为 Bookroom.pjx 的空的项目文件，并弹出如图 2-9 所示的名为 Bookroom 的“项目管理器”窗口。

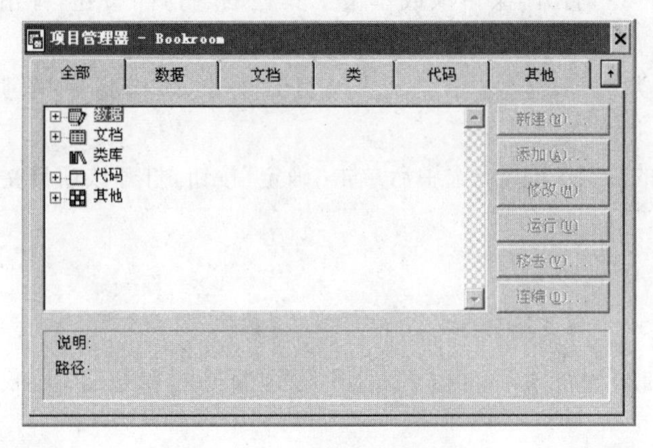

图 2-9 “项目管理器”窗口

2) 命令方式

格式如下：

```
CREATE PROJECT [<项目文件名>]
```

＜项目文件名＞中可以包含存储路径，否则文件存储在默认目录中。执行该命令后，将创建项目文件，同时打开项目管理器。

若命令中省略＜项目文件名＞，系统会弹出图 2-8 所示的“创建”对话框。

关闭项目管理器只需单击项目管理器的"关闭"按钮即可。当关闭一个空项目文件时,会弹出一个如图 2-10 所示的提示对话框,选择"删除"按钮,系统将从磁盘上删除项目文件,单击"保存"按钮,系统会保存该空项目文件。

图 2-10 关闭空项目文件时的提示对话框

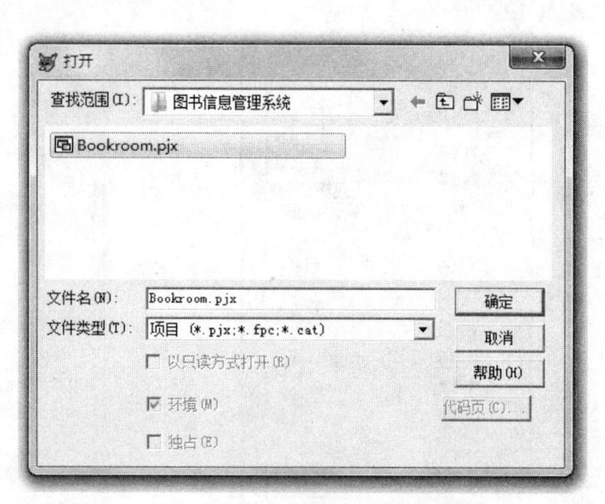

图 2-11 "打开"对话框

2. 打开项目文件

和创建项目文件一样,打开项目文件也有两种方式。

1) 菜单方式

① 选择"文件"→"打开"菜单项或单击工具栏的"打开"按钮,弹出如图 2-11 所示的"打开"对话框。

② 在"文件类型"下拉框中选择"项目"选项,选择指定的项目文件,如选择 Bookroom.pjx。

③ 双击选中的项目文件,或选中后单击"确定"按钮,打开该项目文件。

2) 命令方式

格式如下:

```
MODIFY PROJECT [<项目文件名>]
```

命令中的<项目文件名>可以省略,当<项目文件名>缺省时,将弹出"打开"对话框。

2.3.2 项目管理器界面的组成

新建或打开一个项目文件时,就会出现"项目管理器"窗口,如图 2-9 所示。

1. 项目管理器中的选项卡

项目管理器使用选项卡来组织各类文件,包括"全部"、"数据"、"文档"、"类"、"代码"、"其他"6 个选项卡,其中"全部"选项卡用于集中显示项目中的所有文件,其余 5 个选项卡用于分类显示各类文件。若要处理项目中某一特定类型的文件或对象,可选择相应的选项卡。

(1)“全部”选项卡:显示和管理应用项目中所使用的所有类型文件。它包含了其余5个选项卡的全部内容。

(2)“数据”选项卡:管理应用项目中各种类型的数据文件。数据文件有数据库、自由表、查询文件等。

(3)“文档”选项卡:显示和管理应用项目中使用的文档类文件。文档类文件有表单文件、报表文件和标签文件等。

(4)“类”选项卡:显示和管理应用项目中使用的类库文件,包括 Visual FoxPro 系统提供的类库和用户自己设计的类库。

(5)“代码”选项卡:管理项目中使用的各种程序代码文件,如程序文件(.prg)、API 库和用项目管理器生成的应用程序(.app)。

(6)“其他”选项卡:显示和管理应用项目中使用的,但在以上选项卡中没有管理的文件,如菜单文件、文本文件和图形文件等。

各选项卡能管理的文件及相应的生成工具如表 2-2 所示。

表 2-2 项目管理器管理的文件及相应的生成工具

选项卡	文件名称	文件类型	产生的工具
数据	数据表 数据库 查询 视图 存储过程	.dbf /.fpt .dbc /.dct /.dcx .qpr /.qpx	表设计器 数据库设计器 查询设计器 视图设计器 文本编辑器
文档	表单 报表 标签	.scx /.sct .frx /.frt .lbx /.lbt	表单设计器 报表设计器 标签设计器
类	类库	.vcx /.vct	类设计器
代码	程序 应用程序库 应用程序	.prg /.fxp .dll .app /.exe	文本编辑器 库开发包 项目生成器
其他	菜单 文本文件 其他文件	.mnx /.mnt .txt .bmp /.ico	菜单生成器 文本编辑器 其他工具或 OLE

2. 项目管理器中的命令按钮

创建和打开一个项目文件后,项目管理器中可以看到以下命令按钮,功能如下:

(1) 新建:在项目管理器窗口中选中某类文件后,单击“新建”按钮,新建的文件就被添加到该项目管理器中。

(2) 添加:可把 Visual FoxPro 各类文件添加到项目管理器中,进行统一组织管理。

(3) 修改:在项目管理器中选中某个具体文件后,单击“修改”按钮,可以打开该类文件的设计器修改该文件。例如，选中某个具体的表文件，单击“修改”按钮，即可打开表设计器。

(4) 运行：在项目管理器窗口中选中某个具体文件后，单击“运行”按钮，可执行该文件。

(5) 移去：把选中的文件从该项目中移去或从磁盘上删除。

(6) 连编：把项目中相关的文件连编成应用程序和可执行文件等。

注意：Visual FoxPro 中，项目文件中所保存的仅是对表、程序、表单等文件的引用，并非文件本身，所以同一个文件可同时用于多个项目。

2.4 Visual FoxPro 中的语言基础

2.4.1 数据类型

数据有型和值之分，型是数据的分类，值是数据的具体表示。数据类型一旦被定义，就确定了其存储方式和使用方式。在实际工作中所采集到的原始数据，通常要经过加工处理，使之变成对用户有用的信息，而数据处理的基本要求是对相同类型的数据进行选择和分类。Visual FoxPro 为了使用户建立和使用数据库更加方便，将数据划分成多种类型。

1. 字符型(C 型)

字符型数据(Character)描述不具有计算能力的文字数据类型，是最常用的数据类型之一。通常用来存储姓名、单位、地址等信息。

字符型数据由汉字和 ASCII 字符集中可打印字符(英文字符、数字字符、空格及其他专用字符)组成，每个字符占一个字节。其长度范围是 0～254 个字节。

2. 数值型(N 型)

数值型数据(Numeric)是有计算能力的数据，由数字(0～9)、小数点和正负号组成。最大长度为 20 个字节，包括＋、－和小数点。

3. 整型(I 型)

整型数据(Integer)是不包含小数点部分的数值型数据，它以二进制形式存储，占 4 个字节。该类型在存储较大整数时，可节省存储空间。

4. 浮点型(F 型)

浮点型数据(Float)是数值型数据的一种，此类型的作用是提供兼容性，在功能上与数值型数据等价，只是在存储形式上采用浮点格式，主要是为了得到较高的计算精度。

5. 双精度型(B型)

双精度型数据(Double)是精度更高的数值型数据，它并采用固定长度浮点格式存储，占8个字节，其小数点位置由输入的数据值决定。

6. 逻辑型(L型)

逻辑性数据(Logic)是描述客观事物真假的数据，用于表示逻辑判断的结果。逻辑性数据只有真(.T.或.t.)和假(.F.或.f.)两种值，长度固定为1个字节。输入T(t)或Y(y)表示"真"值；输入F(f)或N(n)表示"假"值。

7. 货币型(Y型)

货币型数据(Currency)是为存储货币值而使用的一种数据类型，默认保留4位小数，占8个字节。

8. 日期型(D型)

日期型数据(Date)是表示日期的数据。日期型数据的一般输入格式为{^YYYY/MM/DD}，占8个字节。显示的格式有多种，常用的为MM/DD/YY，其中，YYYY(或YY)表示年，MM表示月，DD表示日。它受SET DATE、SET MARK、SET CENTURY命令设置值的影响，取值范围为{^0001/1/1}~{^9999/12/31}。

9. 日期时间型(T型)

日期时间型数据(Date time)是描述日期和时间的数据，包括日期和时间两部分内容。日期时间型数据除了包括日期的年、月、日外，还包括时、分、秒以及上午、下午等内容。日期时间型数据的输入格式为{^YYYY/MM/DD HH：MM：SS}，输出格式为MM/DD/YY HH：MM：SS，其中，YYYY(或YY)表示年，MM表示月，DD表示日，HH表示小时，MM表示分钟，SS表示秒。AM(或A)和PM(或P)分别代表上午和下午，默认值为AM。

日期时间型数据用8个字节存储。日期部分的取值范围与日期型数据相同，时间部分的取值范围为00：00：00AM~11：59：59PM。

10. 备注型(M型)

备注型数据(Memo)主要用于存放不定长或大量的字符型数据，可以把它看成是字符型数据的特殊形式。备注型数据没有数据长度限制，仅受限于磁盘空间。它的长度固定为4个字节，实际数据存放在与表文件同名的备注文件(.fpt)中，文件大小根据数据内容而定。

11. 通用型数据(G型)

通用型数据(General)是指在数据表中引入的OLE(对象链接与嵌入)对象，具体内容可以是一个文档、表格或图片等。与备注型数据一样，通用型数据长度固定为 4 个字节，实际数据长度仅受限于磁盘空间，存放在与数据表同名、扩展名为 fpt 的备注文件中。

注意：其中的整型、浮点型、双精度型、备注型和通用型只能用于数据表中的字段变量的定义。

2.4.2 常量

常量是在命令或程序中可以直接引用的具体值，在命令操作或程序运行过程中其值始终保持不变。Visual FoxPro 中有字符型、数值型、日期型、日期时间型、货币型和逻辑型 6 种类型的常量，系统根据常量的书写方式确定常量的类型。

1. 字符型常量

字符型常量又称为字符串，是用一对双引号、单引号或方括号作为定界符对括起来的，由任意 ASCII 码字符和汉字组成的字符型数据，如'123'、"江苏"、[abc]等。

在定义和使用字符型常量时必须注意：

① 定界符只能是半角字符，不能用全角字符。

② 在字符串的两端必须加上定界符，否则系统会把该字符串当成变量名。如'xyz'是一个常量字符串，而 xyz 是一个变量名。

③ 左右定界符必须匹配，即如果左边是双引号，那么右边也必须是双引号。

④ 定界符可以嵌套，但同一种定界符不能相互嵌套，当上述某一种或两种定界符出现在字符串中时，应改用其他符号作为字符串的定界符。例如，[ab'c]是合法的，而'ab'c'不合法。

⑤ 不包含任何字符的字符串("")叫空串，空串与包含空格的字符串(" ")不同。

⑥ 数字用定界符引起来(如"234")后就不再具有数学上的含义，而只是字符符号，不能参加数学运算。

2. 数值型常量

数值型常量又称为常数，用来表示一个数量的大小，由数字 0～9、小数点和正负号(正号可省略)构成。如 12、−23、3.14 等。也可以用科学计数法形式来表示，例如，1.23E5 表示 1.23×10^{5}，2.34E−5 表示 2.34×10^{-5}。

3. 逻辑型常量

逻辑型常量也称为布尔型常量。它只有两个值，即逻辑真和逻辑假。逻辑真可以用 .T.或.Y.表示，也可以用.t.或.y.来表示；逻辑假可以用.F.或.N.表示，也可以用.f.或 .n.来表示。

注意：字母 T、N 等的两端必须紧靠小圆点(圆点与字母之间不能有空格)，圆点和字母都必须是半角符号。

4. 日期型常量

日期型常量一定要包括年、月、日三个值，以便表示一个具体的日期。默认格式为：{^YYYY/MM/DD}或{^YYYY-MM-DD}，例如，{^2013/02/03}表示 2013 年 2 月 3 日。默认格式中的^表示该日期格式是严格的。若要设置为非严格的日期格式，可以执行 SET STRICTDATE TO 0 命令，此后即可用形如{MM/DD/YY}或{MM-DD-YYYY}的格式来表示一个日期。例如，用{02-03-13}或{02-03-2013}来表示 2013 年 2 月 3 日。执行 SET STRICTDATE TO 1 命令可恢复严格日期格式。如果输入的日期格式与当前所设置的日期格式不符，将出现出错提示信息。日期型的空值表示为{}、{ }、{/}和{：}。

此外，Visual FoxPro 的各种日期表示格式还受到 SET DATE TO、SET CENTERY 和 SET MARK TO 命令的影响。

5. 日期时间型常量

日期时间型常量用来表示一个具体的日期与时间。默认格式为：

```
{^YYYY/MM/DD, [HH[:MM[:SS]][A|P]]}
```

例如：{^2013/02/03,10：45 P}表示 2013 年 2 月 3 日下午 10 点 45 分。

6. 货币型常量

货币型常量用来表示货币值，其书写格式与数值型常量类似，但要加上一个前置的符号＄。货币数据在存储和计算时，采用 4 位小数。如果一个货币型常量多于 4 位小数，那么系统会自动将多余的小数位四舍五入，例如＄－12.23、＄123.2345。

2.4.3 变量

在数据处理过程中其值允许随时改变的量称为变量。变量是程序的基本单元，在 Visual FoxPro 中，变量分为内存变量、字段变量、系统变量和对象变量。内存变量除一般意义的内存变量(常称内存变量或简称变量)外，还包含数组变量。

1. 字段变量

一个数据库由若干相关的数据表组成，一个数据表由若干个具有相同属性的记录组成，而每一个记录又由若干个字段组成。表中的字段名就是变量，称为字段变量(Field Variable)。也就是说，在创建数据表时所定义的一个字段就对应一个字段变量，数据表中的字段名即其字段变量名。Visual FoxPro 规定，一个数据表文件至多有 128 个字段变量，且它们的总长度不得超过 4000 字节。

显然，一个数据表有多少条记录，一个字段变量就会有多少个值，因此字段变量是一种多值变量。在数据表中有一个专门用来标识记录的记录指针，该指针指向的记录被称为当前记录。字段变量的当前值就是当前记录中该字段的值。

由于字段变量及其内容的保存形式是数据表文件，它的作用域随数据表文件的打开而存在，随数据表文件的关闭而消失。

字段变量的名称、类型与长度是在创建数据表结构时定义的，有关这一方面的内容将在下一章详细说明。

2. 内存变量

内存变量(Memory Variable)是独立于数据表而存在的临时工作变量，它是内存中的一个存储区域，变量值是存放在这个存储区域的数据。内存变量用来存放数据处理过程中产生的中间结果和最终结果数据或对数据表和数据库进行某种计算后的结果。

Visual FoxPro 的内存变量与其他高级语言中的变量有所不同，它不需要事先说明其类型，其数据类型是根据当前所存储的数据的类型决定的，其类型有字符型(C 型)、数值型(N 型)、浮点型(F 型)、日期型(D 型)、日期时间型(T 型)和逻辑型(L 型)6 种。当内存变量中存放的数据类型改变时，内存变量的类型也随之改变。在使用内存变量时必须首先给使用的内存变量赋一个值，这个变量才可以使用，否则，系统会提示：

```
内存变量没有找到!
```

1) 内存变量的命令规则

内存变量名以字母、汉字或下划线开头，由数字、字母(不区分大小写)、汉字和下划线组成，长度最多可达到 254 个字符。例如，cVAR、n23、x_2_sum、我的 SCORE、_3_n 等都是合法的变量名；3cVAR、n&23、x-2-sum、_3#n 是不合法的变量名。

在定义内存变量时，应注意以下几点：

① 尽量避免使用 Visual FoxPro 系统的保留字。虽然使用保留字时不会导致错误，但它会导致误解，从而降低程序的可读性。

② 尽量不要以_开头，因为 Visual FoxPro 的系统变量规定以_开头。

2) 建立内存变量

建立内存变量有两种方式：一种是使用 STORE 赋值命令，它可以一次给多个内存变量赋值；另一个是使用赋值语句(等号＝)。

格式 1：

```
STORE <表达式>TO <内存变量表>
```

格式 2：

```
<内存变量表>=<表达式>
```

这两种方式的使用说明如下：

(1) 两种格式都能建立内存变量，同时将表达式的值赋给内存变量，确定其数据类型。

(2) STORE 命令可以同时给多个内存变量赋相同的值，当<内存变量名表>中有多个变量时，各内存变量名之间必须使用逗号分开；等号命令一次只能给一个内存变量赋值。

(3) <表达式>可以是一个具体的值,如果不是具体的值,则应先计算表达式的值,再将结果赋值给内存变量。

(4) 可以通过给内存变量重新赋值来改变其内容和类型。

如 STORE 1,2 TO A,B 是错误的;在一行中写入 A=12,B=23 也是错误的。

【例 2-1】 给内存变量赋值,在命令窗口输入如下几条命令:

```
STORE 15 TO a1,a2,a3              && 同时定义 N 型内存变量 a1、a2、a3,值为 15
STORE "常州大学" TO 大学           && 定义 C 型内存变量大学,值为'常州大学'
rq={^2013/02/03}                  && 定义 D 型内存变量 rq,其值为 2013 年 2 月 3 日
贷款否=.t.                        && 定义 L 型内存变量贷款否,其值为逻辑真
```

3) 输出内存变量

用以下两种格式可输出内存变量的值。

格式 1:

```
?[<表达式表>]
```

该语句用来计算表达式的值,并将其显示在屏幕上。每次输出时会先输出一个回车换行符,所以表达式的值将在下一行的起始处输出。

【例 2-2】 在命令窗口输入以下命令:

```
STORE 15 TO a1,a2,a3
?a1,a2,a3                         && 屏幕上将显示: 15    15    15
rq={^2013/02/03}
?rq
输出结果是: 15    15    15
         02/03/13
```

格式 2:

```
??[<表达式表>]
```

该语句计算表达式的值后将其显示在屏幕上,但不会先输出回车换行符,所以各表达式值在光标所在行直接输出。

【例 2-3】 在命令窗口输入以下命令:

```
STORE 15 TO a1
b1="常州大学"
?a1
??b1
输出结果是: 15 常州大学
```

4) 内存变量的显示

格式 1:

```
LIST MEMORY [LIKE<通配符>][TO PRINTER|TO FILE<文件名>]
```

格式 2：

```
DISPLAY MEMORY [LIKE<通配符>][TO PRINTER|TO FILE<文件名>]
```

这两条命令可以显示内存变量的当前信息，包括变量名、作用域、类型和取值。

LIST MEMORY 一次显示与通配符匹配的所有内存变量，如果内存变量多，一屏显示不下，则自动向上滚动。DISPLAY MEMORY 分屏显示与通配符匹配的所有内存变量，如果内存变量多，显示一屏后暂停，按任意键后再继续显示下一屏。

选用 LIKE 短语只显示与通配符匹配的所有内存变量。通配符包括 * 和?，* 表示任意多个字符，? 表示任意一个字符。

例如，LIST MEMORY LIKE A * 表示只显示变量名以 A 开头的所有内存变量。

TO PRINTER 或 TO FILE＜文件名＞用于在显示内存变量的同时送往打印机，或者存入给定文件名的文本文件中，文件的扩展名为.txt。

5）内存变量的清除

格式 1：

```
CLEAR MEMORY
```

格式 2：

```
RELEASE <内存变量名表>
```

格式 3：

```
RELEASE ALL[LIKE<通配符>|EXCEPT<通配符>]
```

格式 1 的功能是清除所有的内存变量；格式 2 和格式 3 的功能是清除指定的内存变量。格式 3 选用 LIKE 短语清除与通配符匹配的内存变量，选用 EXCEPT 短语清除与通配符不相匹配的内存变量。

例如，RELEASE ALL LIKE A? 表示清除现有的内存变量中变量名由两个字符组成并以 A 开头的内存变量。RELEASE ALL EXCEPT A? 表示清除现有的内存变量中除了变量名由两个字符组成并以 A 开头的变量之外的其他内存变量。

6）内存变量的保存

在退出 Visual FoxPro 系统后，用户所建立的内存变量将不会存在，如果希望保存这些内存变量，可用下面的命令将它们保存到内存变量文件中。语句的格式如下：

```
SAVE TO<内存变量文件名>[ALL LIKE<通配符>|ALL EXCEPT<通配符>]
```

内存变量文件的扩展名为.MEM；默认可选项时，将所有内存变量(系统变量除外)存放到内存变量文件中。如果使用 LIKE 短语，则只保存变量名称符合通配符匹配的内存变量，如使用 EXCEPT 短语，则只保存变量名与通配符不相匹配的内存变量。

【例 2-4】 在命令窗口输入以下命令：

```
SAVE TO mvar1
**将当前所有的内存变量存放到名为 mvar1.mem 的内存变量文件
```

```
SAVE TO mvar2 ALL LIKE ab*
**将当前所有以ab开头的内存变量存放到名为mvar2.mem的内存变量文件
SAVE TO mvar2 ALL EXCEPT ab*
**将当前所有的内存变量中以ab开头的内存变量除外,存放到mvar3.mem的内存变量文件中
```

7）内存变量的恢复

如果要重新使用已保存在内存变量文件中的内存变量,可用以下命令进行恢复,将内存变量调入内存。语句的格式如下：

```
RESTORE FROM <内存变量文件名> [ADDITIVE]
```

当缺省ADDITIVE短语时,调入的内存变量将覆盖原有的内存变量;否则调入的内存变量附加到原有的内存变量之后。

内存变量和字段变量比较,有以下不同：

① 字段变量是表结构的一部分,要使用字段变量,必须先打开包含该字段的表,而内存变量与表无关。

② 内存变量是单值变量;而字段变量是多值变量。

③ 当二者同名时,字段变量拥有优先权,即屏蔽了同名的内存变量。若要明确指定访问内存变量,则应在内存变量名前加上指示符M.或M－＞(由减号加大于号组成),即M. ＜内存变量名＞或M－＞＜内存变量名＞。

【例2-5】 假设X、Y、Z三个内存变量,分别存放10、20、30三个数值,当执行一些语句后,这三个内存变量中保存的数值如表2-3所示。

表2-3　内存变量执行情况表

执行语句	执行结果(数据值)			执行语句	执行结果(数据值)		
	X	Y	Z		X	Y	Z
X＝10	10	—	—	Y＝Y＋5	15	25	30
Y＝20	10	20	—	X＝Y＋Z	55	25	30
Z＝30	10	20	30	STORE X TO Y,Z	55	55	55
X＝Y	20	20	30	RELEASE X	—	55	55
X＝15	15	20	30	RELEASE ALL	—	—	—

注：表中"—"表示出现对话框,提示找不到该变量。

3. 数组变量

在处理实际问题时,有时需要连续处理一组数据,这时使用具有相同名称,而带有不同下标的数组变量来表示更加方便。例如,一个班里所有学生的成绩,可以用S(1)、S(2)…分别表示每一个学生的成绩。

数组是一种特殊的内存变量,它是一组有序数据项的集合,其中的每个数据项称为数组的一个元素。Visual FoxPro允许使用一维数组和二维数组,数组在使用前需要先定义。

数组元素的名称由数组名和用括号括起来的下标组成，也就是说，每一个数组元素都可以通过数组名和其相应的下标被访问。如 A(1)表示一维数组 A 的第一个元素；B(2,3)表示二维数组 B 的第 2 行、第 3 列元素。数据元素的引用说明如下：

- 数组下标使用圆括号，二维数组的下标之间使用逗号隔开(符号都是半角字符)。
- 数组的下标可以是常量、变量和表达式，如 A(1)、A(b1)、A(a+b)。
- 数组下标是从 1 开始的，也就是说数组的第一个元素的下标是 1。

1) 数组的定义

与简单内存变量不同，数组在使用之前一般要用 DIMENSION 或 DECLARE 命令定义，说明是一维数组或二维数组，以及数组名和数组大小。数组大小由下标值的上、下限决定，规定下限起始值为 1。

格式 1：

```
DIMENSION|DECLARE <数组名> (<下标上限 1> [,<下标上限 2>]) [,……]
```

该语句定义局部数组，对当前程序有效。

格式 2：

```
PUBLIC<数组名> (<下标上限 1> [,<下标上限 2>]) [,……]
```

该语句定义全局数组，对整个程序有效。

无论是局部数组还是全局数组，数组定义后，每个数组元素的值由系统自动赋以逻辑假.F.值。

例如，DIMENSION a(4),b(2,3)命令定义了两个数组。一维数组 a 含 4 个元素：a(1)、a(2)、a(3)、a(4)；二维数组 b 含 6 个元素：b(1,1)、b(1,2)、b(1,3)、b(2,1)、b(2,2)、b(2,3)。

2) 数组元素或数组的赋值

一切使用简单内存变量的地方，均可以使用数组变量。每个数组元素相当于一个简单变量，数组元素的赋值与引用，与简单内存变量的规则相同。命令格式同样为 STORE ＜表达式＞ TO ＜数组名/数组元素＞或＜数组名/数组元素＞=＜表达式＞。但是在使用数组和数组元素时，要注意以下几点：

① 数组元素的类型为最近一次被赋值的类型，也就是说重新赋值后，数组元素的数据类型由其值决定。

② 在 Visual FoxPro 中，一个数组中的元素可以是不同的数据类型。

③ 在赋值和输入语句使用数组名时会将同一个值同时赋给该数组的全部数组元素。

④ 可以用访问一维数组的形式访问二维数组。如二维数组 b(2,3)中各元素用一维数组形式可依次表示为 b(1)、b(2)、b(3)、b(4)、b(5)、b(6)，其中 b(3)和 b(1,3)是同一变量。

⑤ 在同一个运行环境下，数组名不能与简单变量名重复。

⑥ 可以使用显示内存变量的命令显示数组的存储情况。

【例 2-6】 在命令窗口输入以下命令：

```
DIMENSION b(2,3)
b=15                                  && 表示 b 数组中全部 6 个元素的值为 15
```

【例 2-7】 在命令窗口输入以下命令：

```
DIMENSION aa(2),ab(2,2)               && 定义一维数组 aa 和二维数组 b
aa(1)=12
aa(2)="ABCD"
ab(1,2)=.T.
ab(2,1)=aa(2)
ab(2,2)="efgh"
?aa(1),aa(2),ab(1,1),ab(1,2)          && 屏幕上显示 12  ABCD  .F.  .T.
DISPLAY MEMORY LIKE a*
```

上述命令执行后的输出结果如下：

```
AA        Pub       A
  (1)        N       12            (  12.00000000)
  (2)        C       "ABCD"
AB        Pub       A
  (1,1)      L       .F.
  (1,2)      L       .T.
  (2,1)      C       "ABCD"
  (2,2)      C       "efgh"
```

4. 系统变量

系统变量是 Visual FoxPro 自动生成和维护的变量。为了与一般变量区分，Visual FoxPro 的系统变量都是以下划线_开头。系统变量可用于控制外部设备、屏幕输出格式，以及处理有关计算器、日历和剪贴板等方面的信息。使用 DISPLAY MEMORY 等命令可以看到这些系统变量的当前值。下面是关于系统变量的几个例子：

- _Tally：最后执行表操作命令后表中的记录数。
- _ClipText：剪贴板中包含的内容。例如：

```
_ClipText="常州大学"                 && 将字符串"常州大学"放入到剪贴板中
```

- _Calcvalue：存放在计算器显示屏上的值。例如，执行下列两条命令后，将打开计算器，并在计算器显示屏上显示数值 10。

```
_Calcvalue=10                        && 给系统变量赋值
ACTIVATE WINDOW calculator           && 显示计算器
```

5. 对象变量

Visual FoxPro 是面向对象的高级语言，系统提供了一种称为对象的变量。对象变量是一种组合变量，详见第8章。

2.5 Visual FoxPro 中的常见函数

函数是一段已经编制好的有独立功能的程序，从来源的角度看函数有两类，一类是系统函数，另一类是自定义函数，这里介绍的是常见的系统函数。Visual FoxPro 的系统函数很多，是一系列针对一些常见问题预先编好的函数，当遇到某类问题时就可以调用相应的函数。每一个函数都有特定的数据运算或转换功能，它往往需要若干个参数，即运算对象，但只能有一个运算结果，称为函数值或返回值。函数可以用函数名加一对圆括号加以调用，参数放在圆括号里。函数调用的一般格式如下：

```
函数名([<参数名 1>][,<参数名 2>]…[,<参数名 n>])
```

函数名是系统规定的，参数可以是一个或多个，也可以没有。无论有无参数，函数名后面的一对圆括号不能省略。函数按其功能或返回值的类型主要分为数值处理函数、字符处理函数、日期时间函数、类型转换函数和测试函数等类别。

2.5.1 数值处理函数

(1) 绝对值函数：返回指定的数值表达式的绝对值，函数返回值为数值型。格式如下：

```
ABS(<数值表达式>)
```

【例 2-8】 在命令窗口输入以下命令：

```
?ABS(-12)
?ABS(12)                                  && 返回值均为：12
```

(2) 取整数函数：返回指定的数值表达式的整数部分，函数返回值为数值型。格式如下：

```
INT(<数值表达式>)
```

【例 2-9】 在命令窗口输入以下命令：

```
?INT(3.14)                                && 结果为：3
?INT(-3.14)                               && 结果为：-3
?INT(3.14+1)                              && 结果为：4
```

(3) 求平方根函数：返回指定的数值表达式的平方根，函数返回值为数值型。格式如下：

```
SQRT(<数值表达式>)
```

注意：数值表达式不能为负数。

【例 2-10】 在命令窗口输入以下命令：

```
?SQRT(3.14)                          &&结果为：1.77
?SQRT(4+5)                           &&结果为：3.00
```

(4) 四舍五入函数：返回指定表达式在指定位置四舍五入的结果。格式如下：

```
ROUND(<数值表达式 1>,<数值表达式 2>)
```

参数中的＜数值表达式 2＞是整数(设为 *n*)，决定精确位。若＜数值表达式 2＞大于等于 0，那么它表示的是要保留的小数位数，对小数点后 *n*+1 位四舍五入；若＜数值表达式 2＞小于 0，那么它表示的是整数部分的舍入位数，对小数点前第|n|位四舍五入。函数返回值为数值型。

【例 2-11】 在命令窗口输入以下命令：

```
?ROUND(345.6799,3)                   &&结果为：345.680
?ROUND(345.6799,0)                   &&结果为：346
?ROUND(345.6799,-2)                  &&结果为：300
?ROUND(345.6799,-3)                  &&结果为：0
```

(5) 求模函数：返回两个数值相除后的余数。格式如下：

```
MOD(<数值表达式 1>,<数值表达式 2>)
```

参数中的＜数值表达式 1＞是被除数，＜数值表达式 2＞是除数，不能为 0。如果＜数值表达式 2＞为正数，则函数值为正；如果＜数值表达式 2＞为负数，则函数值为负。该函数的功能与%运算符功能一样。函数返回值为数值型。在求解具体值时可使用以下公式计算：

```
MOD(a,b)=a-[a/b]*b                   其中[a/b]的值取小于或等于 a/b 的最大整数
```

【例 2-12】 在命令窗口输入以下命令：

```
?MOD(10,3)                           &&结果为：1
?MOD(10,-3)                          &&结果为：-2
?MOD(-10,3)                          &&结果为：2
?MOD(-10,-3)                         &&结果为：-1
```

(6) 求最大值函数：计算各表达式的值，并返回其中的最大值。格式如下：

```
MAX(<表达式 1>,<表达式 2>[,<表达式 3>…])
```

求最小值函数：计算各表达式的值，并返回其中的最小值。格式如下：

```
MIN(<表达式 1>,<表达式 2>[,<表达式 3>…])
```

这两个函数的参数值可以是数值型、字符型、货币型、浮点型、双精度型、日期型和日期时间型，但所有参数值的数据类型必须统一。当表达式是数值型或货币型时，MAX 函

数返回最大的表达式值；当表达式是日期型或日期时间型时，MAX 函数返回最后的日期或日期时间；当表达式是字符型时，MAX 函数返回 ASCII 码值最大的那个字符表达式的值。MIN 函数与 MAX 函数用法相同，结果恰好与 MAX 函数相反。

【例 2-13】 在命令窗口输入以下命令：

```
?MIN(3,8,-5)                      && 结果为：-5
?MAX('江苏', '上海')               && 结果为：上海。从第一个字拼音的第一个字母开始比较
```

2.5.2 字符处理函数

1. 一般函数

（1）求字符串长度函数：函数返回值为数值型，返回指定字符表达式值的长度，即包含的字符个数，若该字符表达式是空串，则返回 0。格式如下：

```
LEN(<字符表达式>)
```

【例 2-14】 在命令窗口输入以下命令：

```
?LEN("visual□foxpro□管理系统")          &&□表示一个空格，结果为：22
?LEN(SPACE(3))                          && 结果为：3
```

（2）空格字符串生成函数：函数返回值为字符型，生成由数值表达式指定个数的空格构成的字符串。格式如下：

```
SPACE(<数值表达式>)
```

【例 2-15】 在命令窗口输入以下命令：

```
STORE SPACE(15) TO X
?LEN(X)                                 && 结果为：15
?"VISUAL"+SPACE(3)+"FOXPRO"             && 结果为：VISUAL□□□FOXPRO
```

（3）求子串位置函数。

格式如下：

```
AT(<字符表达式 1>,<字符表达式 2>[,<数值表达式>])
ATC(<字符表达式 1>,<字符表达式 2>[,<数值表达式>])
```

AT 函数用于测试＜字符表达式 1＞在＜字符表达式 2＞中的位置，返回值为数值型。如果＜字符表达式 1＞是＜字符表达式 2＞中的子串，则返回＜字符表达式 1＞的首字符在＜字符表达式 2＞中的位置；如果＜字符表达式 1＞不在＜字符表达式 2＞中，则返回值为 0。如有＜数值表达式＞，设其值为 n，则返回＜字符表达式 1＞在＜字符表达式 2＞中第 n 次出现的起始位置，其默认值为 1。

ATC 函数与 AT 函数的功能相似，但在子串比较时不区分字母的大小写。

【例 2-16】 在命令窗口输入以下命令：

```
?AT("O","VISUAL□FOXPRO",2)          && 结果为: 13
?AT("OX", "VISUAL□FOXPRO")          && 结果为: 9
?AT("IS", "This□IS□a□boy")          && 结果为: 6
?ATC("IS", "This□IS□a□boy")         && 结果为: 3
```

(4) 字符串比较函数：函数返回值为逻辑型，用于比较两个字符串对应位置上的字符，若所有对应字符相同，函数返回.T.，否则返回.F.。格式如下：

```
LIKE(<字符表达式 1>,<字符表达式 2>)
```

注意：

① 字符比较时，严格区分大小写。

② ＜字符表达式 1＞中可以包含通配符 * 和?。* 可以与任何数目的字符相匹配，? 可以与任意单个字符相匹配。

【例 2-17】 在命令窗口输入以下命令：

```
?LIKE('xyz', 'xy')                  && 结果为: .F.
?LIKE('xy?', 'xyz')                 && 结果为: .T.
?LIKE('x?', 'xyz')                  && 结果为: .F.
?LIKE('x*', 'xyz')                  && 结果为: .T.
```

(5) 字符串替换函数：函数返回值为字符型，用于将字符串中的部分内容替换成其他内容。格式如下：

```
STUFF (<字符表达式 1>,<起始位置>,<长度>,<字符表达式 2>)
```

用＜字符表达式 2＞去替换＜字符表达式 1＞中由起始位置开始所指定长度的若干个字符。如果＜字符表达式 2＞是空串，则＜字符表达式 1＞中由起始位置开始所指定长度的若干个字符被删除。

【例 2-18】 在命令窗口输入以下命令：

```
x="中国江苏"
?STUFF(x,5,4,"常州")                && 结果为: 中国常州
```

2. 大小写转换函数

(1) LOWER 函数：将指定表达式值中的大写字母转换成小写字母，其他字符不变。格式如下：

```
LOWER (<字符表达式>)
```

(2) UPPER 函数：将指定表达式值中小写字母转换成大写字母，其他字符不变。格式如下：

```
UPPER(<字符表达式>)
```

大小写转换函数的返回值都为字符型。

【例 2-19】 在命令窗口输入以下命令：

```
LOWER("VISUAL□FOXPRO")                          && 结果为：visual□foxpro
UPPER("visual□FoxPro")                          && 结果为：VISUAL□FOXPRO
```

3. 字符串空格删除函数

(1) TRIM|RTRIM 函数：返回指定字符表达式值去掉尾部空格后形成的字符串。格式如下：

```
TRIM(<字符表达式>)或者 RTRIM(<字符表达式>)
```

(2) LTRIM 函数：返回指定字符表达式值去掉前导空格后形成的字符串。格式如下：

```
LTRIM(<字符表达式>)
```

(3) ALLTRIM 函数：返回指定字符表达式值去掉前导和尾部空格后形成的字符串。格式如下：

```
ALLTRIM(<字符表达式>)
```

字符串空格删除函数的返回值都为字符型。

【例 2-20】 在命令窗口输入以下命令：

```
aa="□FoxPro□□"                                      && □表示一个空格
?TRIM(aa)                                           && 结果为：□FoxPro
?LEN(TRIM(aa)), LEN(LTRIM(aa)), LEN(ALLTRIM(aa))    && 结果为：7, 8, 6
```

4. 子串截取函数

(1) LEFT 函数：从指定表达式值的左端取一个指定长度的字符串。格式如下：

```
LEFT(<字符表达式>,<长度>)
```

(2) RIGHT 函数：从指定表达式值的右端取一个指定长度的字符串。格式如下：

```
RIGHT(<字符表达式>,<长度>)
```

(3) SUBSTR 函数：对字符表达式从指定的起始位置开始截取指定长度的字符串。格式如下：

```
SUBSTR (<字符表达式>,<起始位置>[,<长度>])
```

语句中如果无＜长度＞或＜长度＞大于后面剩余的字符个数，则截至末尾。如果＜起始位置＞大于字符表达式长度，则输出空串。

子串截取函数的返回值都为字符型。

【例 2-21】 在命令窗口输入以下命令：

```
?LEFT("Visual□FoxPro□数据库管理系统",6)          && 结果为：Visual
?RIGHT("Visual□FoxPro□数据库管理系统",6)         && 结果为：理系统
```

【例 2-22】 在命令窗口输入以下命令：

```
?SUBSTR("Visual□FoxPro□数据库管理系统",15,6)     && 结果为：数据库
?SUBSTR("Visual□FoxPro□数据库管理系统",14)       && 结果为：数据库管理系统
?LEN(SUBSTR("Visual□FoxPro",14))                 && 结果为：0
```

5. 宏替换函数

宏替换函数：用于返回指定字符型内存变量中所存放的内容，其调用形式与其他函数不同，是 VFP 中唯一一个不带括号的函数。格式如下：

```
&<字符型内存变量>[.<字符表达式>]
```

说明：

① 宏替换函数的返回类型与字符型内存变量的值去掉字符定界符后的值的类型一致，所以可以是各种数据类型。

② 如果宏替换函数后面还有字符串和该函数值组成字符串，可以在字符型内存变量和字符串之间加一个圆点(.)。

【例 2-23】 在命令窗口输入以下命令：

```
AA="123"
?&AA                          && 结果为：123
AA="FOX"
?"VISUAL &AA.PRO"             && 结果为：VISUAL FOXPRO
?&AA                          && 结果为：系统显示出错信息"找不到变量 FOX"
FOX="ABC"
?&AA                          && 结果为：ABC
```

2.5.3 日期及日期时间处理函数

1. 获取系统当前日期和时间函数

(1) DATE 函数：获取当前系统日期值。函数返回值为日期型。

格式如下：

```
DATE()
```

(2) TIME 函数：以 24 小时制，一般以 hh:mm:ss 格式返回系统当前时间，函数返回值为字符型。格式如下：

```
TIME()
```

(3) DATETIME 函数：返回系统当前日期和时间，函数返回值是日期时间型。格式如下：

```
DATETIME()
```

注意：上述函数没有参数，但函数名后的括号不可缺。

2. 求年份、月份和天数的函数

(1) YEAR 函数：从指定的日期表达式或日期时间表达式中返回年份。格式如下：

```
YEAR(<日期表达式>|<日期时间表达式>)
```

(2) MONTH 函数：从指定的日期表达式或日期时间表达式中返回月份。格式如下：

```
MONTH(<日期表达式>|<日期时间表达式>)
```

(3) DAY 函数：从指定的日期表达式或日期时间表达式中返回月里面的天数。格式如下：

```
DAY(<日期表达式>|<日期时间表达式>)
```

这三个函数的返回值都是数值型。

【例 2-24】 在命令窗口输入以下命令：

```
?YEAR({^2013/08/01})                    && 结果为：2013
?MONTH({^2013/08/01})                   && 结果为：8
?DAY({^2013/08/01})                     && 结果为：1
?YEAR(DATE())                           && 返回当前系统日期的年份
```

2.5.4 数据类型转换函数

1. 数值、字符串转换函数

(1) STR 函数：将数值转换为字符串。函数返回值为字符型。格式如下：

```
STR(<数值表达式>[,<长度>[,<小数位数>]])
```

参数中的＜长度＞给出转换后的字符串长度，该长度包括小数点、负号。如果省略＜长度＞和＜小数位数＞，将取固定长度为 10 位，且只取其整数部分作为返回结果。

若省略＜小数位数＞，则只转换整数位，并对第一位小数四舍五入；若指定小数位，则对指定位的下一位四舍五入。如指定的＜长度＞小于＜数值表达式＞的整数位数，则用一串 * 号表示数据溢出；若＜长度＞为 0，则返回空字符串。

【例 2-25】 在命令窗口输入以下命令：

```
?STR(1234.5678,7,2)                     && 结果为：1234.57
?"X="+STR(1234.5678,4)                  && 结果为：X=1235
```

```
?STR(1234.5678,3)                       && 结果为：***
```

(2) VAL 函数：将字符串转换为数值。函数返回值为数值型。格式如下：

```
VAL(<字符表达式>)
```

若<字符表达式>由数字字符和小数点组成，则转换成相应的数值，但只保留两位小数，其余四舍五入。

若<字符表达式>由非数字字符开头，则转换为0.00。

若<字符表达式>由数字开头，且混有非数字字符时，则转换到第一个非数字字符为止。

【例 2-26】 在命令窗口输入以下命令：

```
?VAL("1234.5678")                       && 结果为：1234.57
?VAL("FOXPRO")                          && 结果为：0.00
?VAL("1234FOX.5678")                    && 结果为：1234.00
```

2. 字符型、日期型/日期时间型转换函数

(1) CTOD 函数：将字符型数据转换成日期型数据。格式如下：

```
CTOD(<字符表达式>)
```

CTOD 函数将 YY/MM/DD 或 MM/DD/YY 日期格式的字符串转换为相应日期。函数返回值是日期型。

(2) CTOT 函数：将字符型数据转换成日期时间型数据。格式如下：

```
CTOT(<字符表达式>)
```

CTOT 函数将 YY/MM/DD MM：SS 或 MM/DD/YY MM：SS 日期格式的字符串转换为相应日期时间型数据。函数返回值是日期时间型。

【例 2-27】 在命令窗口输入以下命令：

```
SET DATE TO YMD
SET CENTURY ON
?CTOD("2013/01/23")                     && 结果为：2013/01/23
?CTOT("2013/01/23"+" "+"16:13")         && 结果为：2013/01/23 04:13:00 PM
```

(3) DTOC 函数：将日期型数据转换成字符串。格式如下：

```
DTOC(<日期表达式>/<日期时间表达式>[,1])
```

DTOC 函数将日期型数据或日期时间型数据的日期部分转换成字符串，函数返回值是字符型。如果使用选项 1，字符串的格式为 YYYYMMDD，共 8 个字符。

(4) TTOC 函数：将日期时间型数据转换成字符串函数。格式如下：

```
TTOC(<日期时间表达式>[,1])
```

TTOC 函数将日期时间型数据转换成字符串。如果使用选项 1，字符串的格式为

YYYYMMDDHHMMSS,采用 24 小时制,共 14 个字符。

【例 2-28】 在命令窗口输入以下命令:

```
SET DATE TO YMD
?DTOC({^2013/01/23})                    && 结果为: 13/01/23
?DTOC({^2013/01/23},1)                  && 结果为: 2013/01/23
```

3. 字符串、ASCII 码转换函数

(1) ASC 函数:将字符串中最左边的字符转换成 ASCII 字符。格式如下:

```
ASC(<字符表达式>)
```

【例 2-29】 在命令窗口输入以下命令:

```
?ASC("A")                               && 结果为: 65
?ASC("FOXPRO")                          && 结果为: 70
```

(2) ASCII 函数:将数值作为 ASCII 码转换为相应的字符。格式如下:

```
CHR(<数值表达式>)
```

【例 2-30】 在命令窗口输入以下命令:

```
?CHR(65)                                && 结果为: A
```

2.5.5 测试函数

1. 数据类型测试函数

格式 1:

```
VARTYPE(<表达式>)
```

格式 2:

```
TYPE("<表达式>")
```

上述函数均用于测试<表达式>的数据类型,返回值是一个表示数据类型的大写字母,如 N(数值)、C(字符)、L(逻辑)、D(日期)等,当<表达式>为非法表达式时,返回 U。不同的是格式 1 中<表达式>两端不需要使用引号,格式 2 中"<表达式>"两端的引号是必需的。

【例 2-31】 在命令窗口输入以下命令:

```
x1="abcd"
?vartype(x1)                            && 结果为: C
?type("x1")                             && 结果为: C
```

2. 条件测试函数

格式如下：

```
IIF(<逻辑表达式>,<表达式 1>,<表达式 2>)
```

当<逻辑表达式>的值为逻辑真.T.时，函数返回<表达式 1>的值；如果为逻辑假.F.，则返回<表达式 2>的值，所以函数返回值的数据类型总是与<表达式 1>或<表达式 2>一致。

【例 2-32】 在命令窗口输入以下命令：

```
X=20
Y=30
?IIF(X>Y,X>0,100+Y)                        && 结果为：130
?IIF(X<Y,X>0,100+Y)                        && 结果为：.T.
```

3. 空值测试函数

用于测试表达式的值是否为空值，当表达式的值为空值时，函数返回.T.，否则返回.F.。格式如下：

```
EMPTY(<表达式>)
```

对于不同类型的数据，空值有不同的定义，具体如表 2-4 所示。

表 2-4 表达式为空的定义

数据类型	表达式为空的定义
字符型	空字符串、空格、制表符、换行符或这些符号的任意组合
数值型	0
日期型	空日期
逻辑型	.F.
备注型、通用型	空白(即没有任何内容或 OLE 对象存在于该字段中)

4. NULL 值测试函数

用于测试表达式的值是否为 NULL 值，当表达式的值为 NULL 时，函数返回.T.，否则返回.F.。格式如下：

```
ISNULL (<表达式>)
```

【例 2-33】 在命令窗口输入以下命令：

```
?ISNULL (.NULL.)                           && 结果为：.T.
?ISNULL (.F.)                              && 结果为：.F.
?ISNULL (0)                                && 结果为：.F.
?ISNULL (" ")                              && 结果为：.F.
```

2.5.6 显示信息函数

在程序设计过程中,经常要显示一些信息,例如提示信息、错误信息等,MESSAGEBOX 函数就是用于显示这些信息的。格式如下:

```
MESSAGEBOX(<信息文本>[,<对话框类型>][,<对话框标题>])
```

该函数以窗口形式显示信息,返回值为数字。

参数中的<信息文本>用于定义对话框中显示的信息,<对话框标题>用于定义对话框的标题文字,<对话框类型>用于定义对话框中的按钮、图标和默认按钮。<对话框类型>为数值或数值的组合,详见表 2-5,默认为 0。如 4,表示对话框中有“是”和“否”两个按钮,无图标,默认按钮为第 1 个按钮;如 1+32+256 表示对话框中有“确定”和“取消”两个按钮,图标是“问号”,默认按钮为第 2 个按钮。

表 2-5 对话框类型及含义

按钮类型值	对话框类型	图标类型值	图 标	默认按钮类型值	默认按钮
0	“确定”按钮	0	无图标	0	第 1 个按钮
1	“确定”和“取消”按钮	16	“终止”图标	256	第 2 个按钮
2	“确定”、“重试”、“忽略”按钮	32	“问号”图标	512	第 3 个按钮
3	“是”、“否”、“取消”按钮	48	“感叹号”图标		
4	“是”和“否”按钮	64	“信息”图标		
5	“重试”和“取消”按钮				

函数的返回值是所单击按钮的对应值,各种按钮的名称及其对应值如表 2-6 所示。

表 2-6 返回值对照表

默认按钮名称	返回值	默认按钮名称	返回值	默认按钮名称	返回值
确定	1	重试	4	否	7
取消	2	忽略	5		
终止	3	是	6		

【例 2-34】 在命令窗口输入以下命令:

```
?MESSAGEBOX("你确认吗?",4+32,"提示")
```

弹出的对话框如图 2-12 所示,如果按下“是”按钮则返回值为 6;如果按下“否”按钮则返回值为 7。

图 2-12 MESSAGEBOX 对话框

2.6 运算符和表达式

运算符是表示数据之间运算方式的符号，也称为操作符。Visual FoxPro 的运算方式有 4 种，即算术运算、字符串运算、关系运算和逻辑运算，因此，运算符也有 4 种，分别是算术运算符、字符串运算符、关系运算符和逻辑运算符。

表达式是由常量、变量和函数通过特定的运算符连接起来的式子。表达式的形式既可以是单一的运算对象，如常量、变量或函数，又可以是由运算符将运算对象连接起来形成的式子。无论是简单的还是复杂的表达式，按照规定的运算规则运算后，最终均得到一个确定的结果，即表达式的值。根据表达式值的类型，表达式分为数值表达式、字符表达式、日期表达式和逻辑表达式 4 种。

2.6.1 算术运算符和数值表达式

数值表达式是由算术运算符将各类数值型数据连接而成，其运算结果仍然是数值型。Visual FoxPro 的各种算术运算符，其含义和优先级别如表 2-7 所示。

表 2-7 算术运算符及其优先级

优先级	运算符	说　明	优先级	运算符	说　明
1	()	形成表达式内的子表达式	4	*、/	乘、除运算
2	－	取负数运算	5	%	求模运算(同 MOD()函数)
3	**或^	乘方运算	6	＋、－	加、减运算

2.6.2 字符串运算符和字符表达式

字符串运算符有两个，它们的优先级相同。

＋：将前后两个字符串首尾连接形成一个新的字符串。

－：连接前后两个字符串，并将前字符串的尾部空格移到合并后的新字符串尾部。

字符表达式是由字符串运算符将字符型数据连接起来形成的表达式，其运算结果仍然是字符型数据。

【例 2-35】 在命令窗口输入以下命令：

```
aa="□visual□"                          && □表示一个空格
bb="□foxpro□"
?aa+bb                                  && 结果是：□visual□□foxpro□
?aa-bb                                  && 结果是：□visual□foxpro□□
```

2.6.3 日期时间运算符和日期时间表达式

日期运算符只有两个：＋和－，运算的结果是日期型或数值型数据。两个运算符的优先级相同。

格式 1：

日期 1-日期 2(获得两个日期相隔的天数)

格式 2：

日期±整数(产生一个新的日期)

合法的日期时间表达式的格式如表 2-8 所示，其中＜天数＞和＜秒数＞都是数值表达式。

表 2-8 日期时间表达式的格式

格　　式	结果及类型
＜日期＞＋＜天数＞ 或 ＜天数＞＋＜日期＞	指定日期若干天后的日期，其结果是日期型
＜日期＞－＜天数＞	指定日期若干天前的日期，其结果是日期型
＜日期＞－＜日期＞	两个指定日期相差的天数，其结果是数值型
＜日期时间＞＋＜秒数＞ 或 ＜秒数＞＋＜日期时间＞	指定日期时间若干秒后的日期时间，其结果是日期时间型
＜日期时间＞－＜秒数＞	指定日期时间若干秒前的日期时间，其结果是日期时间型
＜日期时间＞－＜日期时间＞	两个指定日期时间相差的秒数，其结果是数值型

【例 2-36】 在命令窗口输入以下命令：

```
SET DATE TO YMD
?{^2013/02/03}+8                                  && 结果是：13/02/11
?{^2013/02/03 9:15:20}+200                        && 结果是：13/02/03 09:18:40 AM
?{^2013/02/13}-{^2013/02/03}                      && 结果是：10
?{^2013/02/03 9:18:40}-{^2013/02/03 9:15:20}      && 结果是：200
```

2.6.4 关系运算符和关系表达式

关系表达式由关系运算符、算术表达式、字符表达式等组成。关系表达式的一般格式为＜表达式 1＞＜关系运算符＞＜表达式 2＞。关系表达式的运算结果是逻辑值真或假，若关系成立，则结果为.T.(真)；若不成立，则结果为假.F.(假)。关系运算符及表达式如表 2-9 所示。

表 2-9　关系运算符及其含义

运算符	功　能	运算符	功　能	运算符	功　能
＜	小于	＜＝	小于等于	＝＝	字符串精确比较
＞	大于	＞＝	大于等于	$	字符串包含计较
＝	等于	＜＞,！＝,＃	不等于		

说明：

① 关系运算符的优先级相同，从左到右依次进行比较。

② 关系运算符两边的数据类型必须一致，就是说只有同类型的数据才可进行比较。

③ 数值型数据按数值的大小比较；日期型数据按日期的先后比较；字符型数据按字符的ASCII码值进行比较，或汉字的机内码比较；字符串先比较第一个字符，如果相同则比较第二个字符，依此类推。

④ $用于两字符型数据之间的运算，检测运算符左边的＜表达式1＞是否为右边＜表达式2＞的子串，如果"是"结果为.T.，否则为.F.。

⑤ 运算符＝＝用于字符串精确比较，只有＜表达式1＞和＜表达式2＞完全相等时，表达式的值才为.T.，否则为.F.。运算符＝的使用与系统的EXACT状态有直接关系。当使用了SET EXACT ON命令之后，运算符＝与运算符＝＝等效，相反，如果使用了SET EXACT OFF命令后，运算符＝是非精确比较，即当＜表达式2＞是＜表达式1＞从第一个字符开始的子串时，表达式的值为.T.。系统的EXACT状态默认为OFF。

【例 2-37】 在命令窗口输入以下命令：

```
?{^2013/02/03}>{^2013/01/03}                  && 结果是: .T.
?"OK"$"TODAY"                                 && 结果是: .F.
?"OD"$"TODAY"                                 && 结果是: .T.
aa="a"
bb="ab"
SET EXACT ON                                  && 设置为完全匹配状态
?bb=aa                                        && 结果是: .F.
SET EXACT OFF                                 && 设置为非完全匹配状态
?bb=aa                                        && 结果是: .T.
```

2.6.5 逻辑运算符和逻辑表达式

逻辑表达式是由逻辑运算符将逻辑型数据连接起来而形成的，其运算结果仍然是逻辑性数据。逻辑运算符有三个：.NOT.或！(逻辑非)、.AND.(逻辑与)以及.OR.(逻辑或)。也可以省略两端的点(省略时逻辑运算符两边必须有空格)，其优先级顺序依次为NOT、AND、OR。逻辑运算符的运算规则如表2-10所示。

表 2-10　逻辑运算符的运算规则

A	B	.NOT. B	A.AND.B	A.OR.B	A	B	.NOT.B	A.AND.B	A.OR.B
.T.	.T.	.F.	.T.	.T.	.F.	.T.	.F.	.F.	.T.
.T.	.F.	.T.	.F.	.T.	.F.	.F.	.T.	.F.	.F.

2.6.6 不同类型运算符的运算优先级

在每一类运算符中,同一类运算符的运算次序按照该类运算符的规定执行,同一种运算符中相同优先级的运算从左至右顺序执行。不同类型的运算符也可能出现在一个表达式中,当表达式中多种运算符同时出现时,各种运算符的优先顺序从高到低为:先执行算术运算符、字符串运算符和日期时间运算符,其次执行关系运算符,最后执行逻辑运算符。

圆括号作为运算符,可以改变其他运算符的运算次序。圆括号内的内容作为整个表达式的子表达式,在其他运算对象进行各类运算之前,首先计算其结果。有时在表达式的适当地方插入圆括号,并不是为了真正改变运算次序,但可以提高表达式的可读性。

【例 2-38】 在命令窗口输入以下命令:

```
?200<100+15.AND. "AB"+"EFG">"ABC'.OR..NOT."PRO"$"FOXPRO"
```

分析:先运算 100+15 和"AB"+"EFG",结果:

```
200<115.AND. "ABEFG">"ABC'.OR..NOT."PRO"$"FOXPRO"
```

其次进行小于(<)、大于(>)比较和包含($)测试,结果:

```
.F..AND..T..OR..NOT..T.
```

最后进行逻辑非(.NOT.)、逻辑与(.AND.)和逻辑或(.OR.)运算:

```
.F..AND..T..OR..F.→.F..OR..F.→.F.
```

该表达式的运算结果为逻辑假.F.。

本 章 小 结

Visual FoxPro 是 Microsoft 公司推出的关系型数据库管理系统,它功能强大,结构简单,使用方便。Visual FoxPro 有多种常用的操作方式,如菜单方式、工具方法、命令方式和程序方式。

计算机语言的基本要素是变量、数据类型、表达式、控制结构、过程和函数,本章重点介绍了前三种。

习　题　二

一、思考题

1. 简述新建项目文件的方法。
2. Visual FoxPro 系统提供了哪几种数据类型?

3. 简述字段变量和内存变量的区别，并试述内存变量的命名规则。
4. 简述常量 123 和常量'123'的区别。
5. 比较 $ 、＝和＝＝这三个关系运算符的异同点。
6. 数组中可以用访问一维数组的形式访问二维数组，试写出将二维数组转换成一维数组的表示方法。

二、选择题

1. 在使用项目管理器时，如果要移去一个文件，在对话框中选择“移去”按钮，系统会把所选择的文件移走，被移走的文件将会________。
(A) 不被保留在原目录中
(B) 将被从磁盘上删除
(C) 也可能保留在原来的目录中，也可能被保留在其他目录中
(D) 被保留在原目录中
2. Visual FoxPro 的工作方式不包括________。
(A) 程序执行方式　　(B) 结构操作方式
(C) 菜单操作方式　　(D) 命令操作方式
3. 如果内存变量与字段变量均有变量名：姓名。引用内存变量的正确方法是________。
(A) M.姓名　　(B) M－>姓名
(C) 姓名　　(D) (A)和(B)均可以
4. 下列操作方法中，不能退出 VFP 的一项是________。
(A) 单击“文件”菜单中的“退出”命令
(B) 单击“文件”菜单中的“关闭”命令
(C) 在命令窗口中输入 QUIT 命令，按 Enter 键
(D) 按 Alt＋F4 键
5. 下面关于项目及项目中的文件的叙述，不正确的一项是________。
(A) 项目中的文件不是项目的一部分
(B) 项目中的文件表示该文件与项目建立了一种关联
(C) 项目中的文件是项目的一部分
(D) 项目中的文件是独立存在的
6. 项目管理器中的“全部”选项卡用于显示和管理________。
(A) 数据、文档、自由表、文本文件
(B) 数据、文档、类库、代码、其他
(C) 表单、报表、文档、标签、查询
(D) 表单、菜单、文本文件、数据库、其他文件
7. 通过项目管理器中的按钮不可以完成的操作是________。
(A) 新建文件　　(B) 添加文件　　(C) 为文件重命名　　(D) 删除文件
8. 在下列关于 VFP 变量的说明中，错误的叙述是________。
(A) 字段变量保存在表文件中
(B) 字段变量的值随记录指针的改变而改变

(C) 在参与运算时，字段变量优先于同名的内存变量

(D) 一个表文件中字段变量的个数最多为 255 个

9. 隐藏命令窗口的操作方法是________。

(A) 单击“窗口”菜单中的“命令窗口”命令

(B) 单击常用工具栏上的“命令窗口”按钮

(C) 按 Ctrl+F4 组合键

(D) 以上方法均可以

10. 以下均为 VFP 常量的是________。

(A) 68、'68'、_68、.t.　　(B) {^2000.12.26}、'2000.12.26'、{}、''

(C) []、'AAA'、0、AA　　(D) .T.、T、"T"、_T

11. 用 DIMENSION ARR[3,3]命令声明了一个二维数组后，再执行 ARR=3 命令，则有________。

(A) 命令 ARR=3 创建了一个新的内存变量，它与数组无关

(B) 数组的第 1 个元素被赋值为 3

(C) 所有的数组元素均被赋值为 3

(D) 当存在数组 ARR 时，不可用 ARR=3 命令创建与数组同名的内存变量

12. 6E-3 是一个________。

(A) 内存变量　　(B) 字符常量　　(C) 数值常量　　(D) 非法表达式

13. 在 VFP 的表结构中，逻辑型、日期型和备注型字段的宽度分别为________。

(A) 1、8、10　　(B) 1、8、4　　(C) 3、8、10　　(D) 3、8、任意

14. 关于 Visual FoxPro 的变量，下面说法中正确的是________。

(A) 使用一个简单变量之前要先声明或定义

(B) 数组中各数组元素的数据类型可以不同

(C) 定义数组以后，系统为数组的每个数组元素赋以数值 0

(D) 数组元素的下标下限是 0

15. 在 VFP 中，数组元素定义后在未赋值之前是________。

(A) .t.　　(B) .f.　　(C) 0　　(D) 1

16. 以下数据中，不是字符型数据为________。

(A) "06/06/06"　　(B) 'abcd1234'　　(C) [3.14]　　(D) 06/06/06

17. Visual FoxPro 内存变量的数据类型不包括________。

(A) 数值型　　(B) 货币型　　(C) 备注型　　(D) 逻辑型

18. 在下面的表达式中，运算结果为逻辑真的是________。

(A) EMPTY(.NULL.)　　(B) LIKE("edit","edi?")

(C) AT("a","123abc")　　(D) EMPTY(SPACE(10))

19. 下列 4 个表达式中，运算结果为数值类型的是________。

(A) '9999'-'1255'　　(B) 1200+800=2000

(C) CTOD([11/22/01])-20　　(D) LEN(SPACE(10))-3

20. 在下列表达式中,结果为日期类型的正确表达式是________。

(A) DATE ( )+100　　　　(B) DATE( )+TIME( )

(C) DATE( )-CTOD("11/10/2003")　　　　(D) 1000-DATE( )

21. 执行命令? LEN(TRIM(' 中国成都 '),显示的结果是________。

(A) 12　　(B) 10　　(C) 6　　(D) 8

22. 在以下四组函数运算中,结果相同的是________。

(A) LEFT("Visual FoxPro",6)与 SUBSTR("Visual FoxPro",1,6)

(B) YEAR(DATE())与 SUBSTR(DTOC(DATE),7,2)

(C) VARTYPE("36-5*4")与 VARTYPE(36-5*4)

(D) 假定 A="this　", B="is a string", A-B 与 A+B

23. Visual FoxPro 中,运算符优先级从高到低依次是________。

(A) 字符运算符、关系运算符和逻辑运算符

(B) 字符运算符、逻辑运算符和关系运算符

(C) 逻辑运算符、字符运算符和关系运算符

(D) 关系运算符、字符运算符和逻辑运算符

24. 在 Visual FoxPro 中,能够将日期型数据转换成字符型数据的函数名为________。

(A) CTOD　　(B) STR　　(C) VAL　　(D) DTOC

25. 如果 x 是一个正实数,对 x 的第 3 位小数四舍五入的表达式是________。

(A) 0.01*INT(100*(x+0.05))　　　　(B) 0.01*INT(100*(x+0.005))

(C) 0.01*INT((x+0.005))　　　　(D) 0.01*INT(x+0.05)

26. 执行如下命令,最后输出结果是________。

```
A=STR(12.45, 5, 1)
B=RIGHT(A, 3)
C='&A+&B'
?&C
```

(A) 14.95　　(B) 12.45245　　(C) 15.00　　(D) 出错信息

27. 有如下赋值语句 a="你好" b="大家",下列选项中结果为"大家好"的表达式是________。

(A) b+AT(a,1)　　　　(B) b+RIGHT(a,1)

(C) b+LEFT(a,3,4)　　　　(D) b+RIGHT(a,2)

28. 下列表达式中,表达式返回结果为.F.的是________。

(A) AT("A", "BCD")　　　　(B) '[信息]'$ '管理信息系统'

(C) ISNULL(.NULL.)　　　　(D) SUBSTR("计算机技术",3,2)

三、填空题

1. VFP 中,项目文件的扩展名是________。

2. 请将下列数学表达式写成 VFP 的合法表达式。

(1) $\left(X-\frac{3Y}{2-Z}\right)\times\sqrt{YZ}$

(2) $\frac{1}{2}XY\times\sqrt{25X-Y}$

3. 设 A=10,B=5,C=4,表达式 A%B+B^2/C+B 的值为________。

4. 表达式'window'=='Window'的结果为________。

5. 表达式 10-8>10 OR 10+8>12 AND 'abc'$'ab' 的结果值是________。

6. DIMENSION m(6,3)命令定义了一个数组 m,则该数组中数组元素的数目是________。

7. 设 A='20',B='A',表达式? &B+'10'的结果值是________。

8. 执行? DAY({^2003-12-15})命令后显示的结果是________。

9. 执行? LOWER('VISUAL FoxPro 数据库管理系统')命令后显示的结果是________。

10. 在关系运算符中,________和________仅适用于字符型数据。

11. 命令? ROUND(337.2007,3)的执行结果是________。

12. 符合闰年的条件是:能被 4 整除但不能被 100 整除,或能被 400 整除。闰年的逻辑表达式为________(年份用 YEAR 表示)。

13. 年龄(用 old 表示)大于 20 岁,身高(用 height 表示)不低于 1.8 米的运动员。其逻辑表达式为________。

14. 年龄在 20 岁和 50 岁之间,职称为技术员的逻辑表达式为________。(注:年龄用变量 nl,职称用变量 zc 表示)

15. 表达式 321+val('32A1')的值为________。

16. 函数 SUBSTR("VisualFoxPro5.0",7,6)的返回值是________。

17. 执行? AT('教授','副教授')命令的显示结果是________。

18. 当内存变量与字段变量同名时,可以在内存变量名加上________标志来特别说明该变量是内存变量。

四、上机练习

1. 在磁盘根目录中新建文件夹“图书管理”,并用菜单操作和命令操作两种方法设置该文件夹为默认目录。

2. 在默认目录中新建项目文件 Bookroom,观察项目管理器的组成和功能。

3. 在命令窗口中输入相应的赋值命令,给内存变量赋值,并用? 显示内存变量的值加以验证。

   (1) 内存变量 A,B,C 均赋值为'abc';

   (2) ABC1 赋值为 35;

   (3) 变量 ABC2 赋值为日期类型数据 2012 年 10 月 1 日;

   (4) ABC3 赋值为.T.;

   (5) ABC4 赋值为 2012 年 10 月 1 日上午 9 点。

4. 在命令窗口中输入并执行相关命令,完成数组的定义、赋值和输出。

   (1) 定义一个一维数组 a,数组中有三个元素,其值依次为“01”、“张红”、68。

(2) 定义一个三行两列的二维数组 course,并赋初值如表 2-12 所示。

表 2-12　二维数组 course

01	高等数学
02	大学英语
03	大学计算机基础

5. 根据要求写出函数表达式并上机运行。

(1) 求 45 除以 8 的余数(两种方法)。

(2) 取出字符串'abcdef'中的前 3 个字符。

(3) 取出字符串'abcdef'中的'cd'字符。

(4) 求字母"o"在"VisualFoxPro6.0"中第二次出现的位置。

(5) 显示当前的系统日期和年份。

(6) 将日期类型数据{^01/01/2011}转换为字符型数据,并用 TYPE 函数验证。

(7) 将"3.14aa159"转换为数值类型,并证明其为数值类型。

(8) 用 STUFF 函数将字符串"ABCDEF"替换成"ABABEF"。

(9) 比较字符串"ABC"和"abc"的大小。

(10) 求字符串"VFP 程序设计"的长度。

第3章

表的创建及使用

在关系型数据库管理系统中，所有数据的操作都是在表的基础上进行的，因为数据存储在表中。表以行和列的二维结构形式来组织数据，如图 3-1 所示，其中列决定了表从哪些方面对实体进行描述，行包含了每个实体的具体数据。在 Visual FoxPro 中，每一列称为一个字段，每一行称为一条记录。表中第一行是每个字段的名字，称为表头，其下各行均为表中的记录。

Readerinfo

读者编号	姓名	性别	出生日期	详细住址	联系电话	注册日期	押金	是	备注	照片
0001	孙小英	女	05/12/70	常州清秀园小区	13681678263	09/17/06	50	T	memo	Gen
0002	孙林	男	01/25/89	常州蓝天小区	051988978239	09/17/06	50	T	Memo	Gen
0004	李沛沛	女	02/16/85	常州白云小区	051953343344	09/17/06	50	T	Memo	gen
0006	白林林	女	11/23/85	常州花园小区	051989782394	10/11/06	50	T	memo	gen

图 3-1　表的基本形式

创建好的表以文件形式(.dbf)存放在计算机中。若表中无记录则称此表为空表。

表分成自由表和数据库表两种，如果一个表和数据库无任何关联，称此表为自由表；如果该表属于某数据库，称此表为数据库表。本章介绍自由表的创建和使用。

3.1　创建自由表

建立一个二维表需要经过两个步骤：

① 设计并建立表结构。

② 输入记录。

表结构是对表的结构的定义，它规定了一个表包括哪些字段，字段的数据类型、宽度以及小数位数等。确定表结构后，就可以在表结构的约束条件下输入表的具体数据。

3.1.1　表结构的设计

日常生活中的数据是一些散乱的数据，并不能直接作为表的数据使用，必须经过加工、整理，把这些数据变成有组织的集合，才能够存放到表中。表结构的设计即是根据表中需要存储的信息确定表中包含哪些字段，每一字段的数据有什么要求。具体而言，表结构的设计主要包括字段的确定和每个字段的属性的确定。字段的属性包括字段名、字段类型、字段宽度、小数位数、NULL 值。

1. 字段名

字段名实际上是表的列名，用于在表中标识该字段。通常采用与字段相对应的英文名称或汉语拼音缩写，以便见文识意。Visual FoxPro 也允许使用汉字作为字段名。需要说明的是：

- 自由表字段名最长为 10 个字符。
- 字段名必须以字母或者汉字开头。
- 字段名可以由字母、汉字、数字和下划线组成。
- 字段名中不能包含空格。

2. 字段类型和宽度

字段的值不同，其数据类型也不同。能用作字段的数据类型包括字符型、货币型、数值型、浮点型、日期型、日期时间型、双精度型、整型、逻辑型、备注型、通用型、字符型(二进制)和备注型(二进制)。

字段宽度指该字段所能容纳的数据的字节数，和字段类型有关。通常可以根据一个字段可能占用的最大字节数来决定字段宽度，以保证每个数据信息都能保存，但也不必太宽，以免浪费存储空间。

字段类型的具体用法以及字段宽度的设定见表 3-1。

表 3-1　字段类型和宽度

字段类型	类型代号	宽　度	说　明
字符型	C	1～254	存放任意字符数据，如姓名、编号等
数值型	N	正负号、小数点和数值部分所占字节数之和	用于存储数值，如工资、成绩等，其中正负号和小数点占一个字节，数值部分(含小数)每个数字占一个字节
整型	I	4	存放整型数据，如天数
浮点型	F	同数值型	
双精度型	B	8	存放精度要求较高的数据
货币型	Y	8	存放货币型数据
日期型	D	8	保存年月日，如出生日期
日期时间型	T	8	保存年月日时分秒，如上班时间
逻辑型	L	1	存放逻辑型数据(真.T. 假 .F.)，用于值只有两种可能的字段，如性别、婚否
备注型	M	4	存放不定长的大段文本，如简历、备注等字段
通用型	G	4	存放 OLE 对象数据，如图片

3. 小数位数

对于数值型、浮点型和双精度型的数据，应为其指定小数位数。需要注意的是，当字段值为纯小数时，字段的宽度可以只比小数位数多1。

4. 是否允空(NULL)

指字段是否接收空值(NULL)。空值是关系数据库中的重要概念，如果表中某条记录的某字段值为NULL，表明该字段还没有确定值。因此NULL不同于数值0、空字符串或逻辑假，不能把它理解为任何意义的数据。

表3-2～表3-4列出了本书使用的数据表的表结构。

表3-2 读者信息(Readerinfo)表的表结构

字段名称	字段类型	字段宽度	小数位数	是否允空
读者编号	C	6		否
姓名	C	10		否
性别	C	2		允空
出生日期	D	8		允空
详细地址	C	28		否
联系电话	C	12		否
注册日期	D	8		否
押金	N	4	0	否
是否允许借	L	1		否
备注	M	4		否
照片	G	4		否

表3-3 图书信息(Booksinfo)表的表结构

字段名称	字段类型	字段宽度	小数位数	是否允空
图书编号	C	10		否
书名	C	30		否
作者	C	10		否
出版社	C	20		否
定价	N	6	1	否
入库日期	D	8		否

表 3-4　借阅情况(Lendinfo)表的表结构

字段名称	字段类型	字段宽度	小数位数	是否允空
流水号	C	10		否
图书编号	C	10		否
读者编号	C	6		否
借阅日期	D	8		否
借阅情况	C	6		否

3.1.2　表结构的创建

表结构的创建有三种方式：一是使用表向导；二是使用表设计器；三是使用 SQL 命令。

用向导建立表结构时，因为系统提供的默认字段名不一定适合实际需要，还要作修改，有时还不如直接建立来得方便，因此不是普遍适用的方法，本文略过。使用 SQL 命令创建表结构将在后续章节中介绍。表设计器是 Visual FoxPro 提供的众多设计器中的一个，具有比向导更灵活更全面的功能，通过它，用户可以按照自己的要求，以交互的方式从无到有创建一个表。下面重点介绍使用表设计器创建表结构。

1. 打开表设计器

打开表设计器的方法很多，具体而言有以下三种：

(1) 在项目管理器中打开表设计器。

具体步骤是：

① 打开项目管理器。

② 在项目管理器的“数据”选项卡中选择“自由表”，单击“新建”按钮。

③ 在打开的“新建表”对话框中，单击“新建表”按钮，打开“创建”对话框。

④ 在打开的“创建”对话框中，输入表名，单击“保存”按钮，启动“表设计器”。

(2) 使用菜单命令或工具按钮。

具体步骤是：

① 执行“文件”→“新建”菜单命令或者单击工具栏上的“新建”按钮，打开“新建”对话框。

② 在“新建”对话框中选择“表”选项，并单击“新建文件”按钮，打开“创建”对话框。

③ 在打开的“创建”对话框中，输入表名，单击“保存”按钮，启动“表设计器”。

(3) 使用 CREATE 命令

命令格式是：

```
CREATE [<表文件名>|?]
```

如果命令中省略<表文件名>选项或者使用?,将打开"创建"对话框,以便用户输入表名;如果命令中含有文件名,将直接打开表设计器。

例如,执行命令 CREATE Readerinfo 后,表设计器被打开,并在表设计器的标题栏中显示该表的表名。

注意:通过项目管理器创建的表属于该项目,所以可以在项目管理器中查看到该表,而通过其他方式创建的表则不可。

2. 在表设计器中创建表结构

如图 3-2 所示,在"表设计器"窗口中,有"字段"、"索引"和"表"3 个选项卡,分别用于设置字段属性,创建索引和设置"表"属性。本节介绍"字段"选项卡的使用。

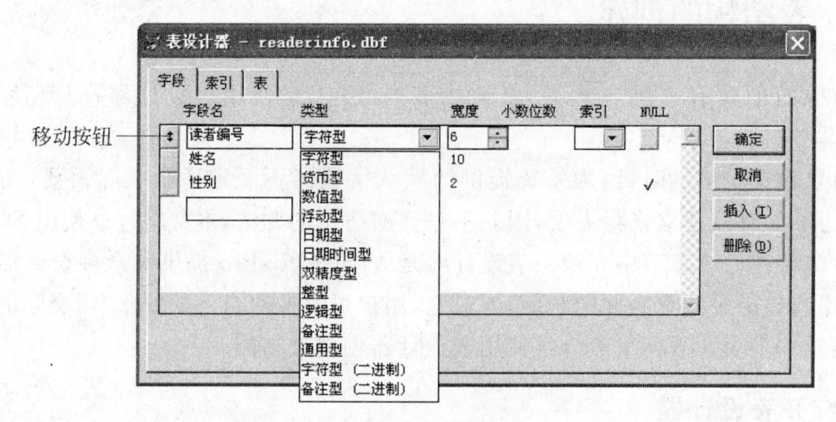

图 3-2 表设计器

选中"字段"选项卡,可以设置各字段的属性,包括字段名、类型、宽度、小数位数、索引和 NULL,其中字段名必须输入,其他属性可以选择或修改。具体说明如下:

- "字段名"列:用于设置字段名,单击表设计器中"字段名"下面的文本框,光标出现在文本框中,便可输入字段名。
- "类型"列:用于设置该字段的数据类型,单击"类型"列的下拉列表框,弹出表所支持的所有数据类型,用鼠标单击所需类型即可。需要注意的是一旦选择了字段的数据类型,则填入该字段的数据都必须满足数据类型的要求。例如,表 3-1 的"押金"字段是数值型,那么填入"押金"字段的数据就不能为字符型数据。
- "宽度"列:用于设置字段宽度,可以用位于右侧的微调按钮调整宽度数值,也可以直接输入宽度值。
- "小数位数"列:用于设置小数部分的位数,该列仅当字段的数据类型是数值型、浮点型和双精度型时可用,用法与"宽度"列相同。
- "索引"列:用于为字段添加索引,可以设为升序或者降序,设置方法与"类型"列相同。
- NULL 列:用于设置是否允空,单击 NULL 列的按钮,使之变为√,表示允空。

"字段"选项卡中另包含若干命令按钮,其中"插入"按钮用于在所选字段前插入一个新字段,“删除”按钮用于删除当前选中的字段,用鼠标向上或向下拖动“移动”按钮可以改变当前字段在字段列表中的位置。“确定”和“取消”按钮分别用于保存或取消对表结构的创建和修改。

下面通过实例说明使用表设计器创建表结构的过程。

【例 3-1】 在项目管理器中创建表 Readerinfo。

① 单击“打开”按钮,在“打开”对话框中,选定项目 Bookroom,单击“确定”按钮,打开项目管理器。

② 在项目管理器中选择“数据”选项卡(见图 3-3),在列表中选中“自由表”,单击“新建”按钮,打开“新建表”对话框(见图 3-4)。

图 3-3 项目管理器的“数据”选项卡

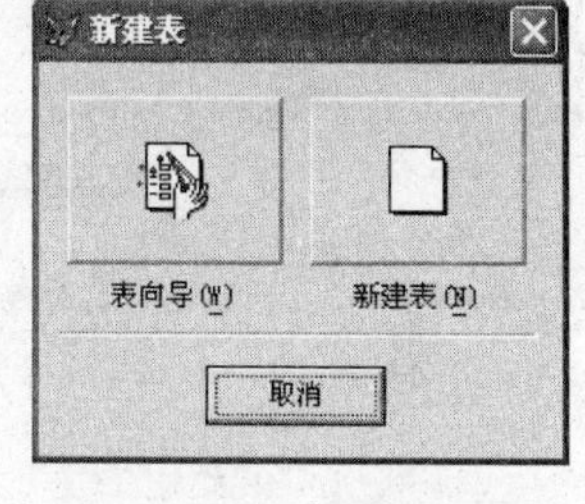

图 3-4 “新建表”对话框

③ 在“新建表”对话框中,单击“新建表”按钮,打开“创建”对话框。

④ 在“创建”对话框中,输入表文件名 readerinfo(见图 3-5),单击“保存”按钮,打开表设计器。

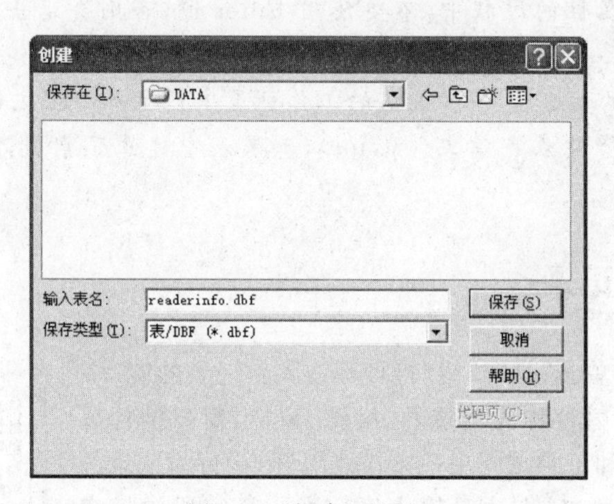

图 3-5 “创建”对话框

⑤ 根据表 3-1,在“表设计器”窗口中依次设置各个字段的字段名、类型、宽度、小数位数,以及是否允空(见图 3-6)。

⑥ 单击“确定”按钮,完成表结构设计。

此时将出现一个如图 3-7 所示的系统提示框。如果单击“是”按钮,可以打开编辑窗口输入每个读者的数据信息;如果单击“否”按钮,表示不立即输入数据,仅完成表结构的创建。

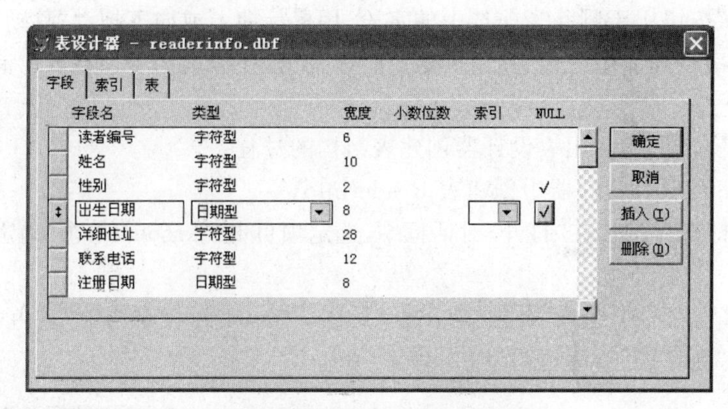

图 3-6　表设计器的“字段”选项卡

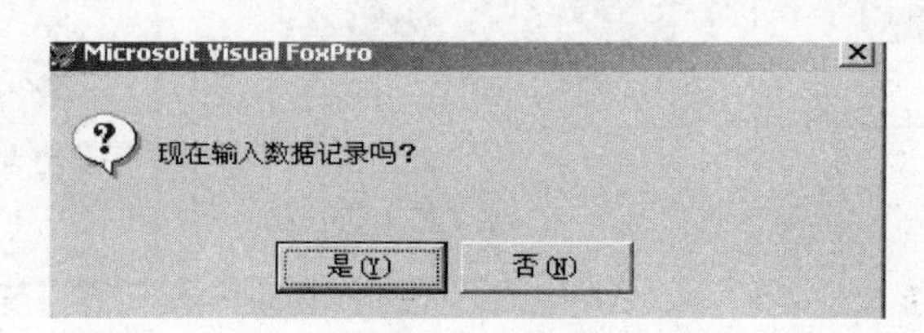

图 3-7　系统提示框

注意：

① 对于允空字段，应选中 NULL，否则默认为“不允空”。

② 在定义字段属性的过程中，不要使用 Enter 键，否则会退出表设计器。应使用 Tab 键将光标移到下一栏或者用鼠标直接选中下一栏。

③ 完成表结构的创建后，将在默认的工作目录中产生一个主文件(.dbf)，如果表中有备注型字段，还会产生表备注文件(.fpt)，如果表中建立了索引，还将产生索引文件(.cdx)。

3.1.3　输入新记录

如果在图 3-7 中单击“是”按钮，将打开输入新记录的窗口，如图 3-8 所示。这个窗口称为记录的“编辑”窗口，窗口的标题是表名，窗口中记录和记录之间用一条横线隔开，一行为记录的一个字段，左边是字段名，右边是输入区。当一个字段被填满时，光标会自动移到下一个字段；如果填不满，可以在输入的最后一个字符后按下 Enter 键，或者直接用鼠标定位到下一字段。

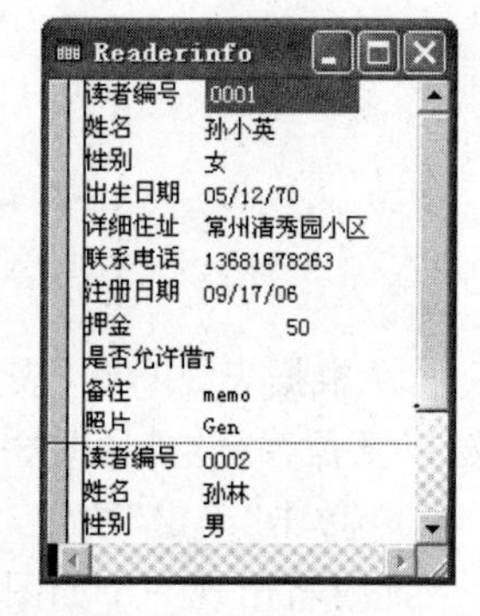

图 3-8　“编辑”窗口

输入新记录可以在“编辑”窗口中完成，也可以在“浏览”窗口(见图 3-9)中完成。通过在“显示”菜单(见图 3-10)中选择“浏览”子菜单，可以把“编辑”窗口转换为“浏览”窗口，在“浏览”窗口中，按下 Tab 键，光标会自动移到下一个字段。

读者编号	姓名	性别	出生日期	详细住址	联系电话	注册日期	押金	是	备注	照片
0001	孙小英	女	05/12/70	常州清秀园小区	13681678263	09/17/06	50	T	memo	Gen
0002	孙林	男	01/25/89	常州蓝天小区	051988978239	09/17/06	50	T	Memo	Gen
0004	李沛沛	女	02/16/85	常州白云小区	051953343344	09/17/06	50	T	Memo	gen
0006	白林林	女	11/23/85	常州花园小区	051989782394	10/11/06	50	T	memo	gen

图 3-9 “浏览”窗口

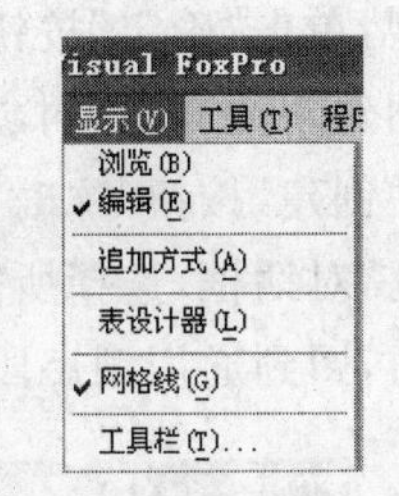

图 3-10 “显示”菜单

当然，通过在“显示”菜单中选择“编辑”子菜单，“浏览”窗口可以恢复为“编辑”窗口，所以“编辑”窗口和“浏览”窗口是可以相互转换的。

在输入记录时，要注意日期型、逻辑型、备注型、通用型数据以及空值的输入方法。

1. 日期型数据

日期型数据的输入格式受到 SET DATA、SET MARK、SET CENTURY 等日期格式设置命令的影响。

注意：执行“工具”→“选项”菜单命令，打开“选项”对话框，在“区域”选项卡中也可设置。

2. 逻辑型数据

逻辑型数据只有逻辑真(.T.或.Y.)和逻辑假(.F.或.N.)两个值，只需输入相应的英文字母(不区分大小写)就行了。

3. 备注型数据

新记录中备注型字段都显示 memo 字样，代表该字段目前没有具体的值。给备注型字段输入内容时，分三步走：

① 双击 memo，打开文本编辑窗口，如图 3-11 所示。

② 在文本编辑窗口中输入内容并编辑。

③ 按 Ctrl＋W 或者单击“关闭”按钮，保存输入结果并返回记录输入窗口，或者按 Esc 键，放弃编辑。

图 3-11 备注型字段编辑窗口

4. 通用型数据

通用型字段的内容是一个嵌入和链接对象(OLE)，可以是图形、声音、视频等多种对象类型。

新记录中通用型字段都显示 gen 字样，代表该字段是一个空的通用型字段。输入内容的具体步骤如下：

① 双击 gen 字样，打开通用型字段的编辑窗口。

② 执行“编辑”→“插入对象”菜单命令，打开“插入对象”对话框，如图 3-12(a)所示。如果需要插入的对象不存在，可以选中“新建”按钮，并在“对象类型”列表中选择对象类

型,单击"确定"按钮,Visual FoxPro 将启动相应的应用程序,用户可以使用这些应用程序创建新的 OLE 对象,结果如图 3-13(a)所示。如果需要插入的对象已经存在,选择"由文件创建"按钮,这时"插入对象"对话框将如图 3-12(b)所示。单击"浏览"按钮,进入"浏览"对话框,选择所需文件后单击"打开"按钮,回到"插入对象"对话框。再单击"确定"按钮,回到通用型字段编辑窗口,结果如图 3-13(b)所示。

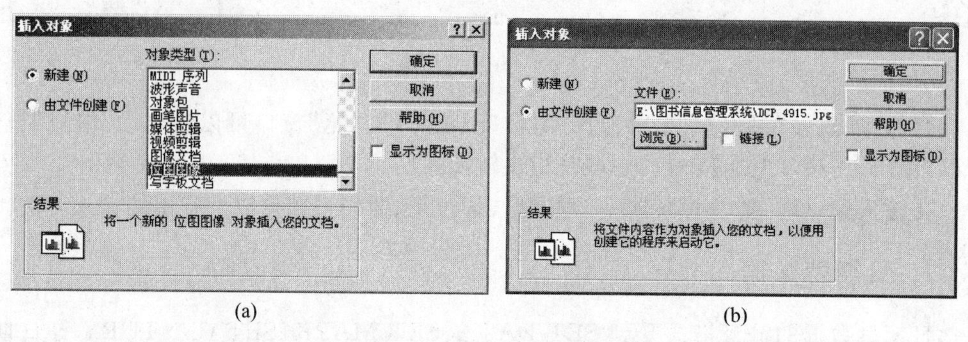

(a) (b)

图 3-12 "插入对象"对话框

(a) (b)

图 3-13 通用型字段编辑窗口

③ 按 Ctrl+W 键或者单击"关闭"按钮,保存结果并返回记录输入窗口,或者按 Esc 键,放弃编辑。

5. 空值的录入

只有允空的字段才能输入空值,输入方法是将光标移至该字段,然后按下Ctrl+0 键。

注意:

① 备注型字段的内容保存在表备注文件(.ftp)中。

② 备注型和通用型字段经过编辑后,memo 和 gen 字样将变成 Memo 和 Gen。

③ 如果输入无效数据,在屏幕的右上角会弹出一个信息框,显示错误信息。

3.2 表的基本操作

一张完整的表由表结构和表记录两部分组成,因此对表的操作也围绕这两个方面。例如,表记录的浏览、显示、追加、删除以及修改,对表结构的复制、修改等。在对表进行上述基本操作之前,首先要打开表。

3.2.1 表的打开与关闭

1. 表的打开

打开表就是把指定的表从磁盘中装载到内存中。如果一张表打开后可以同时被多个用户使用,称表以共享方式打开;如果一张表打开后只能被一个用户使用,称表以独占方式打开。在对表进行操作时,某些操作必须在独占状态下才能完成,比如修改表结构,彻底删除记录等;某些操作在两种打开方式下都可以完成。因此在打开表的时候需要注意表的打开方式,否则会导致某些操作无法进行。

1) 设置系统默认的打开方式

若打开表时不指定打开方式,表以系统默认的方式打开。系统默认的打开方式是“独占”,但是用户也可以自行设置。设置系统默认方式有两种方法。

(1) 如图 3-14 所示,执行“工具”→“选项”菜单命令,打开“选项”对话框,选择 “数据”选项卡,选中“以独占方式打开”,那么,表的默认打开方式为“独占”;否则,系统的默认打开方式为“共享”。

(2) 通过 SET EXCLUSIVE 命令设置。

```
SET EXCLUSIVE ON                    && 设置默认方式为"独占"
SET EXCLUSIVE OFF                   && 设置默认方式为"共享"
```

2) 打开表

打开表有三种方法:

(1) 首先执行“文件”→“打开”菜单命令,进入“打开”对话框,如图 3-15 所示;然后选中表文件,单击“确定”按钮打开表。

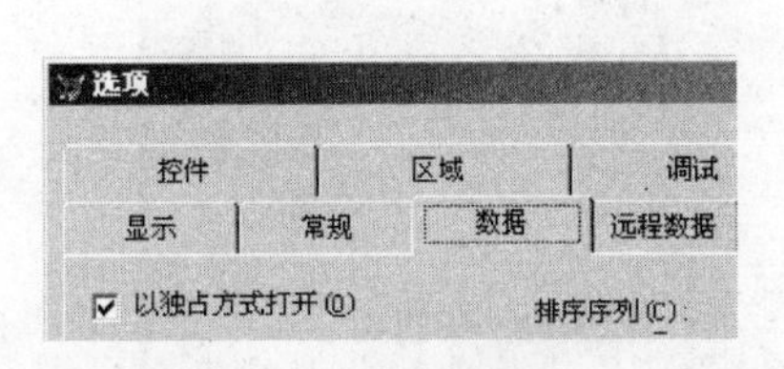

图 3-14 “选项”对话框

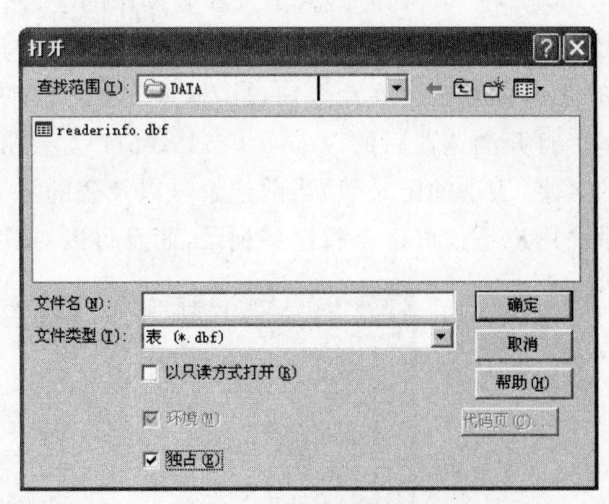

图 3-15 “打开”对话框

(2) 通过 USE 命令打开表。例如:

```
USE readerinfo                      && 以系统默认的方式打开表
```

(3) 在项目管理器中，选择要打开的表，单击“修改”或“浏览”按钮，都可以打开表。

无论系统默认的表打开方式是什么，都可以在打开表时重新指定。在图 3-15 中，如果选中“独占”复选框，那么表以“独占”方式打开，否则以“共享”方式打开。使用如下命令也可以共享或独占方式打开表。

```
USE readerinfo SHARED                  && 以共享方式打开表
USE readerinfo EXCLUSIVE               && 以独占方式打开表
```

注意：已打开的表的状态不能改变；若表被多次打开，以第一次打开时的状态为准。

2. 表的关闭

在命令窗口中输入 USE 命令可以关闭当前表；输入 CLOSE TABLES 命令可以关闭所有打开的表。

注意：表是否被打开可以通过“数据工作期”窗口来查看。执行“窗口”→“数据工作期”菜单命令，打开“数据工作期”窗口，如果在“别名”列存在该表，表明该表被打开。

3.2.2 记录的操作

记录的操作包括浏览、显示、追加、删除、修改等，其中的大多数操作可以通过菜单操作方式和键盘命令两种方式来完成。

1. 浏览记录

在交互式工作方式下，最简单的方法就是使用浏览器，打开浏览器浏览记录的方法有多种，常用的方法有：

(1) 在“项目管理器”中选择要操作的表，然后单击“浏览”按钮。

(2) 执行“文件”→“打开”菜单命令或者使用 USE 命令打开表，然后执行“表”→“浏览”菜单命令或者在命令窗口中输入 BROWSE 命令。

打开浏览器后的 Visual FoxPro 窗口如图 3-16 所示。在窗口的状态栏中显示当前表的名字、表中的记录数、当前记录号以及表的打开方式，在“浏览”窗口中显示表中各条记录。用户不仅可以查看这些记录，而且可以对其进行编辑和修改。

状态栏

图 3-16 “浏览”窗口

在使用 BROWSE 等 Visual FoxPro 命令时，有很多灵活的用法，由于篇幅有限，本书不做一一介绍，仅通过例子介绍几个常用的子句。

1）FIELDS 子句

FIELDS 子句用于筛选字段，即在浏览窗口中显示部分字段。命令如下：

```
BROWSE [FIELDS 字段名 1,字段名 2…]
```

【例 3-2】 在浏览窗口中显示读者的编号、姓名、详细住址等信息。

在命令窗口中输入如下命令：

```
BROWSE FIELDS 读者编号,姓名,详细住址
```

结果如图 3-17 所示。

2）范围子句

范围子句用于指定操作命令所操作的记录的范围。具体说明见表 3-5。

表 3-5 Visual FoxPro 命令中的范围子句

子　句	功　能
ALL	表示对表文件的全部记录进行操作
NEXT n	表示对从当前记录开始的共 n 个记录进行操作，n 为正整数
RECORD n	指明操作对象是表文件的第 n 号记录
REST	对从当前记录起到文件结尾的全部记录进行操作

3）FOR 子句

FOR 子句用于筛选记录，表示对指定范围中所有符合给定条件的记录进行操作，子句的一般格式如下：

```
FOR <条件表达式>
```

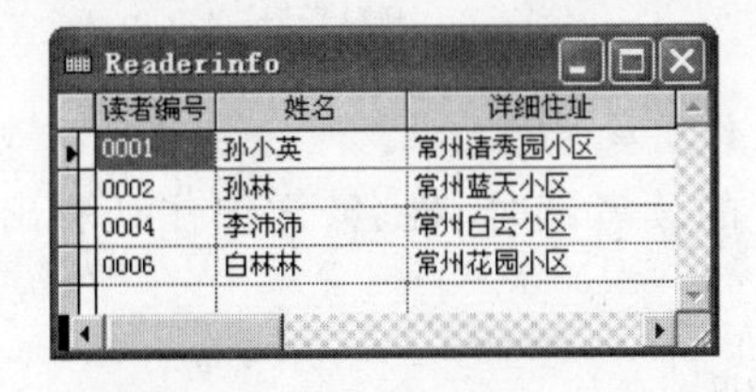

图 3-17 例 3-2 的运行结果

Readerinfo

读者编号	姓名	详细住址	出生日期
0002	孙林	常州蓝天小区	01/25/89
0004	李沛沛	常州白云小区	02/16/85
0006	白林林	常州花园小区	11/23/85

图 3-18 例 3-3 的运行结果

【例 3-3】 在浏览窗口中显示表 Readerinfo 中 1975 到 1990 年出生的读者信息。

```
BROWSE FIELDS 读者编号,姓名,详细住址,出生日期;
        FOR YEAR(出生日期)>=1975 AND YEAR(出生日期)<=1990
```

这条命令执行后，共显示了三条记录，如图 3-18 所示。

4）WHILE 子句

WHILE 子句的一般格式如下：

```
WHILE <条件表达式>
```

WHILE子句也是用于筛选记录的，但是WHILE子句和FOR子句在用法上有区别。FOR子句可以对指定范围内所有记录进行筛选，而WHILE子句在筛选过程中只要遇到不满足条件的记录就停止继续筛选。

执行下述命令：

```
LIST OFF 读者编号,姓名,详细住址,出生日期 WHILE YEAR(出生日期)<1987
```

结果为：

```
读者编号      姓名      详细住址           出生日期
0001          孙小英    常州清秀园小区     05/12/70
```

根据该命令中的条件表达式，应有三条记录满足条件，但是由于第二条记录中出生日期字段值是1989/01/25，不满足条件，所以停止筛选。这样，在主窗口中只显示了一条记录。

2. 显示记录

如果只查看记录内容，并不需要对其进行修改，可以使用显示记录的命令。命令执行后，将在Visual FoxPro的主窗口中出现相应的记录内容。

显示记录的命令是LIST和DISPLAY。它们的区别仅在于不使用条件子句时，LIST默认显示全部记录，而DISPLAY默认显示当前记录。它们常用的命令格式如下：

```
LIST|DISPLAY [[FIELDS]字段名1,字段名2…] [范围子句] [FOR<条件>WHILE<条件>][OFF]
[TO PRINTER[PROMPT]|TO FILE<文件名>]
```

说明：

① 范围子句、FIELDS子句、FOR子句和WHILE子句的功能如前所述。

② 使用OFF，将不显示记录号。

③ TO PRINTR用于将结果输出到打印机，如果还使用PROMPT则在打印之前出现一个打印设置对话框，可以对打印机进行设置。

④ TO FILE用于将结果输出到文件，默认的文件扩展名为.txt。

【例3-4】 显示表Readerinfo中所有男性读者的读者编号、姓名、详细住址和出生日期。

```
LIST 读者编号,姓名,详细住址,出生日期 FOR 性别="男"
```

结果为：

```
记录号    读者编号    姓名      详细住址           出生日期
    1     0001        孙小英    常州清秀园小区     05/12/70
    2     0002        孙林      常州蓝天小区       01/25/89
```

3. 修改记录

表文件建立后，其中的数据不可能一成不变，往往需要进行编辑修改。在“浏览”窗口中修改记录，非常简单。只要打开“浏览”窗口，将光标定位在要修改的记录和字段值上，然后直接修改就可以了。如果要对表中的一批记录进行修改，比如将读者表中各读者押金字段的值置为零，再用上述方法就不合适了。在这种情况下，可以使用 Visual FoxPro 提供的替换字段命令 REPLACE 或者通过菜单操作方式来实现。

1) REPLACE 命令

REPLACE 命令的一般格式如下：

```
REPLACE<字段名 1>WITH 表达式 1,<字段名 2>WITH 表达式 2…
[范围子句] [FOR<条件>] [WHILE<条件>]
```

功能：对当前表中的指定记录，将有关字段的值用命令中相应的表达式值来替换。

注意：*若命令中，范围子句、条件子句等可选项都省略，则只对当前记录的有关字段进行替换。*

【例 3-5】 将 1980 年(含 1980 年)以后出生的读者的押金增加 100 元。

```
REPLACE 押金 WITH 押金+100 FOR YEAR(出生日期)>=1980
```

REPLACE 命令可以不打开编辑窗口或浏览窗口，直接对表中记录的字段值进行修改，因此在程序设计中经常使用 REPLACE 命令。

2) 菜单操作

在 Visual FoxPro 中，通过“替换字段”对话框完成对字段值的修改。如图 3-19 所示，“替换字段”对话框中各栏作用如下：

(1) 字段：用于指定需要替换的字段。

(2) 替换为：用于指定替换原字段值的表达式。

(3) 作用范围：用于指定要替换的记录的范围。单击右面的下拉箭头，会出现一个下拉菜单，其中包括 All、Next、Record 和 Rest 四个选项，各项含义如表 3-5 所述。

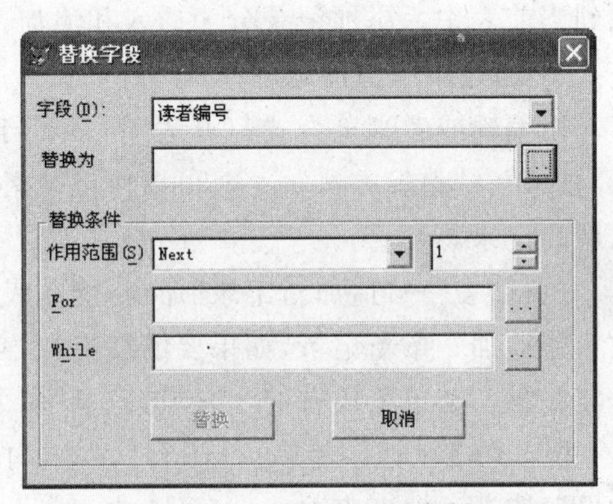

图 3-19 “替换字段”对话框

(4) For 和 While：用于指定要替换的记录应满足的条件。

“替换为”、For 和 While 栏后的按钮称为“表达式”按钮，单击它们会打开“表达式”生成器。

使用菜单操作方式完成例 3-5 的步骤如下：

① 选择“表”→“替换字段”命令，打开“替换字段”对话框，并选定字段“押金”。

② 单击“替换为”栏后的“表达式”按钮，进入“表达式生成器”对话框，如图 3-20 所示，输入相应的表达式，单击“确定”按钮，回到“替换字段”对话框，继续设置“作用范围”和“For 条件”如图 3-21 所示。

③ 单击“替换”按钮，完成修改操作。

需要说明的是，菜单操作方式虽然也能完成替换字段的操作，但是一次只能替换一个字段的值，所以在功能上弱于 REPLACE 命令。

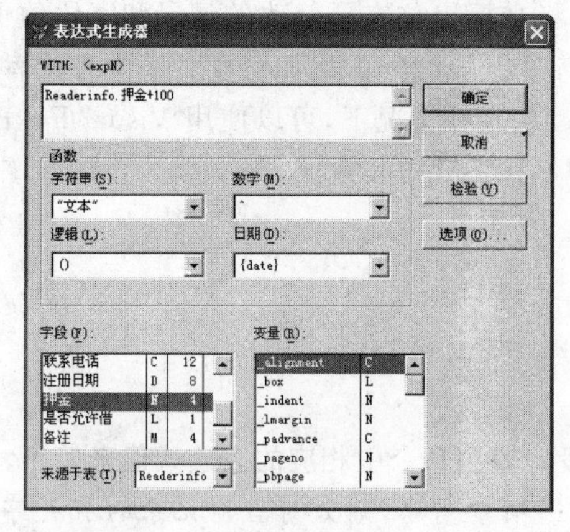

图 3-20 “表达式生成器”对话框

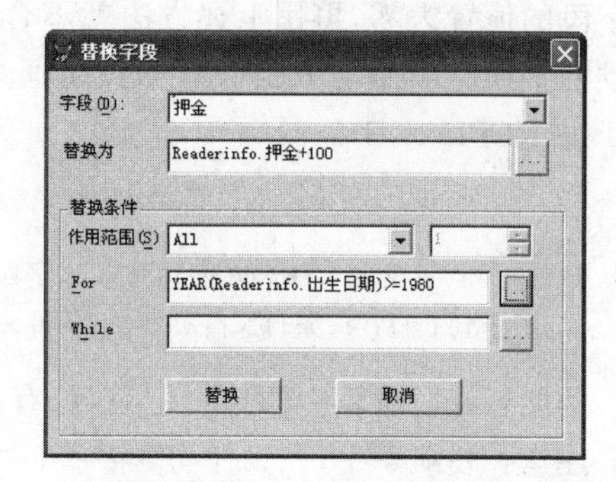

图 3-21 “替换字段”对话框

4. 添加记录

在 Visual FoxPro 系统中给表添加记录的方法有很多，可以在表的“编辑”或“浏览”状态下通过菜单操作来添加，也可以通过键盘命令来添加，还可以把其他文件中的数据添加到当前表中。添加记录分为插入和追加。

1) 通过菜单追加记录

用编辑或者浏览方式打开表时，表处于 NOAPPEND 状态下，即不能追加记录。执行“显示”→“追加方式”命令，可以使记录指针指到末记录后的空记录上，此时可以逐条输入新的记录。

执行“表”→“追加新纪录”命令，能在表的末尾出现一条空记录，但是这种操作方式一次只能追加一条新记录，如果要继续追加，必须再次执行“表”→“追加新纪录”命令。

在“表”菜单下还有一个“追加记录”命令，可以把其他表中的记录追加到当前表中。

【例 3-6】 现有表 Readerinfo1，表结构与表 Readerinfo 相同，要求将表 Readerinfo 中的男性读者添加到表 Readerinfo1 中。

操作步骤如下：

① 打开表 Readerinfo1，选择“表”→“追加记录”命令，打开“追加来源”对话框，如图 3-22 所示。

图 3-22 “追加来源”对话框

② 在“类型”栏中选择“Table(DBF)”，单击“来源于”后的按钮，打开“打开”对话框，选择表文件，或者直接输入表文件的路径和名称。

③ 单击“选项”按钮，进入“追加来源选项”对话框，单击“字段”按钮和“For…”按钮，分别打开“字段选择器”对话框和“表达式生成器”对话框，设置所要追加的字段和记录应该满足的条件，如图 3-23 所示。

图 3-23 “追加来源选项”对话框

④ 单击“确定”按钮，返回“追加来源”对话框，在“追加来源”对话框中继续单击“确定”按钮，关闭“追加来源”对话框，表 Readerinfo1 中出现一条男性读者记录，如图 3-24 所示。

Readerinfo1

读者编号	姓名	性别	出生日期	详细住址	联系电话	注册日期	押金	是否允许借	备注	照片
0002	孙林	男	01/25/89	常州蓝天小区	051988978239	09/17/07	50	T	memo	Gen

图 3-24 表 Readerinfo1

2) APPEND 命令

APPEND 命令的一般格式如下：

```
APPEND [BLANK]
```

功能是在表的尾部追加记录，如果省略 BLANK 子句，相当于执行“显示”→“追加方式”命令；如果使用 BLANK 子句，相当于执行“表”→“追加新记录”命令。

3) APPEND FROM 命令

APPEND FROM 命令的一般格式如下：

```
APPEND FROM<表文件名>[FIELDS]字段名 1,字段名 2…] [范围子句] [FOR<条件>][TYPE SDF|
XLS]
```

该命令的功能与执行“表”→“追加记录”菜单命令相当，是在当前表的表尾追加一批记录，这些记录来自于另外一个文件。这个文件可以是一张表，也可以是文本文件或者 EXCEL 文件。当这个文件是一张表时，可以省略 TYPE 子句；当这个文件是文本文件时，TYPE 子句中取 SDF；当这个文件是 EXCEL 文件时，TYPE 子句中必须取 XLS。

【例 3-7】 现有表 Readerinfo1，表结构与表 Readerinfo 相同，要求使用 APPEND FROM 命令将表 Readerinfo 中的女性读者添加到表 Readerinfo1 中。

```
USE Readerinfo1                              && 打开表
```

```
APPEND FROM Readerinfo FOR 性别='女'          && 追加记录
```

4）插入记录

插入记录用 INSERT 命令实现。INSERT 命令的一般格式如下：

```
INSERT [BLANK][BEFORE]
```

说明：

① 如果使用 BEFORE 子句，将在当前记录前插入新记录，如果省略该子句，将在当前记录后插入新记录。

② 如果使用 BLANK 子句，立即插入一条空白记录，如果省略该子句，将出现记录编辑窗口，等待用户输入记录。

5. 记录的定位

1）记录指针标志

当表文件被打开时，系统将自动产生三个控制标志：表起始标志、记录指针标志和表结束标志。如图 3-25 所示，表起始标志在第一条记录之前，表结束标志在最后一条记录之后。向表中输入数据时，系统按照输入顺序为每一个记录指定了记录号。第一个输入的记录的记录号是 1，依此类推。

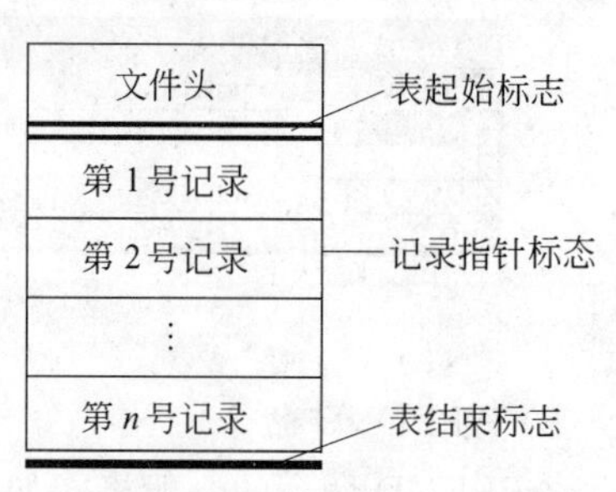

图 3-25　表文件结构示意图

记录指针是系统内部的一个指示器。当打开一个表文件时，其记录指针总是指向第一条记录，要对哪一条记录操作，必须将记录指针指向这条记录，使之成为当前记录，这就是记录的定位。

为了便于判别当前指针的位置，Visual FoxPro 提供了以下函数：

- BOF( )：当记录指针指向起始标志位的时候，函数值为真；否则为假。
- EOF( )：当记录指针指向结束标志位的时候，函数值为真；否则为假。
- RECNO( )：返回记录指针当前的位置，即当前记录的记录号，函数返回值是数值型数据。
- RECCOUNT( )：返回当前表的记录总数。

表 3-6 是刚打开表时记录指针的情况。

表 3-6　打开表时记录指针情况

表中记录情况	BOF( )的值	EOF( )的值	RECNO( )的值
无记录	.T.	.T.	1
有记录	.F.	.F.	1

需要说明的是，当记录指针指到结束标志位时，RECNO( )的值为记录总数＋1，或者表示为 RECCOUNT( )＋1。

2）记录的定位方式

记录指针的定位方式有三种：绝对定位、相对定位和条件定位。

绝对定位是指将记录指针移到指定位置。包括指定记录号的记录、第一条记录、最后一条记录三种情况。

相对定位是指将记录指针从当前位置开始，相对于当前记录向前或者向后移动若干个记录位置，所以相对定位与定位前记录指针的位置有关。

条件定位是指按照一定条件自动地在指定范围内查找符合条件的记录。如果找到，则把指针定位于此；否则，记录指针将定位到表结束标志或者指定范围的末尾。

3）记录定位的实现

对记录指针定位可以用 Visual FoxPro 提供的菜单操作，也可以在程序或者命令中使用定位命令。

(1) 通过菜单定位。

选择“表”→“转到记录”菜单命令，可以实现不同方式的定位，如图 3-26 所示。

“第一个”、“最后一个”、“记录号”都是实现绝对定位；“上一个”和“下一个”实现相对定位；“定位”实现条件定位。

【例 3-8】 在表 Readerinfo 中查找姓名是“白林林”的读者。

操作步骤如下：

① 打开表 Readerinfo，执行“显示”→“浏览”菜单命令，进入表的浏览状态。

② 执行“表”→“转到记录”→“定位”菜单命令，打开“定位记录”对话框，如图 3-27 所示。

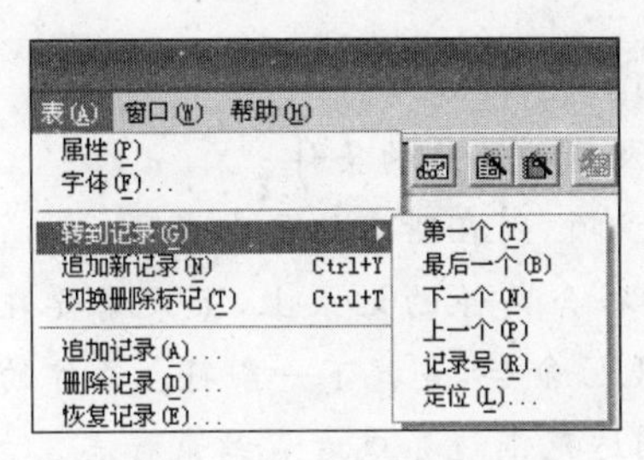

图 3-26 “转到记录”子菜单

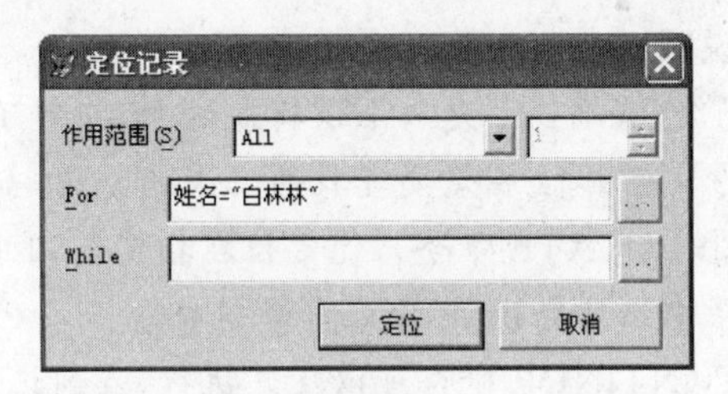

图 3-27 “定位记录”对话框

③ 在 For 框中输入条件表达式：姓名＝“白林林”，然后单击“定位”按钮。

打开“浏览”窗口，结果如图 3-28 所示。

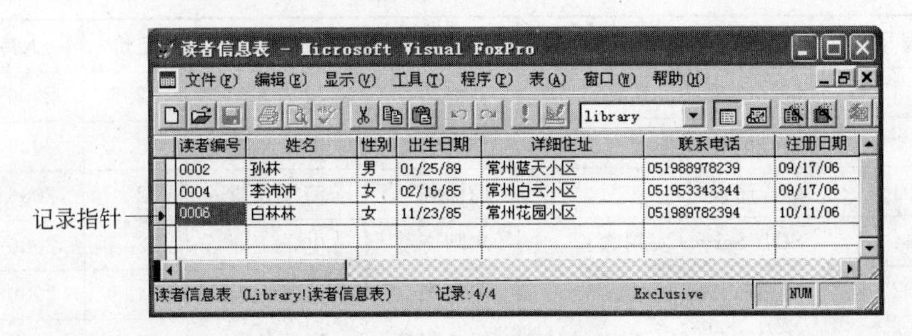

图 3-28 例 3-8 的执行结果

(2) 使用定位命令。

绝对定位的命令以及功能说明见表3-7。

表3-7　绝对定位的命令以及功能说明

命令格式	功能说明
GO[RECORD] n 或者 GOTO [RECORD] n	定位到记录号为n的记录上
GO TOP 或者 GOTO TOP	定位到第一条记录上
GO BOTTOM 或者 GOTO BOTTOM	定位到最后一条记录上

相对定位的命令格式如下：

```
SKIP [n]
```

参数n是记录指针要移动的记录数。如果n>0,记录指针将向文件尾移动n条记录;如果n<0记录指针将向文件头移动n条记录;如果n省略,命令等价于SKIP 1。

说明：

① 如果记录指针已经定位在第一条记录,执行SKIP −1命令后,记录指针将定位到表起始标志,BOF()返回值为.T.。如果记录指针已经定位在最后一条记录,执行SKIP命令后,记录指针将定位到表结束标志,EOF()返回值为.T.,RECNO()返回值为：记录数+1。

② 如果表中设置有主控索引,那么,记录指针定位是按照索引顺序进行的。

条件定位的命令格式是：

```
LOCATE FOR <条件> [范围子句]
```

说明：

① <条件>：是一个逻辑表达式,指定了定位记录应该满足的条件。

② [范围]：指定要查找的记录的范围,如果省略该项,则在所有记录中查找。

③ LOCATE命令只能定位在指定范围中第一条符合条件的记录上,如果需要在剩余记录中继续查找,可以在命令窗口中输入CONTINUE命令,查找下一条符合条件的记录。CONTINUE命令可以反复执行,直到记录指针到达范围边界或者表结束标志。

【例3-9】 表Booksinfo中有6条记录,如表3-8所示,在命令窗口中逐条输入下述命令并执行。

表3-8　表Booksinfo中的记录

图书编号	书　　名	作者	出版社	定价	入库日期
K2011	Delphi程序设计基础	刘海涛	清华大学	32.5	2006/09/17
K2102	Delphi数据库开发教程	王文才等	电子工业	33.5	2006/09/17
K2001	C程序设计	谭浩强	清华大学	22	2006/09/26
K3241	SQL Server实用教程	郑阿奇	电子工业	32	2006/07/13
K5002	实用软件工程	郑人杰	清华大学	34.5	2006/08/22
K3112	Visual FoxPro程序设计	胡杰华等	高等教育	25.5	2006/10/11

```
USE Booksinfo                        && 打开表
SKIP 3                               && 记录指针向文件尾移动 3 条记录
?RECNO( ), EOF( ),BOF( )             && 返回值为 4, .F. , .F.
GO TOP                               && 记录指针定位到第一条记录
SKIP-1                               && 记录指针上移一条记录,定位于表起始标志
?RECNO( ),EOF( ),BOF( )              && 返回值为 1, .F. , .T.
GO BOTTOM                            && 记录指针定位到最后一条记录
SKIP                                 && 记录指针下移一条记录,定位于表结束标志
?RECNO( ), EOF( ),BOF( )             && 返回值为 7, .T. , .F.
LOCATE FOR 出版社="电子工业"          && 查找"电子工业"出版社的书
?RECNO( )                            && 返回值为 2
CONTINUE                             && 继续查找下一条满足条件的记录
?RECNO( )                            && 返回值为 4
CONTINUE                             && 继续查找下一条满足条件的记录
?RECNO( )                            && 返回值为 7,没找到满足条件的记录,指针定位
                                     && 于表结束标志
```

6. 删除记录

表中不需要的记录随时可以删除。记录的删除分为两步：逻辑删除和物理删除。逻辑删除并不真正把记录从表中清除掉,而是在要删除的记录上加一个删除标记。若不想删除此记录,可以将删除标记去除,称为恢复记录。将表中带有删除标记的记录真正删除掉,称为物理删除,物理删除后的记录将无法恢复。

无论是哪一种删除方法,都可以通过菜单操作或者执行命令来实现。

1）通过菜单操作删除记录

(1）逻辑删除。

在浏览或者编辑方式下,每条记录前面都有一个删除标记栏。记录未被删除时,标记为白色,用鼠标单击此处标记变为黑色,表示该记录已被逻辑删除。

用鼠标单击删除标记来删除记录很简单,但是如果一次要删除多条记录,再用此方法就很麻烦,这时可以选择“表”→“删除记录”命令,通过这种方法可以删除一批符合条件的记录。

【例 3-10】 逻辑删除表 Booksinfo 中电子工业出版社出版的书。

操作步骤如下：

① 以浏览方式打开表 Booksinfo,执行“表”→“删除记录”菜单命令,打开“删除”对话框,如图 3-29 所示。

② 在“删除”对话框中,将作用范围设置为 All,在 For 框中输入条件表达式：出版社='电子工业'。

③ 单击“删除”按钮。

如图 3-30 所示,表 Booksinfo 中有两条记录被逻辑删除。

(2）恢复记录。

再次单击已经被逻辑删除的记录的删除标记栏,使黑色标记恢复成白色,表示该记录被恢复。如果要恢复大量的记录,可以执行“表”→“恢复记录”菜单命令来完成。

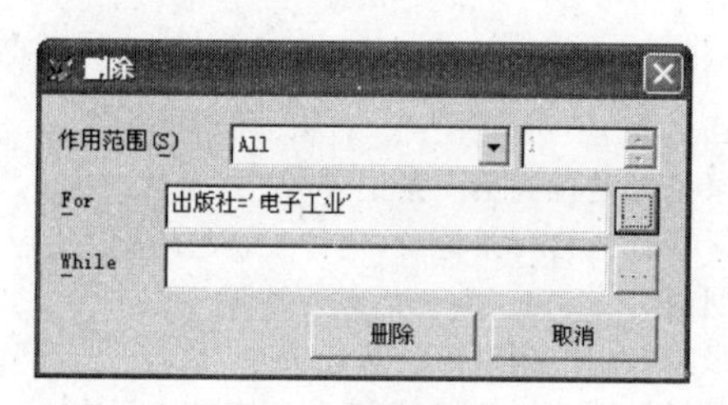

图 3-29 “删除”对话框

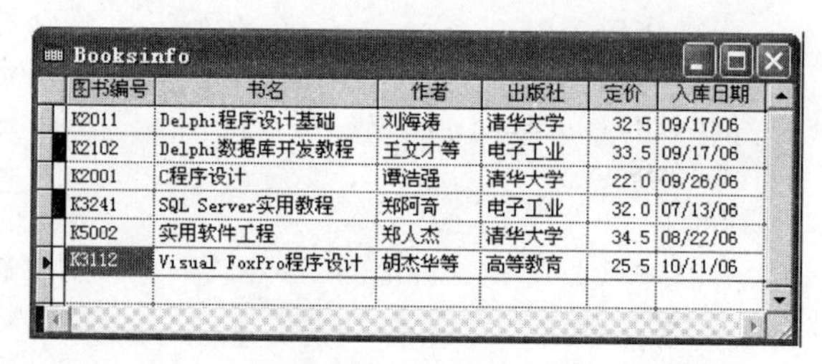
Booksinfo

图书编号	书名	作者	出版社	定价	入库日期
K2011	Delphi程序设计基础	刘海涛	清华大学	32.5	09/17/06
K2102	Delphi数据库开发教程	王文才等	电子工业	33.5	09/17/06
K2001	C程序设计	谭浩强	清华大学	22.0	09/26/06
K3241	SQL Server实用教程	郑阿奇	电子工业	32.0	07/13/06
K5002	实用软件工程	郑人杰	清华大学	34.5	08/22/06
K3112	Visual FoxPro程序设计	胡杰华等	高等教育	25.5	10/11/06

图 3-30 加上删除标记的表“浏览”窗口

(3) 物理删除。

执行“表”→“彻底删除”菜单命令，可以将所有带有删除标记的记录物理删除。因为被物理删除后的记录无法恢复，所以，在删除前，系统会显示提示对话框，如果确认要删除记录，可单击对话框中的“是”按钮。

2) 用命令删除记录

(1) 逻辑删除命令 DELETE。

命令格式如下：

```
DELETE [范围子句] [FOR <条件>]
```

【例 3-11】 用 DELETE 命令逻辑删除表 Booksinfo 中电子工业出版社出版的书。

```
USE Booksinfo
DELETE FOR 出版社="电子工业"
```

注意：

① 如果省略范围子句和条件子句，DELETE 命令仅逻辑删除当前记录。

② 被逻辑删除的命令可以通过 SET DELETE ON/OFF 命令来控制其是否参与操作。ON 表示隐藏被逻辑删除的记录，使其不参与求和、记数等操作；OFF 表示参与各种操作。在程序中如果要判断该记录是否被逻辑删除，可以通过 DELETE() 函数来判断，函数值为.T.表示该记录被逻辑删除，为.F.表示没有被逻辑删除。

(2) 恢复删除命令 RECALL。

命令格式如下：

```
RECALL [范围子句] [FOR <条件>]
```

注意：如果省略范围子句和条件子句，RECALL 命令仅对当前记录操作。

(3) 物理删除命令 PACK。

当被逻辑删除的记录确实无用时，可在命令窗口中执行 PACK 命令，实现物理删除。使用 PACK 命令后，所有带删除标记的记录被彻底删除，无法恢复。

(4) 一次性清空记录命令 ZAP。

如果表中所有记录都不需要了，可以在命令窗口中执行 ZAP 命令。

使用 ZAP 命令后，所有记录被删除，而且不能再恢复，表成为一张空表。

7. 筛选

筛选是指根据给定的条件在指定的表中把某一时期或与某一问题相关的有用数据挑选出来进行操作,不满足挑选条件的记录将被“屏蔽”起来。这样,系统效率会更高,操作更有的放矢,更节省时间。

筛选分为两种情况。一种是对记录的筛选,这实际上是一种选择操作;另一种是对字段的筛选,这实际上是一种投影操作。限制条件的设置只对当前表起作用,一旦关闭数据表,则限定自动撤销。

筛选可以通过菜单操作方式和命令方式来完成。

1) 菜单操作方式

筛选记录和筛选字段都可以在“工作区属性”对话框中完成。

【例 3-12】 将表 Readerinfo 中女性读者的记录筛选出来。

操作步骤如下:

① 在项目管理器中,选择表 Readerinfo,单击“浏览”按钮,打开表。

② 执行“表”→“属性”菜单命令,打开“工作区属性”对话框。

③ 在“工作区属性”对话框中的“数据过滤器”框内输入筛选表达式,如图 3-31 所示。或者选择“数据过滤器”框后面的对话框按钮,在表达式生成器中创建一个表达式来选择要操作的记录。

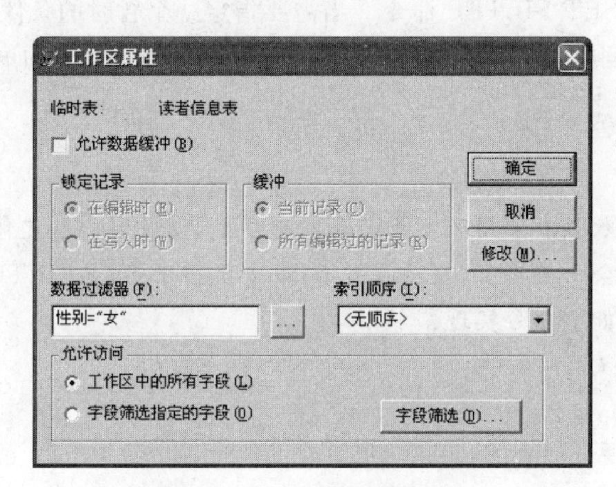

图 3-31 “工作区属性”对话框

④ 单击“确定”按钮。

此时,再浏览表,“浏览”窗口中只显示经筛选表达式筛选过的记录。

【例 3-13】 在例 3-12 的基础上,筛选出读者编号、详细住址、联系电话 3 个字段供用户操作。

操作步骤如下:

① 打开表的“浏览”窗口,并打开“工作区属性”对话框。

② 在“工作区属性”对话框中,先单击单选按钮“字段筛选指定的字段”,再单击“字段筛选”按钮,打开“字段选择器”对话框。

③ 在“字段选择器”对话框的“所有字段”栏中，选定要筛选的字段，单击“添加”按钮，将其逐一添加到“选定字段”栏中，如图 3-32 所示。

④ 单击“确定”按钮，回到“工作区属性”对话框，再单击“确定”按钮，完成筛选操作。

重新浏览表 Readerinfo，结果如图 3-33 所示。

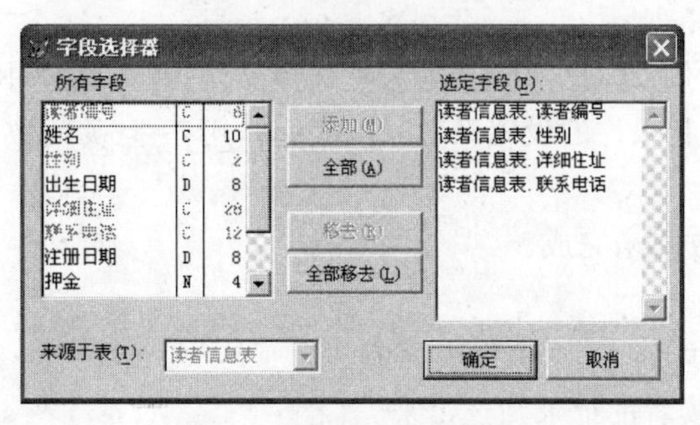

图 3-32 “字段选择器”对话框

图 3-33 筛选后的“浏览”窗口

注意：筛选字段和筛选记录实际上是将表中不满足筛选条件的记录和字段“屏蔽”起来，限制用户对这些数据项的访问，所以，在这种情况下，LIST 等其他 Visual FoxPro 命令也仅对满足筛选条件的记录和字段起作用。

2) 使用命令

筛选记录可用 SET FILTER 命令。当需要指定一个暂时的条件，使表中只有满足该条件的记录才能访问时，这个命令特别有用。SET FILTER 命令的语法格式如下：

```
SET FILTER TO <逻辑表达式>
```

说明：

① 若对同一个数据表使用了多条记录筛选命令，仅最后一条起作用。

② 记录筛选命令一直有效，直至表关闭，或者执行了 SET FILTER TO 命令为止。

例 3-11 可以用如下命令实现：

```
SET FILTER TO 性别="女"
```

如果要把表的记录筛选条件去掉，执行以下命令：

```
SET FILTER TO
```

筛选字段可以用 SET FIELDS 命令。当需要暂时限制对某些字段的访问时，可以使用这个命令。命令的语法格式如下：

```
SET FIELDS TO ALL|<字段名列表>
```

其中＜字段名列表＞是要访问的字段名称列表，各字段之间用逗号(,)分开。ALL 选项将取消所有的限制，而显示所有的字段。

例 3-12 可以用如下命令实现：

```
SET FIELDS TO 读者编号,性别,详细住址,联系电话
```

3.2.3 表结构的修改与复制

1. 修改表结构

在创建表结构后，如果发现有不妥的地方，可以对表结构进行修改。例如，重新设置字段的名称、宽度、小数位数，添加或者删除字段等。修改表结构可通过表设计器或者SQL命令来完成。本节仅介绍前者。

要修改表结构，首先要打开表设计器。打开表设计器的方法有三种：

（1）在项目管理器中选择要修改的表，然后单击“修改”按钮。

（2）先打开表的“浏览”窗口，执行“显示”→“表设计器”菜单命令。

（3）通过命令打开表设计器修改，命令如下：

```
MODIFY STRUCTURE
```

注意：该命令只能打开当前表的表设计器，所以在执行前，应确定要修改的表是当前表。

1）修改已有字段

在表设计器中，选中要修改的字段，直接修改字段的名字、类型、宽度等属性。

注意：如果减小字段宽度，超出宽度部分的字符会丢失，数值会溢出，并且不能通过恢复字段宽度来找回丢失的数据。

2）添加新字段

如果在原有字段后添加一个新的字段，则直接将光标移到最后，然后输入新的字段名、类型和宽度等属性。

如果在原有字段的中间插入一个新字段，则将光标先定位在要插入新字段的位置，单击“插入”按钮，这时将在当前位置产生一个新字段，然后再设置字段名等属性。

3）删除字段

首先将光标定位在要删除的字段上，然后单击“删除”按钮，删除当前字段。

4）改变字段的顺序

首先将光标定位在要移动的字段上，然后将鼠标移到字段左首的“移动”按钮上，按住鼠标左键上下拖动，就能改变该字段在表中的位置。

2. 复制表结构

当前表的表结构可以被复制，命令如下：

```
COPY STRUCTURE TO <表文件名> [FIELDS<字段名表>]
```

【例 3-14】 把 Readerinfo 表中的读者编号、姓名、注册日期三个字段复制成表 readerinfo_bf。

```
COPY STRUCTURE TO Readerinfo_bf FIELDS 读者编号,姓名,注册日期
```

这条命令产生一个空表，该表有 3 个字段，字段属性与 Readerinfo 表相同。

注意：

① 如果命令中不指定文件路径，表示文件将保存在默认工作目录中。

② 如果命令中没有 FIELDS 子句，表示完全复制当前表的结构，产生一个与当前表表结构相同的空表。

3. 显示表结构

在主窗口中可以显示当前表的表结构，命令是：

```
LIST|DISPLAY STRUCTURE
```

LIST 和 DISPLAY 的区别在于 DISPLAY 命令每显示满一屏就暂停，并提示按任意键继续，而 LIST 命令则滚屏显示。

【例 3-15】 显示表 Booksinfo 的表结构。

```
USE Booksinfo                   && 打开表
LIST STRUCTURE                  && 显示表结构,结果如图 3-34 所示
```

注意：一条记录的字段宽度总和比字段的实际宽度和多 1。

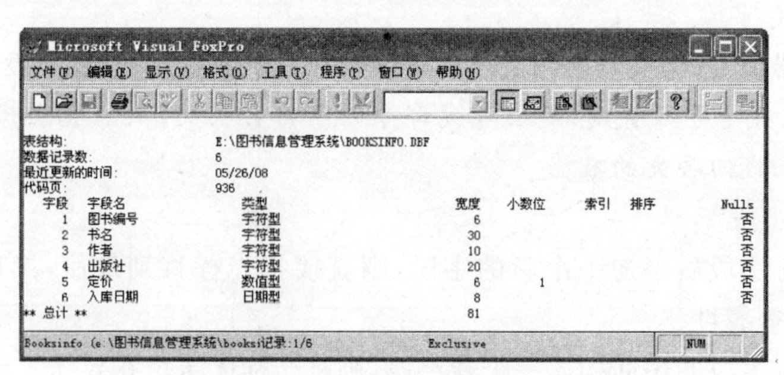

图 3-34　表 Booksinfo 的表结构

3.3 表的索引

表中的记录按照录入时的先后顺序排列，这个顺序称为物理顺序，记录号表示了记录的物理顺序。如果要从表中查找满足某种条件的记录，必须从表的第一条记录开始逐条依次查找，直到找到为止，有时甚至要把表通查一遍。当表中记录数很多时，这样的查找就需要花费很多时间。而对于有序的文件，有很多现成的算法可以有效提高查询速度。为了解决排序问题，可以采用索引技术。

3.3.1 索引的概念

1. 索引

Visual FoxPro 中的索引类似于新华字典中的音节表和部首检字表。音节表和部首

检字表按照拼音顺序或者偏旁部首的顺序对汉字进行排序，并指明每个汉字所在的页码。Visual FoxPro 中的索引也可以按照不同的依据，如按年龄从小到大，或者按性别先男后女对记录排序，称为逻辑顺序，并指明记录的逻辑顺序号对应的物理顺序号，即记录号。在索引文件中以列表的形式存储了逻辑顺序号和记录号之间的对应关系。这样用户可以按照逻辑顺序很快地查找到记录和记录的逻辑顺序号，通过索引文件就可以很快找到与之对应的记录号，从而提高查询效率。

以表 Booksinfo 为例，按照“图书编号”字段由小到大建立索引，那么索引文件的情况见表 3-9。这样，系统进行处理时的记录都是按图书编号有序排列的，可以采用一些算法提高查询速度。

表 3-9 索引文件

逻辑顺序号	记 录 号	逻辑顺序号	记 录 号
1	3	4	6
2	1	5	4
3	2	6	5

用索引技术排序，不用改变记录的物理顺序，而且索引文件中不包含记录的内容(仅有记录号)，也不占用过多的磁盘空间。

索引的建立不仅加快查询速度，而且还可以限制重复值和空值的输入，支持数据库中表和表之间的关联。

2. 索引关键字

索引关键字是建立索引的关键，它通常是由一个字段或者多个字段构成的字段表达式，因此索引关键字也常被称为索引表达式。当索引起作用时，表中的记录按照索引表达式的值进行排序。

【例 3-16】 根据题目要求写出索引表达式。

① 将表 Booksinfo 中的记录按照“定价”字段排序。

索引表达式为“定价”。

② 将表 Booksinfo 中的记录先按照“出版社”字段排序，再按照“定价”字段排序。

索引表达式为“出版社＋STR(定价)”。

③ 将表 Readerinfo 中的记录先按照“性别”字段排序，再按照“出生日期”字段排序。

索引表达式为“性别＋DTOC(出生日期)”。

注意：

① “性别＋DTOC(出生日期)”和“DTOC(出生日期)＋性别”这两个索引表达式产生的结果是不同的，所以在用多个字段建立索引表达式时要仔细考虑。

② 要书写符合语法规范的索引表达式，如例 3-16 中的第 2、3 题。

3. 索引标识

索引标识是索引的名称，可以任意指定。但必须以下划线、字母或者汉字开头，并且不能超过10个字符。

3.3.2 索引的类型

在Visual FoxPro中共有主索引、候选索引、普通索引和唯一索引4种索引类型。

1. 主索引

主索引用于约束表中记录的唯一性，要求表中每条记录的主索引表达式的值都不重复，且组成主索引表达式的字段不能为空。比如，在表Readerinfo中，可以按照“读者编号”字段建立主索引，因为每个读者的编号是不同的；但是不能按照“性别”字段建立主索引，因为很明显“性别”字段的值总是要重复的。需要指出的是主索引只能在数据库表中建立，而且每张表只能有一个主索引，自由表中不能建立。主索引可以用来实现表的实体完整性约束。

2. 候选索引

候选索引具有和主索引相似的特性，也是要求每条记录该索引表达式的值不重复。与主索引不同的是，在数据库表和自由表中都可以建立候选索引，而且一张表中可以建立多个候选索引。

3. 普通索引

普通索引允许表中索引表达式的值重复出现，它常常用于记录排序。比如，表Readerinfo可以按照“出生日期”字段建立普通索引，索引被使用时，记录按照“出生日期”进行排序。数据库表和自由表都可以建立普通索引，对一张表可以建立多个普通索引。

4. 唯一索引

唯一索引既可以用于数据库表，也可以用于自由表，每张表中可以有多个唯一索引。唯一索引允许索引表达式有相同的值，但仅对首次出现该值的记录进行索引，所以可以避免显示或访问记录的重复值。比如，在表Readerinfo中按照“性别”字段建立唯一索引，那么浏览时，只能看到两条记录：第一个登记的男性读者和第一个登记的女性读者。

在不同的需求下，应该建立不同的索引，详见表3-10。

表3-10 不同类型索引的使用

用　　途	采用的索引类型
排序记录	使用普通索引、候选索引或主索引
在字段中控制重复值的输入并对记录排序	对数据库表使用主索引或候选索引，对自由表使用候选索引
用于设置表间永久关系	依据表在关系中所起的作用，使用普通索引、主索引或候选索引

3.3.3 索引的创建

建立的索引以文件的形式保存，称为索引文件。按照建立索引的方法的不同，索引文件共有三种不同的类型，分别是结构复合索引文件、非结构复合索引文件和独立索引文件。本章重点介绍结构复合索引文件和独立索引文件。

(1) 结构复合索引文件。由于结构复合索引文件中保存了多个索引，所以被称为复合索引文件。结构复合索引文件与表的主文件名相同，在创建时系统自动给定，扩展名为.cdx。它与表文件同步打开、更新和关闭。

(2) 独立索引文件。独立索引文件是只存储一个索引的文件，一般作为临时索引文件，其扩展名为.idx。这种索引不会随表的打开而自动打开，在需要时可以及时创建和打开。

1. 在表设计器中创建索引

在表设计器中可以创建一个或者多个索引，创建索引后，在默认工作目录中会产生一个文件名与表名相同，扩展名为.cdx的结构复合索引文件。

【例3-17】 为表Booksinfo创建索引，要求：建立候选索引BH，按图书编号升序排列；建立普通索引DJ，按定价降序排列。

操作步骤如下：

① 在项目管理器中选定表Booksinfo，单击“修改”按钮，打开表设计器。

② 单击“索引”选项卡，在“索引名”栏中输入BH，单击“类型”栏的下拉箭头，选择“候选索引”，单击“表达式”栏后的“表达式”按钮，打开“表达式”生成器，双击“字段”列表中的“图书编号”，设置索引表达式为“图书编号”，单击“确定”按钮，关闭“表达式”生成器。

③ 按照步骤②，建立索引DJ，单击“排序”按钮，使“升序”转为“降序”，如图3-35所示。

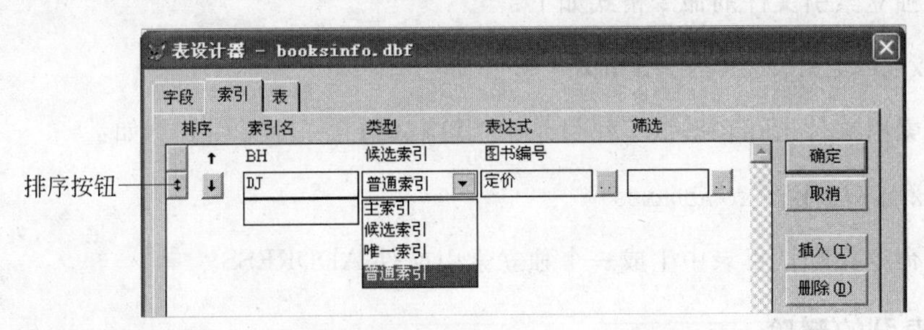

图3-35 表设计器的“索引”选项卡

④ 单击“确定”按钮，并在询问“是否永久性地更改表结构”的提示框中单击“是”按钮，关闭表设计器。

注意：

① 如果表中已经存在“图书编号”相同的记录，候选索引将无法建立。

② 在“筛选”栏中可以设置参加索引的记录的条件，如性别='女'。

2. 用命令创建索引文件

在 Visual FoxPro 中，一般情况下都可以在表设计器中交互建立索引，特别是主索引和候选索引是在设计数据库时确定好的，但有时需要在程序中临时建立一些普通索引或者唯一索引，所以仍然需要了解一下索引命令。

1）创建结构复合索引文件

创建结构复合索引文件的命令比较复杂，此处仅列出几个比较常用的选项。命令格式如下：

```
INDEX ON <索引表达式>TAG <索引名>
[条件子句]
[ASCENDING|DESCENDING]
[CANDIDATE|UNIQUE]
```

说明：

① 条件子句给出索引过滤条件，只有满足条件的记录被索引。

② ASCENDING 和 DESCENDING 说明建立升序或降序索引，默认为升序。

③ CADIDATE 说明建立的是候选索引，UNIQUE 说明建立的是唯一索引，默认情况下建立的是普通索引。

【例 3-18】 为表 Readerinfo 建立普通索引 XC，要求表中的记录先按照性别排序，再按照出生日期排序。

```
USE Readerinfo
INDEX ON 性别+DTOC(出生日期) TAG XC
```

2）创建独立索引文件

创建独立索引文件的命令格式如下：

```
INDEX ON <索引表达式>TO<索引文件名>
```

独立索引文件被存在默认工作目录中，其中只包含一个索引。例如：

```
INDEX ON 详细住址 TO ADDRESS
```

上述命令在默认目录中生成一个独立索引文件 ADDRESS。

3. 索引的删除

复合索引文件随表文件的打开而打开，更新而更新，因此系统会花费时间来维护其中的索引项。当某些索引不再经常被使用时，应该将其及时删除，以提高系统的效率。

删除索引的方法有两种：

（1）打开表设计器，在“索引”选项卡中删除索引。

（2）打开表，输入命令：

```
DELETE TAG<索引名>|[ALL]
```

需要说明的是，如果试图删除一个主索引或者候选索引，且 SET SAFETY 设置为 ON，系统就会发出警告。

3.3.4 索引的使用

在一张数据表中可以建立多个索引，每个索引代表一种处理记录的顺序。为了确定记录的处理顺序，需要设置一个索引作为主控索引。否则，表中的记录仍然只能按照物理顺序进行访问和处理。

1. 给已经打开的表设置主控索引

1）命令方式

对于结构复合索引文件，命令格式如下：

```
SET ORDER TO [TAG] <索引名>|<索引编号>[ASCENDING|DESCENDING]
```

对于独立索引文件，命令格式如下：

```
SET INDEX TO [TAG]<索引文件名>|<索引编号>[ASCENDING|DESCENDING]
```

每个索引都有相应的位置编号，称为索引编号。由于编号的规则比较繁琐，而且容易出错，所以建议使用索引名。

不管索引是按升序还是降序建立的，在使用时都可以用 ASCENDING 或者 DESCENDING 重新指定升序或降序。

【例 3-19】 指定表 Readerinfo 中的索引 XC 为主控索引。

```
USE Readerinfo
SET ORDER TO TAG XC
```

或者

```
SET ORDER TO XC
```

2）菜单方式

通过“工作区属性”窗口，也可以设置主控索引。

【例 3-20】 指定表 Booksinfo 中的索引 DJ 为主控索引。

操作步骤如下：

① 在项目管理器中打开表 Booksinfo，执行“显示”→“浏览”菜单命令。

② 执行“表”→“属性”菜单命令，打开“工作区属性”对话框。

③ 在“工作区属性”对话框中，单击“索引顺序”框的下拉箭头，选择索引 Bookinfo. Dj，如图 3-36 所示。

④ 单击“确定”按钮。

重新打开“浏览”窗口，可见记录按照“定价”字段降序排列。

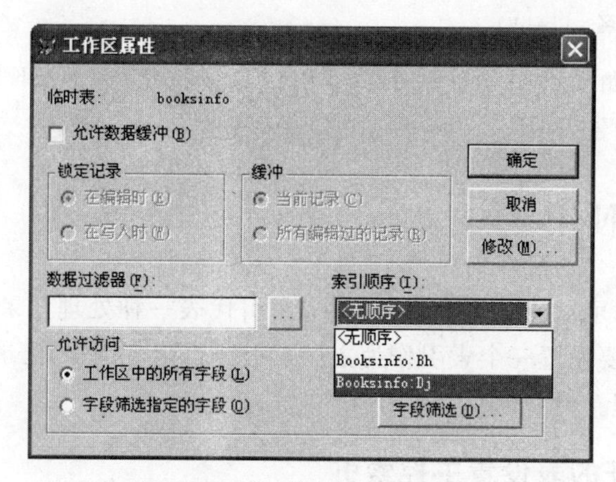

图 3-36 “工作区属性”对话框

2. 在打开表的同时设置主控索引

对于没有打开的表，可以在打开表的同时指定主控索引。

(1) 指定复合索引文件中的索引为主控索引。

```
USE<表文件名>ORDER [TAG] <索引名>
```

(2) 指定独立索引文件中的索引为主控索引。

```
USE<表文件名>ORDER<独立索引文件名>
```

(3) 按照索引编号指定主控索引。

```
USE <表文件名>ORDER<索引编号>
```

3. 使用索引快速定位

利用索引快速定位的命令是 SEEK。SEEK 命令的常用格式如下：

```
SEEK <表达式>[ORDER 索引编号|[TAG]索引名][ASCENDING|DESCENDING]
```

其中表达式的值必须和 ORDER 子句中指定索引的索引表达式的值相匹配，如果命令中省略 ORDER 子句，则表达式的值是当前主控索引的索引表达式的值；ASCENDING 和 DESCENDING 说明按升序还是降序定位。

当表中记录很多时，使用 SEEK 快速定位命令可以明显提高查找的速度。

【例 3-21】 查找表 Booksinfo 中编号为 K2001 的记录。

```
USE Booksinfo
SEEK "K2001" ORDER BH
```

或者

```
USE Booksinfo INDEX ON BH
SEEK "K2001"
```

说明：SEEK 命令中指定索引 BH 的表达式是：图书编号，所以命令中的表达式也必须是一个具体的图书编号。

3.3.5 排序

索引技术使得用户可以按照某种逻辑顺序访问和处理记录，xBase 数据库从一开始还提供了另外一种重新组织数据的方式，就是排序。

排序是按照表中某些字段的值把记录物理地重新排列，并得到一个新的表文件，但原文件不变。物理排序的命令是 SORT，常用格式如下：

```
SORT TO<表文件名>ON <字段名 1>[/A|/D][/C][, <字段名 2>[/A|/D][/C]…] [ASCENDING|
DESCENDING][条件子句]
```

其中：

① 表文件名为排序后的表名；＜字段名 1＞、＜字段名 2＞…为排序的字段，可有多个。

② [/A|/D][/C]，其中/A 说明按升序排列，/D 说明按降序排列，/C 说明排序时不区分大小写。

③ ASCENDING|DESCENDING 指出除了用/A 或/D 指明排序方式的字段外，所有其他排序字段按升序或者降序排列，默认情况下按升序排列。

【例 3-22】 将表 Booksinfo 先按照“出版社”字段升序排列，再按照“定价”字段降序排列，并将排序结果存储到表 Book_order 中。命令为：

```
SORT TO Book_order ON "出版社","定价" /D
```

命令执行后，在默认目录中产生一个新的表文件 Book_order. dbf，其中的记录按题目的要求排序。

3.4 数据统计

存入表中的数据经过加工处理，才能成为有价值的信息。Visual FoxPro 提供了几条数据统计命令，如计数命令、求和命令、求平均值命令和分类汇总命令等，从而使数据统计工作变得方便快捷。

3.4.1 计数命令 COUNT

当希望得到某一类记录的个数时，可以使用 COUNT 命令来实现。命令格式如下：

```
COUNT[<范围子句>] [FOR<条件>] [WHILE<条件>] [TO<内存变量>]
```

说明：若不指定范围，默认值为 ALL；若不给出条件，则统计指定范围内的全部记录;若省略 TO 子句,则仅显示统计结果,但不能保存。

【例 3-23】 统计表 Readerinfo 中女性读者的人数,保存在变量 a 中。

```
COUNT FOR 性别="女" TO a
?a                                        && 结果是 3
```

3.4.2 求和命令 SUM

数据求和分为横向求和和纵向求和两种操作。横向求和指对同一记录中若干数值型字段求和,并把结果保存到另一数值型字段中,可以通过 REPLACE 命令实现;纵向求和是指对表中各记录的某个或者某几个数值型字段进行叠加求和。纵向求和通过使用 SUM 命令实现。SUM 命令的一般格式如下:

```
SUM[<范围子句>][<数值型字段表>] [FOR<条件>][WHILE<条件>] [TO<内存变量表>]
```

说明:

① 若省略范围子句和条件子句,则对表中所有记录的数值型字段求和。

② 若不指定字段名,则对所有数值型字段求和。

③ 若给出[TO<内存变量>],则将各数值型字段求和结果依次存放到这些内存变量中,且内存变量的个数要和数值型字段的个数相同。

【例 3-24】 统计表 Readerinfo 中女性读者的押金总数,保存在变量 b 中。

```
SUM 押金 FOR 性别="女" TO b
?b                                        && 结果是 150
```

3.4.3 求平均值命令 AVERAGE

该命令用于计算指定范围内记录的数值型字段的平均值。命令格式如下:

```
AVERAGE[<范围子句>] [FOR<条件>][WHILE<条件>] [TO<内存变量表>]
```

说明: 各选项的含义与 SUM 命令相同,只是将求和换成求平均值。

【例 3-25】 统计表 Readerinfo 中女性读者的押金均值,保存在变量 c 中。

```
AVERAGE 押金 FOR 性别="女" TO c
?c                                        && 结果是 50
```

3.4.4 TOTAL 命令

TOTAL 是一个对已经排序或索引过的表文件按关键字进行分类统计的命令,也称同类项合并命令。对当前表内具有相同关键字的记录进行纵向合并,对数值型字段汇总求和,将结果存入指定的分类表文件中。命令格式如下:

```
TOTAL ON<关键字段>TO<分类表文件名>[<范围子句>][FIELDS<字段名表>][FOR<条件>]
[WHILE<条件>]
```

说明：

① 在使用此命令之前，必须按关键字段先对表文件进行排序或索引。

② 关键字段只能有一个，且只能是C、N、D型。

③ 汇总时只对<字段名表>所指定的数值型字段求和，省略<字段名表>时，对库文件中的所有数值型字段求和；省略<范围>和<条件>，对所有的记录进行分类求和。

④ 分类汇总的结果存入<分类表文件名>所指定的表文件中。

【例 3-26】 对表 Booksinfo，求各出版社的定价总和，并保存到表 dj 中。

使用如下命令：

```
USE Booksinfo                          && 打开表
INDEX ON 出版社 TAG cbs                && 以"出版社"字段为索引关键字建立索引 cbs
SET ORDER TO cbs                       && 指定 cbs 为主控索引
TOTAL ON 出版社 TO dj FIELDS 定价      && 执行分类汇总命令
```

本章小结

表是数据库系统最基本的组成部分，可以通过表设计器和相关命令来创建。表中的记录是对每一个实体的具体描述，可以进行浏览、显示、追加、定位、修改和删除等操作。为了提高查询速度，可以在表中建立索引，索引包括主索引、候选索引、普通索引和唯一索引，索引被保存在独立索引文件或者复合索引文件中，在表设计器中建立索引将生成一个与表文件同名的结构复合索引文件。索引的建立不仅加快查询速度，而且还可以限制重复值和空值的输入，支持数据库中表和表之间的关联。表中的数据可以通过 COUNT、AVERAGE、SUM、TOTAL 等命令进行统计和汇总。

习 题 三

一、思考题

1. 字段有哪些属性？可以使用的数据类型有哪些？在设计表结构时，如何选择数据类型？
2. 什么是空值？如何指定表中字段允许接受空值？如何输入空值？
3. 记录的定位方式有哪几种？该如何实现？
4. 什么是表的索引？索引有什么作用？包括哪几种类型？
5. 什么是主控索引？如何设置主控索引？
6. 排序和索引有什么区别？

二、选择题

1. 在 Visual FoxPro 中，调用表设计器建立数据表 STUDENT. DBF 的命令是________。

(A) MODIFY STRUCTURE STUDENT

(B) MODIFY COMMAND STUDENT

(C) CREATE STUDENT

(D) CREATE TABLE STUDENT

2. 在学生表中，若要将每个人的照片存入表中，应在表中先设计一个________字段。

(A) 字符型　(B) 数值型　(C) 日期型　(D) 通用型

3. 用 APPEND 命令插入一条记录时，被插入的记录在表中的位置是________。

(A) 表最前面　(B) 表最末尾　(C) 当前记录之前　(D) 当前记录之后

4. 在一张已经打开的表中，当要删除某条记录时，应________。

(A) 先设置删除标记，然后彻底删除记录　(B) 使用 PACK 命令彻底删除记录

(C) 先恢复删除，然后彻底删除记录　(D) 使用 ZAP 命令彻底删除记录

5. 表文件可以按共享方式打开，也可以按独占方式打开，在下列的命令中，________在表文件以共享方式打开时可以使用。

(A) PACK　(B) MODIFY STRUCTURE

(C) ZAP　(D) APPEND

6. 用 LIST STRUCTURE 命令显示表中各字段总宽度为 50，用户可使用的字段总宽度为________。

(A) 51　(B) 50　(C) 49　(D) 48

7. 在 Visual FoxPro 6.0 系统环境下，若使用的命令中同时含有子句 FOR、WHILE 和 SCOPE(范围)，则下列叙述中正确的是________。

(A) 三个子句执行时的优先级为 FOR、WHILE、SCOPE(范围)

(B) 三个子句执行时的优先级为 WHILE、SCOPE(范围)、FOR

(C) 三个子句执行时的优先级为 SCOPE(范围)、WHILE、FOR

(D) 无优先级，按子句出现的顺序执行

8. 表文件中有 30 条记录，当前记录的记录号是 20，执行命令 LIST NEXT 5 后，所显示记录号是________。

(A) 21～25　(B) 21～26　(C) 20～25　(D) 20～24

9. 要显示表中当前记录的内容，可使用命令________来实现。

(A) LIST　(B) DISPLAY　(C) BROWSE　(D) DIR

10. 要为当前表所有职工增加 100 元工资应该使用命令________。

(A) CHANGE 工资 WITH 工资＋100

(B) REPLACE 工资 WITH 工资＋100

(C) CHANGE ALL 工资 WITH 工资＋100

(D) REPLACE ALL 工资 WITH 工资＋100

11. 打开一个空数据表文件，分别用函数 EOF()和 BOF()测试，其结果一定是________。

(A) .T. 和 .T.　(B) .F. 和 .F.　(C) .T. 和 .F.　(D) .F. 和 .T.

12. 对非空表 CZ 进行下列操作，其结果为________。

```
USE CZ
?? BOF( )
SKIP -1
?? BOF( )
GO BOTTOM
?? EOF( )
SKIP
?? EOF( )
```

(A) .T. .T. .T. .T.　　(B) .F. .T. .T. .T.

(C) .F. .T. .F. .T.　　(D) .F. .F. .T. .T.

13. 如果一个 Visual FoxPro 数据表文件中有 50 条记录，当前记录的记录号为 26，执行命令 SKIP 30 之后，再执行命令？RECNO()，其结果是________。

(A) 50　(B) 56　(C) 错误提示　(D) 51

14. 下列叙述中含有错误的是________。

(A) 一个数据库表只能设置一个主索引

(B) 唯一索引不允许索引表达式有重复值

(C) 候选索引既可用于数据库表也可用于自由表

(D) 候选索引不允许索引表达式有重复值

15. 学生表(XS.DBF)的结构为：学号(XH,C,8)、姓名(XM,C,8)、性别(XB,C,2)和班级(BJ,C,6)，并且按 XH 字段设置了结构复合索引，索引标识为 XH。如果 XS 表不是当前工作表，则下列命令中________可以用来查找学号为"96437101"的记录。

(A) SEEK 96437101 ORDER XH

(B) SEEK "96437101" ORDER XH

(C) SEEK "96437101" ORDER XH IN XS

(D) SEEK 96437101 ORDER XH IN XS

16. 计算所有职称为教授、副教授的平均工资，并将结果赋予变量 PJ，应使用命令________。

(A) AVERAGE 工资 TO PJ FOR "教授" $ 职称

(B) AVERAGE FIELDS 工资 TO PJ FOR "教授" $ 职称

(C) AVERAGE 工资 TO PJ FOR 职称＝"副教授". AND. 职称＝"教授"

(D) AVERAGE 工资 TO PJ FOR 职称＝"副教授". OR. "教授"

三、填空题

1. Visual FoxPro 中的表由表结构和________组成，表文件的扩展名为________。

2. 在 Visual FoxPro 中，日期型字段和逻辑型字段的宽度是固定的，日期型字段宽度为________个字节，逻辑型字段宽度为________个字节。

3. 通用型数据用来存储电子表格、文档、图片等________对象。

4. 记录存放在磁盘上的顺序称为________，表打开后在使用中的记录的处理顺序称为逻辑顺序。

5. 在打开一张表时，________索引文件将自动打开，并随表的关闭而关闭。
6. 表的索引类型有主索引、唯一索引、候选索引和________。
7. 在给表指定主控索引后，将按照________的大小，从小到大或从大到小排列记录的顺序。
8. 已知学生表(XSB. DBF)中的数据见表 3-11。在依次执行下列命令后，屏幕上显示的结果为________和________。

```
USE XSB
SET ORDER TO XSXH                    && 索引 XSXH 已建，它是根据学号字段创建的升序索引
GO TOP
SKIP
?RECNO()
GO BOTTOM
?RECNO()
```

表 3-11　学生表中的数据

记录号	学　号	姓　名	性　别	出生日期	系名代号
1	000104	王凯	男	09/02/82	02
2	000101	李兵	男	04/09/83	02
3	000103	刘华	女	10/06/82	02
4	000102	陈刚	男	12/89/82	02
5	000106	胡媛媛	女	09/08/82	02
6	000105	张一兵	男	02/06/83	02

9. 在 Visual FoxPro 中，表示范围的短语 REST 的含义为________。
10. 教师表 JS. DBF 中有 7 条记录，打开后执行 GO BOTTOM 和 SKIP 命令，再执行 ?RECNO()命令，则显示结果为________，执行? EOF()命令，则显示结果为________。

四、上机练习

1. 表结构的建立。
   (1) 打开项目 Bookroom，在项目管理器中新建表 Readerinfo，表结构如表 3-2 所示。
   (2) 执行"文件"→"新建"菜单命令，打开表设计器，建立表 Booksinfo，表结构如表 3-3 所示。
   (3) 在命令窗口中，执行 CREATE 命令，打开表设计器，建立表 Lendinfo，表结构如表 3-4 所示。
2. 参照附录 A 在表中输入记录。
3. 记录的操作。
   (1) 使用 APPEND BLANK 命令，在 Booksinfo 中添加一条记录，然后将该记录彻底

删除。

(2) 显示表 Readerinfo 中 1983 后出生的读者的编号、姓名、性别和出生日期。

(3) 将表 Booksinfo 中清华大学出版社出版的图书定价提高 5%。

(4) 运行例 3-9，观察运行结果，进一步理解记录的定位。

4. 复制表 Booksinfo 的表结构，并保存为 Booksinfo_bf。

5. 索引的建立和使用。

(1) 为表 Booksinfo 创建索引，要求：建立候选索引 BH，按“图书编号”字段升序排列；建立普通索引 DJ，按“定价”字段降序排列。

(2) 为表 Readerinfo 创建索引 xc，要求先按性别排序再按出生日期排序。

(3) 使用 SEEK 命令查找书名为“C 程序设计”的图书。

6. 统计命令。

(1) 统计表 Booksinfo 中电子工业出版社出版的图书的平均定价。

(2) 统计表 Readerinfo 中的押金总额。

(3) 根据表 Lendinfo 求总借阅人次。

第4章

数据库的创建与使用

一张表只能存储一个实体或者关系的信息，而一个应用系统中往往要涉及多个相互关联的实体，因此需要建立多张表。Visual FoxPro 提供了数据库来组织和关联这些表。

需要注意的是数据库中并不存储具体的数据，数据库中存储的主要是表和数据库之间的链接关系、数据库表的表属性、数据库表字段的扩展属性、数据库表之间的永久关系、完整性约束以及视图的定义、存储过程等。

本章将简要阐述数据库设计的基础知识，着重介绍数据库的创建和管理，数据库表的属性设置，多表操作以及表间关系的建立。

4.1 数据库设计概述

在一个基于数据库的应用系统中，数据库的设计是非常关键的。数据库设计的好坏将直接关系到数据的使用、存储以及系统功能的实现。一个设计理想的数据库能够针对具体应用，一方面尽可能地减少冗余，另一方面使查询访问快捷方便。设计数据库可采用如下步骤：

1. 根据系统功能确定数据需求

确定数据需求就是要明确数据库中要存储哪些信息。比如，在系统功能中要求查询图书的详细借阅情况，则数据库中必须存储每一本图书每一次借阅的情况以及图书的相关信息、读者的相关信息。

2. 确定需要的表

在设计数据库时，要把不同主题的信息放在不同的表中，这样可以使数据的组织和维护更加简单。比如在图书管理系统中，要管理图书和读者的信息，就应该为图书和读者各建一张表，用于存放图书和读者的基本情况，要查询图书借阅情况，就应该建立一张图书借阅表以保存每一次借阅活动的信息，如果要了解销售情况，那还应该建立销售情况表。

3. 确定表结构

确定表结构就是明确表中有哪些字段，字段的属性该如何设置以及索引的建立等。

根据关系数据库理论，确定字段时，一般应遵从如下原则。

(1) 字段设置全面且与主题相关。设计表中字段时，要把需要保存的信息都包括进去，但也不是多多益善，比如读者信息中无须了解读者的工资情况，那就不必把"工资"作为表的一个字段。

(2) 字段之间无关。如表中设有"出生日期"字段，就不必设置"年龄"字段，因为年龄可以由出生日期推算出来。

(3) 确定主关键字。根据实体完整性的要求，每一张表都要有主关键字，使得记录之间相互区别，能唯一确定。

(4) 以最小的逻辑单位存储信息。根据关系数据库理论，表中的字段应是不可拆分的，因为要从综合性的信息中获取单独的信息很困难。

4. 确定表之间的关系

在关系数据库中，表和表之间具有一定的关联。要根据其内在的联系，确定表和表之间的关系。

5. 优化数据库设计

数据库在初步设计后，还需要进一步审核。比如，查看是否满足数据的独立性和完整性，有无缺少的信息或者冗余的信息，能否满足系统的功能需求，从而找出缺陷并进行相应的修改。只有这样仔细核查，反复修改，才能设计出一个较为完善的数据库。

4.2 数据库的基本操作

数据库的基本操作主要包括数据库的创建以及数据库的打开、关闭和删除。可以通过菜单操作或者执行相关的 Visual FoxPro 键盘命令来实现。

4.2.1 创建数据库

创建数据库的常用方法有以下三种：

(1) 在项目管理器中建立数据库。

(2) 通过"新建"对话框建立数据库。

(3) 在命令窗口中执行命令建立数据库。

1. 在项目管理器中建立数据库

【例 4-1】 在项目管理器中建立图书管理数据库 library。

操作步骤如下：

① 打开项目 Bookroom，选择"数据"选项卡，如图 4-1 所示。

② 在"数据"选项卡中选择"数据库"，单击"新建"按钮，打开"新建数据库"对话框。

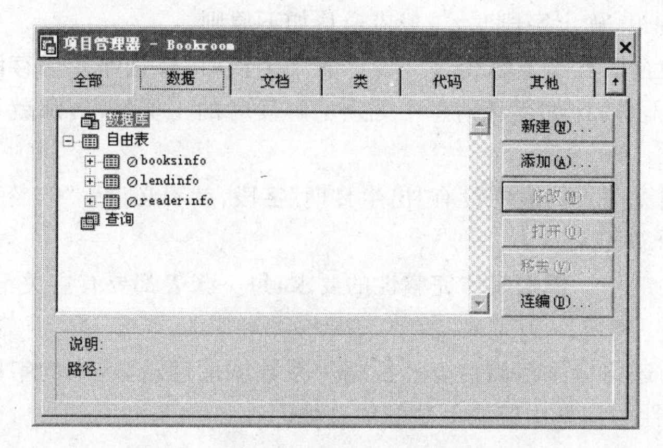

图 4-1 “项目管理器”中的“数据”选项卡

③ 在“新建数据库”对话框中单击“新建数据库”，打开“创建”对话框，如图 4-2 所示，输入数据库名 library。

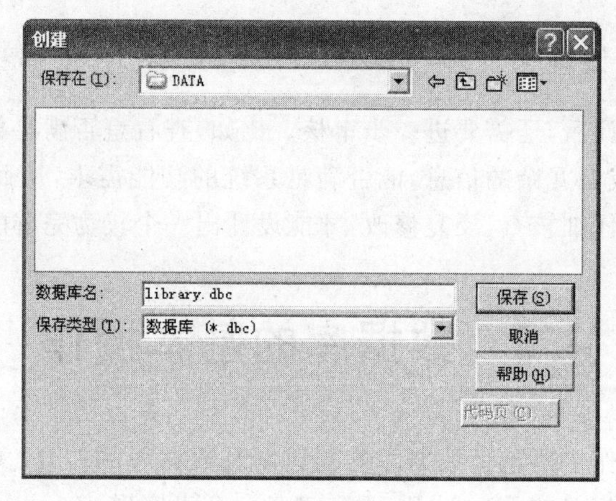

图 4-2 “创建”对话框

④ 单击“保存”按钮，完成数据库的创建。

上述操作结束后，“数据库设计器”自动打开，“数据库设计器”工具栏及其与快捷菜单中菜单项的对应关系如图 4-3 所示。

2. 通过“新建”对话框建立数据库

执行“文件”→“新建”菜单命令，打开如图 4-4 所示的“新建”对话框，在“文件类型”组框中选择“数据库”，然后单击“新建文件”按钮，打开“创建”对话框，输入数据库名，单击“保存”按钮，打开“数据库设计器”。

3. 使用命令创建数据库

创建数据库命令的一般格式如下：

```
CREATE DATABASE [数据库名|?]
```

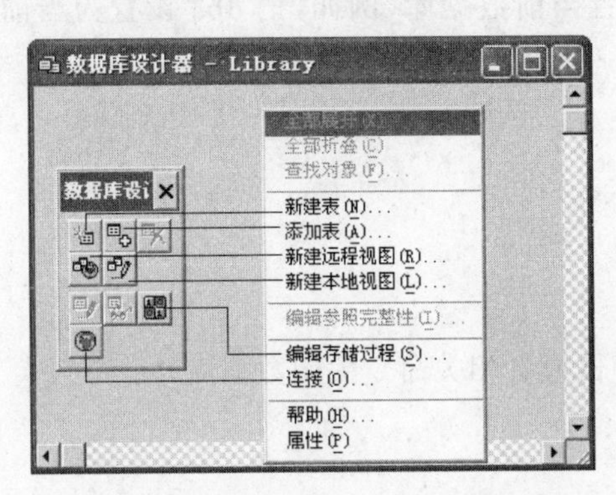

图 4-3　数据库设计器及其工具栏和快捷菜单

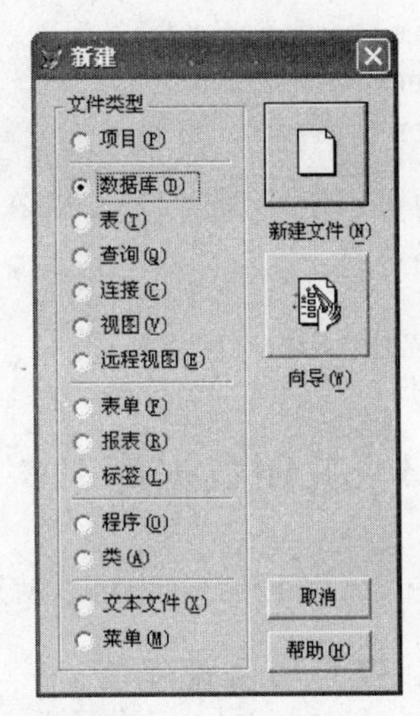

图 4-4　“新建”对话框

如果不指定数据库名或者使用问号，执行命令后，都会打开“创建”对话框，让用户输入数据库名。

与前两种方法不同，用命令创建数据库后不打开数据库设计器，只是使数据库处于打开状态，可以执行“显示”→“数据库设计器”菜单命令打开数据库设计器。

数据库建立之后将产生三个文件：数据库文件(.dbc)，数据库备注文件(.dct)和数据库索引文件(.dcx)。

4.2.2　打开数据库

打开数据库文件可以通过菜单操作方式或者命令方式来实现。

(1) 在项目管理器中打开数据库。

首先打开项目，然后在项目管理器中，选择要打开的数据库，单击“修改”按钮，打开数据库设计器。

(2) 菜单操作方式打开数据库。

首先执行“文件”→“打开”菜单命令，或者单击工具栏上的“打开”按钮，弹出“打开”对话框，然后在“打开”对话框中，设置“文件类型”为“数据库”，选择要打开的数据库文件，最后单击“确定”按钮，打开数据库设计器。

(3) 命令方式打开数据库。

打开数据库的命令格式如下：

```
OPEN DATABASE <数据库名>
```

在 Visual FoxPro 中允许同时打开多个数据库，只要多次使用打开数据库的命令，但是当前的数据库只有一个，就是最后打开的那个数据库。

例如，执行如下命令后，当前数据库是 db3。

```
OPEN DATABASE db1
OPEN DATABASE db2
OPEN DATABASE db3
```

也可以使用 SET DATABASE 命令设置当前数据库，例如，把 db2 设置为当前数据库的命令是：

```
SET DATABASE TO db2
```

4.2.3 关闭数据库

在 Visual FoxPro 中可以使用项目管理器或者相关命令关闭数据库。

1. 使用项目管理器

在项目管理器中选择要关闭的数据库，并单击“关闭”按钮。

2. 相关命令

① CLOSE DATABASES

该命令的功能是关闭当前的数据库和表。如果没有当前数据库，则关闭工作区内所有打开的自由表、索引等文件。

② CLOSE DATABASE ALL

该命令的功能是关闭所有打开的数据库以及其中的表、所有的自由表以及索引文件等。

③ CLOSE ALL

该命令将关闭除“命令窗口”、“调试窗口”、“帮助”和“跟踪窗口”外的所有窗口，包括各种设计器、数据库、表和索引。

注意：关闭数据库设计器并不意味着关闭了数据库。

4.2.4 删除数据库

当原有的数据库不再需要时，可以将其删除。删除数据库的常用方法有两种。

(1) 在项目管理器中删除数据库

在项目管理器中选择要删除的数据库，单击“移去”按钮，在弹出的提示对话框中选择“删除”，如图 4-5 所示。

(2) 执行 DELETE DATABASE 命令删除数据库

DELETE DATABASE 命令的一般格式如下：

```
DELETE DATABASE<数据库名>
[DELETABLES]
```

功能是删除指定的数据库。当命令中包含 DELETABLES 时，表示删除数据库以及其中的表，否则仅删除数据库，并将其中的表变为自由表。

注意：

① 在删除数据库前必须先关闭数据库。

② 上述方法删除数据库后，数据库中的表变成自由表，仍可以打开，只是原有的数据库表属性全部丢失。但是，如果直接删除数据库文件，在打开数据库表时将出现如图 4-6 所示的对话框，单击“删除”按钮，或者执行 FREE <表名>的命令，删除该表和数据库之间的链接关系后，方可打开。

图 4-5　提示对话框

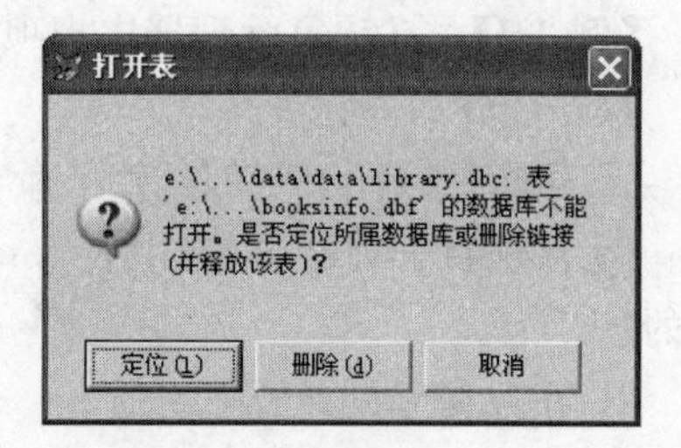

图 4-6　“打开表”提示对话框

4.3　数据库表的操作

自由表中只存储相对独立的信息，表和表之间没有必要的关联。数据库表则有更为强大的功能，它可以使用长表名，表中的字段有“标题”、“格式”等许多新的属性，数据库表之间可以建立永久关系，等等。下面介绍数据库表的操作。

4.3.1　数据库表的操作

1. 新建数据库表

创建数据库表一般有 4 种方法：

① 在数据库设计器中，单击“新建表”按钮。

② 在项目管理器的“数据”选项卡中，选择“数据库”中的“表”，单击“新建”按钮。

③ 在打开数据库的前提下，执行“文件”→“新建”菜单命令或者单击“新建”按钮。

④ 在打开数据库的前提下，执行 CREATE TABLE 命令。

注意：当某一个数据库处于打开状态时，创建的表都从属于这个当前打开的数据库。

2. 把自由表添加到数据库中

对于已经存在的自由表，可以将其添加到数据库中，使其成为数据库表。这项操作可以在项目管理器中完成，也可以在数据库设计器中完成，还可以通过命令方式完成。

1）在项目管理器中添加

【例 4-2】　在项目管理器中把表 Booksinfo 添加到数据库 Library 中。

操作步骤如下：

① 执行“文件”→“打开”菜单命令，打开项目 Bookroom。

② 在项目管理器中，选中数据库 Library 下的“表”，单击“添加”按钮。

③ 在“打开”对话框中，选中要添加的表 Booksinfo，单击“确定”按钮，把表 Booksinfo 添加到数据库中成为数据库表。

除了上述方法，把同一项目中的自由表添加到数据库中，还有更为简单的方法，如例 4-3 所述。

【例 4-3】 在项目管理器中把项目中的自由表 Readerinfo 添加到数据库 Library 中。

操作步骤如下：

① 执行“文件”→“打开”菜单命令，打开项目 Bookroom。

② 在项目管理器中，选中表 Readerinfo，按住鼠标左键，将其拖放到数据库 Library 下的“表”上。

2）在数据库设计器中添加

【例 4-4】 在数据库设计器中把表 Lendinfo 添加到数据库 Library 中。

操作步骤如下：

① 执行“文件”→“打开”菜单命令，打开项目 Bookroom。

② 在项目管理器中，选中数据库 Library，单击“修改”按钮，打开数据库设计器。

③ 在数据库设计器中，单击“数据库设计器”工具栏中的“添加表”按钮，弹出“打开”对话框。

④ 在“打开”对话框中选择表 Lendinfo，单击“确定”按钮。

至此，如图 4-7 所示，在数据库设计器中出现了三张表。

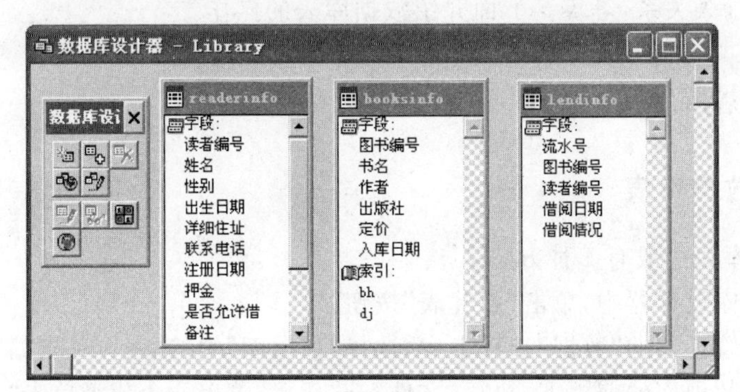

图 4-7　添加自由表后的“数据库设计器”窗口

3）用命令方式添加表

在命令窗口中执行 Visual FoxPro 命令，也可以把已经存在的自由表添加到数据库中。

命令的一般格式如下：

```
ADD TABLE<自由表名>|?
```

例如，把表 Readerinfo 表添加到当前数据库中的命令是：ADD TABLE Readerinfo。

注意：

① 当一张表已经从属于某个数据库时，就不能添加到其他数据库中。

② 用户如果不指定表名或输入？选项，将弹出一个"添加"对话框，可以从中选择需要添加的表。

3. 移去或删除表

数据库表和自由表之间可以相互转换，如果将数据库表从数据库中移出，数据库表便成了自由表。

移去表的方法和添加表类似，有如下三种方法。

① 在项目管理器中选择要移去的表，单击"移去"按钮。

② 在数据库设计器中选中要移去的表，单击"数据库设计器"工具栏中的"移去表"按钮，或者快捷菜单中的"移去表"命令。

③ 在命令窗口中执行命令：

```
REMOVE TABLE <数据库表名>|? [DELETE] [RECYCLE]
```

说明：若有 DELETE 选项，将把指定的表从数据库和磁盘中删除；若有 RECYCLE 选项，将把指定的表移到 Windows 的回收站中，用户可以从回收站中恢复该文件；若不加任何选项，将把指定的表移出当前数据库。

例如，把表 Booksinfo 移出数据库的命令是：

```
REMOVE TABLE Booksinfo
```

注意：

① 若将数据库表从数据库中移出转换成自由表，数据库表的表属性、字段的扩展属性、永久关系等都将丢失。

② 只有将数据库表转换成自由表后，才能将其添加到其他数据库中。

③ 在项目管理器和数据库设计器中移去表时，都会出现如图 4-5 和图 4-8 所示的对话框，单击"移去"按钮，将数据库表转换成自由表，单击"删除"按钮，将把表从磁盘上删除。

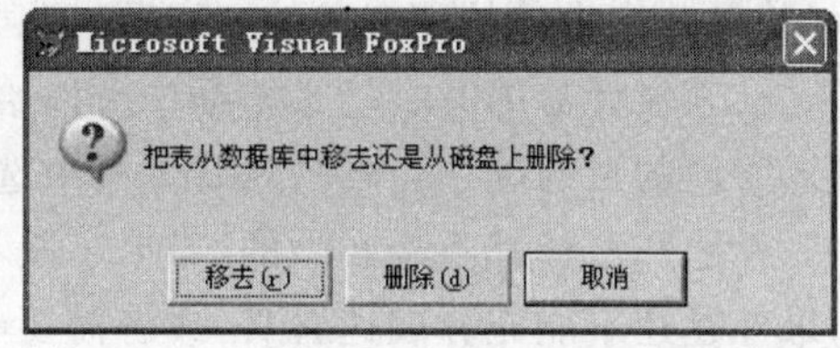

图 4-8 提示对话框

4.3.2 数据库表字段的扩展属性

数据库表中的字段除了具有字段的基本属性(字段名、类型、宽度、小数位数)外，还含有一些自由表所没有的扩展属性，如字段的显示格式、输入掩码、默认值、标题、注释以及字段的验证规则等。这些扩展属性都保存在数据库表所在的数据库文件中。

如图 4-9 所示，数据库表的扩展属性在数据库表设计器的"字段"选项卡中设置。

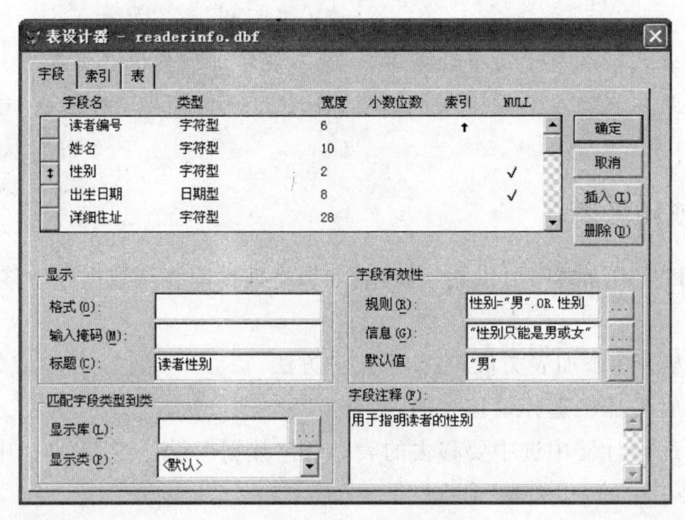

图 4-9 “表设计器”窗口

1. 字段的显示属性以及字段注释

字段的显示属性包括显示格式、输入掩码以及标题等。字段注释通常是对字段含义或者作用的解释。

1）标题和注释

自由表的字段名最长为 10 个字符，数据库表允许长字段名，最多可以包含 128 个字符。尽管如此，为了编程的方便，在定义字段名时，一般仍采用英文名称或者汉语拼音缩写，但是这样的字段名往往使人难以理解，为此 Visual FoxPro 提供了一个“标题”属性，利用这个属性可以给每个字段添加一个说明性标题，Visual FoxPro 将显示字段的标题文字，并以此作为“浏览”窗口的列标题，增强字段的可读性。

在表设计器的“注释”文本框中可以给字段添加注释信息，来进一步说明字段的含义，设置字段的目的等。当在项目管理器中选中该字段时，会显示该字段的注释信息。

标题和注释都不是必须的，如果字段不能明确表达列的含义，可以为字段设置标题；如果标题还不能充分表达含义，或者需要给字段更详细的说明，可以给字段添加注释。

2）格式

格式规定字段在“浏览”窗口、表单或者报表中显示时的大小写以及样式等，常常用字母来代表，称为格式码。下面是常用的格式码。

- A 表示只允许字母字符，禁止数字、空格或标点符号。
- D 表示使用当前的日期格式。
- L 表示在数值前显示前导零，而不是空格。此设置仅用于数值型数据。
- T 表示删除输入字段的前导空格和结尾空格。
- ! 表示把小写字母转化为大写字母后输出。
- $ 显示货币符号。此设置仅用于数值型和货币型数据。
- ^ 表示使用科学记数法显示数值型数据。此设置仅用于数值型数据。

例如，在“姓名”字段的“格式”编辑框内输入 AT 后，要在“浏览”窗口中给“姓名”字段输入汉字、数值等非字母字符时，将无法实现。

3）输入掩码

输入掩码定义了输入的数据必须遵守的格式。使用输入掩码能有效屏蔽非法输入，减少人工输入错误，保证输入数据格式的一致和有效。下面列出常用的输入掩码。

- X 表示可输入任何字符。
- 9 表示对字符型数据字段，只允许输入数字；对数值型字段可以输入数字和正负号。
- # 表示可输入数字、空格和正负号。
- $ 表示在固定位置上显示当前货币符号。
- * 表示在值的左侧显示星号。
- . 表示用句点分隔符指定小数点的位置。
- , 表示允许用逗号分隔小数点左边的整数部分。
- A 表示值允许输入字母数据。

例如，如果在“读者编号”字段的“输入掩码”编辑框中输入 AA9999，表示“读者编号”字段只能由两个字母和四个数字顺序组成。

2. 设置字段的有效性规则

在向数据库表输入数据时，有些数据是合法的、符合逻辑的，但有些数据却不一定。为了避免非法数据的输入，可在表设计器中设置字段的“显示”属性以及“输入掩码”等，但这仅仅是码级的限制，还远远不够，因为即使输入的内容是合法的，也不一定合乎逻辑。解决这个问题的方法之一就是设置字段有效性，输入的数据必须通过字段验证后才能存到字段中。

在表设计器的“字段有效性”框内有三个文本框：规则、信息和默认值。

1）设置字段有效性规则

“规则”是一个值为“真”或“假”的逻辑表达式。当字段值输入完毕，光标移开字段时，系统检查该表达式的值，如果表达式的值为“真”，认为输入的字段值符合字段有效性规则，是合法的数据，可以存入字段；如果表达式的值为“假”，则认为该值为非法数据，必须修改后方可进行其他操作。

设置字段有效性规则的步骤是：首先在表设计器中选中要设置规则的字段，然后在“规则”框中输入有效性规则表达式，并可在“信息”框中设置违反规则时显示的提示信息。

2）设置字段的默认值

用户在向表中输入数据时，往往会遇到这种情况：多条记录某个字段的值都是一样的。在这种情况下，可以给字段设置“默认值”。默认值为字段指定了最初的值，在追加新记录时，该字段的值会自动给出。因此设置默认值可以减轻输入记录的工作量，减少错误，提高速度。

设置默认值的步骤是：首先在表设计器中选中要设置默认值的字段，然后在“默认值”框中输入该字段的默认值。

注意：

① 有效性规则表达式是一个逻辑表达式，其值为逻辑型。例如，出生日期<={^1988/12/31}。

② 在"信息"框中可以设置违反规则时的提示信息，其值是一个字符串。例如，与上述规则相对应的"信息"框中的内容是："出生日期必须在1989年之前"。

③ "默认值"框中的默认值的数据类型必须和该字段的数据类型一致。

【例 4-5】 修改表 Readerinfo 的表结构，给相关字段设置字段扩展属性。

操作步骤如下：

① 在项目管理器中选择表 Readerinfo，单击"修改"按钮，打开表设计器。

② 在表设计器中选中"编号"字段，在"输入掩码"栏中输入：999999。

③ 选择"性别"字段，在"标题"栏中输入：读者性别；在"规则"栏中输入："性别="男" OR 性别="女""；在"信息"栏中输入："性别只能是男或女"；在"默认值"栏中输入："男"；在"字段注释"栏中输入注释信息：用于指明读者的性别，如图 4-9 所示。

④ 单击"确定"按钮，在弹出的提示对话框中单击"是"按钮，结束表结构的修改。

打开"浏览"窗口，可见"性别"列的标题变成"读者性别"，选择"表"→"追加新记录"命令时，表尾出现一条新记录，该记录"性别"字段的值为"男"。

由于"编号"字段的输入掩码设置为：999999，所以在"编号"字段中输入字母时，无法实现，但是可以输入数字；由于"性别"字段设置了有效性规则和信息，所以当把"性别"字段的值改成"红"时，弹出警告对话框，如图 4-10 所示。

图 4-10　违反规则后的警告对话框

4.3.3　数据库表的表属性

数据库表不仅可以设置字段的高级属性，而且还可以为表设置属性。数据库表的表属性包括：长表名、表的注释、表记录的有效性规则和信息以及触发器等。

1. 长表名

在创建表时，每张表的表文件名就是表名。除此以外，数据库表还可以设置长表名。长表名的命名规则与表文件名相同，但最多可以包含 128 个字符。设置长表名后，数据库表在各种对话框、窗口中均以长表名代替。在打开数据库表时，长表名与文件名可以同样使用。但是使用长表名打开表时，表所属的数据库必须是打开的。

2. 表的注释

表的注释可以使表的功能更加易于理解，尤其对规模较大的项目来说，注释可以使系统日后的维护更加方便。

3. 记录有效性规则

在表中输入或者修改记录时，如果对某个字段的取值有所限制，可以设置字段有效性规则，但有时约束条件中要涉及两个或两个以上的字段，这时，字段有效性规则就无能为力了。Visual FoxPro 中提供一种新的机制，即记录验证，通过记录有效性规则的设置，来同时约束一条记录中多个字段的取值。

记录有效性规则通常是包含了一个或多个字段的逻辑表达式。如果插入一条新记录或修改表中原有的记录，那么，当记录指针移开该记录或者关闭“浏览”窗口时，系统检查记录有效性规则。如果逻辑表达式的值为“真”，则该记录输入有效，否则，系统会弹出与图 4-10 类似的“警告”对话框。

4. 触发器

表的触发器是绑定在表上的表达式，当表中的记录被任何指定的操作命令修改时，该操作所对应的触发器被激活。

对表中记录的操作包括插入、更新和删除，因此，与之相对应的有插入触发器、更新触发器和删除触发器。

1）插入触发器

每次向表中插入记录或追加记录时，激活插入触发器，验证触发器表达式的值，如果值为“真”，允许插入该记录，否则不得插入。

2）删除触发器

每次删除表中记录时，激活删除触发器，验证触发器表达式的值，如果值为“真”，允许删除该记录，否则不得删除。

3）更新触发器

每次修改表中记录时，激活更新触发器，验证触发器表达式的值，如果值为“真”，允许修改该记录，否则不得修改。

触发器的激活在其他有效性检查后进行，并且与字段有效性和记录有效性不同，触发器不对缓冲数据起作用。

触发器是作为表的特定属性来存储的，如果表从数据库中移去或删除，相应的触发器也被删除。

5. 表属性的设置

设置表属性可以在表设计器中的“表”选项卡上进行，下面举例说明表属性的设置步骤。

【例 4-6】 修改表 Readerinfo 的表结构，设置表属性。

操作步骤如下：

① 选择“文件”→“打开”命令，弹出“打开”对话框，在对话框中选择表 Readerinfo，单击“确定”按钮，打开表设计器。

② 在表设计器中，选择“表”选项卡。

③ 在“表名”框中输入：读者信息表，设置长表名。

④ 单击“规则”框后的“表达式”按钮，打开表达式生成器，输入如图 4-11 所示的表达式：是否允许借＝IIF(押金＝＞50，.T.，.F.)，单击“确定”按钮，关闭表达式生成器。

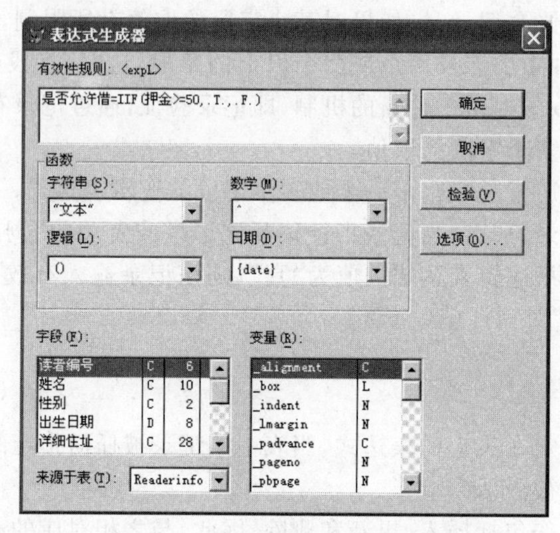

图 4-11 “表达式生成器”对话框

⑤ 在“信息”框中输入：“押金低于 50 的用户不可借书”。

⑥ 在“删除触发器”框中输入表达式：EMPTY(姓名)，表示当记录的“姓名”字段为空字符串时可以删除，否则会弹出“触发器失败”信息框。

⑦ 在“表注释”框中输入：该表存储读者的基本信息，以说明该表的用途。设置结果如图 4-12 所示。

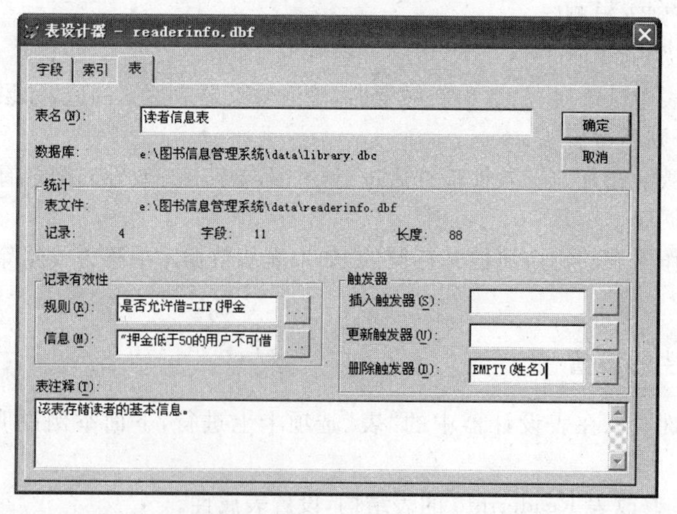

图 4-12 “表设计器”的“表”选项卡

⑧ 单击“确定”按钮，在弹出的提示框中单击“是”按钮，完成表属性的设置。

4.4 数据库表间的永久关系

Visual FoxPro 是一个关系型数据库管理系统，表和表之间通常存在某些关联，系统可以通过这些关联，将各个表中的数据重新组合，得到有意义的信息。由于这些关联是存储在数据库文件中的，所以被称为永久关系。

永久关系存在的前提是所要关联的表之间有一些公共字段，称为主关键字和外部关键字。主关键字用于标识表中的某一特定记录，通常以主关键字为索引表达式建立主索引或候选索引。当一张表中的某个字段是另外一张表的主关键字时，该字段称为这张表的外关键字，通常以外关键字为索引表达式建立普通索引。表和表之间的关系就是通过表的主关键字和外部关键字建立的。

4.4.1 永久关系的种类

一般情况下，同一个数据库中表和表（表 A 和表 B）之间的关系有一对一、一对多和多对多三种。

1. 一对一关系

一对一关系是这样一种关系，表 A 中的任何一条记录，在表 B 中只能有一条记录与之对应；表 B 中的一条记录在表 A 中也只能有一条记录与之对应。

建立一对一关系的前提是两张表以相同的索引关键字建立主索引或者候选索引。

两表之间的一对一关系并不经常使用，因为在很多情况下可以把两张表中的信息合并为一张表，但是在有些情况下分开保存更加合理。比如，同样是存放读者的基本信息，可以将常用信息存放在一张表中，不常用的信息存放在另一张表中，这样分成两张表保存可以减少每次访问表时系统的开销。

2. 一对多关系

一对多关系是一种最普通、最常用的关系。表 A 中的一条记录在表 B 中有多条记录与之对应，而表 B 中的一条记录，在表 A 中只有一条与之对应。在一对多关系中，“一”方（主表），要建立主索引或者候选索引，“多”方（子表）要以同样的索引关键字建立普通索引。

3. 多对多关系

多对多关系指表 A 中的一条记录，在表 B 中有多条记录与之对应；表 B 中的一条记录在表 A 中也有多条记录与之对应。比如表 Booksinfo 和表 Readerinfo 之间，一个读者可以借阅多本书，一本书也可以被多个读者借阅。

遇到“多对多”的情况，必须建立第三张表把多对多的关系分解成两个一对多关系，这第三张表被称为“纽带表”。“纽带表”中可以只包含它分解的那两张表的主关键字，也可以包含其他信息。比如，为了分解表 Booksinfo 和表 Readerinfo 之间的多对多关系，增加了纽带表 Lendinfo，该表中包含了表 Booksinfo 和表 Readerinfo 的主关键字“图书编号”和“读者编号”以及其他借阅信息。这样，通过表 Booksinfo 和表 Lendinfo 可以查询图书的借阅情况，通过表 Readerinfo 和表 Lendinfo 可以查询读者借阅的情况。

4.4.2 永久关系的建立、编辑和删除

建立永久关系首先应清楚两表之间是什么关系，有无建立必要的索引，如果没有，需要先建立相关的索引，然后再建立永久关系。对于已经存在的永久关系可以进行编辑和删除操作。

1. 创建永久关系

在数据库设计器中创建永久关系的一般步骤是：

① 打开数据库设计器。

② 为需要建立关系的两表按相同的索引关键字建立相应类型的索引。

③ 建立表间关系。

【例 4-7】 建立表 Readerinfo 和表 Lendinfo 间的永久关系。

分析：表 Readerinfo 和表 Lendinfo 中有公共字段“读者编号”，在表 Readerinfo 中，“读者编号”字段的值是唯一的，对于表 Readerinfo 中的一条记录，在表 Lendinfo 中有若干条记录与之对应，所以表 Readerinfo 和表 Lendinfo 间是一对多关系，前者是主表，后者是子表。两表中尚未建立相应的索引，所以应先建立索引，然后再建立表间关系。

操作步骤如下：

① 在项目管理器中选择数据库 Library，单击“修改”按钮，打开“数据库设计器”窗口。

② 在数据库设计器中，右击表 Lendinfo，在快捷菜单中选择“修改”，弹出“表设计器”窗口。

③ 在表设计器的“索引”选项卡中建立普通索引 readerno，索引表达式为“读者编号”。然后，单击“确定”按钮，关闭表设计器。

④ 用同样的方法，在表 Readerinfo 中建立主索引：bh，索引表达式为“读者编号”。

⑤ 在数据库设计器中，将鼠标放在主表的主索引 bh 上，按下鼠标左键，将主索引拖曳到子表中与其对应的普通索引 readerno 上，此时在两个索引之间出现一条连线，表示两表之间的关系建立完毕，如图 4-13 所示。

用同样的方法可以建立表 Booksinfo 和表 Lendinfo 之间的一对多关系。

2. 编辑永久关系

已经建立的永久关系可以重新编辑修改。方法是：

① 打开数据库设计器，将鼠标放在要编辑的关系的连线上，单击使其变粗，然后右击，在弹出的快捷菜单中选择“编辑关系”，如图 4-14 所示。

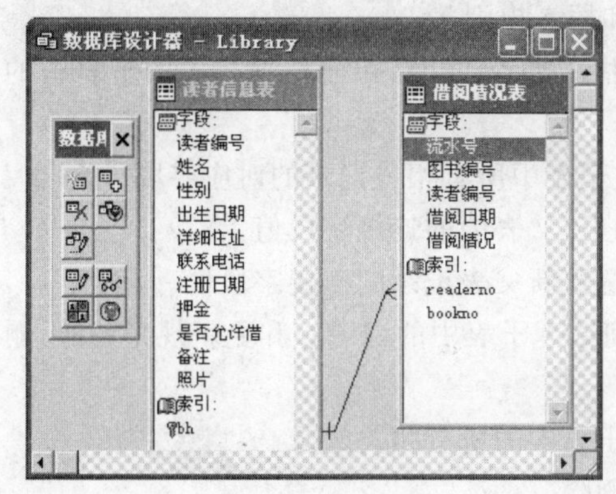

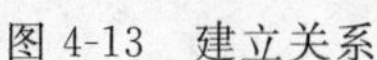
图 4-13　建立关系

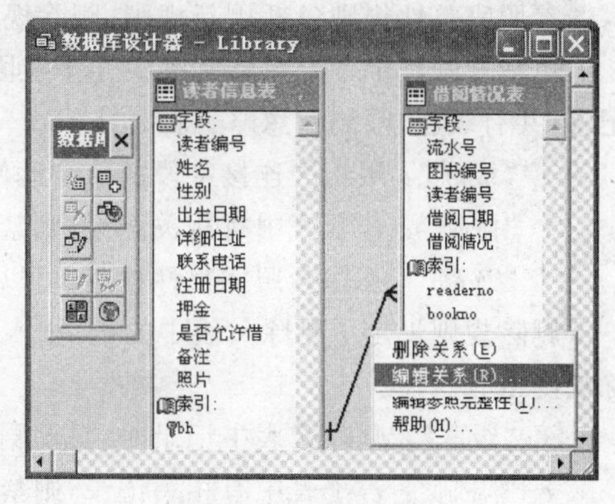

图 4-14　编辑关系

② 在打开的“编辑关系”对话框中，选择相对应的索引，单击“确定”按钮，完成编辑，如图 4-15 所示。

图 4-15　“编辑关系”对话框

注意：表和表之间的关系是由子表的索引类型决定的。当子表为主索引或候选索引时，建立的关系为“一对一”关系；当子表的索引为普通索引或唯一索引时，建立的关系是“一对多”关系。

3. 删除永久关系

删除永久关系的方法与编辑永久关系的方法类似，只需单击表示关系的连线，使其变粗，然后右击，在弹出的快捷菜单中选择“删除关系”命令即可，或者直接按下 Del 键也可将关系删除。

4.5　参照完整性

参照完整性的大概含义是：当插入、更新或删除一个表中的数据时，通过参照引用相互关联的另一个表中的数据，来检查对该表的数据操作是否正确。比如，在表 Lendinfo 中有图书编号、读者编号以及借阅时间等字段，如果没有参照完整性的约束，很有可能插入一条并不存在的读者的借阅记录，这显然是不合适的；而如果在插入记录前，能够进行参照完整性检查，查看借阅的读者以及读者借阅的书在相关联的表中是否存在，则可以从一个方面保证输入记录的合法性。

参照完整性规则包括更新规则、删除规则和插入规则。

更新规则规定了当更新父表中连接字段(主关键字)值时，如何处理相关的子表中的记录，共有级联、限制和忽略三种。

- “级联”：用新的连接字段的值自动修改子表中所有相关记录的对应字段。
- “限制”：若子表中有相关记录，则禁止修改父表中的连接字段值。
- “忽略”：不作参照完整性检查，可以随意更新父表记录的连接字段值。

删除规则规定了删除父表中的记录时，如何处理子表中的记录。和更新规则一样，删除规则也有三种。

- “级联”：删除父表中记录时，自动删除子表中的所有相关记录。
- “限制”：若子表中有相关记录，则禁止删除。
- “忽略”：不作参照完整性检查，可以随意删除父表中的记录。

插入规则规定了在插入子表中的记录时，是否进行参照完整性检查，有插入和限制两种。

- “限制”：若父表中没有与连接字段值相对应的记录，则禁止插入。
- “忽略”：不作参照完整性检查，可以随意在子表中插入记录。

设置参照完整性约束是通过“参照完整性生成器”来实现的。如图 4-16 所示，在参照完整性生成器中有“更新规则”、“删除规则”和“插入规则”三个选项卡，分别用来设置三种参照完整性规则。在每一个选项卡上都有同样的一张表格，表格中的一行为数据库中的一个关系，各列的含义介绍如下：

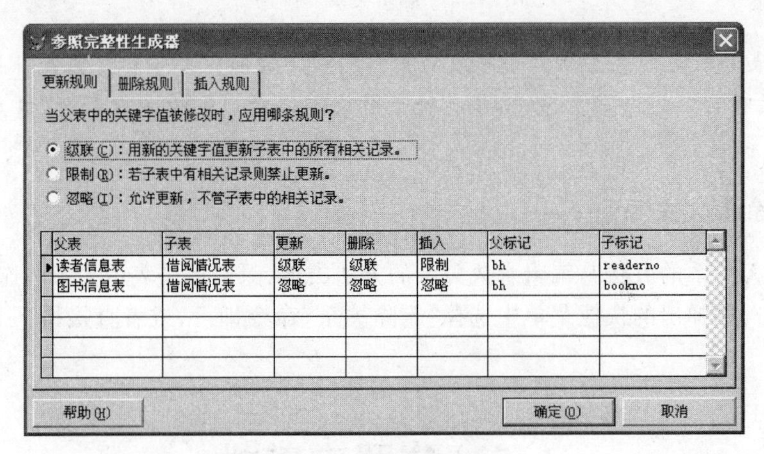

图 4-16　设置参照完整性

- “父表”列：显示一个关系中的父表名。
- “子表”列：显示一个关系中的子表名。
- “更新”、“插入”和“删除”列：显示相应规则的设置值。
- “父标记”列：显示父表中的主索引名或者候选索引名。
- “子标记”列：显示子表中的索引名。

在设置参照完整性之前，通常要先清理数据库。所以，设置参照完整性一般分成两步：

(1) 执行“数据库”→“清理数据库”菜单命令，完成清理数据库工作；

(2) 执行“数据库”→“编辑参照完整性”菜单命令，打开“参照完整性生成器”设置参照完整性。

【例 4-8】 设置表 Readerinfo 和表 Lendinfo 间的参照完整性规则。

操作步骤如下：

① 执行“文件”→“打开”菜单命令，在“打开”对话框中，选择数据库 Library，单击“确定”按钮，打开数据库设计器。

② 执行“数据库”→“清理数据库”菜单命令，完成清理数据库工作。

③ 执行“数据库”→“编辑参照完整性”菜单命令，打开“参照完整性生成器”对话框。

④ 单击“更新规则”选项卡，选择“级联”，可见表中“更新规则”设置为“级联”。

⑤ 分别在“删除规则”选项卡和“插入规则”选项卡中，选择“级联”和“限制”，将删除规则设置为“级联”，插入规则设置为“限制”。操作结果如图 4-16 所示。

⑥ 单击“确定”按钮，在弹出的“参照完整性”对话框中选择“是”，生成并保存参照完整性代码。

参照完整性能够较好地控制数据的一致性，尤其是控制数据库相关表之间的主关键字和外部关键字之间数据的一致性，所以是关系数据库管理系统的一项重要功能。

但是参照完整性规则的设定也带来一些约束，比如将插入规则设置为“限制”时，如果父表中不存在匹配的关键字就禁止插入。这使得以前的各种插入或者追加记录的方法都不能再使用。因为 APPEND 命令或者 INSERT 命令都是先插入一条空记录，然后再进行编辑，这当然不能通过参照完整性的检查。

4.6 多张表的同时使用

在以前的操作中，同一时刻通常只对某一张表进行操作。但是，实际上 Visual FoxPro 允许同时对多张表进行操作，本节介绍多张表同时使用时的相关概念和命令。

4.6.1 工作区的概念

在 Visual FoxPro 中，每一张打开的表都必须占用一个工作区，一个工作区中不能同时打开多张表。如果在同一个工作区中又打开一张表，则原有的表自动关闭。所以在同时使用多张表的情况下，打开表时应该给表指定不同的工作区，否则表在当前工作区中打开。

1. 工作区号

Visual FoxPro 一共提供了 32 767 个工作区，每个工作区都有一个编号，称为工作区号,用1～32 767中的任何一个整数来表示。也可以用A～J代表1～10号工作区,用W11～W32 767代表其余的工作区。0是一个特殊的工作区号,代表当前没有使用的工作区号最小的工作区。

2. 表的别名

在工作区中打开表时,可以给表赋予一个别名。方法是:

```
USE <表文件名> [ALIAS <别名>]
```

例如,打开表Booksinfo,并取别名"图书信息",命令如下:

```
USE Booksinfo ALIAS 图书信息
```

需要说明的是,如果在打开表时没有指定别名,则系统默认以表文件名作为别名。

3. 在不同工作区打开表

在不同工作区打开表可以通过"数据工作期"窗口或者命令方式实现。

1) 使用"数据工作期"窗口

"数据工作期"是当前动态工作环境的一种表示,每个"数据工作期"包含它自己的一组工作区,在此可以选择不同的工作区,打开、浏览或者关闭其中的表,建立表间临时关系,并设置工作区属性。

执行"窗口"→"数据工作期"菜单命令,打开"数据工作期"对话框,如图4-17所示。各部分功能说明如下:

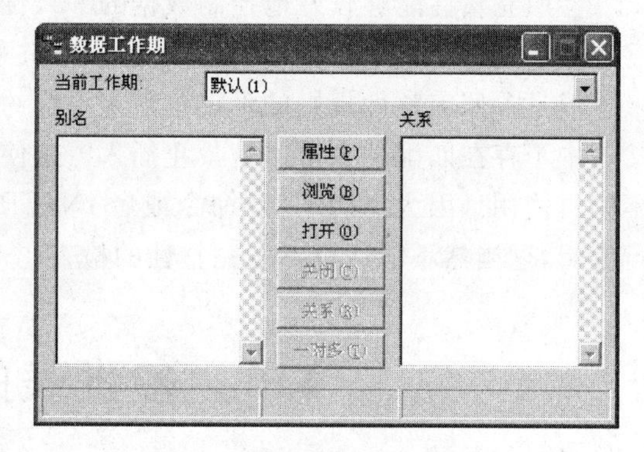

图4-17 "数据工作期"对话框

- 当前工作期:显示当前工作期的名称。
- 别名:列出在当前各工作区中打开的表或视图的名称。
- 关系:显示当前打开的表或视图之间的临时关系。
- "属性"按钮:打开"工作区属性"对话框,设置索引顺序及定义数据筛选条件。
- "浏览"按钮:打开浏览窗口,显示"别名"列表框中选中的表或视图的数据。
- "打开"按钮:在新的工作区中打开新的表或视图,已打开的表或视图显示于"别名"列表框中。
- "关闭"按钮:关闭当前已经打开的表或视图,即从"别名"列表框中去除表或视图。
- "关系"按钮:建立表或视图间的关系。
- "一对多"按钮:建立一对多的关系。

【例4-9】 通过"数据工作期"窗口依次打开表Readerinfo、表Lendinfo和表Booksinfo。

操作步骤如下：

① 选择“窗口”→“数据工作期”菜单命令，打开“数据工作期”窗口。

② 在“数据工作期”窗口中单击“打开”按钮，打开“打开”对话框。如图 4-18 所示，选择“读者信息表”(表 Readerinfo)，单击“确定”按钮，关闭“打开”对话框。

③ 重复上述操作，打开表 Lendinfo 和表 Booksinfo。结果如图 4-19 所示。

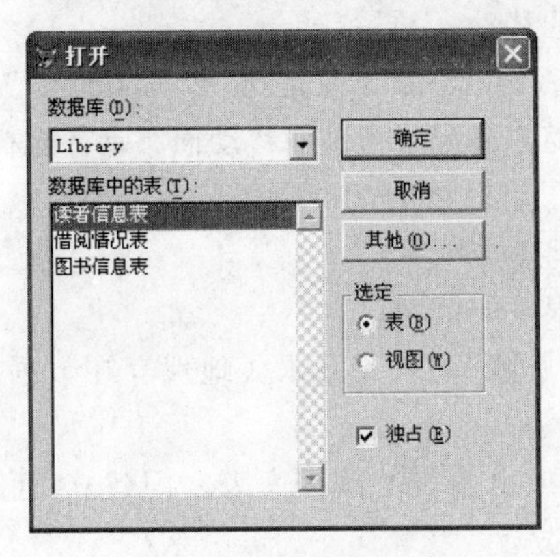

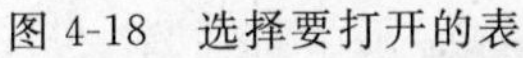
图 4-18　选择要打开的表

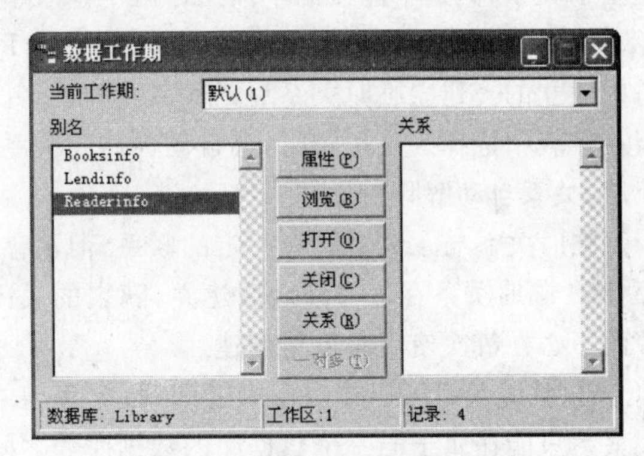

图 4-19　“数据工作期”对话框

在图 4-19“数据工作期”对话框中可见，当前工作区是 1 号工作区，表 Readerinfo 在 1 号工作区中打开，共有 4 条记录。

2) 在命令窗口中执行命令

用键盘命令打开表可以有两种方法。

(1) 先选择工作区，然后在该工作区中打开表。

选择工作区的命令如下：

```
SELECT <工作区号>|<别名>
```

例如，要在 2 号工作区中打开表 Lendinfo，可以执行这样的命令。

```
SELECT 2 或者 SELECT B                 && 选择 2 号工作区
USE Lendinfo                          && 在 2 号工作区中打开表 Lendinfo
```

(2) 在 USE 命令中强制指定工作区。

指定工作区的命令如下：

```
IN 工作区号|别名
```

上述要求可以通过这样的命令实现：

```
USE Lendinfo IN 2
```

注意：按方法(1) 执行后，当前工作区是 2 号工作区，当前表变为 Lendinfo。按方法(2) 执行后，当前工作区和当前表不变，所以，如果要对表 Lendinfo 进行操作，必须先将 2 号工作区指定为当前工作区，或者在操作命令中指定工作区号，如 GO TOP IN 2。

4.6.2 临时关系

表间的永久关系建立在索引的基础上,被存储在数据库中,可以在查询设计器或者视图设计器中自动作为默认连接条件而保持数据库表之间的联系。永久关系虽然在表之间建立了关系,但是不能控制不同工作区中记录指针的移动。

临时关系是在打开的数据表之间用 SET RELATION 命令或是在"数据工作期"窗口中建立的。建立临时关系后,子表的记录指针会随主表记录指针的移动而移动。这样,当在主表中选择一条记录时,会自动去访问关系中子表的相关记录。当其中一个表被关闭后,关系自动解除。

临时关系与永久关系有一定的联系,但也存在很大的区别。

① 临时关系在表打开之后建立,随表的关闭而解除;永久关系永久地保存在数据库中而不必在每次使用时重新创建。

② 临时关系可以在自由表之间、数据库表之间或自由表与数据库表之间建立,而永久关系只能在属于同一个数据库的数据库表之间建立。

③ 临时关系中一个子表一般不能有两张主表(除非这两张主表是通过子表的同一个主控索引建立临时关系),永久关系则不然。

1. 使用 SET RELATION 命令建立临时关系

使用 SET RELATION 命令建立临时关系的步骤如下:

① 分别在不同的工作区中打开表。

② 确定关系表达式,设置子表的主控索引(可以在打开表时同时设定)。

③ 选择主表所在的工作区。

④ 用 SET RELATION 命令建立临时关系。

SET RELATION 命令的一般格式如下:

```
SET RELATION TO 关系表达式 INTO 区号|别名
```

其中的关系表达式通常是子表的主控索引表达式;区号|别名指子表的别名或所在工作区的区号。

【例 4-10】 建立表 Booksinfo 和表 Lendinfo 之间的临时关系。

表 Booksinfo 是主表,表 Lendinfo 是子表,子表的主控索引是:Bookno,索引表达式是:图书编号。按照上述步骤执行如下命令:

```
USE Booksinfo IN 0 ORDER TAG Bh
USE Lendinfo IN 0 ORDER TAG Bookno
SELECT Booksinfo
SET RELATION TO 图书编号 INTO LENDINFO
```

这样,当表 Booksinfo 中的记录指针移动时,表 Lendinfo 的记录指针也随之变动。如果同时打开表 Booksinfo 和表 Lendinfo 的浏览窗口,可以看到,当选择父表 Booksinfo 中的一条记录时，子表 Lendinfo 将跟踪显示该书的借阅情况，如图 4-20 所示。

Booksinfo

图书编号	书名	作者	出版社	定价	入库日期
K2011	Delphi程序设计基础	刘海涛	清华大学	32.5	09/17/06
K2102	Delphi数据库开发教程				
K2001	C程序设计				
K3241	SQL Server实用教程				
K5002	实用软件工程				
K3112	Visual FoxPro程序设计				

Lendinfo

流水号	图书编号	读者编号	借阅日期	借阅情况
0000000005	K5002	0002	01/13/08	在借
0000000008	K5002	0004	.NULL.	预约

图 4-20　建立了临时关系的表 Booksinfo 和表 Lendinfo 的“浏览”对话框

2. 使用“数据工作期”对话框建立临时关系

在“数据工作期”窗口中，也可以方便地建立起两表之间的临时关系。

【例 4-11】 在“数据工作期”窗口中建立表 Readerinfo 和表 Lendinfo 间的临时关系。

操作步骤如下：

① 执行“窗口”→“数据工作期”菜单命令，打开“数据工作期”窗口。

② 在弹出的“数据工作期”对话框中，单击“打开”按钮，添加“读者信息表”、“借阅情况表”到“别名”列表框中。

③ 在“别名”列表框中选择表 Readerinfo，单击“关系”按钮，在“关系”列表框中出现表 Readerinfo。

④ 在“别名”列表框中选择表 Lendinfo，在弹出的“设置索引顺序”对话框中选择表 Lendinfo 中已经建好的索引 Readerno，如图 4-21 所示。

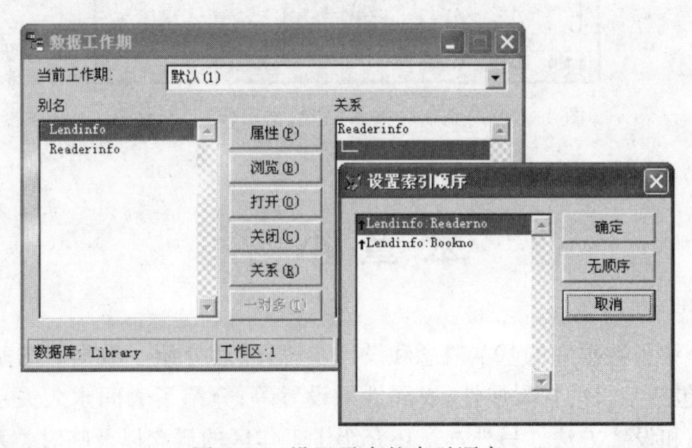

图 4-21　设置子表的索引顺序

⑤ 单击“确定”按钮，弹出“表达式生成器”对话框，建立创建临时关系的关系表达式，如图 4-22 所示。

⑥ 单击“确定”按钮，完成临时关系的建立。如图 4-23 所示，在“数据工作期”窗口的“关系”列表框中显示了它们之间的临时关系。

当临时关系不再需要时，命令 SET RELATION TO 将取消当前表到所有表的临时关系。当然，如果关闭了主表或者子表，临时关系也不再存在。

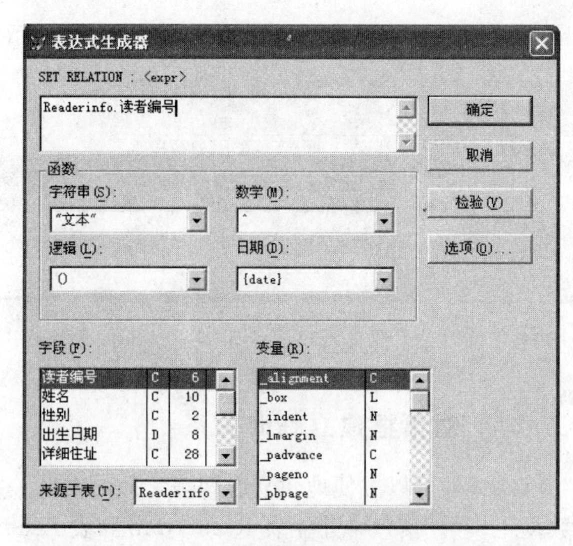

图 4-22　设置临时关系表达式

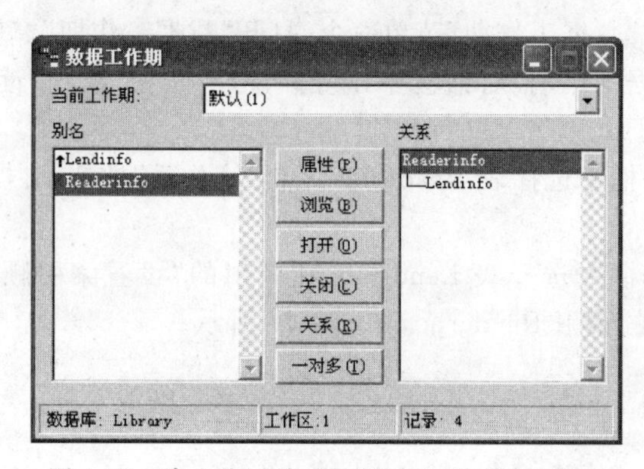

图 4-23　建立临时关系的“数据工作期”对话框

本 章 小 结

本章首先介绍了数据库的基本概念和设计步骤,然后介绍了数据库的基本操作以及数据库表的操作,包括字段的扩展属性、表属性的设置等;介绍了表间永久关系的建立以及参照完整性的意义和设置方法。另外本章还介绍了工作区的概念以及临时关系的建立。

习　题　四

一、思考题

1. 简述设计数据库的一般步骤。
2. 简述数据库表和自由表之间的区别。

3. 永久关系和临时关系各有什么作用，并简述它们之间的区别。
4. 什么是参照完整性？在 Visual FoxPro 中如何设置参照完整性规则？

二、选择题

1. 为了合理组织数据，应遵从的设计原则是________。
   (A) 一个表描述一个实体或实体间的一种联系
   (B) 表中的字段必须是原始数据和基本数据元素，并避免在表之间出现重复字段
   (C) 用外部关键字保证有关联的表之间的联系
   (D) 以上各条原则都包括
2. 在 Visual FoxPro 中，打开数据库的命令是________。
   (A) OPEN DATABASE ＜数据库名＞
   (B) USE ＜数据库名＞
   (C) USE DATABASE ＜数据库名＞
   (D) OPEN ＜数据库名＞
3. 在 Visual FoxPro 中，可对字段设置默认值的表________。
   (A) 必须是数据库表　　(B) 必须是自由表
   (C) 自由表或数据库表　　(D) 不能设置字段的默认值
4. 在 Visual FoxPro 中，建立数据库表时，将年龄字段值限制在 12～40 岁之间的这种约束属于________。
   (A) 实体完整性约束　　(B) 域完整性约束
   (C) 参照完整性约束　　(D) 视图完整性约束
5. 数据库表可以通过表设计器设置字段有效性规则，其中的“规则”是一个________。
   (A) 逻辑表达式　　(B) 字符表达式
   (C) 数值表达式　　(D) 日期表达式
6. 为了设置两个表之间的参照完整性，要求这两个表是________。
   (A) 同一个数据库中的两个表　　(B) 两个自由表
   (C) 一个自由表和一个数据库表　　(D) 没有限制
7. 在 Visual FoxPro 中进行参照完整性设置时，要想设置成：当更改父表中的主关键字段或候选关键字段时，自动更改所有相关子表记录中的对应值。应选择________。
   (A) 限制(Restrict)　　(B) 忽略(Ignore)
   (C) 级联(Cascade)　　(D) 级联(Cascade)或限制(Restrict)
8. 在数据库设计器中，建立两个表之间的一对多联系是通过以下索引实现的________。
   (A) “一方”表的主索引或候选索引，“多方”表的普通索引
   (B) “一方”表的主索引，“多方”表的普通索引或候选索引
   (C) “一方”表的普通索引，“多方”表的主索引或候选索引
   (D) “一方”表的普通索引，“多方”表的候选索引或普通索引
9. 在 Visual FoxPro 的“数据工作期”对话框，使用 SET RELATION 命令可以建立两个表之间的关联，这种关联是________。
   (A) 永久性关联　　(B) 永久性关联或临时性关联

(C) 临时性关联　　　　　　　　(D) 永久性关联和临时性关联

10. 执行下列一组命令之后，选择“职工”表所在工作区的错误命令是________。

```
CLOSE ALL
USE 仓库 IN 0
USE 职工 IN 0
```

(A) SELECT 职工　(B) SELECT 0　(C) SELECT 2　(D) SELECT B

三、填空题

1. 在 Visual FoxPro 系统中，创建一个新的数据库的命令为________。
2. 向数据库中添加的表应该是目前不属于________的自由表。
3. 在 Visual FoxPro 中，CREATE DATABASE 命令创建一个扩展名为________的数据库文件。
4. 在 Visual FoxPro 中通过建立主索引或候选索引来实现________完整性约束。
5. 在 Visual FoxPro 中选择一个没有使用的、编号最小的工作区的命令是________。
6. 触发器指定一个规则，这个规则是一个逻辑表达式。当某个操作执行后，将自动触发相关触发器的执行，计算逻辑表达式的值，如果返回值是________，将不执行此命令或事件。
7. 如果在主表中删除一条记录，要求子表中的相关记录自动删除，则参照完整性的删除规则应设置成________。
8. 使用________命令可以在不同工作区中打开的表之间建立关系。
9. 为了确保相关表之间数据的一致性，需要设置________规则。
10. 有计算机等级考试考生数据表文件 STD. DBF 和合格考生数据表文件 HG. DBF，这两个表的结构相同，为了颁发合格证书并备案，把 STD 数据表中笔试成绩和上机成绩均及格记录的“合格否”字段修改为逻辑真，然后再将合格的记录追加到合格考生数据表 HG. DBF 中，请填空完成上述功能。

    表文件 STD. DBF 中记录如下：

Record#	准考证号	姓　名	性别	笔试成绩	上机成绩	合格否
1	11001	梁小冬	女	70	80	F
2	11005	林　旭	男	95	78	F
3	11017	王　平	男	60	40	F
4	11083	吴大鹏	男	90	60	F
5	11108	杨纪红	女	58	67	F

```
USE STD
REPLACE ________ WITH .T. FOR 笔试成绩>= 60 .AND. 上机成绩>= 60
USE HG
APPEND FROM STD FOR ________
LIST
USE
```

四、上机题

1. 在项目 Bookroom 中建立数据库 Library。

2. 将第 3 章中建立的表 Readerinfo、表 Booksinfo 和表 Lendinfo 添加到数据库 Library 中。
3. 根据实际需求设置数据库 Library 中各表的有效性规则。
4. 在数据库 Library 中建立表 Readerinfo 和表 Lendinfo、表 Booksinfo 和表 Lendinfo 的一对多关系。(提示：在建立永久关系前，应首先在表中建立正确的索引。)
5. 设置数据库 Library 中各表的参照完整性。
6. 参照例 4-10 和例 4-11 建立表 Booksinfo 和表 Lendinfo 之间的临时关系。

第5章

关系数据库标准语言SQL

前两个章节解决了数据在数据库中的组织和维护问题，然而开发数据库应用系统的更重要的目的在于使用数据。比如，在众多的记录中查找需要的记录，通过计算、统计，在原有数据的基础上得到一些新的数据信息等，数据库应用系统中存在着大量的诸如此类的需求。为了解决上述问题，人们提出了结构化查询语言，它是关系数据库的标准语言，Visual FoxPro 数据库管理系统也支持它。本章将对此作详细介绍。

5.1 SQL 语言概述

SQL 是 Structured Query Language 的缩写，即结构化查询语言。它是关系数据库的标准语言，来源于 20 世纪 70 年代 IBM 的一个被称为 SEQUEL（Structured English Query Language）的研究项目。20 世纪 80 年代，SQL 由美国国家标准局（简称 ANSI）进行了标准化，1987 年，国际标准化组织也通过了这一标准。由于它功能丰富、语言简洁而备受计算机界的欢迎。经各公司的不断修改、扩充和完善，SQL 语言最终发展成为关系数据库的标准语言。

SQL 语言之所以能够被用户和业界所接受，并成为国际标准，是因为它具有如下特点。

(1) SQL 语言是一种一体化的语言，它集数据定义语言、数据操纵语言和数据查询语言的功能于一体，可以完成数据库活动中的全部工作。包括对表结构的定义、修改，记录的插入、更新和删除，查询以及安全性控制等一系列操作，为数据库应用系统的开发提供了良好环境。

(2) SQL 语言是一种高度非过程化的语言。用 SQL 语言进行数据操作，不必指明"如何做"，只需提出要"做什么"，系统就会自动完成全部工作。

(3) SQL 语言采用面向集合的操作方式，不仅操作对象，查找结果也可以是记录的集合，而且一次插入、删除和更新操作的对象也可以是记录的集合。

(4) SQL 语言以一种语法提供两种工作方式。它既是自含式语言，又是嵌入式语言。作为自含式语言，它可以直接以命令方式交互使用；作为嵌入式语言，它可以嵌入到高级语言程序中，以程序方式工作。SQL 语言这种以一种语法结构提供两种工作方式的做法，为用户带来了极大的灵活性和方便性。

(5) SQL 语言非常简洁。SQL 语言虽然功能极强，但是它只用了为数不多的几个命令动词，如表 5-1 所示。此外，它的语法也很简单，接近于英语自然语言，因此容易学习和掌握。

表 5-1　SQL 语言的动词

SQL 功能	命 令 动 词	SQL 功能	命 令 动 词
数据定义	CREATE, DROP, ALTER	数据查询	SELETE
数据操纵	INSERT, UPDATE, DELETE	数据控制	GRANT, REVOKE

不过，需要指出的是，不同程序设计语言在对 SQL 的支持上以及具体的实现上还是略有差异的。由于 Visual FoxPro 自身在安全控制上的缺陷，所以没有提供数据控制功能。

5.2　数据定义

标准 SQL 的数据定义功能非常广泛，主要包括定义数据库、定义表、定义视图和定义索引、定义存储过程等。本节主要介绍在 Visual FoxPro 中用 SQL 语言实现表结构的定义、修改以及表的删除。

5.2.1　定义表结构

建立数据库最基本的一步是定义基本表。SQL 语言使用 CREATE TABLE 语句定义基本表，其一般格式如下：

```
CREATE TABLE|DBF<表名 1>[NAME<长表名>][FREE]
(<字段名 1><类型>[(<字段宽度>[,<小数位数>])]
[NULL|NOT NULL]
[CHECK<逻辑表达式 1>[ERROR <字符型文本信息>]]
[DEFAULT<表达式 1>]
[PRIMARY KEY |UNIQUE]
[REFERENCES<表名 2>[TAG<标识名 1>]]
[NOCPTRANS]
[,<字段名 2>…]
[,PRIMARY KEY<表达式 2>TAG<标识名 2>
[,|UNIQUE<表达式 3>TAG<标识名 3>]
[,FOREIGN KEY<表达式 4>TAG<标识名 4>[NODUP]
,REFERENCES<表名 3>[TAG<标识名 5>]]
[,CHECK<逻辑表达式 2>[ERROR<字符型文本信息 2>]])
|FROM ARRAY<数组名>
```

CREATE TABLE 命令中的选项简单说明如下：

- TABLE 和 DBF 等价，表示建立的是表文件。
- ＜表名 1＞为新建表指定表名。
- NAME ＜长表名＞为新建表指定长表名。只有在打开数据库的前提下，该选项才可用，长表名最多可以包含 128 个字符。
- FREE：当没有打开的数据库时，建立的表都是自由表。如果有，可以用 FREE 指定所建表是自由表，不加入到数据库中。
- ＜字段名＞ ＜类型＞[(＜字段宽度＞[,＜小数位数＞])]：指定字段名、字段类型、字段宽度和小数位数。字段类型用字符表示，如字符型用 C 表示。
- NULL：允许该字段值为空；NOT NULL：字段值不可为空；默认值为 NOT NULL。
- CHECK ＜逻辑表达式 1＞[ERROR ＜字符型文本信息 1＞]：定义字段有效性规则和信息。＜逻辑表达式＞用于指定字段值必须满足的条件，＜字符型文本信息＞指定当字段值违反有效性规则时，Visual FoxPro 显示的提示信息。
- DEFAULT ＜表达式＞：给该字段指定默认值。要注意表达式的数据类型和字段的数据类型应该一致。
- PRIMARY KEY|UNIQUE：以该字段为索引表达式建立主索引或候选索引，索引名与字段名相同。
- REFERENCES ＜表名 2＞[TAG＜标识名 1＞]：指定建立永久关系的主表，同时以该字段为索引关键字建立索引，用该字段名作为索引标识名。＜表名 2＞为主表表名，＜标识名 1＞为主表中的索引标识名。如果省略索引标识名，则用主表的主索引关键字建立关系，否则不能省略。
- CHECK＜逻辑表达式 2＞[ERROR＜字符型文本信息 2＞]：由逻辑表达式指定表的合法值。不合法时，显示由字符型文本信息指定的错误信息。该信息只有在浏览或编辑窗口中修改数据时显示。
- FROM ARRAY＜数组名＞：由数组创建表结构。

从以上句法格式可以看出，用 CREATE TABLE 命令建立表可以完成与表设计器相同的功能。它除了建立表的基本结构外，还能设置主索引，定义域完整性、默认值，建立表和表之间的永久关系。

在第 3 和第 4 章中介绍了使用表设计器和 Visual FoxPro 键盘命令创建表结构、创建索引以及设置表属性和字段属性的方法，下面介绍如何用 SQL 命令建立相同的表。

假设已经打开数据库 Library1。

【例 5-1】 用 SQL 命令创建表 Readerinfo1，表结构与 Readerinfo 相同。

定义该表的 SQL 语句如下：

```
CREATE TABLE Readerinfo1 (读者编号 C(6),姓名 C(10),性别 C(2)CHECK 性别='男' or 性别
='女' ERROR "性别只能是男或女",出生日期 D NULL,详细住址 C(28),联系电话 C(12),注册日
期 D,是否允许借 L DEFAULT .T.,备注 M,照片 G,PRIMARY KEY 读者编号 TAG bh)
```

上述 SQL 命令创建了表 Readerinfo1，设置了字段的基本属性，并为“性别”字段设置

了有效性规则和信息,为“是否允许借”字段设置了默认值,另外还以“读者编号”为索引关键字建立了主索引 bh。

当通过“浏览”窗口向表 Readerinfo1 输入数据或修改数据时,“性别”字段的值必须为“男”或“女”,否则显示“性别只能是男或女”的信息;添加新记录时,“是否允许借”字段自动填入.T.;另外“读者编号”字段值不能重复,也不可为空。

【例 5-2】 用 SQL 命令创建表 Booksinfo1,表结构与 Booksinfo 相同。

定义该表的 SQL 语句如下:

```
CREATE TABLE Booksinfo1(图书编号 C(6) NOT NULL,书名 C(30),作者 C(10),出版社
C(20),定价N(6,1),入库日期 D, UNIQUE 图书编号 TAG bh)
```

上述命令在数据库中建立表 Booksinfo1,并以“图书编号”为索引关键字建立候选索引 bh,“图书编号”字段值不能重复,也不可为空。

【例 5-3】 用 SQL 命令创建表 Lendinfo1,并建立与表 Readerinfo1 间的永久关系。

```
CREATE TABLE Lendinfo1(流水号 C(10),图书编号 c(10), 读者编号 C(6),借阅日期 D NULL,
借阅情况 C(6), FOREIGN KEY 读者编号 TAG readerno REFERENCES Readerinfo1)
```

上述命令在数据库中建立表 Lendinfo1,指定“读者编号”字段为外关键字,和表 Readerinfo1 建立永久关系,Readerinfo1 为主表,Lendinfo1 为子表。

命令执行后,将在数据库设计器中出现如图 5-1 所示的界面,可以看到,通过 SQL 命令不仅可以建立表,而且还可以建立起表和表之间的永久关系。

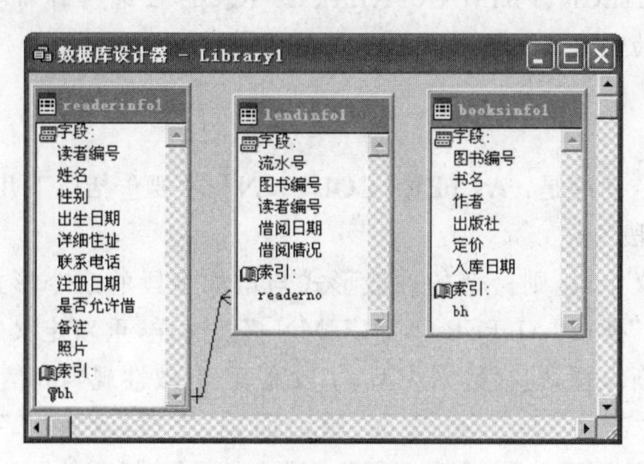

图 5-1 数据库 Library1

注意:在 CREATE-TABLE SQL 命令中,索引的定义可以直接放在字段的定义中,如 CREATE TABLE Readerinfo1 (读者编号 C(6)PRIMARY KEY,…),命令执行后,将在表中以所在字段为索引表达式,以所在字段名为索引名建立主索引。

5.2.2 修改表结构

用户在设计表结构时,很难一步到位,随着系统设计的深入,或者需求的改变,往往需要对原来的表结构进行修改,包括对字段的增加、删除、重命名以及字段的有效性规则和

默认值的修改等。无论是哪一类修改,SQL 命令均以 ALTER TABLE 开头。

1. 增加字段

增加字段的命令动词是：ADD [COLUMN],其命令的一般格式如下：

```
ALTER TABLE<表名>ADD [COLUMN]
<字段名 1><类型>[(<字段宽度>[,<小数位数>])]
[NULL|NOT NULL]
[CHECK<逻辑表达式 1>[ERROR<字符型文本信息>]]
[DEFAULT<表达式 1>]
[PROMARY KEY |UNIQUE]
[REFERENCES<表名 2>[TAG<标识名 1>]
```

可见,命令中 ADD [COLUMN]后为新增字段的定义,写法与创建表时的字段定义相同。

【例 5-4】 给表 Readerinfo1 添加字段“政治面貌”,字符型,宽度为 8,有效性规则是：政治面貌只能是“中共党员”和“其他”。

```
ALTER TABLE Readerinfo1;
ADD 政治面貌 c(8) CHECK 政治面貌="中共党员" .OR. 政治面貌="其他"
```

注意：ADD[COLUMN]子句指出新增加列的字段名及它们的数据类型等信息。在 ADD 子句中使用 CHECK、PRIMARYKEY、UNIQUE 任选项时需要删除所有数据,否则会因为表中原有的记录违反有效性规则而使得命令不被执行。

2. 修改字段

修改字段的命令动词是：ALTER [COLUMN],主要包括以下几种情况。

1) 重新定义字段

如果是重新定义字段,则命令的一般形式与增加字段的命令形式基本相同,只是将“ADD [COLUMN]”换成“ALTER [COLUMN]”。这样,重新定义字段时,可以对字段的每一个属性都重新设置,包括数据类型、字段宽度、有效性规则和信息、默认值等。

【例 5-5】 修改表 Readerinfo1 中的“政治面貌”字段,改成：字符型,允空,宽度为 10,有效性规则是：政治面貌是“中共党员”、“民主党派” 或“其他”。

```
ALTER TABLE Readerinfo1 ALTER 政治面貌 c(10) NULL;
CHECK 政治面貌="中共党员" .OR. 政治面貌="民主党派" .OR. 政治面貌="其他"
```

2) 修改字段有效性规则和默认值

如果在修改字段时,只修改字段的有效性规则和默认值,而不涉及其他属性,应该用 SET 子句。

【例 5-6】 给表 Booksinfo1 中的“定价”字段设置有效性规则为：定价>0。

```
ALTER TABLE Booksinfo1;
ALTER 定价 SET CHECK 定价>0 ERROR "定价必须大于 0"
```

打开表设计器,可见“定价”字段的“规则”和“信息”文本框中分别出现了“定价>0”和“"定价必须大于 0"”的内容。

【例 5-7】 给表 Booksinfo1 中的“入库日期”字段设置默认值为系统日期。

```
ALTER TABLE Booksinfo1;
ALTER 入库日期 SET DEFAULT DATE()
```

注意：在设置默认值时,不要写成类似于“SET DEFAULT 入库日期=DATE()”的形式。

打开表设计器,可见“入库日期”字段的“默认值”框中显示：DATE()。

3）删除字段有效性规则和默认值

删除字段有效性规则和默认值使用 DROP CHECK 和 DROP DEFAULT 子句。

【例 5-8】 删除表 Booksinfo1 中的“定价”字段的有效性规则。

```
ALTER TABLE Booksinfo1 ALTER 定价 DROP CHECK
```

注意：删除字段有效性规则时,信息也同时被删除。

【例 5-9】 删除表 Booksinfo1 中的“入库日期”字段的默认值。

```
ALTER TABLE Booksinfo1 ALTER 入库日期 DROP DEFAULT
```

4）重命名字段

重命名字段的命令动词是 RENAME。

命令的一般形式如下：

```
ALTER TABLE<表名>RENAME<原字段名>TO<新字段名>
```

【例 5-10】 将表 Lendinfo1 中的“借阅情况”字段改成“借阅状态”。

```
ALTER TABLE Lendinfo1 RENAME 借阅情况 TO 借阅状态
```

除上述操作外,SQL 命令还可以添加或者删除索引,取消与主表之间的关系。本书中不作详解。

3. 删除字段

删除字段的命令动词是：DROP [COLUMN],其命令的一般格式如下：

```
ALTER TABLE<表名>DROP [COLUMN]<字段名>
```

【例 5-11】 删除表 Readerinfo1 中的“政治面貌”字段。

```
ALTER TABLE Readerinfo1 DROP 政治面貌
```

注意：如果在被删除字段上建立了索引,要先将索引删除,再删除该字段。

5.2.3 删除表

删除表的命令格式如下：

```
DROP TABLE<表名>
```

DROP TABLE 命令可以直接从磁盘上删除表名所对应的 DBF 文件。如果表是当前数据库中的表,则从数据库中删除表;否则虽然从磁盘上删除了 DBF 文件,但是在数据库文件中的信息没有删除,此后会出现错误提示。所以要删除数据库中的表时,应使数据库是当前数据库,最好在数据库设计器中进行操作。

5.3 数据操纵

数据操纵包括插入记录、更新记录和删除记录,可以通过 INSERT、DELETE 和 UPDATE 语句来完成。

5.3.1 插入记录

当一个表创建完成后,就需要向表中添加记录数据。SQL 中使用 INSERT 语句添加记录。

命令格式 1:

```
INSERT INTO<表名|视图名>[(字段名 1[,字段名 2…] )] VALUES (表达式 1[,表达式 2…])>
```

书写命令时,应在关键词 INSERT INTO 后面输入要添加数据的表名,然后在括号中列出将要添加的新记录的列的名称,最后,在关键词 VALUES 的后面按照前面列的顺序输入对应的所有要添加的字段值。

命令执行后,将在指定表的表尾添加一条新记录,其值为 VALUES 后面的表达式的值。当需要插入表中所有字段的数据时,表名后面的字段名可以省略,但插入数据的格式必须与表的结构完全吻合;如果只需要插入表中某些字段的数据,就必须列出插入数据的字段名,相应表达式的数据也应与之对应。

【例 5-12】 给表 Readerinfo 添加一条记录。

```
INSERT INTO Readerinfo (读者编号,姓名,性别,注册日期,押金,是否允许借) VALUES
("0003","林宏","男",{^2008/01/05},100,.T.)
```

命令执行结果如图 5-2 所示,在表尾添加了一条新记录,其中"出生日期"、"详细住址"和"联系电话"字段没有插入相应的值,所以是空白的。

Readerinfo

读者编号	姓名	性别	出生日期	详细住址	联系电话	注册日期	押金	是	备注	照片
0002	孙林	男	01/25/89	常州蓝天小区	051988978239	09/17/07	50	T	memo	Gen
0001	孙小英	女	05/12/70	常州清秀园小区	13681678263	09/17/07	50	T	Memo	Gen
0004	李沛沛	女	02/16/85	常州白云小区	051953343344	09/17/07	50	T	Memo	gen
0006	白林林	女	11/23/85	常州花园小区	051989782394	10/11/07	50	T	memo	gen
0003	林宏	男	/ /			01/05/08	100	T	memo	gen

图 5-2 插入一条记录到数据表中

注意：

① 字段名与表达式的次序与数目必须相同。

② 表达式的值必须与对应字段的数据类型兼容。

命令格式 2：

```
INSERT INTO<表名>FROM ARRAY<数组名>
```

第二种格式可以在指定表的表尾添加一条或多条新记录，新记录的值是指定的数组中各元素的数据。数组中各列与表中各字段顺序对应。

【例 5-13】 给表 Readerinfo 添加两条记录。

在执行 INSERT 命令前，首先定义数组 aa，并给元素赋值。

```
DIMENSION aa(2,11)
aa(1,1)="0005"
aa(1,2)="李娜"
aa(1,3)="女"
aa(2,1)="0007"
aa(2,2)="林海"
aa(2,3)="男"
aa(2,4)={^1986/03/03}
INSERT INTO Readerinfo FROM ARRAY aa
```

命令执行后将在表尾增加两条记录，两条记录中只有与数组元素对应的字段有值。

注意： 如果数组中元素的数据类型与其对应的字段类型不一致，则新记录对应的字段为空值；如果表中字段个数大于数组元素的个数，则多出的字段也为空值。

5.3.2 删除记录

用 SQL 删除记录的命令格式如下：

```
DELETE FROM<表名>[WHERE<条件表达式>]
```

其中的 FROM 子句指定要删除记录的表，WHERE 子句指定被删除的记录需满足的条件，如果省略 WHERE 子句，表示删除表中的所有记录。

【例 5-14】 删除表 Readerinfo 中姓名为“林宏”、“林海”和“李娜”的记录。

```
DELETE FROM Readerinfo;
WHERE 姓名="林宏" OR 姓名="林海" OR 姓名="李娜"
```

注意： 上述删除和 Visual FoxPro 中的 DELETE 命令一样，只是给记录加删除标记，并没有从物理上彻底删除，如果要从物理上彻底删除，需要继续执行 PACK 命令。

5.3.3 更新记录

更新是指对存储在表中的记录进行修改，SQL 更新命令的语法格式为：

```
UPDATE <表名>
SET<列名 1>=<表达式 1>[,<列名 2>=<表达式 2>…]
[WHERE<条件表达式]
```

命令中的<表名>指定待更新记录的表；SET 子句指定被更新的字段及该字段的新值；WHERE 子句指明将要更新的记录应满足的条件，如果省略 WHERE 子句，则更新表中的全部记录。

【例 5-15】 将表 Readerinfo 中 1985 年后出生的读者的押金增加 10%。

```
UPDATE Readerinfo SET 押金=押金+押金 * 0.1 WHERE YEAR(出生日期)>1985
```

注意：更新命令不仅可以一次更新一批记录，而且可以同时更新多个字段。

5.4 数据查询

数据查询是 SQL 的核心功能，也是应用最为广泛的一种功能。SQL 的查询命令只有一条，即 SELECT，但它几乎能完成各种各样的查询任务。SELECT 语句的基本形式由 SELECT-FROM-WHERE 查询块组成。在这种结构中，SELECT 子句指定了查询结果中需要显示的列，FROM 子句指定查询的数据源，即该查询操作需要的数据来自哪些表或者视图，WHERE 子句指定查询结果需要满足的条件，当然，WHERE 子句可以省略，但是 SELECT 子句和 FROM 子句是必须要有的。

本节查询的例子将全部基于第 4 章建立的图书管理数据库，为方便对照和理解 SQL 语句的功能，特给出各表中的记录值，参见表 5-2～表 5-4。

表 5-2 表 Readerinfo 中的记录

读者编号	姓名	性别	出生日期	详细住址	联系电话	注册日期	押金	是否允许借
0001	孙小英	女	1970/05/12	常州清秀园小区	13681678263	2006/09/17	50	.T.
0002	孙林	男	1989/01/25	常州蓝天小区	051988978239	2006/09/17	50	.T.
0004	李沛沛	女	1985/02/16	常州白云小区	051953343344	2006/09/17	50	.T.
0006	白林林	女	1985/11/23	常州花园小区	051989782394	2006/10/11	50	.T.

表 5-3 表 Booksinfo 中的记录

图书编号	书　名	作者	出版社	定价	入库日期
K2011	Delphi 程序设计基础	刘海涛	清华大学	32.5	2006/09/17
K2102	Delphi 数据库开发教程	王文才等	电子工业	33.5	2006/09/17
K2001	C 程序设计	谭浩强	清华大学	22	2006/09/26
K3241	SQL Server 实用教程	郑阿奇	电子工业	32	2006/07/13
K5002	实用软件工程	郑人杰	清华大学	34.5	2006/08/22
K3112	Visual FoxPro 程序设计	胡杰华等	高等教育	25.5	2006/10/11

表 5-4　表 Lendinfo 中的记录

流　水　号	图书编号	读者编号	借阅日期	借阅情况
0000000001	K2011	0001	2006/12/24	已还
0000000002	K3112	0004	2007/04/12	已还
0000000003	K2001	0002	2007/02/12	已还
0000000004	K3241	0001	2007/12/17	在借
0000000005	K5002	0002	2008/01/13	在借
0000000006	K3112	0001	2007/06/17	已还
0000000007	K2011	0002	2007/12/11	在借
0000000008	K5002	0004	NULL	预约

5.4.1　单表查询

单表查询指查询操作需要的数据来自一张表的查询。

1. 无条件查询

无条件查询指对表中的记录没有条件限制。通过无条件查询,用户可以查看表中的部分列或者所有列,这其实是关系运算中的投影运算。

无条件查询的语法格式如下:

```
SELECT [ALL|DISTINCT]<目标列表达式>[,<目标列表达式>]…
FROM<表名|视图名>
```

- ALL 表示输出所有记录,包括重复记录,是默认选项。
- DISTINCT 表示输出无重复结果的记录。
- ＜目标列表达式＞:指定用户要查询的属性,可以是字段名,也可以是由字段名、函数、运算符组成的表达式,甚至可以是字符型常量。
- ＜表名|视图名＞:指明查询操作需要的表。

1) 查询部分列

【例 5-16】　查询表 Readerinfo 中读者姓名和出生日期。

```
SELECT 姓名,出生日期 FROM Readerinfo
```

该语句执行时,自动创建一个只包含姓名和出生日期字段的临时表,且其字段的顺序为 SELECT 后指定的字段顺序。命令执行结果如图 5-3 所示。

查询

姓名	出生日期
孙林	01/25/89
孙小英	05/12/70
李沛沛	02/16/85
白林林	11/23/85

图 5-3　例 5-16 的执行结果

【例 5-17】　查询读者的编号、性别和年龄。

```
SELECT 读者编号,性别,YEAR(DATE())-YEAR(出生日期) AS;
```

```
年龄,FROM Readerinfo FROM Readerinfo
```

结果是:

读者编号	性别	年龄
0001	女	38
0002	男	19
0004	女	23
0006	女	23

注意:

① SELECT 子句中的列不仅可以是字段,还可以是表达式。

② AS 子句用于给列起别名。

2) 查询所有列

【例 5-18】 列出图书的所有情况。

```
SELECT * FROM Booksinfo
```

结果是:

图书编号	书名	作者	出版社	定价	入库日期
K2011	Delphi 程序设计基础	刘海涛	清华大学	32.5	2006/09/17
K2102	Delphi 数据库开发教程	王文才等	电子工业	33.5	2006/09/17
K2001	C 程序设计	谭浩强	清华大学	22	2006/09/17
K3241	SQL Server 实用教程	郑阿奇	电子工业	32	2006/07/17
K5002	实用软件工程	郑人杰	清华大学	34.5	2006/08/22
K3112	Visual FoxPro 程序设计	胡杰华等	高等教育	25.5	2006/10/11

其中 * 是通配符,代表所有属性,即字段,这样可以使得 SQL 语句更加简洁。

3) 去除重复记录

当查询部分列时,很可能会在查询结果中出现重复记录,这时可用 DISTINCT 子句去除重复记录。

【例 5-19】 在表 Lendinfo 中查询所有借过书的读者的编号。

```
SELECT DISTINCT 读者编号 FROM Lendinfo
```

结果是:

读者编号
0001
0002
0004

分析:表 Lendinfo 中有 8 条记录,所以查询结果中也应该有 8 条记录,但由于去除了重复记录,所以仅余 3 条。

2. 有条件查询

有条件查询指查询满足条件的记录，通过 WHERE 子句实现。当 WHERE 子句中的表达式值为真时，该条记录被记入查询结果集中。

有条件查询语句的关键是 WHERE 子句中查询条件表达式的正确书写。

WHERE 子句中常用的查询条件如表 5-5 所示。

表 5-5　常用的查询条件及示例

查询条件	谓　词	示　例
比较	=,＞,＜,＞=,＜=,!=,＜＞,!＞,!＜;NOT＋上述比较运算符	押金＞＝50
确定范围	(NOT)BETWEEN AND	押金 BETWEEN 0 AND 100
确定集合	IN,NOT IN	政治面貌 IN ("中共党员","其他")
字符匹配	(NOT)LIKE	姓名 LIKE "刘%"(%通配 0 或多个字符,-通配 1 个字符)
空值	IS NULL,IS NOT NULL	借书日期 IS NULL
多重条件	AND,OR	政治面貌＝"中共党员"OR 政治面貌＝"其他"

下面举例说明各种查询条件表达式的用法。

1) 比较运算

【例 5-20】　查询定价低于 30 元的图书。

```
SELECT * FROM Booksinfo WHERE 定价<30
```

或者

```
SELECT * FROM Booksinfo WHERE NOT 定价>=30
```

结果是：

图书编号	书名	作者	出版社	定价	入库日期
K2001	C 程序设计	谭浩强	清华大学	22	2006/09/17
K3112	Visual FoxPro 程序设计	胡杰华等	高等教育	25.5	2006/10/11

2) 确定范围

有时要查找具有上下限范围的记录，就需要使用基于范围的查询。

【例 5-21】　查询定价介于 25 到 30 元之间的图书书名和作者。

```
SELECT 书名,作者 FROM Booksinfo WHERE 定价 BETWEEN 25 AND 30
```

结果是：

书名	作者
Visual FoxPro 程序设计	胡杰华等

说明：

① BETWEEN 后面是范围的下限，AND 后面是范围的上限。NOT BETWEEN…

AND…是查找不在范围内的记录。

② 上述语句等同于：

```
SELECT 书名,作者 FROM Booksinfo WHERE 定价>=25 AND 定价<=30
```

3）确定集合

IN 运算符的一般格式是：IN(常量 1,常量 2…)，用于查找和常量相等的值。

【例 5-22】 查询“清华大学”和“高等教育”两个出版社出版的图书。

```
SELECT * FROM Booksinfo WHERE 出版社 IN ("高等教育","清华大学")
```

结果是：

图书编号	书名	作者	出版社	定价	入库日期
K2011	Delphi 程序设计基础	刘海涛	清华大学	32.5	2006/09/17
K2001	C 程序设计	谭浩强	清华大学	22	2006/09/17
K5002	实用软件工程	郑人杰	清华大学	34.5	2006/08/22
K3112	Visual FoxPro 程序设计	胡杰华等	高等教育	25.5	2006/10/11

上述语句等同于：

```
SELECT * FROM Booksinfo WHERE 出版社="高等教育" OR 出版社="清华大学"
```

4）字符匹配

LIKE 用来进行字符串的匹配。Visual FoxPro 提供两种通配符_和%，其中_匹配一个字符，%匹配零个、一个或多个字符。

【例 5-23】 查询姓“孙”读者的读者编号、姓名、性别和详细住址。

```
SELECT 读者编号,姓名,性别,详细住址 FROM Readerinfo;
WHERE 姓名 LIKE "孙%"
```

结果是：

读者编号	姓名	性别	详细住址
0001	孙小英	女	常州清秀园小区
0002	孙林	男	常州蓝天小区

5）涉及空值的查询

有时希望知道表中的某一字段中到底有几条记录是 NULL，即没有输入过任何值。例如，有些读者目前只是预约了某本书，所以表 Lendinfo 中“借阅日期”字段是 NULL。通常字段未赋予初值时，其值为 NULL，不要把 NULL 值等同于 0，NULL 表示一种不能确定的数据，不能将具有 NULL 值的列参加算术运算。

【例 5-24】 查询“借阅日期”字段值为空的记录。

```
SELECT * FROM Lendinfo WHERE 借阅日期 IS NULL
```

结果是：

流水号	图书编号	读者编号	借阅日期	借阅情况
0000000008	K5002	0004	NULL	预约

注意：WHERE 子句中的表达式不能写成：借阅日期＝NULL。

3. 简单的计算查询

为了增强 SQL 的检索功能，SQL 提供了许多集函数，见表 5-6。

表 5-6　SQL 中使用的主要集函数

函 数 名	功　能	函 数 名	功　能
COUNT	返回记录数	SUM	计算指定字段的累加值
AVG	计算指定字段的平均值	MIN	计算指定字段的最小值
MAX	计算指定字段的最大值		

这些函数针对表中的个别字段进行运算，并返回单一的值，其中 COUNT、MIN、MAX 可用于各种字段类型，但 AVG 及 SUM 则仅适用于数值字段。

函数使用的一般格式如下：

```
函数名([DISTINCT|ALL]<列名>)
```

说明：

① 默认为 ALL，表示计算时不去除重复值；使用 DISTINCT，表示计算时去除重复值。

② COUNT(＊)是 COUNT 函数的特殊用法，其功能为计算表中的记录数。

【例 5-25】 查询表 Readerinfo 中的读者人数。

```
SELECT COUNT(*) FROM Readerinfo
```

【例 5-26】 在表 Booksinfo 中查询出版社的个数。

```
SELECT COUNT(DISTINCT 出版社) AS 出版社个数 FROM Booksinfo
```

【例 5-27】 在表 Booksinfo 中查询图书的最高价、最低价和平均价。

```
SELECT MAX(定价),MIN(定价),AVG(定价) FROM Booksinfo
```

结果如图 5-4(a)～(c)所示。

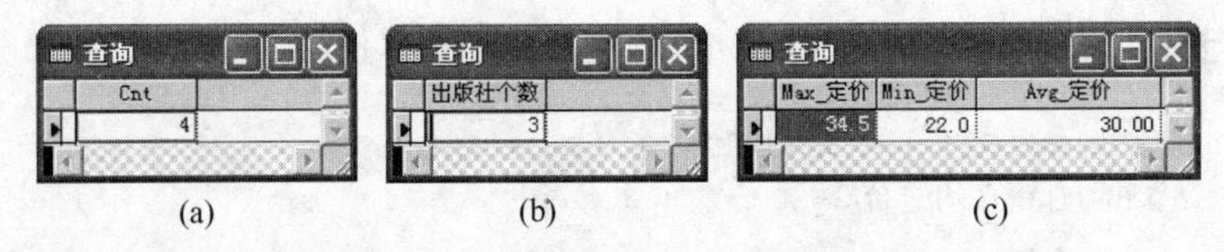

(a)　　(b)　　(c)

图 5-4　简单计算查询示例的运行结果

注意：

① 如果不给列起别名，COUNT 函数的列名默认为 Cnt，MAX，MIN 和 AVG 函数的列名默认为“函数名_字段名”。

② 上述计算查询针对整个关系，但也可用 WHERE 子句对参与计算的元组进行条件限制。如，查询表 Readerinfo 中的女性读者人数。相应的 SQL 语句如下：

```
SELECT COUNT(*) AS 读者人数 FROM Readerinfo WHERE 性别="女"
```

4. 分组查询

分组查询是一种非常有用的查询，它能对查询结果进行分组，把具有相同字段值的记录合并为一组，如按照性别把记录分成两组。如果和前面的计算查询结合使用，就可以完成分类汇总功能。

分组查询使用 GROUP BY 子句，语法格式如下：

```
GROUP BY<分组表达式 1>[,< 分组表达式 2>,…]
[HAVING<分组筛选条件>]
```

其中，＜分组表达式＞指定分组依据。它可以是字段名，也可以是包含字段名的表达式，还可以是 SELECT 子句中的列编号(最左边的列编号为 1)，SQL 中可以根据多个＜分组表达式＞分组。HAVING 子句与 GROUP BY 子句联用，指定了对分组结果进行筛选的条件。需要注意的是备注型字段和通用型字段不能作为分组条件，统计函数不能出现在分组表达式中。

【例 5-28】 统计各出版社图书的平均定价。

```
SELECT 出版社,AVG(定价) AS 平均定价 FROM Booksinfo GROUP BY 出版社
```

查询结果将按照"出版社"分类，表 Booksinfo 中"出版社"字段的值共有三种，所以记录被分成三组，分别计算每组的平均定价，得到的查询结果如图 5-5 所示。

如果需要对分组后的结果进行进一步筛选，可使用 HAVING 子句。

查询

出版社	平均定价
电子工业	32.75
高等教育	25.50
清华大学	29.67

图 5-5 例 5-28 结果

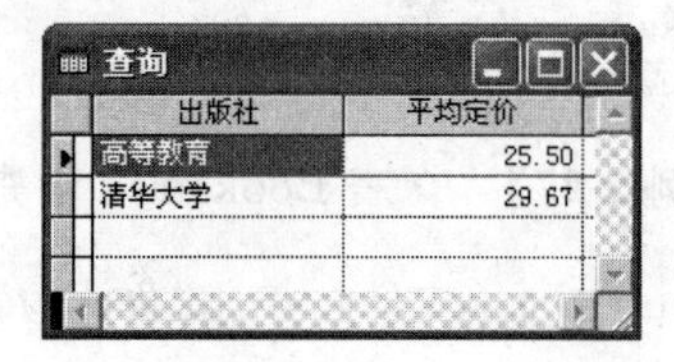

查询

出版社	平均定价
高等教育	25.50
清华大学	29.67

图 5-6 例 5-29 结果

【例 5-29】 查询平均定价不超过 30 的出版社以及平均定价。

```
SELECT 出版社,AVG(定价) AS 平均定价 FROM Booksinfo;
GROUP BY 1 HAVING 平均定价<=30
```

查询结果如图 5-6 所示。

注意：

① GROUP BY 子句中可以用列在 SELECT 子句中的序号来代替列名，如用"1"代替"出版社"。

② HAVING 子句中可以用列的别名来代替该列，如用"平均定价"代替"AVG

(定价)”。

使用 HAVING 子句与 WHERE 子句并不矛盾。对于分组操作而言,WHERE 子句指定了哪些记录能参加分组,而 HAVING 子句指定的是分组后哪些记录能作为查询的最终结果输出。

【例 5-30】 查询 2006 年 9 月后入库的平均定价不超过 30 的出版社以及平均定价。

```
SELECT 出版社,AVG(定价) AS 平均定价 FROM Booksinfo;
WHERE 入库日期>={^2006/09/01}
GROUP BY 出版社 HAVING 平均定价<=30
```

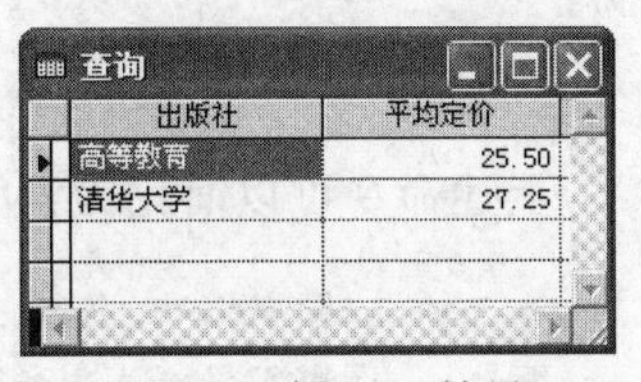

图 5-7　例 5-28 结果

查询结果如图 5-7 所示。

注意:GROUP BY 子句一般写在 WHERE 子句之后,没有 WHERE 子句时,写在 FROM 子句后面。在执行时,系统首先执行 FROM 子句,找到操作对象,接着执行 WHERE 子句选取记录,然后执行 GROUP BY 子句,对筛选出的记录分组,分组后执行 HAVING 子句筛选分组结果,最后执行 SELECT 子句输出需要的列。

5.4.2 连接查询

在大多数的数据库应用中,查询操作所需的数据往往会来自于多张表或者视图。比如,查询图书的借阅情况,包括读者姓名、借阅的图书名称以及借阅时间。其中“姓名”属于表 Readerinfo,“书名”属于表 Booksinfo,“借阅时间”属于表 Lendinfo,这时需要进行连接查询。

连接查询是基于多个表或视图的查询,它是数据库系统中最主要的查询。实现查询时,通常通过公共字段或表达式将多个表两两连接起来,使它们能像一个表那样检索数据。连接查询可以通过 WHERE 子句和 FROM 子句实现。

1. 使用 WHERE 子句的连接查询

使用 WHERE 子句实现连接查询时,必须在 WHERE 子句的条件表达式中给出各个表之间的连接条件,同时在 FROM 子句中列出所需要的所有表的名字。

【例 5-31】 查询所有图书的图书编号、书名、借阅日期和借阅情况。

分析:“书名”存在于表 Booksinfo 中,“借阅情况”和“借阅日期”存在于表 Lendinfo 中,查询所需数据源自多张表,需要使用连接查询。由于两表中都有“图书编号”,所以两表的连接条件是 Booksinfo. 图书编号=Lendinfo. 图书编号。SQL 语句如下:

```
SELECT Booksinfo.图书编号,书名,借阅日期,借阅情况;
FROM Booksinfo, Lendinfo;
WHERE Booksinfo.图书编号=Lendinfo.图书编号
```

执行结果如图 5-8 所示。

说明：

① 在执行这条 SQL 语句时，首先按照连接条件将两个关系连接成一个关系，然后选择其中的部分列输出。

② 由于在两个表中都出现"图书编号"字段，所以必须在 SQL 语句中对该字段加表名，以示区别，如 Booksinfo. 图书编号。

③ 在 FROM 子句中可以给表指定别名，以简化表名的书写。格式如下：

```
<表名><别名>
```

上述命令可以简化为：

```
SELECT a.图书编号,书名,借阅日期,借阅情况 FROM Booksinfo a, Lendinfo b WHERE a.图书编号=b.图书编号
```

查询

图书编号	书名	借阅日期	借阅情况
K2011	Delphi程序设计基础	12/24/06	已还
K3112	Visual FoxPro程序设计	04/12/07	已还
K2001	C程序设计	02/12/07	已还
K3241	SQL Server实用教程	12/17/07	在借
K5002	实用软件工程	01/13/08	在借
K3112	Visual FoxPro程序设计	06/17/07	已还
K2011	Delphi程序设计基础	12/11/07	在借
K5002	实用软件工程	.NULL.	预约

图 5-8　例 5-29 的执行结果

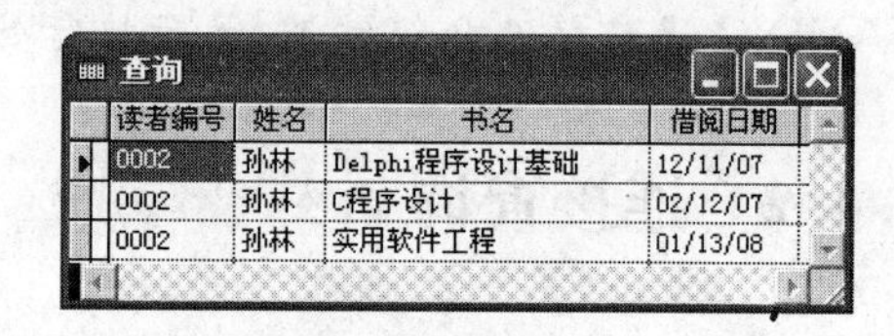

查询

读者编号	姓名	书名	借阅日期
0002	孙林	Delphi程序设计基础	12/11/07
0002	孙林	C程序设计	02/12/07
0002	孙林	实用软件工程	01/13/08

图 5-9　例 5-32 的执行结果

【例 5-32】 查询"孙林"的图书借阅情况，包括读者编号、姓名、书名和借阅日期。

分析：查询操作所需的数据来自于数据库中的三张表，表 Readerinfo 和表 Lendinfo 的公共字段是"读者编号"，表 Lendinfo 和表 booksinfo 的公共字段是"图书编号"，所以连接条件是：Readerinfo. 读者编号 = Lendinfo. 读者编号 AND Lendinfo. 图书编号 = booksinfo. 图书编号；筛选条件是：姓名='孙林'。SQL 语句如下：

```
SELECT a.读者编号,姓名,书名,借阅日期;
FROM Readerinfo a, lendinfo b,booksinfo c ;
WHERE a.读者编号=b.读者编号 AND b.图书编号=c.图书编号 AND 姓名="孙林"
```

结果如图 5-9 所示。

在上述例子中，WHERE 子句中的连接表达式是一个等式，故称为"等值连接"，当连接表达式是一个不等式时，称为"非等值连接"。

【例 5-33】 查询比书号为"k3214"的图书定价高的图书编号、书名和定价。

```
SELECT a.图书编号,a.书名,a.定价 FROM Booksinfo a,Booksinfo b;
WHERE a.定价>b.定价 AND b.图书编号='K3241'
```

结果是：

```
图书编号      书名                       定价
K2011        Delphi 程序设计基础          32.5
```

```
K2102          Delphi数据库开发教程          33.5
K5002          实用软件工程                  34.5
```

需要指出的是，连接操作不仅可以在两个表之间进行，也可以与其自身进行连接，称为自连接。本书在此不再展开。

2. 使用 FROM 子句的连接查询

利用 FROM 子句实现多表查询时，在 FROM 子句中给出表以及各表之间的连接条件，这种连接也被称为"超链接"。其语法格式如下：

```
FROM<表名 1>[[AS]<别名 1>]
[[INNER/LEFT[OUTER]/RIGHT[OUTER]/FULL[OUTER]JOIN]
[<表名 2>[[AS]<别名 2>]]
[ON<连接条件>…]
```

说明：

① ＜表名＞：表示要操作的表名，＜别名＞表示表的别名。

② [[INNER|LEFT[OUTER]|RIGHT[OUTER]|FULL[OUTER]JOIN]：指明连接类型。其中，OUTER 关键字是任选的，它用来强调创建的是一个外部连接。连接类型见表 5-7。

③ ON 子句与 JOIN 子句联用，指定表之间的连接条件。

表 5-7　超链接的类型和含义

连接关键字	连接类型	说　明
[INNER] JOIN	内连接	与等值连接相同，只有满足连接条件的记录才选入查询结果集。INNER 可以省略
LEFT JOIN	左外连接	将左表的一条记录与右表的所有记录按连接条件比较字段值，若满足连接条件，则结果集中产生一条记录，若右表中没有与之匹配的记录，则产生一条含有 NULL 值的记录，直到左表中所有记录都比较完毕
RIGHT JOIN	右外连接	与左外连接相对应，将右表的一条记录与左表的所有记录按连接条件比较字段值，左表中的记录只有满足连接条件时，才显示，否则产生一条含有 NULL 值的记录
FULL JOIN	完全连接	两个表中的记录不论是否满足连接条件，都选入查询结果集中，重复记录不计

【例 5-34】　查询读者借阅图书的情况，包括读者编号、姓名、图书编号和借阅情况。

为了说明问题，在表 Lendinfo 中添加一条记录如下：

流水号	图书编号	读者编号	借阅日期	借阅情况
0000000009	K3112	0005	2007/09/21	在借

① 内连接

```
SELECT a.读者编号,姓名,图书编号,借阅日期
FROM Readerinfo a INNER JOIN Lendinfo b
```

```
ON a.读者编号=b.读者编号
```

② 左外连接

```
SELECT a.读者编号,姓名,图书编号,借阅情况;
FROM Readerinfo a LEFT JOIN Lendinfo b;
ON a.读者编号=b.读者编号
```

③ 右外连接

```
SELECT a.读者编号,姓名,图书编号,借阅情况;
FROM Readerinfo a RIGHT JOIN Lendinfo b;
ON a.读者编号=b.读者编号
```

④ 全连接

```
SELECT a.读者编号,姓名,图书编号,借阅情况;
FROM Readerinfo a FULL JOIN Lendinfo b;
ON a.读者编号=b.读者编号
```

上述各条命令的执行结果如图 5-10～图 5-13 所示。

读者编号	姓名	图书编号	借阅情况
0001	孙小英	K2011	已还
0004	李沛沛	K3112	已还
0002	孙林	K2001	已还
0001	孙小英	K3241	在借
0002	孙林	K5002	在借
0001	孙小英	K3112	已还
0002	孙林	K2011	在借
0004	李沛沛	K5002	预约

图 5-10　内连接执行结果

读者编号	姓名	图书编号	借阅情况
0002	孙林	K2001	已还
0002	孙林	K5002	在借
0002	孙林	K2011	在借
0001	孙小英	K2011	已还
0001	孙小英	K3241	在借
0001	孙小英	K3112	已还
0004	李沛沛	K3112	已还
0004	李沛沛	K5002	预约
0006	白林林	.NULL.	.NULL.

图 5-11　左外连接执行结果

读者编号	姓名	图书编号	借阅情况
0001	孙小英	K2011	已还
0004	李沛沛	K3112	已还
0002	孙林	K2001	已还
0001	孙小英	K3241	在借
0002	孙林	K5002	在借
0001	孙小英	K3112	已还
0002	孙林	K2011	在借
0004	李沛沛	K5002	预约
.NULL.	.NULL.	K3112	在借

图 5-12　右外连接执行结果

读者编号	姓名	图书编号	借阅情况
0002	孙林	K2001	已还
0002	孙林	K5002	在借
0002	孙林	K2011	在借
0001	孙小英	K2011	已还
0001	孙小英	K3241	在借
0001	孙小英	K3112	已还
0004	李沛沛	K3112	已还
0004	李沛沛	K5002	预约
0006	白林林	.NULL.	.NULL.
.NULL.	.NULL.	K3112	在借

图 5-13　全连接执行结果

【例 5-35】 查询“Delphi 程序设计基础”一书的借阅情况。

```
SELECT 书名,借阅日期,借阅情况 FROM Booksinfo JOIN Lendinfo;
ON Booksinfo.图书编号=Lendinfo.图书编号;
WHERE 书名="Delphi 程序设计基础"
```

结果是：

```
书名                借阅日期      借阅情况
Delphi 程序设计基础   12/24/06     已还
Delphi 程序设计基础   12/11/07     在借
```

注意：超链接查询中也可以同时使用 WHERE 子句筛选记录。

5.4.3 嵌套查询

在 SQL 中，由 SELECT…FROM…WHERE 组成的结构称为查询块。在这个结构的 WHERE 子句中再插入另一个查询块的查询方式称为嵌套查询。其中外层查询块称为父查询，内层查询块称为子查询。SQL 允许多层嵌套查询，但是如果查询块中含有排序子句，则只允许放在最外层结构中，子查询中不允许出现排序子句。

嵌套查询一般的求解方法是由里向外处理，即先执行子查询，然后将子查询的结果用于建立其父查询的查找条件。

嵌套查询能用多个简单查询构成复杂查询，从而增强了 SQL 的查询处理能力。这样以层层嵌套的方式来构造 SQL 语句，也正是 SQL"结构化"的体现。

1. 使用 IN 的子查询

在嵌套查询中，子查询往往是一个集合，所以谓词 IN 是嵌套查询中最常用的。

【例 5-36】 查询和"李沛沛"注册日期相同的读者编号和姓名。

```
SELECT 读者编号,姓名 FROM Readerinfo WHERE 注册日期 IN ;
(SELECT 注册日期 FROM Readerinfo WHERE 姓名="李沛沛")
```

SQL 语句执行时，首先执行子查询，得到"李沛沛"的注册日期，然后执行外层查询，将表 Readerinfo 中注册日期与"李沛沛"相同的记录筛选出来。

结果是：

```
读者编号    姓名
0001       孙小英
0002       孙林
0004       李沛沛
```

注意：当内层查询只有一个结果时，可以使用＞、＜和＝等比较运算符。例如，在本例中，子查询是一个确切的单值，因此可以用＝代替 IN。当使用＞代替 IN 时，SQL 语句的功能是查询注册日期比"李沛沛"晚的记录。

2. 使用 ANY/ALL 的子查询

ANY 代表查询结果中的某个值，ALL 代表查询结果中的所有值。ANY 和 ALL 必须和比较运算符联合使用，此时其与集函数之间存在等价转换关系，具体见表 5-8。

表 5-8 ANY、ALL 谓词与集函数及 IN 谓词的等价转换关系

	＝	＞	＞＝	＜	＜＝	＜＞或！＝
ANY	IN	＞MIN	＞＝MIN	＜MAX	＜＝MAX	无
ALL	无	＞MAX	＞＝MAX	＜MIN	＜＝ALL	NOT IN

【例 5-37】 查询比电子工业出版社所有图书定价都高的书名及出版社。

```
SELECT 书名,出版社 FROM Booksinfo WHERE 定价>ALL;
(SELECT 定价 FROM Booksinfo WHERE 出版社="电子工业")
```

结果是：

```
书名            出版社
实用软件工程    清华大学
```

根据 ALL 与集函数之间的等价转换关系，“＞ALL”与“＞MAX”等价，因为比出版社所有图书的定价都高，就意味着比该出版社的图书的最高定价高。SQL 语句为：

```
SELECT 书名,出版社 FROM Booksinfo WHERE 定价>;
(SELECT MAX(定价) FROM Booksinfo WHERE 出版社="电子工业")
```

3. 使用 EXISTS 的子查询

EXISTS 或者 NOT EXISTS 用于检验子查询中是否有结果返回。对于 EXISTS，如果内层子查询不为空，外层查询的 WHERE 子句返回值为.T.，否则返回值为.F.；对于 NOT EXISTS 则正好相反，当内层子查询为空时，外层查询的 WHERE 子句返回值为.T.。

由 EXISTS 引出的子查询，SELECT 子句中通常用 * 代表字段，因为带 EXISTS 的子查询只返回真或者假，给出字段名没有实际意义。

这类嵌套查询和前面的几类嵌套查询有一个明显的区别，即子查询的查询条件与父查询中的某个字段值相关，所以这类查询也被称为“相关子查询”。下面举例说明。

【例 5-38】 查询从未借阅过图书的读者的编号、姓名、联系电话和注册日期。

```
SELECT 读者编号,姓名,联系电话,注册日期 FROM Readerinfo WHERE;
NOT EXISTS(SELECT * FROM Lendinfo WHERE 读者编号=Readerinfo.读者编号)
```

求解相关子查询时，不同于前面所述的不相关子查询，不能一次性将子查询求出来，然后做父查询。这条 SQL 语句的执行过程是：首先从父查询的表 Readerinfo 中取第一条记录，得到“读者编号”字段的值，然后与子查询的表 Lendinfo 中各条记录的“读者编号”字段的值比较，如果有相同的，则 WHERE 子句的值为假(因为是 NOT EXISTS)，否则返回真。仅当返回值为真时，把表 Readerinfo 中的当前记录放入查询结果集。重复这一过程，直到表 Readerinfo 中的记录都检查完毕为止。

以上的查询也等价于：

```
SELECT 读者编号,姓名,联系电话,注册日期 FROM Readerinfo;
WHERE 读者编号 NOT IN(SELECT 读者编号 FROM Lendinfo )
```

查询结果是：

```
读者编号    姓名      联系电话            注册日期
0006        白林林    051989782394        10/11/2006
```

注意：由于 EXISTS 或 NOT EXISTS 用于判断子查询中有无结果返回，本身并没有任何比较或运算，所以外层查询的 WHERE 子句不能写成＜字段名＞ EXISTS(子查询)的形式。

5.4.4 集合的并运算

集合操作主要有并操作、交操作和差操作，但是 SQL 中只有直接进行并操作的语句。

利用集合的并操作，可以实现一个表内或两个表之间的合并查询。由于查询结果会将两个表的数据组合在一起，所以要求两个表的输出字段的类型和宽度必须一样。

在 SQL 中执行并操作后，系统会自动将合并后的重复行全部删除。

【例 5-39】 列出电子工业出版社和高等教育出版社的作者。

```
SELECT 书名,作者 FROM Booksinfo WHERE 出版社="电子工业";
UNION;
SELECT 书名,作者 FROM Booksinfo WHERE 出版社="高等教育"
```

结果是：

```
书名                        作者
Delphi 数据库开发教程       王文才等
SQL Server 实用教程         郑阿奇
Visual FoxPro 程序设计      胡杰华等
```

上述查询等价于：

```
SELECT 书名,作者 FROM Booksinfo;
WHERE 出版社="电子工业" OR 出版社="高等教育"
```

5.4.5 查询结果输出

查询结果输出主要包含以下几个方面：

① 给查询结果排序。

② 重新指定查询结果的输出去向。

③ 输出部分结果。

1. 排序

查询输出的记录是按照查询过程中的自然顺序给出的，因此通常是无序的，SQL 语

句可以给查询结果排序。排序由 ORDER BY 子句实现,语法格式为:

```
[ORDER BY<排序选项 1>[ASC|DESC][,<排序选项 2>[ASC/DESC],…]]
```

其中,<排序选项>指定排序所依据的列。若依据多个列排序,则列名之间用“,”分隔。排序时先按第一项排序,对第一项值相同的记录,按第二项排序,以此类推。

[ASC|DESC]指定查询结果以升序还是降序排列。默认值为 ASC,指定查询结果以升序排列;DESC 指定查询结果以降序排列。凡出现在 SELECT 子句中,除备注型和通用型之外的列均可作为排序依据,它可以是下列形式之一:

① 字段名。

② 列序号,表示该列在 SELECT 子句中的位置(列序号从左到右依次为 1,2,3,…)。

③ 由 AS 子句命名的列标题。

注意:ORDER BY 子句中不允许直接使用表达式(包括函数)。

【例 5-40】 查询每本书的书名和借阅次数,将查询结果先按照借阅次数升序排列,再按照书名降序排列。

分析:

① 在表 Lendinfo 中可以统计“借阅次数”,但是“书名”在表 Booksinfo 中,所以应使用连接查询,连接条件是:Booksinfo.图书编号=Lendinfo.图书编号。

② 要查询每一本书的借阅次数,所以应根据“图书编号”分类汇总。由于 Booksinfo 和 Lendinfo 两张表都有“图书编号”,所以要在 GROUP BY 子句中给该字段指定表名。

③ 要先按照借阅次数升序排列,再按照书名降序排列,ORDER BY 子句可以写成:ORDER BY 借阅次数,书名 DESC。

SQL 语句如下:

```
SELECT 书名,COUNT(*) AS 借阅次数 FROM Booksinfo,Lendinfo;
WHERE Booksinfo.图书编号=Lendinfo.图书编号;
GROUP BY Booksinfo.图书编号;
ORDER BY 借阅次数,书名 DESC
```

结果是:

书名	借阅次数
SQL Server 实用教程	1
C 程序设计	1
实用软件工程	2
Visual FoxPro 程序设计	2
Delphi 程序设计基础	2

注意:如果用序号来代替列名,排序子句可写成:ORDER BY 2,1 DESC。但是不能写成:ORDER BY COUNT(*),书名 DESC,因为 ORDER BY 子句中不允许直接使用表达式。

2. 输出去向

在 SQL 语句中可以指定查询结果的去向,详见表 5-9。

表 5-9 查询输出去向列表

输出去向	命令形式	说明
临时表	INTO CURSOR ＜表名＞	将查询结果保存在一个只读临时表中。临时表是一个暂时的表，查询结束后，该表自动作为当前表打开，但是只读。该临时表一旦关闭则自动删除
永久表	INTO TABLE| DBF＜表名＞	将查询结果保存在一个自由表文件(.dbf)中。查询结束后该表自动作为当前表打开，与临时表不同的是该表关闭后仍保留在硬盘上
数组	INTO ARRAY ＜数组名＞	将查询结果存放到一个二维数组中。该数组由查询直接创建，每行存放一条记录，每列对应于查询结果的一列。若查询结果只有一行，该数组可作为一维数组使用
文本文件	TO FILE ＜文件名＞ [ADDITIVE]	将查询结果保存在一个文本文件(.txt)中。若指定文本文件已存在，可使用 ADDITIVE 选项使查询结果以追加方式存入指定文件，否则将覆盖指定文件
打印机	TO PRINTER	将查询结果直接输出到打印机
活动窗口	TO SCREEN	将查询结果直接显示在 VFP 的系统主窗口中

注意：当 TO 和 INTO 短语同时使用时，TO 短语将被忽略。

【例 5-41】 用 SQL 语句将表 Lendinfo 复制成新表 Lendinfo_bf。

```
SELECT * FROM Lendinfo INTO TABLE Lendinfo_bf
```

说明：在默认工作目录中出现表文件 Lendinfo_bf.dbf。

【例 5-42】 统计男性读者和女性读者的借阅次数，结果保存在数组 aa 中。

```
SELECT 性别,COUNT(*) AS 借阅次数 FROM Readerinfo a,Lendinfo b;
WHERE a.读者编号=b.读者编号;
GROUP BY 性别;
INTO ARRAY aa
?aa(1,1),aa(1,2),aa(2,1),aa(2,2)
```

输出结果为：

```
男      3      女      5
```

说明：生成了一个两行两列的二维数组。

3. 输出部分结果

TOP 子句用于指定只输出查询结果的前几行，或者占全部行数的百分比。格式如下：

```
TOP n [PERCENT]
```

说明：

① 使用 TOP 子句时必须同时使用 ORDER BY 子句，用来指定排序的列。

② 不包含 PERCENT 时，n 是一个 1～32 767 间的整数，包含 PERCENT 时，n 是 0.01～99.99之间的实数。

③ 使用 ORDER BY 子句指定的字段进行排序，会产生并列的情况。例如，可能有多个记录，它们在选定的字段上值相同。所以，如果指定 n 为 10，在查询结果中可能多于 10 个记录。

【例 5-43】 查询定价在前三位的图书名称及单价。

```
SELECT TOP 3 书名,定价 FROM Booksinfo ORDER BY 定价 DESC
```

结果是：

书名	定价
实用软件工程	34.5
Delphi 数据库开发教程	33.5
Delphi 程序设计基础	32.5

本章小结

SQL 语言是数据库标准语言，具有功能强大，使用灵活方便，简洁易学等特点。使用 SQL 语句可以完成表结构的定义、修改和删除，可以在表中插入、更新和删除记录。更为重要的是使用 SQL 的 SELECT 命令可以完成各种需求的查询操作，包括涉及一张表的单表查询，以及涉及多张表的连接查询、嵌套查询等；在完成查询检索功能的同时，SQL 语言还具有统计和分类汇总等计算功能；对于查询的结果，SQL 语言实现了查询结果的排序、输出去向的确定以及定量输出。

习 题 五

一、思考题

1. 简述 SQL 语言的构成和功能。
2. 修改表结构包括哪几个方面？
3. 思考相关子查询和不相关子查询的区别以及实现的方法。
4. SQL 语言可以将查询结果输出到哪里，用什么子句可以实现？

二、选择题

1. SQL 语言是________语言，易学习。

   (A) 过程化　　(B) 格式化　　(C) 非过程化　　(D) 导航式

2. SQL 语句中修改表结构的命令是________。

   (A) MODIFY TABLE　　(B) MODIFY STRUCTURE

   (C) ALTER TABLE　　(D) ALTER STRUCTURE

3. UPDATE-SQL 语句的功能是________。

(A) 属于数据定义功能
(B) 属于数据查询功能
(C) 可以修改表中某些列的属性
(D) 可以修改表中某些列的内容

4. 关于 INSERT-SQL 语句描述正确的是________。

(A) 可以在表中任何位置插入若干条记录
(B) 可在表中任何位置插入一条记录
(C) 可在表尾插入一条记录
(D) 可在表头插入一条记录

5. “图书”表中有字符型字段“图书编号”。要求用 SQL 命令将图书号以字母 C 开头的图书记录全部打上删除标记，正确的命令是________。

(A) DELETE FROM 图书 FOR 图书编号 LIKE “C%”
(B) DELETE FROM 图书 WHILE 图书编号 LIKE “C%”
(C) DELETE FROM 图书 WHERE 图书编号=“C*”
(D) DELETE FROM 图书 WHERE 图书编号 LIKE “C%”

6. 要在浏览窗口中显示表 JS.dbf 中所有“教授”和“副教授”的记录，下列命令中错误的是________。

(A) USE JS BROWSE FOR 职称="教授"AND 职称="副教授"
(B) SELECT * FROM JS WHERE "教授" $ 职称
(C) SELECT * FROM JS WHERE 职称 IN("教授","副教授")
(D) SELECT * FROM JS WHERE LIKE("*教授",职称)

7. 使用 SQL 语句进行分组检索时，为了去掉不满足条件的分组，应当________。

(A) 使用 WHERE 子句
(B) 在 GROUP BY 后面使用 HAVING 子句
(C) 先使用 WHERE 子句，再使用 HAVING 子句
(D) 先使用 HAVING 子句，再使用 WHERE 子句

8. 在“订单”表中有订单号、职工号、客户号和金额四个字段，正确的 SQL 语句只能是________。

(A) SELECT 职员号 FROM 订单 GROUP BY 职员号 HAVING COUNT(*)>3 AND AVG_金额>200
(B) SELECT 职员号 FROM 订单 GROUP BY 职员号 HAVING COUNT(*)>3 AND AVG(金额)>200
(C) SELECT 职员号 FROM 订单 GROUP BY 职员号 HAVING COUNT(*)>3 WHERE AVG(金额)>200
(D) SELECT 职员号 FROM 订单 GROUP BY 职员号 WHERE COUNT(*)>3 AND AVG_金额>200

9. 在 Visual FoxPro 中，完全连接是指________。

(A) 所有满足连接条件的记录出现在查询结果中
(B) 除满足连接条件的记录出现在查询结果中外，第一个表中不满足条件的记录也出现在查询结果中
(C) 除满足连接条件的记录出现在查询结果中外，第二个表中不满足条件的记录也出

现在查询结果中

(D) 除满足连接条件的记录出现在查询结果中外，两个表中不满足条件的记录也都出现在查询结果中

10. 有 SQL 语句：

SELECT DISTINCT 学号 FROM 学生 WHERE 入学成绩>=；

ALL(SELECT 入学成绩 FROM 学生 WHERE 专业代码="0012")

与如上语句等价的 SQL 语句是________。

(A) SELECT DISTINCT 学号 FROM 学生 WHERE 入学成绩>=；

(SELECT MAX(入学成绩)FROM 学生 WHERE 专业代码="0012")

(B) SELECT DISTINCT 学号 FROM 学生 WHERE 入学成绩>=；

(SELECT MIN(入学成绩)FROM 学生 WHERE 专业代码="0012")

(C) SELECT DISTINCT 学号 FROM 学生 WHERE 入学成绩>=；

ANY(SELECT 入学成绩 FROM 学生 WHERE 专业代码="0012")

(D) SELECT DISTINCT 学号 FROM 学生 WHERE 入学成绩>=；

SOME(SELECT 入学成绩 FROM 学生 WHERE 专业代码="0012")

三、填空题

1. SQL 语言既是自含式语言，又是嵌入式语言，以一种语法结构提供两种使用方式，作为________式语言，它能够独立地用于联机交互的使用方式。

2. SQL 语言中集数据定义语言、________、数据查询语言和数据控制语言于一体，能够完成数据库生命周期中的全部活动，功能强大。

3. 在 Visual FoxPro 中，使用 SQL 的 ALTER TABLE 语句修改数据库表时，应该使用________子句增加字段。

4. 已知表 JS(工号，姓名，出生日期，工龄，基本工资)，现要求按如下条件更改基本工资：

(1) 工龄在 10 年以下(含 10 年)者基本工资加 200。

(2) 工龄在 10 年以上(不含 10 年)者基本工资加 400。

相应的命令是：

```
________ JS SET 基本工资=IIF(________,基本工资+200, 基本工资+400)
```

若要删除 60 岁以上的教工，则使用命令：

```
________ FROM JS WHERE Year(date())-Year(出生日期>60)
```

5. 现有表 C(课程号，课程名，学分)，查询学分字段为空的课程信息，则 SQL 语句如下：

```
SELECT 课程号,课程名 FROM C WHERE 学分________
```

6. 在表 SC(学号，课程号，成绩)中

① 查询各门课程的最高分成绩应使用如下 SQL 语句：

```
SELECT 课程号, ________ AS 最高分 FROM SC ________
```

② 查询选修课程多于 3 门(含 3 门)学生的学号和课程门数，应使用如下 SQL 语句：

```
SELECT 学号, COUNT(*)AS 门数 FROM SC GROUP BY 学号________门数>=3
```

7. 在 SELECT-SQL 语句中，筛选用________子句，分组用 GROUP BY 子句，排序用 ORDER BY 子句。
8. 设有表 SC(学号，课程号，成绩)中，若将所有记录先按课程号升序排列，再按成绩降序排列，则应执行语句：

```
SELECT * FROM SC ORDER BY ________
```

四、上机练习

1. 在项目 Bookroom 中建立数据库 Library_bf，参照例 5-1、例 5-2 和例 5-3 在数据库 Library_bf 中用 CREATE-SQL 命令建立与数据库 Library 中相同的三张表 Booksinfo1、表 Lendinfo1 与表 Readerinfo1。另外，建立数据表 Booktype(类别编号 C(2)，类别名称 C(10))，其中"类别编号"字段为主码。
2. 在表 Booksinfo1 中添加字段：类别编号 C(2)，给"定价"字段增加有效性规则和信息，使得该字段的值必须大于 0。
3. 用 INSERT-SQL 命令向表 Booktype 中添加记录。
4. 用键盘命令或者菜单操作向表 Booksinfo1、表 Lendinfo1 与表 Readerinfo1 中添加记录，使得三张表中的记录与数据库 Library 中的三张表相同。
5. 用 SELECT-SQL 命令备份表 Booksinfo1。
6. 用 UPDATE 命令将高等教育出版社出版的图书定价提高 1%。
7. 查询"孙"姓读者的基本信息。
8. 列出 1985 年后出生的读者的编号、姓名和联系电话。
9. 查询定价介于 25 到 30 元之间的图书书名和作者。
10. 统计借阅过图书的人数。
11. 查询高等教育出版社图书的平均定价。
12. 列出每个出版社的图书的平均定价，要求显示出版社名称以及平均定价并按平均定价降序排列。
13. 列出图书平均定价高于 30 元的出版社名称以及平均定价。
14. 查询图书借阅情况，包括读者姓名、图书名称以及借阅日期，把结果存放到表 Test 中。
15. 查询读者"孙小英"的图书借阅情况，包括图书名称和借阅日期，把结果存放到临时表 Temp 中。
16. 查找没有借阅过图书的读者姓名。
17. 查询"孙林"借阅图书的次数以及借阅图书的总价，把结果保存在数组 array1 中。
18. 用 SQL 命令删除表 Booksinfo1、表 Lendinfo1 与表 Readerinfo1。

第6章

查询和视图

在数据库应用中，查询是数据处理中不可缺少的、最常用到的。虽然 SELECT-SQL 语句提供了较为完备的查询功能，但是对于没有基础的初学者，或者对于数据库操作不熟悉的用户，使用起来往往会感到比较困难。为此 Visual FoxPro 提供两种完全交互式的可视化操作方法，通过界面操作就能够实现多种查询操作，这就是查询和视图。

通过查询设计器可以方便地建立查询文件，完成查询操作，并将结果引导到相应的输出上；使用视图设计器可以快速建立视图，帮助用户从本地或者远程数据源中获取相关数据，并且通过视图能更新数据源表中的数据。

本章主要介绍查询和视图的基本概念以及查询和视图的创建方法。

6.1 查　询

6.1.1 查询的概念

“查询”是 Visual FoxPro 为方便用户检索数据而提供的一种方法。它的本质是一条预先定义好的 SELECT-SQL 语句，以查询文件的形式保存，查询文件的扩展名是.qpr。要查询时，不需要重新操作，也不需要输入 SQL 命令，只要运行查询文件，就能够直接得到查询结果。

创建查询必须基于确定的数据源。从类型上讲，数据源可以是自由表、数据库表和视图；从数量上讲，数据源可以是一张或者多张表和视图。用户可以使用查询向导或者查询设计器来建立查询。本章介绍查询设计器的使用。

6.1.2 查询设计器

1. 查询设计器概述

Visual FoxPro 提供了众多设计器来帮助实现数据库应用的各种功能，查询设计器是其中之一，用于帮助用户设计查询。打开的查询设计器如图 6-1 所示，分成上、下两个窗格，其设置的所有内容都可以与 SELECT-SQL 查询语句对应起来。所以要用好查询设计器，必须先理解 SELECT-SQL 语句。

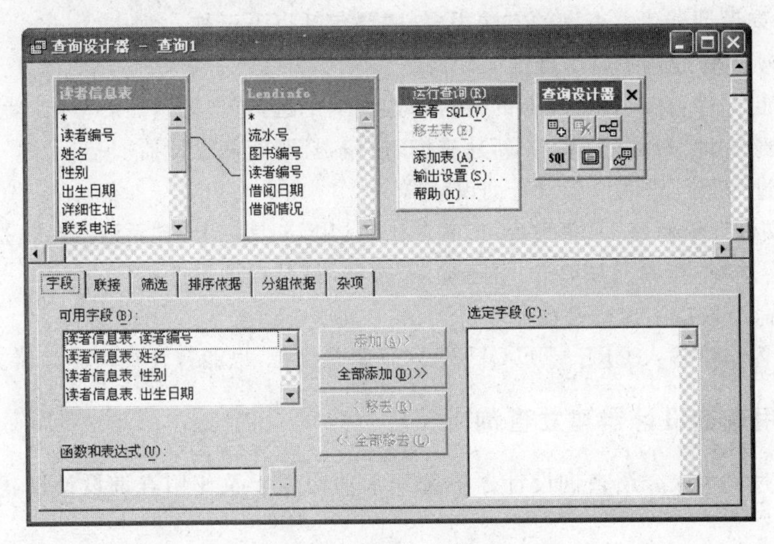

图 6-1 “查询设计器”窗口

1）查询设计器的上窗格

查询设计器的上窗格对应 FROM 子句中的表或者视图。在上窗格中，可以添加查询操作需要的数据表和视图，每个数据表或视图都用一个可调整大小和位置的方框框起来，其中容纳了该数据表中的字段及其索引信息。如果两个数据表间存在关联关系，将显示一条关联直线，把建立关联的两个数据表中的相应字段连接起来。在上窗格中右击将出现快捷菜单。

- 选择“运行查询”菜单项，可以看到执行查询后的运行结果。
- 选择“查看 SQL”菜单项，可以看到根据下窗格的设置信息，系统自动生成的 SQL 查询语句。
- 选择“移去表”或“添加表”菜单项，可以在查询设计器中删除或添加表。
- 选择“输出设置”，可以选择查询结果的输出方式。

2）查询设计器的下窗格

下窗格中有 6 个选项卡，每个选项卡都与 SELECT-SQL 查询子句相对应。查询设计器中选项卡与 SELECT-SQL 子句的对应关系如下：

- “字段”选项卡对应 SELECT 子句。
- “联接”选项卡对应 JOIN 子句。
- “筛选”选项卡对应 WHERE 子句。
- “排序依据”选项卡对应 ORDER BY 子句。
- “分组依据”选项卡对应 GROUP BY…HAVING 子句。
- “杂项”选项卡对应 SELECT 子句的 DISTINCT 及 TOP 参数（与 ORDER BY 相关），用来指定是否对重复记录进行检索，是否限制返回的记录数（返回记录的最大数目或最大百分比）。

2. 查询设计器的启动

启动查询设计器建立查询的方法很多，主要包括以下三种。

(1) 在项目管理器中启动查询设计器。

打开项目文件，在项目管理器的“数据”选项卡中选择“查询”，然后单击“新建”命令按钮，打开“新建查询”对话框，单击“新建查询”按钮，打开查询设计器。

(2) 通过“新建”对话框启动查询设计器。

执行“文件”→“新建”菜单命令，或者单击“常用”工具栏上的“新建”按钮，打开“新建”对话框，然后选择“查询”，并单击“新建文件”按钮，打开查询设计器。

(3) 在命令窗口中执行键盘命令。

在命令窗口中输入 CREATE QUERY 命令并执行，也能打开查询设计器。

3. 使用查询设计器建立查询

下面通过例子来介绍查询设计器各选项卡的内容以及使用查询设计器建立查询的方法。

【例 6-1】 查询清华大学出版社出版的图书的书号、书名和借阅次数，按借阅次数排序。

分析：查询操作需要的“书号”、“书名” 源自表 Booksinfo，“借阅次数”需要对表 Lendinfo 中的相关字段作计数统计，所以这是一个连接查询。由于要统计每一本书的借阅次数，所以应按“书号”分类后汇总。

操作步骤如下：

① 新建查询。

打开项目 Bookroom，在“数据”选项卡中选择“查询”，然后单击“新建”命令按钮，打开“新建查询”对话框，单击“新建查询”按钮，打开“查询设计器”窗口。

② 添加数据源。

在“添加表或视图”对话框中(见图 6-2)，可以通过单击“选定”按钮组中的“表”或者“视图”，在“数据库中的表”栏中选择数据库表或者视图作为数据源，也可以单击“其他”按钮，选择自由表作为数据源。

按照本题要求，首先选中“读者信息表”，然后单击“添加”按钮，将“读者信息表”添加到“查询设计器”的上窗格中。用同样的方法将“借阅情况表”也添加进去，结果参见图 6-1，由于两表之间已经建立了永久关系，所以表间显示了一条关联直线。双击这条连线，可以打开“联接条件”对话框，编辑联接条件。

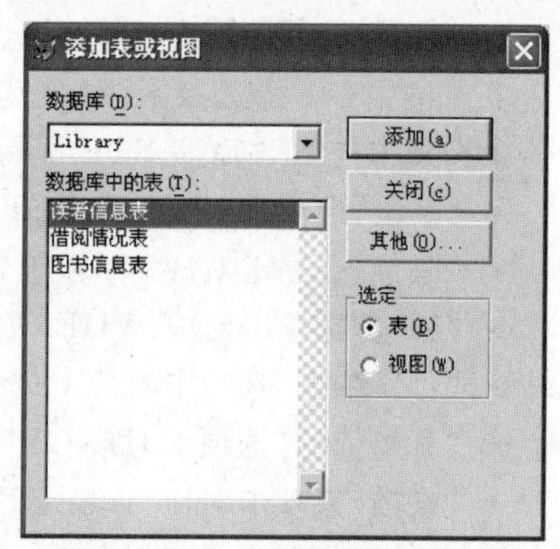

图 6-2 “添加表或视图”对话框

③ 设置“字段”选项卡。

“字段”选项卡用来指定查询结果中的目标列表达式，可以是字段，也可以是由字段、函数、运算符组

成的表达式,甚至可以是字符型常量。主要设置内容如下:

- 可用字段:列出上窗格中所有表的可用字段。
- 函数和表达式:指定一个函数或表达式。既可以直接输入也可以通过表达式生成器生成表达式。
- 选定字段:列出将在查询结果中出现的字段、统计函数以及其他表达式。
- “添加”按钮:从“可用字段”列表框或“函数和表达式”文本框中把选定项添加到“选定字段”列表框中。
- “全部添加”按钮:把“可用字段”列表框中的所有字段添加到“选定字段”列表框中。
- “移去”按钮:从“选定字段”列表框中移去所选项。
- “全部移去”按钮:从“选定字段”列表框中移去所有选项。

根据题意操作如下:

首先,在“可用字段”栏中,选中“图书编号”字段,单击“添加”按钮,将该字段添加到“选定字段”栏中;然后再依次添加“书名”和“出版社”字段;最后,在“函数和表达式”栏中输入:COUNT(借阅情况表.图书编号) AS 借阅次数,单击“添加”按钮,将该表达式添加到“选定字段”栏中。结果如图 6-3 所示。

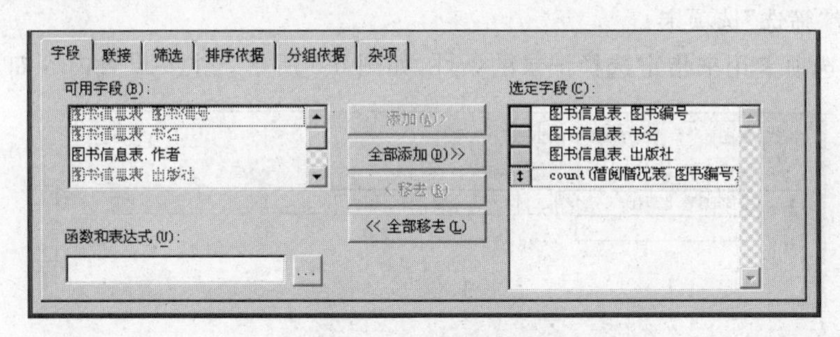

图 6-3 “字段”选项卡

④ 设置“联接”选项卡。

如果查询结果来自多个表,可以在本选项卡中设置和修改表间的连接条件。主要设置内容如下:

- “移动”按钮:拖动该按钮,可以上下移动选项。
- “条件”按钮:如果有多个表联接在一起,则会显示该按钮。单击此按钮可以编辑已有的连接条件。
- 类型:指定查询的类型,包括左连接、右连接、内部连接和完全连接。
- 字段名:指定连接表达式中的第一个表的字段。
- 否:选定此选项,表示不符合该条件的记录。
- 条件:指定比较运算的类型,包括=,==,>,>=,<,<=,Like,IsNULL,Between,In。
- 值:指定连接表达式中的另一个表的字段。
- 逻辑:在多个条件之间添加 AND 或 OR 的逻辑连接。

• “插入”按钮：在所选连接条件之上添加一个空的连接条件。

• “移去”按钮：删除所选的连接条件。

由于“读者情况表”和“借阅情况表”之间已经建立永久关系，所以该选项卡中的内容已经设置好，如图 6-4 所示。

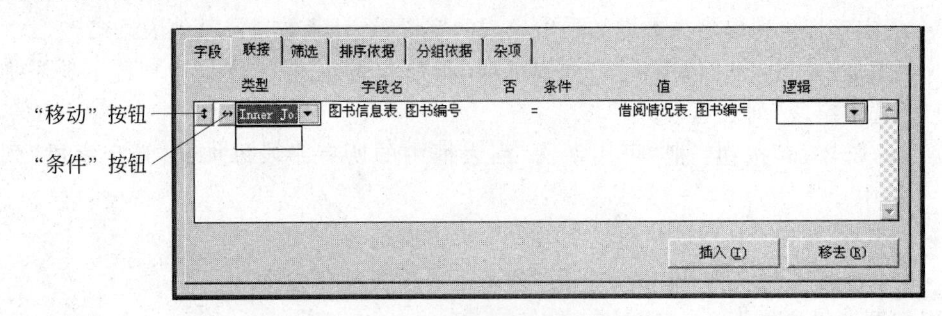

图 6-4 “联接”选项卡

注意：在查询设计器中的多表连接具有顺序性，以三表连接为例，必须有一个表作为中间表连接前后的表，即这个中间表在上一个连接中作为右表，而在下一个连接时就必须作为左表存在，这样才能正确连接多个表并得到正确的查询结果。

⑤ 设置“筛选”选项卡。

“筛选”选项卡用来指定选择记录的条件，如图 6-5 所示。主要设置内容如下：

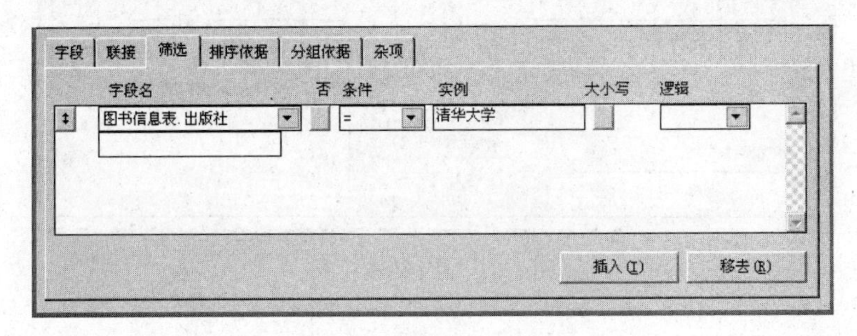

图 6-5 “筛选”选项卡

• 字段名：指定设置条件的字段。

• 条件：指定比较类型，与“联接”选项卡的比较类型相同。

• 实例：指定具体的条件值。

• 大小写：选中该选项，在查询字符串数据时忽略大小写。

根据题目要求，单击“字段名”栏，在下拉列表中选择“图书信息表.图书编号”；同样，在“条件”栏中选择“=”，在“实例”栏中输入：“清华大学”。

注意：在输入条件值时，仅当字符串与查询的表中字段名相同时，用引号括起来，否则无须用引号将字符串引起来，日期也不必用花括号括起来；逻辑值的前后必须使用句点号，如.T.；在搜索字符型数据时，如果想忽略大小写匹配，请选择“大小写”下面的按钮。

⑥ 设置“排序依据”选项卡。

“排序依据”选项卡用来指定查询结果的输出顺序，如图 6-6 所示，主要设置内容包括：

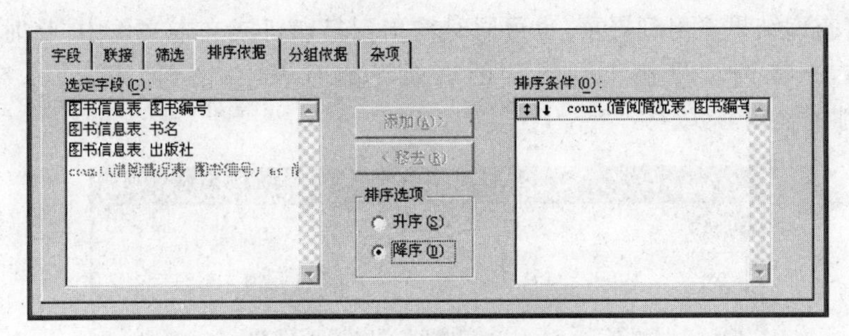

图 6-6 “排序依据”选项卡

- 选定字段：显示查询结果所包含的字段。
- 排序条件：指定用于排序的字段和表达式，显示在每一字段左侧的箭头指定递增(箭头向上)或递减(箭头向下)排序。
- 升序：指定按照“排序条件”栏中选定项以升序进行排序。
- 降序：指定按照“排序条件”栏中选定项以降序进行排序。

根据题目要求，首先在“选定字段”栏中，选择“借阅次数”，单击“添加”按钮，然后将该字段添加到“排序条件”栏中，最后单击“降序”选项，使查询结果降序排列。

⑦ 设置“分组依据”选项卡。

“分组依据”选项卡用于指定分组查询中的分组表达式和分组筛选条件。如图 6-7 所示，主要设置内容包括：

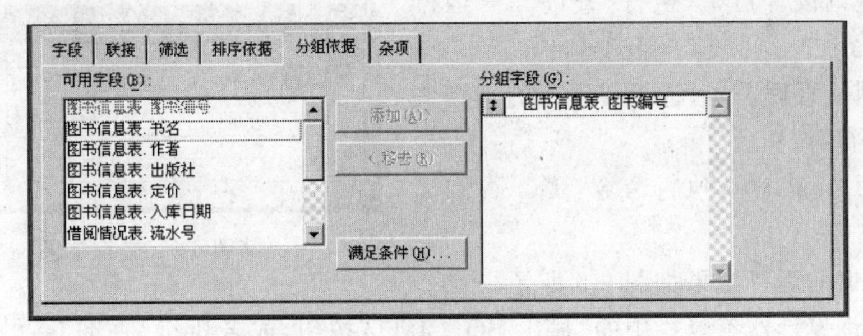

图 6-7 “分组依据”选项卡

- 可用字段：列出查询中全部可用的字段及表达式。
- 分组字段：列出查询结果中分组的字段、统计函数以及其他表达式。字段按照它们在列表中显示的顺序分组，可以拖动字段左边的垂直双向箭头，更改字段的顺序。
- “满足条件”按钮：单击它，打开“满足条件”对话框，可以为分组的记录设置筛选条件。

根据本题要求，在“可用字段”栏中选中“图书信息表.图书编号”，单击“添加”按钮，将该字段添加到“分组字段”栏中。

⑧ 设置“查询输出”。

查询设计器还可以选择输出方式，设置“输出去向”的界面如图 6-8 所示。其中，浏览、屏幕(输出到打印机或文本文件)对应 TO 子句,“浏览”是系统默认的输出方式,选择“屏幕”可将查询结果输出到屏幕,也可同时输出到打印机或文本文件中;临时表、表对应 INTO 子句,把查询结果输出到指定的表或者临时表中;图形、报表、标签是 Visual FoxPro 增加的输出方式。

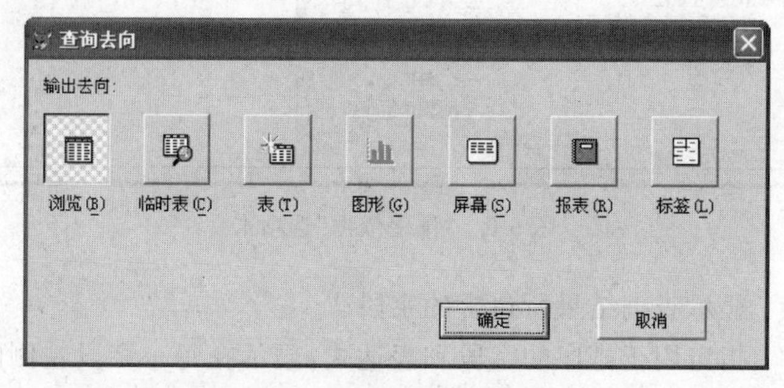

图 6-8 “查询去向”界面

本例中选择“浏览”方式输出。至此,查询设计完毕。

⑨ 单击“保存”按钮,在打开的对话框中输入查询文件名:query1。

4. 运行查询

运行查询主要有以下方法:

① 在查询设计器中单击工具栏中的“运行”按钮。

② 在查询设计器中,执行“查询”→“运行查询”菜单命令。

③ 在项目管理器中,选择要运行的查询文件,单击“运行”按钮。

④ 在命令窗口中,执行命令:DO 查询文件名.qpr。

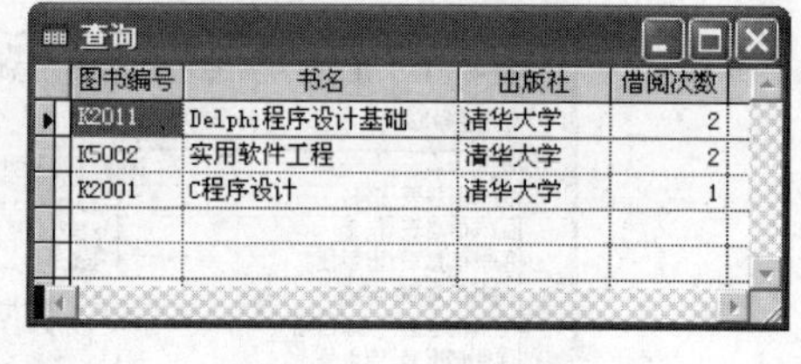

图书编号	书名	出版社	借阅次数
K2011	Delphi程序设计基础	清华大学	2
K5002	实用软件工程	清华大学	2
K2001	C程序设计	清华大学	1

图 6-9 查询结果

上述查询的运行结果如图 6-9 所示。

单击查询设计器工具栏中的“显示 SQL 窗口”按钮,或者执行“查询”→“查看 SQL”菜单命令,可见如下内容:

```
SELECT DISTINCT 图书信息表.图书编号, 图书信息表.书名,;
  图书信息表.出版社, COUNT(借阅情况表.图书编号) AS 借阅次数;
FROM library!图书信息表 INNER JOIN library!借阅情况表 ;
    ON 图书信息表.图书编号=借阅情况表.图书编号;
WHERE 图书信息表.出版社="清华大学";
GROUP BY 图书信息表.图书编号;
ORDER BY 4 DESC
```

5. 修改查询

打开查询设计器,修改查询的方法如下:

① 执行“文件”→“打开”菜单命令或者单击“常用”工具栏中的“打开”按钮，打开“打开”对话框，设置“文件类型”为“查询”，选择要修改的文件，单击“确定”按钮，打开查询设计器。

② 在项目管理器中，选择要修改的查询文件，单击“修改”按钮，打开查询设计器。

③ 在命令窗口中，执行命令：

```
MODIFY QUERY 查询文件名
```

查询设计器是完成查询的一种辅助工具，实际上是 SQL-SELECT 命令的可视化操作，适合于一般用户操作，而 SQL 语句则面向程序员，一般在程序中使用。

6.2 视 图

在日常事务处理中常遇到这样的问题，既要查询数据库中某一部分的数据，同时又要对查询的结果进行修改和更新。查询能够实现对数据的查询，但是不能够实现对结果的修改和更新，这时就需要使用视图了。

6.2.1 视图的概念

视图是数据库的一个部分，分为本地视图和远程视图两类。本地视图是利用本地数据库表、自由表及其他视图建立在本地服务器上的视图。远程视图是利用远程服务器中的数据建立的视图。视图也是以文件的形式保存在存储器中，文件扩展名为.vue。

视图是一种特殊类型的数据表。表面上看，它往往由一个或多个表(或视图)中的部分字段或部分记录组成，像数据表一样有自己的名字，相应的字段、记录，具备了一般数据表的特征。可是实际上并没有这样的数据实体，视图不会被作为一个完整的数据集合存放在存储器中，它存放的只是与关联数据表相关的连接关系和操作要求，不能脱离数据库而独立存在，因此，视图被称为“虚表”或“逻辑表”。

一般建立视图的目的有三个：

(1) 保障数据的安全性和完整性。

数据库系统通常是供多用户使用的，不同的用户有不同的权限，一般只能查看与自己相关的一部分数据。视图可以为每个用户建立自己的数据集合。

(2) 从多个表中获取数据。

为了保证数据表具有较高的范式，往往将一个数据集合创建成多个相关的数据表。而使用多个表的数据时，将各表中采用的数据集中到一个视图是最方便的办法。

(3) 同时更新多个表中的数据，简化数据库操作。

在对数据库中若干表进行更新和修改时，往往只是针对有限的字段或记录，如果逐个打开表找到数据再进行修改、编辑是很麻烦的。可以先将各表中相关数据项集中放在一个视图中，通过视图来同时更新各表中的数据，这样对数据库的操作管理就简化了。

创建视图可以使用视图设计器或 CREATE VIEW 命令。

6.2.2 视图设计器

视图设计器用于帮助用户设计视图。

1. 打开“视图设计器”

打开“视图设计器”通常使用以下三种方法：

(1) 执行“文件”→“新建”菜单命令，或是单击工具栏中的“新建”按钮，打开“新建”对话框。在其中选择“视图”选项，并单击“新建文件”按钮，启动视图设计器。

注意：如果“新建”对话框中的“视图”选项不可用，说明还没有打开数据库。

(2) 在项目管理器的“数据”选项卡中，选中视图所属的数据库，“数据”选项卡上将显示出该数据库中的所有组件，选择“本地视图”，单击“新建”按钮，启动视图设计器。

(3) 打开一个数据库后，在命令窗口输入命令：CREATE VIEW，这样也可以打开视图设计器。

2. “视图设计器”简介

在打开“视图设计器”窗口时，首先要向视图设计器中添加表或者视图，比如，添加读者情况表，并选定相关字段后，可得到如图 6-10 所示的窗口。

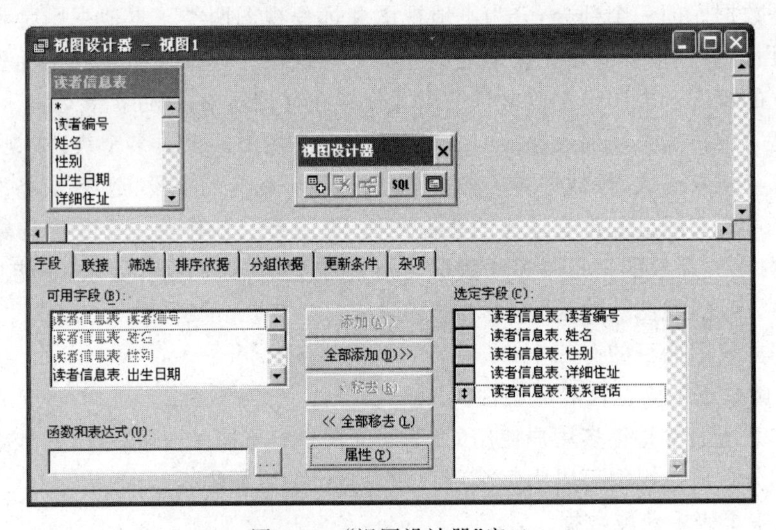

图 6-10 “视图设计器”窗口

可以看到，视图设计器和查询设计器的大部分的选项内容相同，只有很小的差别。对其中相同的部分本书不再赘述，只说明不同的部分。

1) “字段”选项卡的“属性”按钮

在视图设计器的“字段”选项卡中单击“属性”按钮时，会弹出如图 6-11 所示的“视图字段属性”对话框。

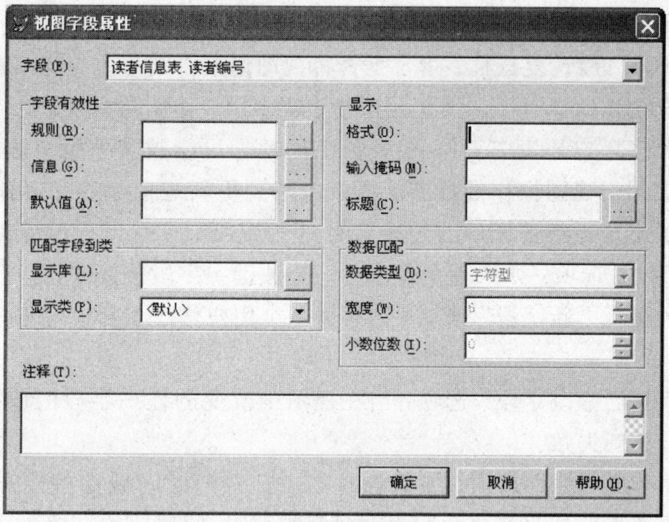

图 6-11 “视图字段属性”对话框

在“视图字段属性”对话框中可以选择字段，设置字段的属性。这与在数据库表中对字段的操作相同，此选项仅可在视图设计器中使用。

2) “更新条件”选项卡

视图与查询的主要区别是，视图能够更新数据并把更新的数据返回到源表(也称基本表)中，同时能够保证源表中数据的安全性。“更新条件”选项卡如图 6-12 所示。各部分功能如下：

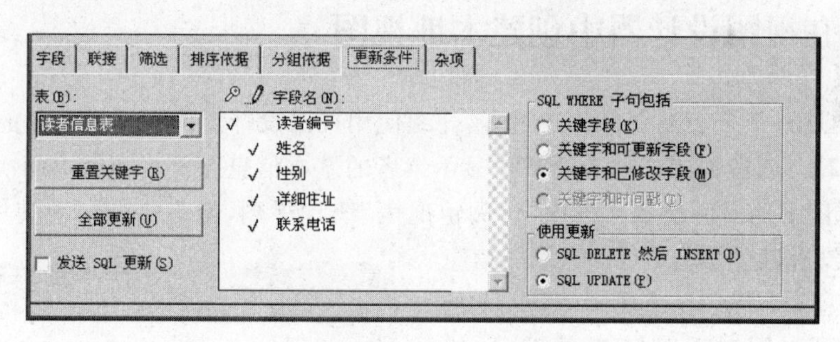

图 6-12 “更新条件”选项卡

① “表”下拉列表框：指定视图可更新的表，如果视图中有多个表，则默认可更新“全部表”的相关字段。

② “字段名”列表框：显示所选的、用来输出的字段。在字段名左侧有两列标志，“钥匙”标志表示关键字，“铅笔”标志表示更新。通过单击相应列可以改变字段的相关状态，如是否可更新，是否是关键字字段。系统默认可以更新所有非关键字字段，如果未标注为可更新列，可以在浏览窗口中修改这些字段，但是修改的值不会返回到源表中。

③ “重置关键字”按钮：从每个表中选择主关键字字段作为视图的关键字字段。关键字字段可以保证视图中的记录能够与源表中的记录相匹配。

④ “全部更新”按钮：选择除了关键字字段以外的所有字段来进行更新，并在“字段

名”列表的“铅笔”标志下打钩。

⑤“发送 SQL 更新”复选框：指定是否将视图记录中的修改传送给源表。

⑥“SQL WHERE 子句”选项组：用于指定当多用户访问同一数据时应如何更新记录。

如果在一个多用户环境中工作，服务器上的数据可能被其他用户访问并更新。系统在更新前要检查用于视图操作的数据从提取出来到更新之前是否被其他用户修改过，下面的选项规定了出现更新情况后的处理方法。

- “关键字段”选项：如果基本表中有一个关键字字段被修改，则更新失败。
- “关键字和可更新字段”选项：如果另一个用户修改了任何可更新的字段，则更新失败。
- “关键字和已修改字段”选项：当在视图中改变的任一字段的值在基本表中已被改变时，更新失败。
- “关键字和时间戳”选项：如果自基本表记录的时间戳首次检索以后，它被修改过，则更新失败。只有当远程表有时间戳列时，此选项才有效。

⑦“使用更新”选项组：用于多用户数据库环境，决定了向基本表发送 SQL 更新时的更新方式。

- “SQL DELETE 然后 INSERT”选项：表示先删除记录，然后使用在视图中输入的新值取代原值。
- “SQL UPDATE”选项：表示使用远程数据库支持的 UPDATE 命令改变源数据库表的记录。

6.2.3 在视图设计器中创建本地视图

本节通过一个多表视图的创建过程，介绍使用视图设计器创建本地视图的方法。

【例 6-2】 创建视图文件 VIEW1，显示读者的基本信息以及借阅图书的次数。

分析：图书的借阅次数可以由“借阅情况表”统计得到，但是借阅情况表中只有读者的编号，而没有其他信息，读者的详细信息在“读者信息表”中。通过视图 VIEW1 的建立，我们可以同时看到读者的编号、姓名、性别、联系电话、详细住址等基本信息，也能看到每个读者借阅图书的次数。

操作步骤如下：

① 打开项目文件 Bookroom。

② 在项目管理器中，选择“数据”选项卡，选中本地视图，单击“新建”按钮，打开“新建本地视图”对话框，单击“新建视图”按钮(见图 6-13)，打开视图设计器。

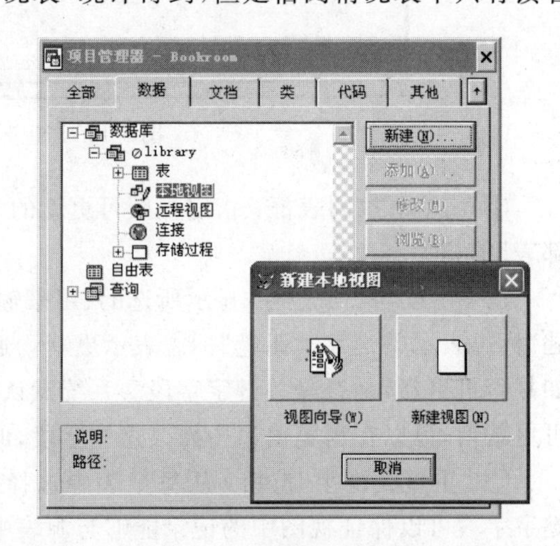

图 6-13 在“项目管理器”对话框中新建本地视图

③ 在视图设计器中，添加读者信息表和借阅情况表。

④ 在“字段”选项卡中，选择和设置输出字段，如图 6-14 所示。

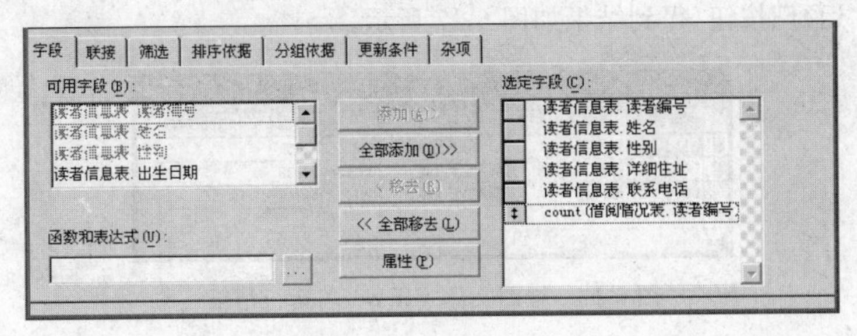

图 6-14 “字段”选项卡

⑤ 设计连接。由于在数据库中已经建立了读者信息表和借阅情况表之间的永久关系，所以在“联接”选项卡中，连接表达式将自动显示出来，如图 6-15 所示。

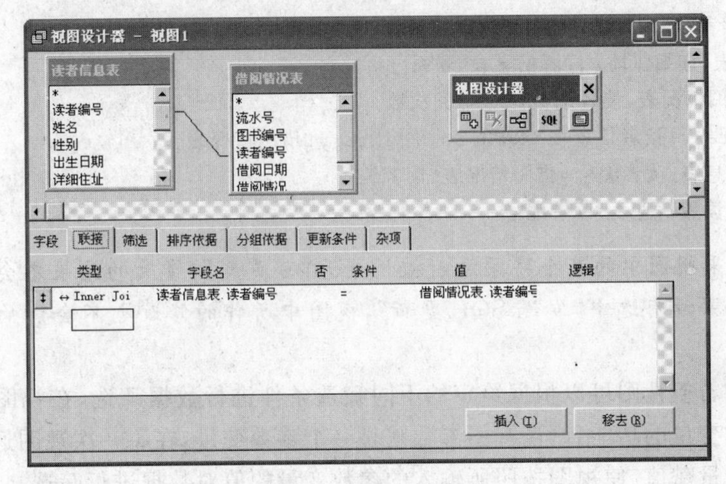

图 6-15 设置连接条件

⑥ 在“分组依据”选项卡中，选中“读者信息表.读者编号”，单击“添加”按钮，设置分组字段。

⑦ 在“更新条件”选项卡中，在“表”下拉列表框中选择可更新的表——读者信息表；在“字段名”列表框中，单击字段“读者编号”左边的“钥匙”开关列，设置“读者编号”为关键字段，单击字段“详细住址”和“联系电话”左边的“笔”开关列设置其为可更新字段；最后选中“发送 SQL 更新”复选框，设置表为可更新，如图 6-16 所示。

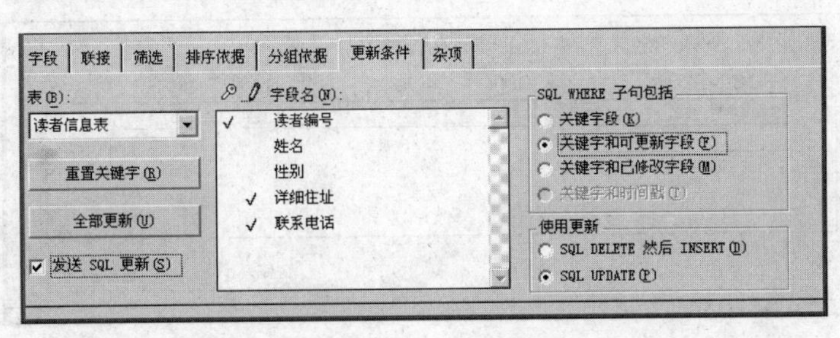

图 6-16 设置“更新条件”选项卡

⑧ 单击“保存”按钮，保存视图文件为 VIEW1。

⑨ 单击“运行”按钮，得到结果如图 6-17 所示。

View1

读者编号	姓名	性别	详细住址	联系电话	借阅次数
0001	孙小英	女	常州清秀园小区	13681678263	3
0002	孙林	男	常州蓝天小区	051988978239	3
0004	李沛沛	女	常州白云小区	051953343344	2

图 6-17　视图文件 VIEW1 的运行结果

视图中显示了读者的详细信息以及借阅次数。通过视图可以修改读者信息表中“详细住址”和“联系电话”字段的值。

单击“视图”工具栏的“查看 SQL”按钮，显示 SQL 语句如下：

```
SELECT 读者信息表.读者编号, 读者信息表.姓名, 读者信息表.性别,;
读者信息表.详细住址, 读者信息表.联系电话,;
count(借阅情况表.读者编号) as 借阅次数;
FROM library!读者信息表 INNER JOIN library!借阅情况表 ;
ON 读者信息表.读者编号=借阅情况表.读者编号;
GROUP BY 读者信息表.读者编号
```

注意：如果视图中的某个字段没有被设置为“可更新”，修改的结果不会影响基本表中的记录。如果没有选中“发送 SQL 更新”，视图中所作的修改也不会影响基本表中的记录。

有时用户希望视图可以根据给定的不同筛选条件进行数据筛选，在视图设计器中提供了视图参数变量的功能，所谓视图参数就是一个参数变量，在每一次视图运行之前都可以为该参数变量赋值，使视图按照所输入的参数变量的值对数据进行筛选。

【例 6-3】 创建视图文件 VIEW2，显示指定读者的基本信息以及借阅图书的次数。

操作步骤如下：

① 打开项目管理器，选择“本地视图”中的视图文件 VIEW1，单击“修改”按钮，打开视图设计器。

② 选择“筛选”选项卡，从“字段名”中选择“读者信息表. 姓名”，在“条件”中选择“=”，在“实例”中输入：？姓名。问号后的“姓名”将作为表达式，即视图的参数变量，如图 6-18 所示。

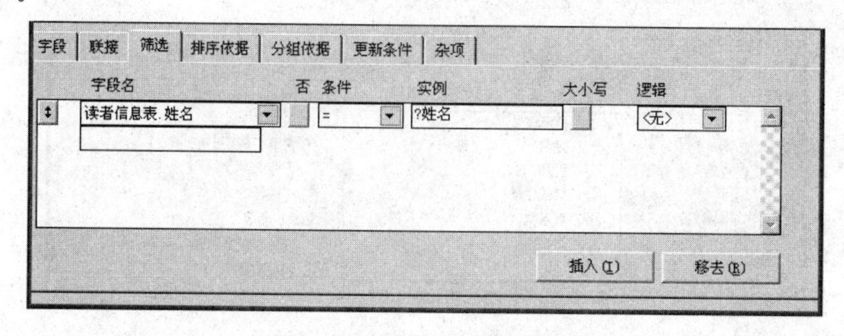

图 6-18　“参数筛选”对话框

③ 单击“查询”菜单中的“视图参数”命令，弹出如图 6-19 所示的“视图参数”对话框。在“参数名”中输入“姓名”，在“类型”中选择“字符型”。

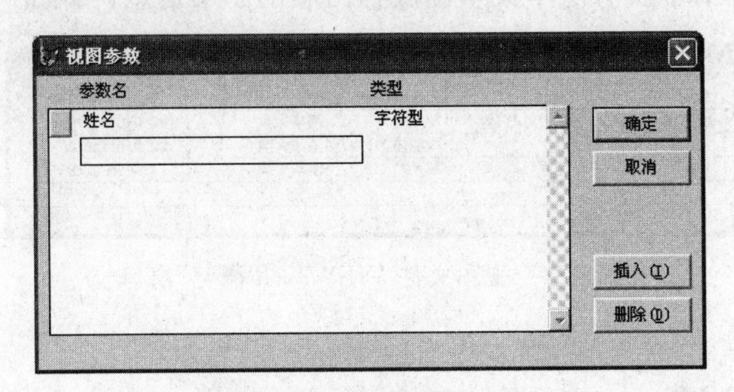

图 6-19 “视图参数”设置

④ 将文件另存为 VIEW2，单击工具栏上的“运行”按钮，弹出如图 6-20 所示的对话框，在文本框中输入参数“孙林”。

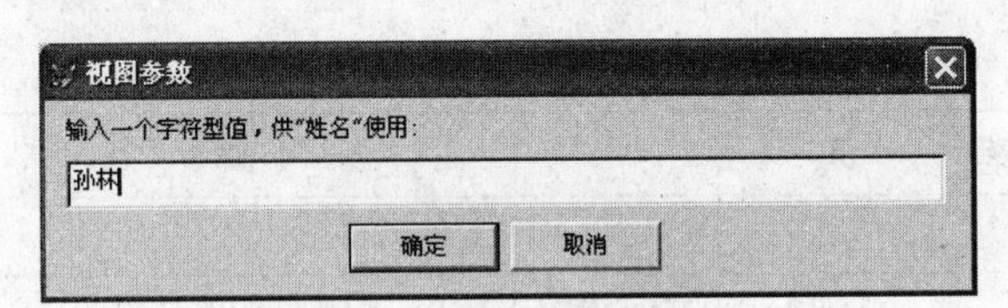

图 6-20 运行参数视图

⑤ 单击“确定”按钮，在“浏览”窗口中显示了满足参数条件的记录，如图 6-21 所示。

图 6-21 视图文件 VIEW2 的运行结果

如果在文本框中输入其他读者的姓名，则可以查询其他读者的信息和借阅次数。

6.2.4 用 SQL 命令创建视图

创建视图的 SQL 命令如下：

```
CREATE [SQL] VIEW [<视图名>[REMOTE] AS SELECT 命令]
```

当忽略选项[＜视图名＞ [REMOTE] AS SELECT 命令]时，命令将打开视图设计器。如果命令中包含 REMOTE 选项，将打开连接对话框，创建远程视图。

注意：在创建视图之前，必须先打开数据库。

【例 6-4】 创建视图 VIEW3，查询清华大学出版社的图书信息。

命令如下：

```
CREATE VIEW VIEW3 AS;
```

```
SELECT * FROM Booksinfo WHERE 出版社="清华大学"
```

浏览该视图,显示了所有清华大学出版社出版的图书信息,如图 6-22 所示。

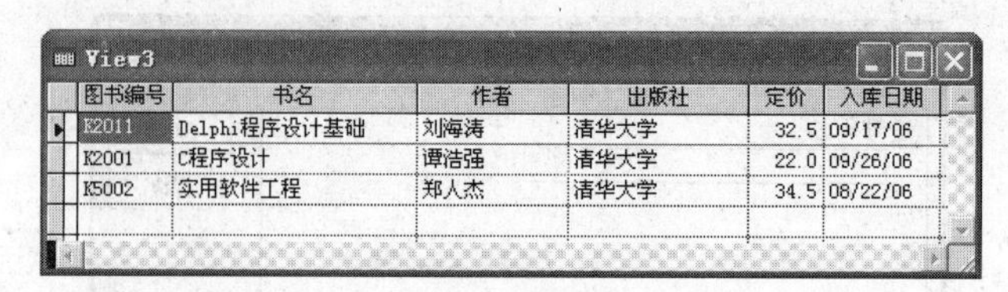

View3

图书编号	书名	作者	出版社	定价	入库日期
E2011	Delphi程序设计基础	刘海涛	清华大学	32.5	09/17/06
K2001	C程序设计	谭浩强	清华大学	22.0	09/26/06
K5002	实用软件工程	郑人杰	清华大学	34.5	08/22/06

图 6-22　视图文件 VIEW3 的“浏览”窗口

6.2.5　使用视图

使用 Visual FoxPro 6.0 中,对视图进行操作的方法和操作数据表的方法类似,相关命令见表 6-1。

表 6-1　视图操作基本命令

功　能	命　令
打开视图	USE<视图文件名>
修改视图	MODIFY VIEW[<视图文件名>]
视图重命名	RENAME VIEW<原视图文件名>TO<新视图文件名>
删除视图	DELETE VIEW[<视图文件名>]

注意:进行上述操作前必须先打开数据库。

6.3　视图和查询的区别

视图和查询本质上都是一条 SELECT-SQL 命令,有很多类似之处,创建视图与创建查询的步骤也相似,但也有许多不同之处:

(1) 查询的 SELECT-SQL 命令存储为查询文件;视图的 SELECT-SQL 命令不单独存储,而是保存在数据库中。

(2) 查询不可以作为数据源;视图可以作为查询或视图的数据源。

(3) 查询的结果是只读的;视图则可以更新,通过更新视图能更新数据源表中的记录数据。

本章小结

查询和视图是 Visual FoxPro 检索和操作数据库的两个基本工具和手段。它们在本质上都是一条 SQL 语句,在实现方法上也非常类似,分别可以通过查询设计器和视图设计器实现。但是，视图还可以通过 SQL 语言来定义。从功能上看，查询可以定义输出去向，因此可以将查询结果灵活地输出为表、临时表、图形、报表等多种形式，但是查询不能用于修改数据；而利用视图可以修改数据，并利用 SQL 将对视图的修改发送到基本表，这是非常有用的。从存储形式上看，查询文件可以独立存在，而视图文件则依附于数据库。

习 题 六

一、思考题

1. 查询和视图的作用是什么？
2. 查询和视图有哪些区别？
3. 查询设计器和视图设计器的区别在哪里？
4. 查询设计器中的选项卡与 SQL 语句中的哪些子句相对应？

二、选择题

1. 在 Visual FoxPro 中以下叙述正确的是________。

   (A) 利用视图可以修改数据　　(B) 利用查询可以修改数据

   (C) 查询和视图具有相同的作用　　(D) 视图可以定义输出去向

2. 以下关于"查询"的描述正确的是________。

   (A) 查询保存在项目文件中　　(B) 查询保存在数据库文件中

   (C) 查询保存在表文件中　　(D) 查询保存在查询文件中

3. 有关查询设计器，正确的描述是________。

   (A) "连接"选项卡与 SQL 语句的 GROUP BY 短语对应

   (B) "筛选"选项卡与 SQL 语句的 HAVING 短语对应

   (C) "排序依据"选项卡与 SQL 语句的 ORDER BY 短语对应

   (D) "分组依据"选项卡与 SQL 语句的 JOIN ON 短语对应

4. 在 Visual FoxPro 中，关于视图的正确叙述是________。

   (A) 视图与数据库表相同，用来存储数据

   (B) 视图不能同数据库表进行连接操作

   (C) 在视图上不能进行更新操作

   (D) 视图是从一个或多个数据库表导出的虚拟表

5. 在数据库中用于实际存储数据的是________。

   (A) 数据库表　　(B) 数据库　　(C) 视图　　(D) 以上都正确

6. 视图与基表的关系是________。

   (A) 视图随基表的打开而打开　　(B) 基表随视图的关闭而关闭

   (C) 基表随视图的打开而打开　　(D) 视图随基表的关闭而关闭

7. 下列说法中不正确的是________。

   (A) 视图设计器比查询设计器多一个"更新条件"选项卡

   (B) 视图文件独立存在，其扩展名是.vcx

(C) 当基表数据发生变化时,可以用 REQUERY()函数刷新视图

(D) 查询文件中保存的不是查询结果,而是 SELECT-SQL 命令

8. 创建参数化视图时,应该在“筛选”选项卡的“实例”框中输入________。

(A) * 以及参数名　　(B) ! 以及参数名

(C) ? 以及参数名　　(D) 参数名

三、填空题

1. 在 Visual FoxPro 中,查询文件的扩展名是________。
2. 在查询设计器中,选中“杂项”选项卡中的“无重复记录”复选框,与执行 SELECT 语句中的________子句等效。
3. 在 Visual FoxPro 中,打开查询设计器创建查询的命令是________。
4. 查询的数据源可以是表,也可以是________。
5. 假设在视图设计器中已经设置了可更新字段,则能否通过更新视图来更新基表取决于是否在“更新条件”选项卡中选择了________。
6. 打开视图的命令是________,在打开视图之前必须首先打开包含该视图的________。

四、上机练习

1. 练习使用查询向导建立查询,查询清华大学出版社的图书信息。
2. 在项目 Bookroom 中,使用查询设计器建立查询,查询“孙林”借阅图书的次数以及所借图书的平均定价。
3. 在数据库 Library 中建立视图 VIEW1,显示读者编号、读者姓名、图书名称以及借阅日期。
4. 打开视图 VIEW1,通过 VIEW1 修改数据表中的数据。

第7章

程序设计基础

在前面内容的学习中，Visual FoxPro 操作都是通过菜单选择或在命令窗口中逐条输入命令来执行的，此种工作方式称为菜单命令工作方式或交互方式。其优点是操作简单，并可随时查看结果的特点，但同时也存在处理速度慢、结果难于保留等不足。特别是需要重复操作时，由于命令的多次重复操作，更使人顿感枯燥、乏味。为此，Visual FoxPro 提供了成批命令协同工作的方式，即程序工作方式。

在程序工作方式下，用户只要把有关的操作命令编成程序并存储在一个磁盘文件中，通过 Visual FoxPro 运行该磁盘文件，便可连续自动地执行一系列操作，完成某项特定的任务，并且程序方式还具有允许用户多次执行操作的功能，使用起来十分方便，是 Visual FoxPro 的主要工作方式。

7.1 程序文件的建立和运行

从概念上讲，程序是指令的集合。Visual FoxPro 程序和其他高级语言编写的程序一样，是一个文件。程序由若干行命令语句构成，编写程序即建立一个称为源程序的文件，只有建立了程序文件才能执行该程序。

7.1.1 程序文件的建立与修改

程序文件的创建与修改方法一般有两种，分别是菜单方式和命令方式。

1. 用菜单方式建立与修改程序文件

用菜单方式建立程序文件分为三步，操作步骤如下：

① 选择“文件”→“新建”菜单命令，在“新建”对话框中选定“程序”项，然后单击“新建文件”按钮，打开程序编辑窗口。

② 在程序编辑窗口中输入和编辑程序代码的文本内容。

③ 输入或编辑结束后，执行“文件”→“保存”菜单命令或按 Ctrl＋W 组合键存盘并退出编辑窗口，然后在弹出的“另存为”对话框中指定该程序文件的存放位置与文件名，单击

“保存”按钮将其保存。若要放弃当前的编辑内容，则按 Ctrl＋Q 组合键或 Esc 键退出。

程序存盘后默认的程序文件扩展名为.prg。

用菜单方式打开并修改程序文件时，选择“文件”→“打开”菜单命令，在“打开”对话框中选定“程序”项，选择相应的文件后，即可在打开的程序编辑窗口中完成对程序的修改。

也可直接在项目管理器中选择“代码”下的“程序”选项后，单击“新建”或“修改”按钮，建立或修改程序文件。

2. 用命令方式建立与修改程序文件

用命令方式可以建立程序文件，也可以修改已有的程序文件。命令格式如下：

```
MODIFY COMMAND [<程序文件名>|?]
```

当指定的程序文件名为新文件名时，将创建一个新的程序文件；当指定的程序文件名为已有的文件时，则在程序编辑窗口打开该文件供编辑修改，文件的扩展名.prg 可不必输入；若使用?，则显示“打开”对话框，在此对话框中，用户可以选择一个已存在的文件或者输入要建立的新文件名。

7.1.2 程序文件的运行

运行程序文件的常见方法有两种，分别是菜单方式和命令方式。

1. 用菜单方式运行程序文件

用菜单方式运行程序文件分为两步，操作步骤如下：

① 执行“程序”→“运行”菜单命令，打开“运行”对话框。

② 在打开的“运行”对话框中选定要运行的程序文件名，或在“执行文件”文本框中输入要运行的程序文件名，然后单击“运行”按钮。

也可直接在项目管理器中选择“代码”下的“程序”选项后单击“运行”按钮。另外还可以按 Ctrl＋E 组合键运行程序。

2. 用命令方式运行程序文件

用命令方式运行程序文件，必须先打开该程序文件再运行。语法格式如下：

```
DO <程序文件名> [WITH<参数表>]
```

本命令可在命令窗口输入执行；也可出现在另一个程序文件中，用于实现在该程序中调用另一个程序，此时可使用 WITH 子句，以向被调用的子程序传递所需的参数。

在程序执行过程中，可随时按 Esc 键使程序中断运行，并根据弹出的对话框中的提示信息，选择“取消”程序运行、“继续执行”或“挂起”等。

注意：使用 DO 命令运行程序文件时可省略扩展名.prg。

7.2　基本命令

7.2.1　程序注释命令

在程序文本中加上必要的注释命令(或称注释语句),可增强程序的可读性,同时便于日后程序的维护和交流。注释语句是一种非执行语句,即系统对此语句不作任何操作。

Visual FoxPro 中的注释语句有三种格式。

格式 1:

```
NOTE  <注释内容>
```

格式 2:

```
*<注释内容>
```

格式 3:

```
[<命令>]  &&<注释内容>
```

一般,* 或 NOTE 出现在行首,表明该行是注释行;&& 则多出现在一个命令行尾部,用来对该命令进行说明。例如:

```
** This is main grogram
A=B*C                                        && 计算两个数的乘法
NOTE  A,B,C 是数值型数据
```

7.2.2　基本输入输出命令

1. 输出命令

格式如下:

```
?|??<表达式 1>[,<表达式 2>…]
```

在屏幕上输出表达式的值。

2. 字符串输入命令

格式如下:

```
ACCEPT [<提示信息>] TO <内存变量>
```

执行该语句时,先显示提示信息,然后等待用户从键盘输入字符型数据,并将其赋予内存变量,以 Enter 键结束输入。

注意：

① <提示信息>是可选项，应是一个字符型表达式，在命令执行时其字符内容被原样显示在屏幕上，用于提示用户输入。

② 用户在键盘上键入的任何内容都将作为一个字符串赋值给指定的<内存变量>，因而不必用定界符将输入的字符串括起来。

【例 7-1】 编写程序，显示表 Booksinfo 中指定图书编号的图书信息。

```
CLEAR                                  && 清空屏幕
USE Booksinfo                          && 打开表 Booksinfo
ACCEPT "请输入图书号:" TO sh           && 输入图书编号
LOCATE FOR 图书编号=sh
DISPLAY
USE
```

程序运行后，在屏幕上出现提示字符串：

```
请输入图书号:
```

然后输入一个图书编号：K2011，按 Enter 键后，程序运行结果如下：

图书编号	书名	作者	出版社	定价	入库日期
K2011	Delphi 程序设计基础	刘海涛	清华大学	32.5	2006/09/17

3. 表达式输入命令

格式如下：

```
INPUT [<提示信息>] TO <内存变量>
```

和 ACCEPT 命令相似，执行该语句时，在当前窗口的光标位置显示提示信息，等待用户从键盘输入数据，以 Enter 键结束输入，并将其赋予内存变量。

INPUT 命令中输入数据的数据类型可以是数值型、字符型、逻辑型和日期型等，输入的数据必须符合 Visual FoxPro 规定的数据格式。

注意：输入项若为字符型数据，应加上定界符，用单引号、双引号或方括号括起来。

【例 7-2】 在命令窗口输入以下命令：

```
CLEAR
INPUT "请输入图书编号" TO nbh          && 输入图书编号,如:"K3112",加定界符
INPUT "请输入图书名称" TO nmc          && 输入图书名称,如:"VFP 程序设计"
INPUT "请输入定价" TO ndj              && 输入定价,如:25.5
INPUT "请输入入库时间" TO nrksj        && 输入入库时间,如:{^2010/10/11}
?"图书编号:",nbh,"图书名称:",nmc,"定价:",ndj,"入库时间:",nrksj
```

注意：本例中，因输入的定价和入库时间都是非字符型的，只能用 INPUT 输入命令。

4. 单字符输入命令

格式：

```
WAIT[<提示信息>][TO<内存变量>][WINDOWS]
```

当执行该命令时，也将显示提示信息，并等待用户输入，只要用户按下键盘上的一个键或按鼠标键，立即执行下一条命令。

本命令若不带任何选项，则暂停程序运行并显示："Press any key to continue…"，待用户按任意键后继续运行。

若选用 TO ＜内存变量＞，则将输入的一个字符赋给指定的内存变量。本命令专用于接收单个字符，因而不需要加定界符也不必按 Enter 键来结束输入。

若给出 WINDOWS 选项，将在屏幕右上角出现一个系统信息窗口，在其中显示提示信息，用户按任意键后此窗口自动清除。

【例 7-3】 在命令窗口输入以下命令：

```
WAIT "按任意键继续！" WINDOWS                    && 在屏幕右上角显示提示信息
WAIT "程序是否继续？" TO Key
* 可输入单个字母 Y(或 y)、T(或 t)以决定后续程序的执行流向
```

7.2.3 结束程序运行命令

1. 返回命令

命令格式如下：

```
RETURN
```

此语句的功能是结束当前程序的运行，返回到上级程序模块。如果程序或过程中不包含 RETURN 语句，则 Visual FoxPro 在程序或过程结束时自动执行 RETURN 命令。

2. 终止程序运行命令

命令格式如下：

```
CANCEL
```

此语句的功能是终止程序执行，清除程序的私有变量，并返回到命令窗口。

3. 退出系统命令

命令格式如下：

```
QUIT
```

QUIT 语句能终止程序的运行，关闭所有打开的文件，并退出 Visual FoxPro 系统，返回到 Windows 环境。

注意：该命令与"文件"菜单的"退出"命令功能相同。

4. 清屏命令

命令格式如下：

```
CLEAR
```

此命令将当前主屏幕中的内容全部清空，将光标重新定位于主屏幕的左上角。

如果需要关闭所有文件，释放用户定义的所有内存变量，可使用 CLEAR ALL 命令。

7.3 程序的基本控制结构

Visual FoxPro 的编程语言与其他程序设计语言一样，提供了三种基本的程序流程控制结构，分别是：顺序结构、分支结构和循环结构。

7.3.1 顺序结构

顺序结构的程序即简单结构程序，它是最基本、最常见的程序结构形式。这种结构的程序是严格按照程序中各条语句的先后顺序依次执行的。

图 7-1 为顺序结构的程序流程图。图中矩形框 A 和 B 表示程序模块，它们间的执行次序是顺序的。

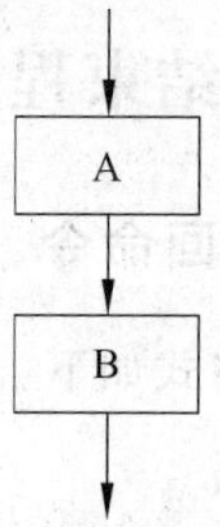

图 7-1 顺序结构程序流程图

【例 7-4】 根据读者编号查找表 Readerinfo 中的读者记录信息。

```
SET TALK OFF
CLEAR                          && 清屏
USE Readerinfo                 && 打开 Readerinfo 表
ACCEPT TO bh                   && 从键盘输入读者编号
LOCATE FOR 读者编号=bh          && 根据输入值查找
DISPLAY                        && 显示查找信息
USE                            && 关闭表
SET TALK ON
RETURN
```

程序中出现的 SET TALK OFF|ON 语句是用来设置系统对话功能的命令。SET TALK ON 命令打开与系统的交互环境，将每条命令的运行结果提供给用户；SET TALK OFF 关闭人机对话，此时非输出命令不显示相应输出。

例 7-4 在执行时，按照从上到下的顺序，逐条执行完程序中的每一条语句。

7.3.2 分支结构

所谓分支结构，是指在程序执行时，根据不同的条件，选择执行不同的程序语句。Visual FoxPro 提供了以下三种分支结构语句：IF…ENDIF(单分支语句)、IF…ELSE…ENDIF(双分支语句)和 DOCASE…ENDCASE(多分支语句)。

1. 单分支结构

实现单分支结构的语句是IF语句，其语法格式为：

```
IF <条件表达式>
   <语句序列>
ENDIF
```

单分支程序结构的流程图如图7-2所示。首先计算＜条件表达式＞的值，若其值为真，则执行＜语句序列＞中的各条语句，然后执行ENDIF后面的语句；若其值为假，则直接执行ENDIF后面的语句。

注意：

① IF和ENDIF必须成对使用，且只能在程序中使用。

② ＜条件表达式＞可以是各种表达式或函数的组合，其值必须是逻辑型。

③ ＜语句序列＞可由一条或多条命令语句组成，但至少要有一条语句。

【例7-5】 设对图书批发销售，一次购买同种书10本以上，可享受5%的优惠。编写程序根据输入的单价和数量计算应付金额。

```
CLEAR
INPUT "请输入购买数量" TO sl
INPUT "请输入单价" TO dj
je=dj * sl
IF sl>=10
  je=je * 0.95
ENDIF
?"应付金额:", je
RETURN
```

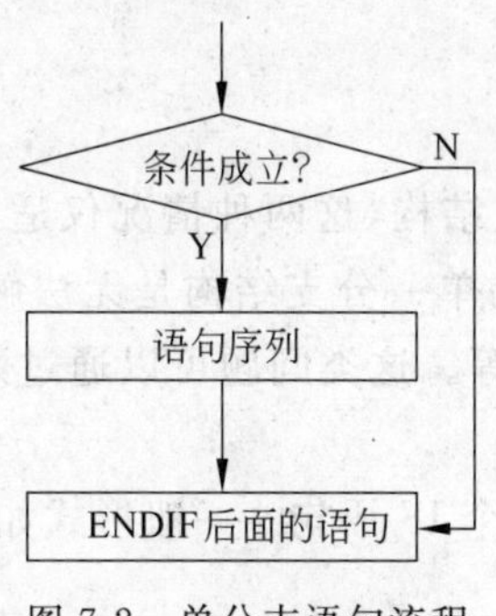

图7-2 单分支语句流程

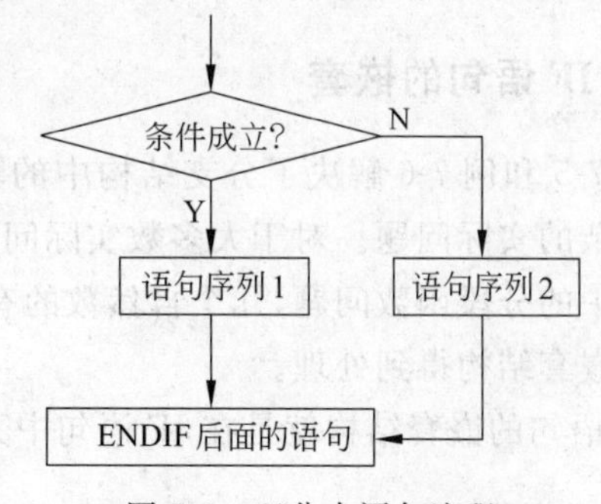

图7-3 双分支语句流程

2. 双分支结构

双分支程序结构的流程图如图7-3所示。首先计算＜条件表达式＞的值，若其值为真，则执行＜语句序列1＞中的各条语句，然后执行ENDIF后面的语句；若其值为假，则执行<语句序列 2>中的各条语句，然后直接执行 ENDIF 后面的语句。其语法格式为：

```
IF <条件表达式>
    <语句序列 1>
ELSE
    <语句序列 2>
ENDIF
```

<语句序列 1>、<语句序列 2>既可以是单一语句也可以是复合语句，但每条语句各占一行；ELSE 子句必须与 IF 子句一起使用，不能单独使用。

【例 7-6】 根据输入的读者编号查找表 Readerinfo 中的读者信息，若有记录，则显示该读者信息；若没有，则显示“无此读者”的提示信息。

```
CLEAR
USE Readerinfo
ACCEPT "请输入读者编号" TO dzbh
LOCATE FOR 读者编号=dzbh                 && 根据输入的读者编号查找读者信息
IF FOUND( )                              && 若 FOUND()为真，表示找到该读者
    DISPLAY                              && 显示该读者的全部信息
ELSE                                     && 若 FOUND()为假，表示表中无此记录
    ?'无此读者！'                         && 显示提示信息
ENDIF                                    && 分支语句结束
USE
RETURN
```

该程序运行时，首先在屏幕上出现提示信息，等待用户从键盘上输入待查的读者编号；然后用户输入读者编号，并以 Enter 键结束；程序继续执行，在 Readerinfo 表中查找相应记录，如果找到，则函数 FOUND( )值为真，显示该记录；反之函数 FOUND( )值为假，表示未找到，显示“无此读者！”。

3. IF 语句的嵌套

例 7-5 和例 7-6 解决了分支结构中的单分支和双分支结构，这两种情况仅适用于处理不复杂的实际问题。对于大多数实际问题仅采用这样的单一分支结构是无法解决的，如数学中的分段函数问题，几个自然数的有序化排列问题等。这类问题可以通过采用 IF 语句的嵌套结构得到处理。

IF 语句的嵌套结构就是在 IF 语句中又包含一个或多个 IF 语句。一般形式如下：

```
IF <条件表达式 1>
    <语句序列 1>
ELSE
    IF <条件表达式 2>
        <语句序列 2>
    ELSE
        ……
```

```
    ENDIF
ENDIF
```

说明：应当注意 IF 与 ELSE 的配对关系，从最内层开始，ELSE 总是与它上面最近的未曾配对的 IF 配对。

【例 7-7】 编制程序实现以下符号函数：$Y=\begin{cases}-1 & (X<0)\\0 & (X=0)\\1 & (X>0)\end{cases}$

```
CLEAR
INPUT "输入 X 的值" TO X
IF X<0
  Y=-1
ELSE
    IF X=0
      Y=0
    ELSE
      Y=1
    ENDIF
ENDIF
?" Y=",Y
```

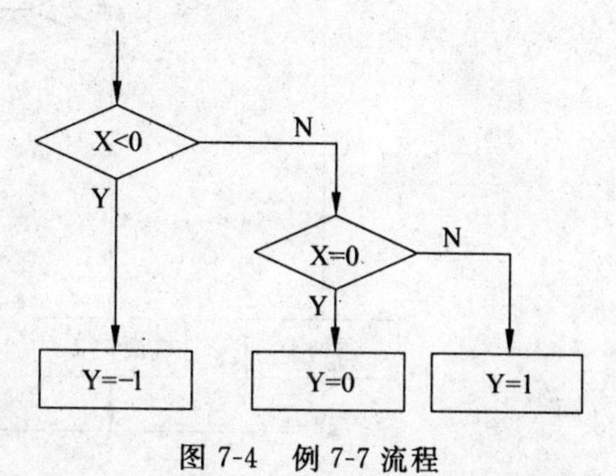

图 7-4 例 7-7 流程

该嵌套结构的执行过程是：依次判断条件表达式的值，若某个条件表达式的取值为真，则执行相应的命令语句，否则退出其嵌套结构。如图 7-4 首先判断 X 是否小于 0，若是则 Y＝－1；若 X 大于 0，则执行第一个 ELSE 后的语句，然后判断 X 是否等于 0，若是则 Y＝0，否则 Y＝1(注意此时 X 的范围必定是大于 0 的)。

注意：条件测试函数 IIF 函数的功能与双分支结构功能相似，此题用 IIF 函数可写成如下形式：

```
?IIF(X<0,-1,IIF(X=0,0,1))
```

4. 多分支结构

Visual FoxPro 系统提供了一种结构清晰的多分支结构，即 DO CASE…ENDCASE 语句。其语句结构是：

```
DO CASE
CASE<条件表达式 1>
    <语句序列 1>
CASE<条件表达式 2>
    <语句序列 2>
    ……
```

```
CASE<条件表达式 n>
    <语句序列 n>
[OTHERWISE
    <语句序列 n+1>]
ENDCASE
```

语句执行顺序如图 7-5 所示。系统依次判断条件表达式是否为真，若某个条件表达式为真，则执行该 CASE 段的语句序列，然后执行 ENDCASE 后面的语句。在各段逻辑表达式值均为假的情况下，若有 OTHERWISE 子句，就执行<语句序列 n+1>，然后结束多分支语句。

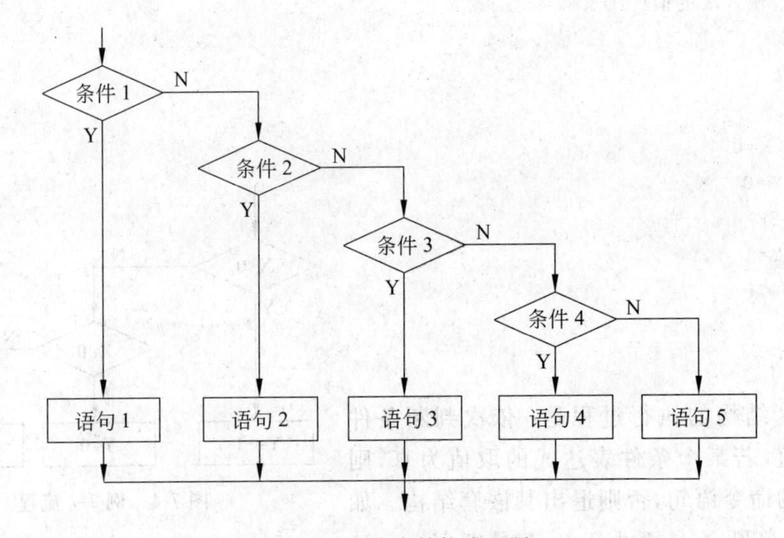

图 7-5　多分支结构流程图

注意：

① DOCASE 和 ENDCASE 必须配对使用。

② DOCASE 与第一个 CASE<条件表达式>之间不应有任何命令。

③ 在 DOCASE…ENDCASE 命令中，每次只能执行一个<语句序列>，在多个 CASE 的<条件表达式>值为真时，只执行第一个<条件表达式>值为真的<语句序列>，然后执行 ENDCASE 后的语句。

【例 7-8】 设对部分图书进行打折促销，可根据以下规则得到优惠：

- 单价 200 元以上，八折优惠
- 单价 150 元以上，八五折优惠
- 单价 100 元以上，九折优惠
- 单价 50 元以上，九五折优惠

输入图书单价，输出该书的优惠价。

```
CLEAR
INPUT "请输入单价" TO dj
DO CASE                                      && 进入多分支语句
```

```
    CASE dj >=200
      ?"销售价格为八折,打折后为:", dj * 0.8
    CASE dj >=150
      ?"销售价格为八五折,打折后为:", dj * 0.85
    CASE dj >=100
      ?"销售价格为九折,打折后为:", dj * 0.9
    CASE dj >=50
      ?"销售价格为九五折,打折后为:", dj * 0.95
    OTHERWISE
      ?"该书不参加打折活动。"
  ENDCASE                                    && 多分支语句结束
  RETURN
```

此题中 CASE 的条件从 dj >=200 开始,若满足此条件,就不会再判断另外三个 CASE 条件是否满足,因为在 DO CASE 结构中,只能执行满足条件的第一个 CASE 语句。若所有的 CASE 条件都不满足,则执行 OTHERWISE 后面的语句。需要注意的是,如果第一个 CASE 语句是从 dj >=50 开始,则所有在 50 元以上的书籍都打九五折,另外三个 CASE 语句失效,此时程序运行的结果与题意不符。

7.3.3 循环结构

顺序结构和分支结构在程序执行时,每条命令只能执行一次。在实际工作中,特别是数据处理时,有时需要重复执行相同的操作,这就要求在程序中能够反复执行某段命令。为此,Visual FoxPro 系统提供了循环结构语句。

循环是指在程序中从某处开始有规律地重复执行某些命令或程序段,被重复执行的程序段称为循环体,循环体的执行与否及次数多少视循环类型和条件而定。循环体的重复执行必须能够被终止(即非无限循环)。

常用的循环结构有以下三种:DO WHILE…ENDDO(当型循环)、FOR…ENDFOR|NEXT(步长型循环)和 SCAN…ENDSCAN(数据表扫描型循环)。

1. DO WHILE 循环

想要在某一条件满足时执行循环,可以使用当型循环。其语法结构是:

```
DO WHILE <条件表达式>
        <语句序列 1>
        [LOOP]
        <语句序列 2>
        [EXIT]
        <语句序列 3>
ENDDO
```

DO WHILE<条件表达式>为循环体的开始语句,ENDDO 为循环结束语句,中间为循环体，是循环的主体部分。

执行过程是：首先计算＜条件表达式＞的值，如果＜条件表达式＞的值为真，执行 DO WHILE 与 ENDDO 之间的循环体，当执行到 ENDDO 时，返回 DO WHILE，再次判断循环条件，如果为真，继续执行，直到条件为假时，跳出循环，执行 ENDDO 后面的语句；如果＜条件表达式＞的值第一次判断时即为假，则不执行循环体中的任何语句序列，直接执行 ENDDO 后面的语句。DO WHILE 循环的结构流程图如图 7-6 所示。

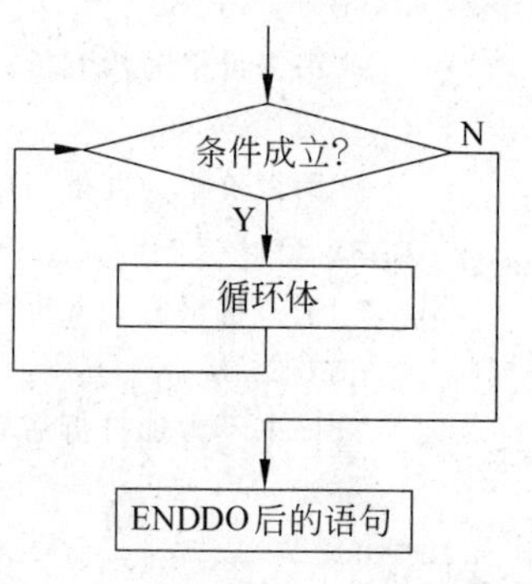

7-6　DO WHILE 循环结构流程图

注意：DO WHILE 和 ENDDO 必须成对出现。此外，循环体内必须有修改循环条件的语句，否则会进入无限循环（死循环）。

【例 7-9】 编写程序计算 1～100 的整数和。

```
CLEAR
S=0                                   && 变量 S 用来存放求和结果的变量，称为"累加器"
N=1                                   && 变量 N 是累加量，同时作为循环控制变量
DO WHILE N<=100
    S=S+N                             && 将 N 加到 S 中
    N=N+1                             && 修改循环控制变量
ENDDO
?"1~100 的整数和:",S
RETURN
```

这是一个典型的累加问题，解题思路是首先引入两个变量 N 和 S，S 用于存放累加的结果，N 存放每次累加的数据，同时也作为循环控制变量，控制循环条件是否成立。

程序首先给变量 N 置初值 1，累加器 S 清零，然后进入循环，循环变量 N 逐次生成 1～100 的自然数，在循环体内对这些自然数逐一累加，每累加一次，就修改一次累加器 S 的值，经过 100 次累加，循环变量的当前值已经是 101，不再满足循环条件，循环终止，转而执行 ENDDO 后面的语句。

对于事先可以知道循环次数的问题，一般的处理方法是以内存变量为计数器来控制循环次数。常见的格式是：

```
N=初值（通常设为 1）
DO WHILE N<=M                         &&M 为循环次数
    <语句序列>
    N=N+1
ENDDO
```

【例 7-10】 编写程序，统计表 Booksinfo 中书籍入库时间在 10 年及以上的书籍数量，并显示这些书籍的信息。

```
CLEAR
USE Booksinfo
```

```
N=0                                          && 用于统计满足条件的书册数
DO WHILE .NOT.EOF()                          && 判断记录指针是否到达表文件的结束处
  IF YEAR(DATE())-YEAR(入库日期) >=10          && 逐条判断条件
    DISPLAY
    N=N+1                                    && 满足条件时,N 增加 1
  ENDIF
  SKIP                                       && 指针向下跳一个记录
ENDDO
?"入库时间在 10 年及以上的书籍共"+STR(N)+"本。"     && 将统计值 N 显示在屏幕上
USE
RETURN
```

此题是在数据表中应用循环结构的实例,用表的记录指针控制循环,循环条件是记录指针未到达表文件的结束处。通过 USE 命令打开表时,记录指针指向表中第一条记录,此时对打开的表中的记录需要自上而下地逐条进行操作,通过 IF 语句判断该记录是否满足题中的条件,并完成相应操作。一般说来,记录指针可由 SKIP 语句控制。对于用记录指针遍历数据表中所有记录的问题,常用以下格式:

```
DO WHILE .NOT. EOF()
  <语句序列>
     SKIP
ENDDO
```

循环结构中的 EXIT 子句是退出循环语句,可出现在循环体中的任何位置上。当执行 EXIT 子句时,跳出循环去执行 ENDDO 后面的语句。通常,EXIT 包含在分支语句中,当条件满足时便跳出循环。EXIT 语句的转向功能如图 7-7 所示。

LOOP 子句的功能是转回到循环的开始处,重新对循环条件进行判断,它可以出现在循环体中的任何位置上,也多包含在分支语句中。在具有多重 DO WHILE…ENDDO 嵌套程序中,LOOP 只返回到与其所在的循环同层的 DO WHILE 语句。LOOP 语句的转向功能如图 7-8 所示。

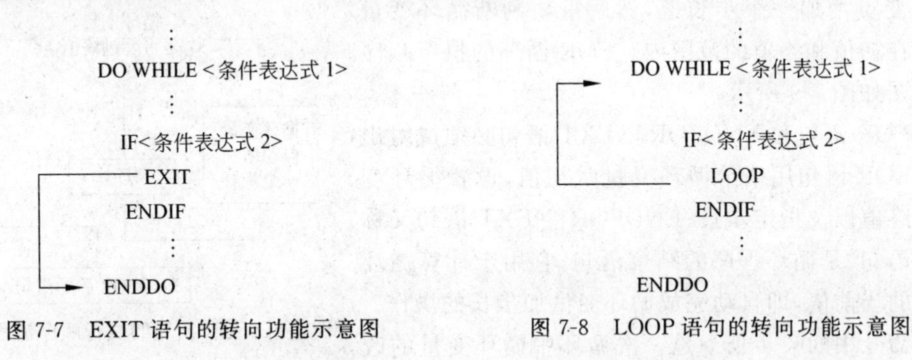

图 7-7 EXIT 语句的转向功能示意图　　　图 7-8 LOOP 语句的转向功能示意图

【例 7-11】 从键盘上输入数据,求所有偶数的和,直到输入数字 0 结束循环。

```
sum=0
DO WHILE .T.
```

```
   INPUT '请输入一个数' TO n
   IF n=0                                   && 如果输入的是 0,则执行 EXIT 语句跳出循环
     EXIT
   ENDIF
   IF MOD(n,2)=1
**如果输入的是奇数,则结束本次循环,立即返回 DO WHILE 处,判断下一次循环的条件是否成立
      LOOP
   ENDIF
   sum=sum+n                                && 如果输入的是偶数,就进行求和的操作
   ENDDO
?'偶数和为:',sum
RETURN
```

对于这样循环次数不确定的循环,可以设置循环条件为永真(.T.),在循环结构中设置相应的条件语句,当满足该条件时,由 EXIT 语句跳出循环。程序流程图如图 7-7 所示,此时的 DO WHILE 语句是:

```
DO WHILE .T.
```

2. 步长型循环(FOR 循环)

若事先知道循环次数,可使用步长型循环。步长型循环可根据给定的次数重复执行循环体。其语法格式为:

```
FOR <循环变量>=<变量初值>TO <变量终值>[STEP<步长>]
   <语句序列>
ENDFOR|NEXT
```

执行过程:首先将初值赋给循环变量,判断循环变量的值是否超过了终值,若超过终值,则跳过循环体,转而执行 ENDFOR 后面的语句;若未超过终值,则执行循环体。遇到 ENDFOR 时,循环变量增加一个步长值,然后重新判断循环变量是否在初值和终值的范围内。FOR 循环的执行顺序流程图如图 7-9 所示。

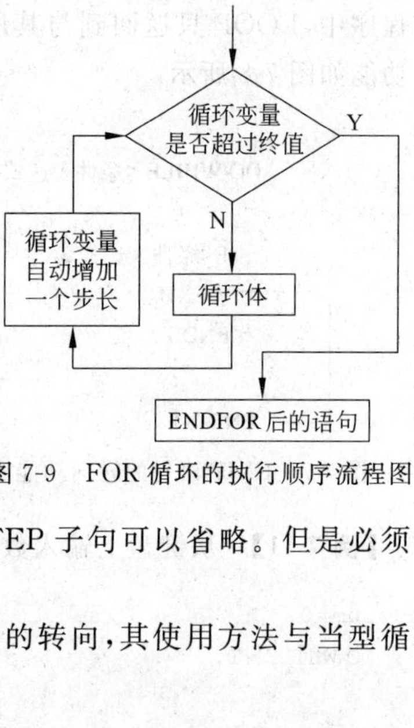

FOR 语句和 ENDFOR|NEXT 语句必须成对出现。FOR 语句用来给循环变量赋初值,设置循环变量的终值以及指定步长;ENDFOR|NEXT 语句又称终端语句,是循环程序的结束语句,它用于计算循环变量的当前值,即自动完成循环变量加步长的操作。

循环变量是否超过终值
Y
N
循环变量自动增加一个步长
循环体
ENDFOR 后的语句

图 7-9　FOR 循环的执行顺序流程图

命令中的<步长>是一次循环中循环变量的改变值,可以是正值,也可以是负值,当步长值为 1 时,STEP 子句可以省略。但是必须注意,步长值不能为 0,否则会造成死循环。

FOR 循环中也可使用 EXIT 和 LOOP 来控制语句的转向,其使用方法与当型循环

相同。

【例 7-12】 使用 FOR 循环编写程序，计算 1～100 的偶数和与奇数和。

```
CLEAR
even=0                         && 变量 even 是用来存放偶数和的变量，初值为 0
odd=0                          && 变量 odd 是用来存放奇数和的变量，初值为 0
FOR n=1 TO 100
&& n 为循环变量，同时兼作累加量，初值为 1，终值为 100，步长为 1
  IF n%2=0
     even=even+n
  ELSE
     odd=odd+n
  ENDIF
ENDFOR
?"1-100 的偶数和：", even       && 显示运算结果
?"1-100 的奇数和：", odd
RETURN
```

【例 7-13】 任意输入一个自然数，判断其是否为素数，并在输出时显示判断结果。

```
CLEAR
INPUT "输入一个自然数：" TO n   &&n 为输入的任意自然数
flag=.T.                       && 变量 flag 称为判断变量，是程序设计中常用的一种方法
FOR i=2 to INT(SQRT(n))
  IF MOD(n,i)=0               && 如 i 能被 n 整除，则 n 不是素数，此时 flag=.F.，并退出循环
    flag=.F.
    EXIT
  ENDIF                        && 分支结构结束
ENDFOR                         && 循环结构结束
IF (flag)                      && 判断 flag 的值
  ?n,"是素数"
ELSE
  ?n,"不是素数"
ENDIF
RETURN
```

变量 n 是任意的自然数，变量 flag 被称为判断变量(初值是.T.)。让 n 被 2～SQRT(n)之间的整数除，当 n 能被其中的一个整数整除时，说明 n 不是素数，循环提前结束，并给 flag 赋值为.F.；当 n 不能被其中的任何一个整数整除时，则说明 n 是素数，并保持变量 flag 的值仍为.T.。所以在循环之后通过判别 flag 的值就可以判定 n 是否是素数，如果是.T.，则表明该数是素数，否则该数不是素数。

【例 7-14】 任意输入一个字符串，判断其是否为回文字符串，并在输出时显示判断结果。所谓回文字符串是指字符串正读和反读结果是一样的，如字符串 abcba 和 12aba21。

方法一：

```
CLEAR
ACCEPT "请输入字符串：" TO s1
s=" "
n=LEN(s1)
FOR i=n to 1 STEP -1
    s=s+substr(s1,i,1)
ENDFOR
IF ALLTRIM(s)==ALLTRIM (s1)
    ?s1+"是回文"
ELSE
    ?s1+"不是回文"
ENDIF
RETURN
```

方法二：

```
ACCEPT "请输入字符串：" TO s1
j=LEN(s1)
  FOR i=1 TO INT(LEN(s1)/2)
  IF SUBSTR(s1,i,1)<>SUBSTR(s1,j,1)
    EXIT
  ENDIF
  j=j-1
ENDFOR
  IF i>INT(LEN(S1)/2)
    ?s1+"是回文"
  ELSE
    ?s1+"不是回文"
ENDIF
```

方法一的思路是计算出给定字符串的逆序字符串，然后比较这两个字符串是否相同，若相同，则说明该字符串是回文字符串；若不相同，则说明该字符串不是回文字符串。方法二的思路是对给定字符串中相对位置字符进行比较，即：第一个字符和最后一个字符比较，若相同，则比较第二个字符和最后第二个字符，若仍相同，再依次类推直到比较完全部的字符，此时，该字符串一定是回文字符串；如果相对位置字符不相同，则停止比较，并可判断该字符串不是回文字符串。

3. 数据表扫描型循环

数据表扫描型循环是在数据表中建立的循环，它通过表中的记录指针来对一组记录进行循环操作，是 Visual FoxPro 中特有的一种循环语句。语法格式如下：

```
SCAN [<范围>][FOR<条件表达式 1>][WHILE<条件表达式 2>]
    <语句序列 1>
```

```
ENDSCAN
```

执行过程是：遇到 SCAN 语句时，系统在范围内顺序查找第一条满足条件的记录，找到后，即执行循环体内的语句，然后自动将指针移到下一条满足条件的记录，再执行循环体……搜索完范围内最后一条记录后，SCAN 语句执行完毕。SCAN 循环的执行顺序流程图如图 7-10 所示。

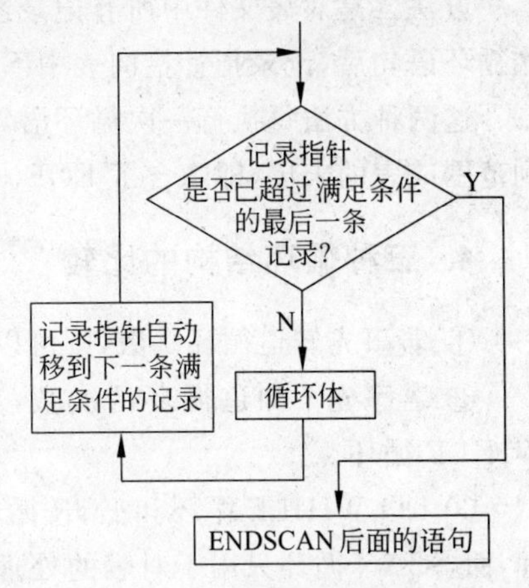

图 7-10 SCAN 循环的执行顺序流程图

SCAN 语句为循环起始语句，ENDSCAN 语句为循环终端语句，此两条语句必须配套使用。大多数情况下<范围>选项缺省，此时默认范围是 ALL，即整张数据表。数据表扫描型循环循环中也可以使用 LOOP 和 EXIT 语句，方法与当型循环一样。

注意：SCAN 循环语句中包含的 FOR 条件和 WHILE 条件使用方法相同，但执行时，FOR 扫描的是所有记录，WHILE 在范围内遇到第一条不满足条件的记录时，则停止扫描。

【例 7-15】 使用 SCAN 语句编程，统计表 Booksinfo 中书籍入库时间在 10 年及以上书籍数，并显示这些书籍的信息。

方法一：

```
USE Booksinfo
N=0
SCAN FOR YEAR(DATE())-YEAR(入库日期) >=10
  DISPLAY
  N=N+1
ENDSCAN
USE
?'入库时间在 10 年及以上书籍数共'+STR(N)+'本。'
RETURN
```

方法二：

```
USE Booksinfo
N=0
SCAN
IF YEAR(DATE())-YEAR(入库日期)>=10
  DISPLAY
    N=N+1
  ENDIF
ENDSCAN
  USE
?'入库时间在 10 年以上书籍数共',STR(N),'本'
```

方法一是选择表文件中符合条件的记录进行循环操作，执行一次循环语句后，记录指针指向满足条件的下一条记录，执行完后，记录指针指向满足条件的最后一条记录。

方法二是对表文件中所有记录逐条循环操作，对每条记录根据条件进行判断，执行一次循环语句后，记录指针指向表中下一条记录，执行完后，记录指针指向文件尾。

这两种方法每执行一次循环语句后，自动将数据表的记录指针向下移动，并判断是否到范围或表的末尾，即隐含了 EOF( )函数的判断和 SKIP 命令的执行。

4. 三种循环结构的比较

① 若事先知道循环次数，则可以使用 DO WHILE 或 FOR 循环。

② 若事先不知道循环的次数，只知道在某一条件满足时结束循环，可以使用 DO WHILE 循环。

③ DO WHILE 循环和 FOR 循环可以用于对表的循环处理，也可以用于其他循环处理，而 SCAN 循环只用于对表的处理。SCAN 循环语句的功能是移动表内指针，所以不能处理除了表之外的其他问题。

5. 多重循环

一个循环体内又包含另一个完整的循环结构，称为循环的嵌套。外面的循环语句称为“外层循环”，外层循环的循环体中的循环称为“内层循环”。内层循环中还可以嵌套循环，就称为多层循环。

设计多重循环结构时，要注意内层循环语句必须完整地包含在外层循环的循环体中，不得出现内外层循环体交叉现象。

Visual FoxPro 中的三种循环语句都可以组成多重循环。

【例 7-16】 求所有的水仙花数，所谓“水仙花数”是指一个三位数，其各位数字立方和等于该数本身。例如，153 是水仙花数，因为 $153=1^3+5^3+3^3$。

```
FOR m1=1 TO 9                         && m1 表示百位数
  FOR m2=0 TO 9                       && m2 表示十位数
    FOR m3=0 TO 9                     && m3 表示个位数
      m=m1*100+m2*10+m3
      IF m=m1^3+m2^3+m3^3
        ?"m=",m
      ENDIF
    ENDFOR                            && 与 FOR m3=0 TO 9 语句中的 FOR 匹配
  ENDFOR                              && 与 FOR m2=0 TO 9 语句中的 FOR 匹配
ENDFOR                                && 与 FOR m1=1 TO 9 语句中的 FOR 匹配
```

三位数 m 的每一个数字分别用一个变量来表示。最外层的 FOR 循环控制百位数 m1，范围从 1～9；第二层的 FOR 循环控制十位数 m2，范围从 0～9；最里层的 FOR 循环控制个位数 m3，范围从 0～9。该程序的流程图如图 7-11 所示。

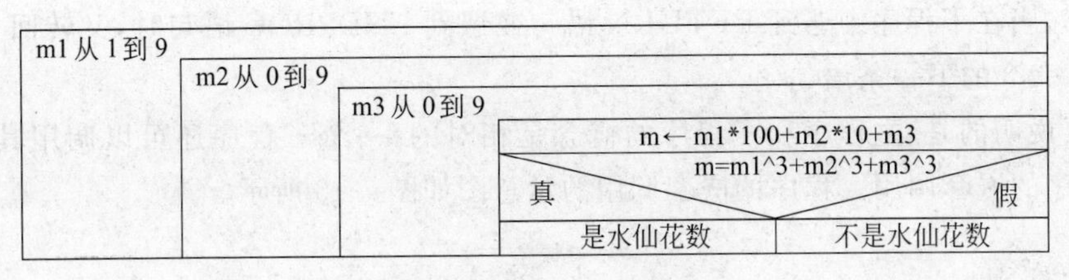

图 7-11　例 7-16 流程图

7.4　程序的模块化

应用系统一般都按功能分成多个模块。模块是一个相对独立的程序段，能完成一个具有特定目标的任务，在程序中需要完成这段程序的功能时就调用它，这样可以达到简化程序、提高编程效率的目的。在结构化程序中，常常采用将功能相对独立的部分用子程序、过程和自定义函数的形式编写程序。

独立的可调用的程序文件，称为子程序；PROCEDURE＜过程名＞＋程序段，称为过程；FUNCTION＜函数名＞＋程序段，称为自定义函数。

7.4.1　子程序

1. 主程序和子程序的概念

子程序是一个独立的程序文件，其扩展名为.prg。子程序与其他程序唯一的区别是其末尾或返回处必须有 RETURN 语句。一般在两种情况下使用子程序：一是使用功能模块化的程序设计方法编写程序；二是某一程序部分需要反复地执行。这两种情况下，为了便于程序的编写和调试，优化程序设计，就很有必要将程序分成几个部分，以主程序与子程序的形式出现。调用其他程序而本身不被调用的程序称为主程序，被其他程序调用的程序是子程序。

2. 子程序的调用

在某一程序中安排一条 DO 命令来运行一个独立存储的程序，就是调用子程序。其语法格式为：

```
DO<程序名>[WITH<实参数表>]
```

＜实参数表＞中的参数可以是任何合法的表达式，包括常量、已赋值的变量或可计算的表达式等，各参数间用逗号间隔。

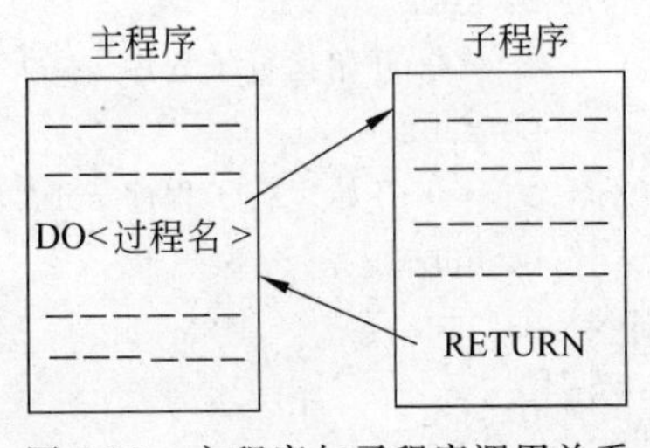

图 7-12　主程序与子程序调用关系

子程序的调用与返回主程序的过程如图 7-12 所示。当主程序执行到子程序调用语句时，立即转去执行子程序;当在子程序中遇到 RETURN 语句或遇到 ENDPROC 语句时,又转回主程序,执行 DO 命令的下一条语句。

需要说明的是,主程序和子程序的概念是相对的,一个子程序还可以调用其他的程序,即程序的嵌套调用。程序的嵌套调用的示意图如图 7-13 所示。

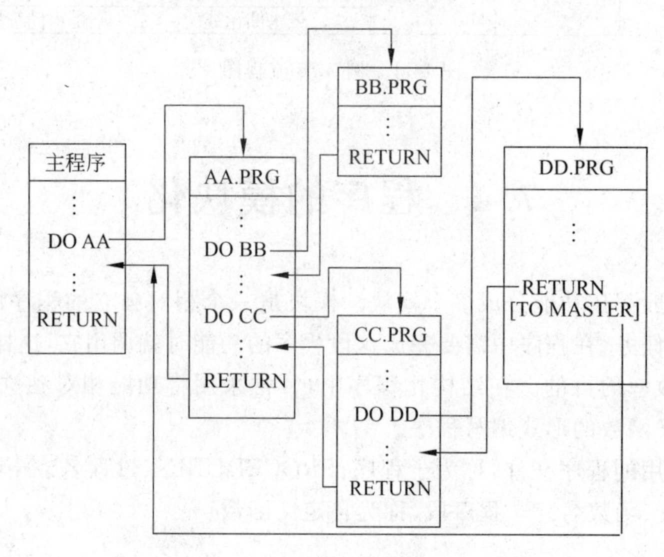

图 7-13 子程序的嵌套调用示意图

3. 子程序返回语句

语法格式:

```
[RETURN [TO MASTER]]<表达式>
```

RETURN 称为返回语句,即当程序执行该语句时,返回到其上级程序。语句 RETURN TO MASTER 在过程嵌套调用时使用,表示返回到最高级调用者。

【例 7-17】 用主程序 PROG7-17. prg 调用三个子程序 sub1. prg、sub2. prg 和 sub3. prg。

```
** PROG7-17.prg
  CLEAR
  ?"**** 开始运行子程序 sub1 ****"
  DO sub1
  ?"**** 开始运行子程序 sub2 ****"
  DO sub2
  ?"**** 开始运行子程序 sub3 ****"
  DO sub3
  RETURN
```

```
** sub1.prg
  ?" this is in sub1 "
  RETURN
** sub2.prg
  ?" this is in sub2 "
  RETURN
** sub3.prg
  ?" this is in sub3 "
  RETURN
```

7.4.2 过程及过程文件

子程序是完成某一功能的程序，它以独立的文件形式(.prg)存储在磁盘中。主程序需要的时候可以多次调用它，每调用一次子程序就要访问磁盘一次，如果要调用多个子程序，在内存中打开和管理的文件多了，就增加了读磁盘的时间和内存管理的难度，从而降低了系统的运行效率。

解决的方法是：将子程序集中起来以一个文件的形式存储在磁盘上，该文件称为过程文件，其中的每个子程序称为过程，当打开一个过程文件时，该过程文件中的所有过程即同时被打开，主程序可以任意调用其中的过程(子程序)，但从打开文件的个数来说，只打开了一个文件。

1. 过程文件的建立

过程文件是过程的集合，一个过程文件中可包含若干个过程或自定义函数。

在 Visual FoxPro 中，过程文件的建立方法与一般的程序文件相同，可以用 MODIFY COMMAND 命令、菜单命令或项目管理器等多种方式操作，文件扩展名为.prg。

2. 过程的定义

过程定义的语法格式为：

```
PROCEDURE <过程名>
    [PARAMETERS <形参数表>]
        <命令语句序列>
    [RETURN [TO MASTER]]
[ENDPROC]
```

PROCEDURE 是过程的第一条语句，它标志着过程的开始；PARAMETERS <形参数表>用于定义形式参数，是可选项；命令语句序列则构成了一个过程体。在该过程的最后一条语句后，自动执行一条隐含 RETURN 命令，也可以在过程最后一行中包含一条 RETURN 命令。

注意：

① 过程可以写在单独建立的过程文件中，也可以直接写在调用程序的尾部。

② 过程和过程文件是两个不同的概念，过程是一个以 PROCEDURE<过程名>开头的一段程序代码，而过程文件是包含一个或多个过程的.prg 文件。

3. 过程的调用

调用过程有两种情况：其一是调用程序中的过程；其二是调用过程文件中的过程。

(1) 调用程序中的过程

程序中过程的调用方法与子程序的调用基本相同，其语法格式为：

```
DO<过程名>[WITH<实参数表>]
```

【例 7-18】 调用程序中的过程示例。

```
** PROG7-18.prg
CLEAR
?"**** 开始运行过程 sub1 ****"
DO sub1
?"**** 开始运行过程 sub2 ****"
DO sub2
?"**** 开始运行过程 sub3 ****"
DO sub3
RETURN

PROCEDURE  sub1
  ?" this is in sub1 "
ENDPROC
PROCEDURE  sub2
  ?" this is in sub2 "
ENDPROC
PROCEDURE  sub3
  ?" this is in sub3 "
ENDPROC
```

注意：程序中的过程必须写在程序的尾部。

(2) 调用过程文件中的过程

如果过程或自定义函数放在过程文件中，可以在调用语句 IN 中指出。其语法格式为：

```
DO<过程名>[WITH<实参数表>][IN<过程文件>]
```

也可以在调用过程之前先通过命令打开过程文件，然后再用调用命令来调用其中的过程或自定义函数。其语法格式为：

```
SET PROCEDURE TO <过程文件名>[ADDDITIVE]
```

[ADDDITIVE]选项表示在不关闭当前已打开的过程文件情况下打开其他过程文件。

注意：打开一个过程文件，将关闭原已打开的过程文件。该命令在主程序中使用时，放在调用过程的命令之前。

当不再调用过程文件时，应在调用程序中使用下列命令予以关闭。

格式 1：

```
CLOSE PROCEDURE
```

格式 2：

```
SET PROCEDURE TO
```

【例 7-19】 改写例 7-17,用主程序 PROG7-19.prg 中调用过程文件 sub.prg 中的三个过程：sub1、sub2 和 sub3。

```
**PROG7-19.prg
  SET PROCEDURE TO sub
  ?"*******过程文件调用 ********"
  DO sub1
  ?"---------------------"
  DO sub2
  ?"---------------------"
  DO sub3
  CLOSE PROCEDURE
  RETURN
```

```
** sub.prg
PROCEDURE sub1
  ?" this is in sub1 "
ENDPROC
PROCEDURE sub2
  ?" this is in sub2 "
ENDPROC
PROCEDURE sub3
  ?" this is in sub3 "
ENDPROC
```

4. 过程调用中参数的传递

实际应用中,常需要在调用程序和被调用程序之间进行参数的传递，程序之间的参数传递可通过两种方式进行：一是通过内存变量作用域来实现；二是通过带参数的程序调用来实现。利用带参数的程序调用实现参数传递,过程具有更大的独立性,在使用时,可以不必了解过程的结构,只需按照参数传递的方法,就可以完成对过程的调用。

传递参数命令：

```
DO<文件名>WITH <实参数表>
```

接收参数命令：

```
PARAMETERS <形参数表>
```

当调用语句包含了 WITH<实参数表>选项,表示主程序和过程(子程序)之间要进行参数的传递。

参数传递与接收规则为：

① 过程中的第一条可执行语句必须是参数接收语句。

② PARAMETERS <形参数表>中的参数和 WITH 子句中的参数必须一一对应,即参数的个数、类型、顺序都必须相同。

③ 形参形式上等同于内存变量,而实参可以是常量、内存变量或表达式。

当实参是常量或表达式时,系统会计算出实参的值,并把它们赋值给相应的形参变量。这种参数传递方法称为按值传递,它是调用程序与过程之间的单向数据传递。

当实参是内存变量时,实参向对应形参传递的是内存变量的地址,这时形参和实参实际上是共用同一个内存单元(尽管它们的名字可能不同)。因此,形参值的改变也就是对应实参值的改变。这种参数传递方法称为按址传递,它是调用程序与过程之间的双向数据传递：即把实参的值由形参传给过程,又把改变了的形参值由实参带回调用程序。

【例 7-20】 编写程序,计算长方形的面积,用参数实现数据传递。

```
CLEAR
```

```
INPUT '输入长方形的长:' TO x
INPUT '输入长方形的宽:' TO y
mj=0
DO T1 WITH x,y,mj
?'长方形面积为:',mj
RETURN

PROCEDURE S
  PARAMETERS m,n,k
  k=m*n
ENDPROC
```

程序运行时,用户从键盘输入变量 x 和 y 的值。执行 DO 语句时,将 x、y 和 mj 作为实参分别传递给过程 S 中对应的形参 m、n 和 k。过程 S 运行完成后,返回到主程序时将形参 m、n 和 k 的值又传递给主程序中对应的三个变量中。此时 mj 的值就是长方形的面积。

【例 7-21】 编写程序,用参数传递的方法,将十进制整数转换成二进制数表示。

```
CLEAR
INPUT '输入一个十进制整数:' TO x                    && 输入一个数值型常量
x1=SPACE(0)
DO T2 with x,x1                                     && 调用过程 T1
?'转换成二进制数为:',x1
RETURN

PROCEDURE T2                                        && 定义过程 T2
PARAMETERS  y,y1                                    && 定义形参
DO WHILE y!=0
  a=MOD(y,2)
  y1=STR(a,1)+y1                                    && 设定转换的字符的宽度是 1
  y=INT(y/2)
ENDDO
ENDPROC
```

本例中过程 T2 实现进制转换,其基本算法是"除 2 取余",先得到低位数,后得到高位数。主程序中执行 DO 语句时,将 x 和 x1 作为实参分别传递给过程 T2 中对应的形参,过程 T2 运行完成后,返回到主程序时形参的值又传递给 x 和 x1。此时 x1 的值已经改变,恰是所求的二进制数。

7.4.3 用户自定义函数

Visual FoxPro 提供了二百多个系统函数供用户使用,但有时这些函数还不足以满足用户的需要,用户还可以自己创建一些实用的函数,称为用户自定义函数,简称 UDF

(User Defined Function)。它与子程序和过程的区别仅在于自定义函数通常需要返回一个表达式的值作为该函数的返回值。

1. 自定义函数的定义

自定义函数的格式如下：

```
[FUNCTION <用户自定义函数名>]
  [PARAMETERS <变量名表>]
        <命令语句序列>
  [RETURN<表达式>]
[ENDFUNC]
```

FUNCTION 指明了用户自定义函数的开始，同时标识出了函数的名称，但是要注意的是函数名不能与系统函数和内存变量同名。

RETURN 语句用于返回函数值，其中＜表达式＞的值就是函数值，此表达式的数据类型决定了该自定义函数的数据类型。若省略＜表达式＞，则返回.T.。

说明：

① 自定义函数不能作为一个独立的程序文件，而只能放在某程序中。

② 若自定义函数中包含自变量，程序的第一行语句必须是参数定义命令PARAMETERS。

③ 自定义函数通常需要返回一个表达式的值作为该函数的返回值，这一点与子程序和过程不同。

2. 自定义函数的调用

自定义函数的调用格式如下：

```
<自定义函数名>([<参数表>])
```

说明：

① 参数表中参数的个数必须与自定义函数中PARAMETERS语句里的变量一一对应，即个数相等，数据类型匹配。调用无参自定义函数时，函数名后的一对圆括号必须保留。

② 自定义函数除了可以作为一个函数被其他程序调用外，还可用DO＜文件名＞的形式被执行，在这种情况下，它不是作为函数，而是作为程序或过程来运行，它的RETURN语句中的表达式相应地不起作用。

3. 函数中参数的传递

默认情况下，以函数调用的方式调用函数时的参数传递是值传递方式。值传递方式是把变量和数组元素的值直接传递给函数，当函数中参数的值发生变化时，原来的变量或数组元素的值不发生变化。

【例 7-22】 从键盘输入日期，用函数调用方法实现返回一个推迟两周的日期。

```
CLEAR
```

```
INPUT " 请输入日期: " TO N                    && 输入一个日期型常量
?"推迟两周后的日期是:",plus2weeks(N)       && 调用 plus2weeks 函数
RETURN

FUNCTION plus2weeks                          && 定义函数
  PARAMETER ddate                            && 参数 ddate 接收从主程序传递来的值
    d=ddate +14
  RETURN d                                   && 返回函数值
ENDFUNC
```

程序运行时,用户从键盘输入变量 N 的值,在调用自定义函数时,将 N 的值作为实参传递给形参 ddate。plus2weeks 函数的返回值是推迟两周后的日期,把该日期返回到主程序调用 plus2weeks 的语句处,也就是语句 plus2weeks(N)处。

4. 过程和函数中改变参数传递的方法

一般而言,过程调用时的参数传递方式通常是传址方式,函数调用时的参数传递方式通常是传值方式。但是,在实际调用时,也可以采取一定的方法强制改变参数传递方式。具体如下:

(1) 使用@号来强制采用地址传递方式;

(2) 使用( )号来强制采用值传递方式;

(3) 使用 SET UDFPARMS TO 命令强制改变自定义函数中的参数传递方式。

在调用用户自定义函数之前,可以执行如下命令:

```
SET UDFPARMS TO REFERENCE|VALUE
```

选择 REFERENCE,按地址传递方式传递参数;选择 VALUE,按值传递方式传递参数。

下面通过例 7-23 说明三种强制改变参数传递方式的方法的使用。

【例 7-23】 强制改变参数传递方式的示例。

```
CLEAR
x=1
y=3
DO sub1 WITH x,(y)                           && 对 y 强制采用值传递方式
?'运行 sub1 后 x 和 y 的值为:',x,y
SET UDFPARMS TO REFERENCE
z=sub2(x,y)                                  && 强制对函数的参数传递采用地址传递方式
?'运行 sub2 后 x 和 y 的值为:'x,y
RETURN

PROCEDURE sub1
PARAMETERS a,b
a=a+b
b=a*b
```

```
ENDPRO

FUNCTION sub2
PARAMETERS c,d
c=2 * c
d=-d
RETURN c+d
ENDFUNC
```

程序运行结果如下：

```
运行 sub1 后 x 和 y 的值为：4   3
运行 sub2 后 x 和 y 的值为：8   -3
```

程序运行时，用户从键盘输入变量 x 和 y 的值。执行 DO sub1 WITH x,(y)语句时，实参 x 采用地址传递方式传递参数，而 y 采用值传递方式，因此，x 的值传递给形参 a 后根据语句 a=a+b 而发生变化，而 y 不发生变化。通过 SET UDFPARMS TO REFERENCE 语句强制对函数的参数传递采用地址传递方式，实参 x 和形参 c 共用一个存储地址，实参 y 和形参 d 共用一个存储地址。因此，当函数执行完后，x 的值等于 2x，y 的值等于－y。

7.5 变量的作用域

前面已经介绍，在 Visual FoxPro 系统中变量可分为字段变量和内存变量，字段变量应用于数据表中，本书的相关章节已作了详细介绍。在程序设计中，往往会用到许多内存变量，有些内存变量在整个程序运行过程中起作用，有的仅在某些程序模块中起作用，内存变量的作用范围称为内存变量作用域。根据内存变量的作用域，内存变量可以分为三类：全局变量、私有变量和局部变量。

7.5.1 全局变量

全局变量又称为公共变量，是指在任何命令语句以及任何嵌套层次的程序模块中均起作用的内存变量。当程序执行完毕返回到命令窗口后，其值仍然保存。格式如下：

```
PUBLIC <内存变量表>
```

一个 PUBLIC 语句可以定义多个内存变量，每个内存变量之间均用逗号(,)隔开。

全局变量的特点是：

① 在任何一个子程序中都可以改变全局变量的值，且在任何一级子程序中定义的全局变量在主程序中都有效。

② 当整个程序运行结束后，全局变量依然存在。

若要清除全局变量，须借助 RELEASE 命令或 CLEAR 命令。语法格式如下：

```
RELEASE <内存变量表>、CLEAR ALL 或 CLEAR MEMORY
```

说明：

① 在命令窗口定义的所有变量默认均为全局变量，无须用 PUBLIC 说明。

② 在程序中，内存变量用 PUBLIC 命令说明为全局变量后，变量初值为逻辑假(.F.)。

③ PUBLIC 命令是定义一个新变量，而不能把一个已有的变量改变为全局变量。

7.5.2 私有变量

Visual FoxPro 系统默认程序中所使用的变量在没做任何说明的情况下都为私有变量。例如，用命令 STORE、DIMENSION、DECLARE、INPUT、ACCEPT、WAIT、COUNT、SUM、AVERAGE、CALCULATE 以及用＝赋值生成的变量，都是私有变量。

私有变量在本层模块及其调用的下层模块中均有效。若在下层模块的执行中改变了它的值，此改变后的值将被带回到上层调用模块。但需要注意的是，在下层模块中创建的私有变量不能供其上层模块使用。私有变量在定义它的模块运行结束时将自动释放。

当子程序中有变量与上层模块中的变量同名时，为区分二者，需将子程序中的变量声明为私有变量，使其与上层模块中的变量同名而不同值。语法格式如下：

```
PRIVATE <内存变量表>
```

注意：PRIVATE 命令并不建立内存变量，仅使得上层模块中的同名变量在子程序中被屏蔽起来。

7.5.3 局部变量

局部变量只能在建立它的模块中使用，不能在上层或下层模块中使用。当该模块运行结束时局部变量将自动释放。定义局部变量的语法格式如下：

```
LOCAL <内存变量表>
```

说明：

① 用 LOCAL 命令定义的局部内存变量的初值为逻辑假(.F.)。

② 一个 LOCAL 语句可以定义多个内存变量，每个内存变量之间均用逗号(,)隔开。但 LOCAL 和 LOCATE 前 4 个字母相同，故不可缩写。

【例 7-24】 全局变量、私有变量和局部变量的作用域示例。程序如下：

```
STORE 3 TO c,d                                 && 定义变量 c,d,并赋值 3
a=1
b=5
?"in main:  a=",a,"b=",b,"c=",c,"d=",d         && 显示:in main:a=1,b=5,c=3,d=3
DO sub1                                        && 调用过程 sub1
?"in main:  a=",a,"b=",b,"c=",c,"d=",d         && 显示:in main:a=1,b=5,c=8,d=-3
```

```
PROCEDURE sub1
  PRIVATE a                                            && 屏蔽主程序中的变量 a
  LOCAL c                                              && 定义局部变量 c
  a=6
  c=9
  ?"in sub1: a=",a,"b=",b,"c=",c,"d=",d                && 显示:in sub1:a=6,b=5,c=9,d=3
  DO sub2                                              && 在过程 sub1 调用过程 sub2
  ?"in sub1:  a=",a,"b=",b,"c=",c,"d=",d               && 显示:in sub1:a=6,b=5,c=9,d=-3
ENDPROC

PROCEDURE sub2
  LOCAL a                                              && 定义局部变量 c
  a=b+4
  c=c+5
  d=b-8
  ?"in sub2: a=",a,"b=",b,"c=",c,"d=",d                && 显示:in sub2:a=9,b=5,c=8,d=-3
ENDPROC
```

首先,在主程序中定义 4 个私有变量,产生了第一次执行结果。当 DO 语句调用过程 sub1 时,sub1 中定义了同名变量 c,它是局部变量,只能用于本过程,同时还声明了一个同名私有变量 a,从而 a 暂时屏蔽了主程序中值为 1 的变量 a。赋值后,在 sub1 中显示 a=6,b=5,c=9,d=3。继续调用 sub2,sub2 中定义了局部变量 a,运算后输出"in sub2: a=9,b=5,c=8,d=-3"。随着 endproc 语句的执行,返回到 sub1,执行调用语句后的输出语句,再次输出 4 个变量的值。由于 sub2 中的变量 a 是局部变量,所以 sub1 中的变量 a 不受影响,因此 a 仍是 6;由于 sub1 中的变量 c 是局部变量,因此也不受 sub2 的影响,c 的值仍然是 9;b 和 d 是私有变量,其值为最后一次改变后的值,所以分别为 5 和-3。由此,在 sub1 中第二次输出为"in sub1:a=6,b=5,c=9,d=-3"。结束 sub1 的运行,返回主程序。在 sub1 和 sub2 中,变量 a 分别被定义为局部变量 a 或者被屏蔽,所以主程序中的变量 a 没有变化。变量 c 虽然在 sub1 中是局部变量,但在 sub2 中是私有变量,所以 sub2 中的 c 值将返回主程序,为 8。变量 b 和 d 都是私有变量,其值为最后一次变化后的值,所以和 sub2 中的同名变量相同,分别为 5 和-3。

本章小结

对于需要使用大量命令来处理的复杂的数据管理任务,Visual FoxPro 提供了成批命令协同工作方式,即程序工作方式。本章主要介绍了程序文件的概念,以及建立、编辑和运行,阐述了程序中基本命令的使用,程序的三种基本控制结构,以及过程与过程调用、函数及函数调用等一系列内容。

作为可视化编程工具的一种,Visual FoxPro 不仅支持面向过程程序设计,同时更主要的是支持面向对象的程序设计。而面向过程的程序设计是面向对象的程序设计的基础，在下面的章节中将详细介绍面向对象的程序设计。

习　题　七

一、思考题

1. 简述三种基本输入命令的区别。如何根据程序要求进行选择？
2. 简述程序设计的概念和结构化程序设计的三种控制结构。
3. 分别简述子程序和主程序、过程和过程文件的关系。
4. 简述全局变量、私有变量和局部变量的作用域。

二、选择题

1. 建立一个程序文件的命令是________。

(A) MODIFY COMMAND <程序文件名>

(B) DO <程序文件名>

(C) EDIT <程序文件名>

(D) CREATE <程序文件名>

2. 假设有一个程序文件 WIN. PRG，执行该程序的命令是________。

(A) OPEN WIN. PRG　　(B) DO WIN. PRG

(C) USE WIN. PRG　　(D) CREATE WIN. PRG

3. 用 Visual FoxPro 语言编写的程序中，注释行用的符号是________。

(A) //　　(B) { }　　(C) '　　(D) *

4. VFP 输入语句中只能接收数值数据的语句是________。

(A) ?　　(B) WAIT　　(C) ACCEPT　　(D) INPUT

5. 执行 ACCEPT "输入 X 的值：" TO X 命令后，内存变量 X 的类型是________。

(A) 数值型　　(B) 逻辑型　　(C) 任意型　　(D) 字符型

6. VFP 程序设计语句的三种基本结构是________。

(A) 顺序结构、分支结构和子程序　　(B) 顺序结构、分支结构和过程

(C) 分支结构、循环结构和顺序结构　　(D) 常量、变量和数组

7. 当 FOR…ENDFOR 语句的初值大于终值时，其步长的值只能是________。

(A) 正数　　(B) 负数

(C) 任意数　　(D) 初值不能大于终值

8. 一个过程文件最多可以包含 128 个过程，每个过程的第一条语句是________。

(A) PARAMETER　　(B) DO <过程名>

(C) <过程名>　　(D) PROCEDURE <过程名>

9. 在 DO WHILE…ENDDO 循环结构中，EXIT 命令的作用是________。

(A) 终止循环，程序转移到 ENDDO 后面的第一条语句

(B) 转移到 DO WHILE 语句行，开始下一个判断

(C) 退出过程，返回程序开始处

(D) 终止程序执行

10. 在循环语句中,执行________语句可跳过随后的代码,并重新开始下次循环。

(A) LOOP　　(B) NEXT　　(C) SKIP　　(D) EXIT

11. 计算机等级考试的查分程序如下

```
USE 考试成绩表
ACCEPT  "请输入准考证号:"  TO  NUM
LOCATE  FOR  准考证号=NUM
IF ______
    ?"没有此考生。"
ELSE
    ?  姓名,"成绩:"+STR(成绩,3,0)
ENDIF
```

(A) EOF( )　　(B) .NOT.EOF( )　　(C) BOF( )　　(D) .NOT.

12. 下列程序执行后显示的内容是________。

```
FOR I=1 TO 5
    ??I
ENDFOR
```

(A) 1　　(B) 5　　(C) 1 2 3 4 5　　(D) 5 4 3 2 1

13. Visual FoxPro 循环结构程序设计中,在指定范围内扫描数据表文件,查找符合条件的记录并执行循环体中的操作命令,应使用的循环语句是________。

(A) WHILE　　(B) FOR　　(C) SCAN　　(D) FOR EACH

14. 下列程序实现的功能是________。

```
USE GZ
DO WHILE !EOF( )
    IF 基本工资>=600
        SKIP
        LOOP
    ENDIF
    DISPLAY
    SKIP
ENDDO
USE
```

(A) 显示所有基本工资大于 600 元的职工的记录

(B) 显示所有基本工资低于 600 元的职工的记录

(C) 显示第一条基本工资大于 600 元的职工的记录

(D) 显示第一条基本工资低于 600 元的职工的记录

15. 学生数据表当前记录的"计算机"字段值是 89,屏幕输出为________。

```
DO CASE
    CASE 计算机<60
```

```
    ?'计算机成绩是:'+'不及格'
    CASE 计算机>=60
    ?'计算机成绩是:'+'及格'
    CASE 计算机>=70
    ?'计算机成绩是:'+'中'
    CASE 计算机>=80
    ?'计算机成绩是:'+'良'
    CASE 计算机>=90
    ?'计算机成绩是:'+'优'
ENDCASE
```

(A) 计算机成绩是：不及格　　(B) 计算机成绩是：及格
(C) 计算机成绩是：良　　(D) 计算机成绩是：优

三、填空题

1. 程序文件的扩展名是________。
2. 在 VFP 程序中，不通过说明，在程序中直接使用的内存变量属于________变量。
3. 根据内存变量的作用范围，内存变量又分为私有变量、局部变量和________。
4. 完善以下程序，使其能正常运行。

```
USE STD
ACCEPT "请输入待查学生姓名:" TO xm
DO WHILE .NOT.EOF( )
    IF ______
        ?"姓名:"+姓名+"成绩:"+STR(成绩,3,0)
    ENDIF
    SKIP
ENDDO
USE
RETURN
```

5. 运行下列 VFP 程序后，屏幕上输出的最终结果是________。

```
STORE 0 TO M,N
DO WHILE .T.
    N=N+2
    DO CASE
        CASE INT(N/3) * 3=N
            LOOP
        CASE N>10
            EXIT
        OTHERWISE
            M=M+N
    ENDCASE
ENDDO
?"M="+ALLT(STR(M))+" ;"+"N="+ALLT(STR(N))
```

6. 已知命令文件 MAIN. PRG 为：

```
PRIVATE X
Y=5
X=Y+4
RETURN
```

则执行下列命令后输出的 X 的值为________，Y 的值为________。

```
STORE 2 TO X, Y
DO MAIN
?X,Y
```

7. 下面是从输入的 10 个数中找出最大数和最小数的程序，请填空。

```
INPUT "请输入一个数:" TO a
STORE a TO max, min
FOR I=2 TO 10
  INPUT "请输入一个数:" TO a
  ________
    max =a
  ENDIF
  IF min >a
    min =a
  ENDIF
ENDFOR
?"最大值:" , max,"最小值:" , min
```

8. 下列程序是用来求长方形的面积，请将它填写完整。

```
A=4
B=6
S=AREA(A,B)
?S
FUNCTION AREA
  PARAMATERS ________
    C=D*E
  RETURN ________
ENDFUNC
```

四、上机练习

1. 编写程序求一个数的绝对值。
2. 请编写程序，根据用户输入的基本工资，计算出增加后的工资。增加工资的规则为：若基本工资大于等于 3000 元，增加工资的 5%；若介于 2000 元到 3000 元之间，则增加工资的 8%；若小于 2000 元，则增加工资的 10%。
3. 编写程序，在表 Readerinfo 中查找并显示该读者的信息，要求可循环输入读者编号直到停止输入为止(提示：使用永真循环)。
4. 分别用过程和自定义函数实现圆的周长和面积的计算，要求用参数实现数据传递。

第8章

面向对象的程序设计

20世纪90年代，面向对象程序设计(Object Oriented Programming，OOP)方法逐渐成为主流，它最大的优点就是开发效率高，代码重用率高。它通过增强软件的可扩充性和可重复使用性，改善了程序员的软件生产活动，使软件维护的复杂性和费用得到较好的控制。

面向对象程序设计为软件开发提供了一种新的方法，引入了对象、属性、方法、事件、类等许多新的概念，这些概念是理解和使用面向对象技术的基础和关键。

本章将从面向对象技术的相关概念出发，介绍Visual FoxPro中的类和对象以及面向对象技术的初步应用。

8.1 对 象

在Visual FoxPro中，对象用属性、事件和方法程序定义，最典型的对象是表单和控件。例如命令按钮是一种控件对象，其属性有大小、位置、显示内容等，事件有CLICK(单击)等，方法程序有SetFocus等。属性是对象的静态特征(用各种数据表示)，事件是对象接受的动作或者状态的改变，而方法程序是与对象有关的处理过程。

面向对象的程序设计用对象包装控件的定义和操作，有如下优点：

- 更紧凑的代码；
- 在应用程序中可更容易地加入代码，不必精心确定方案的每个细节；
- 减少了不同文件代码集成为应用程序的复杂程度；
- 代码可以重用而且维护很容易。

8.1.1 属性

每个对象都有一组属性。属性值既可在设计时也可在运行时设置。例如下面列出了一个复选框的常用属性：

(1) Caption：复选框旁的说明性文字。

(2) Enabled：复选框可否被选择。

(3) ForeColor：标题文本的颜色。

(4) Left：复选框左边的位置。

(5) Top：复选框顶边的位置。

(6) Visible：复选框是否可见。

8.1.2 事件和方法程序

每个对象都可以对一个被称作为事件的动作进行识别和响应。事件是一种预先定义好的特定的动作，由用户或系统激活。一般情况下，事件由用户的交互操作产生。在 Visual FoxPro 中，典型激发事件的用户动作有单击、拖动和按键等。

方法程序是与事件相关联的过程，虽可由用户创建，但不同于一般的 Visual FoxPro 过程。方法程序紧密地和对象连接，并且与一般 Visual FoxPro 过程的调用方法有所不同。

1. 方法

众所周知，所有对象的共有特性是知道做什么及怎样去做。除了描述它的一系列属性之外，还有附属于它的动作称为方法(由被定义的对象合法的函数来表示)，它们决定了对象的行为。方法是操作类对象的仅有函数，类通过执行该函数所定义的操作来完成一定功能。如果对象已创建，便可以在应用程序的任何一个地方调用这个对象的方法程序。调用一个方法程序时，应当指明目标名、操作名(即方法名)。调用方法的语法格式如下：

```
Parent.Object.Method                && 即：类.对象.方法，"Method"指方法名
```

2. 消息

给类定义的方法，可以被该类的对象调用，称作发送一个消息给对象。消息表示为一个能在对象间传递的数据集，它是专用于对象的，只有接到消息的那个对象才对该消息起作用。一个消息应包括方法名，也可用作选择器，可以从目标对象的有关方法中选择合适的方法、一个或多个变量。

3. 事件

由对象能够识别和响应的操作称为事件，这个操作是由程序员预先定义好的特定动作。使用 Visual FoxPro 时执行的任何动作几乎都可以看作事件。事件发生时，Visual FoxPro 产生标识该事件的消息，然后将该事件发生作为事件目标的对象。对象接收消息时会发生如下两件事之一：如果对象的方法包含消息的处理程序，Visual FoxPro 将执行该处理程序；如果对象的方法中不含该消息的处理程序，则将消息传递给另一对象。对象间消息的传递顺序是沿着从低层向高层的路径传送。

事件可由系统或用户引发，但多数情况下都是通过与用户交互操作引发的。如单击鼠标或按下一个键就是引发了一个事件。

综上所述，所谓的事件实际上是一些用户的操作或系统的行为。用户移动鼠标、用键盘输入数据或系统时钟的进程等都属于事件。而方法则是和对象相联系的过程，并且这些过程只能通过程序来触发。方法程序也可以独立于事件而单独存在，但它必须在程序代码中被显式地调用。事件集合虽然范围很广，但却是固定的，用户不能创建新的事件，然而方法程序却可以无限扩展。

8.2 类

在程序中可以操作对象，如显示对象。在对象存在的任何时刻，都有明确具体的属性值，可以接收和响应事件，可以调用其方法程序。如果程序中的每个对象的属性、事件和方法程序的个数与内容都不相同，那么创建、操作和管理对象将非常麻烦。实际上所有对象可以归纳为一些具有同种属性、事件和方法程序的对象类型，同类型的所有对象具有相同的属性、事件和方法程序说明，但可以有不同的属性初始值，不同的事件处理程序和方法。

划分和抽象相同类型的对象的结果就是类。每个类也由属性、事件和方法程序的定义构成。可以定义类属性的默认值，类事件的默认处理程序，类方法程序的默认实现代码。但是类仅可定义，不可生成，不可显示。程序中的类有两个作用：一是创建类的对象；二是产生类的子类。

使用类的优点是：

(1) 封装对象的数据和处理程序，以隐藏问题的复杂性，集中处理。

(2) 子类继承父类的属性、事件和方法程序，实现程序的重用。

(3) 派生子类可以定制和扩充类的属性和方法程序，易于维护和扩充程序功能。

(4) 显示类的继承关系、类的属性、事件和方法程序可以使用类浏览器完成，而创建和修改类可以在类设计器中完成，或在程序中使用命令完成。

(5) 可以为类的成员(属性和方法程序)定义可访问性。PUBLIC(公共)属性和方法程序可以被其他任何类或程序中的代码访问。如果属性和方法程序设置为 PROTECT(保护)，则仅可被该类定义内的方法程序和该类的子类访问。如果设置为 PRIVATE(隐藏)则仅可被该类定义内的成员访问，该类的子类不可引用它们。为确保类的正确功能，有时需要防止用户编程改变属性或从类外调用方法程序。

(6) 可以使用的类包括 Visual FoxPro 定义的类和自定义的类，所有的类都可以存储到一个或多个类库文件中。

8.2.1 Visual FoxPro 定义的类

Visual FoxPro 6.0 为用户提供了大量已经定义的类，这些类分为容器类与控件类，也称为 Visual FoxPro 6.0 的基类。容器类可以包含其他类的对象，并且允许访问这些对象。典型的容器类如表单类，其中可以包含各种控件对象。如创建一个含有两个列表框和两个命令按钮的容器类，而后将该类的一个对象加入表单中，那么无论在表单设计时还是运行时，均可以操作该类包含的任何一个对象。不仅可以轻松地改变列表框的位置和命令按钮的标题，还可以在设计阶段给控件添加对象。例如可以为列表框加标签，以标明该列表框。表 8-1 列出了 Visual FoxPro 6.0 提供的容器类以及每种容器类所能包含的对象类型。

表 8-1　Visual FoxPro 6.0 容器类

容器类	包含的对象
命令按钮组	命令按钮
容器	任意控件
控件	任意控件
自定义	任意控件、页框、容器、自定义对象
表单集	表单、工具栏
表单	页框、任意控件、容器或自定义对象
表格列	标头，除了表单集、表单，工具栏，计时器和其他列外的任意对象
表格	表格列
选项按钮组	选项按钮
页框	选项卡
选项卡	任意控件、容器和自定义对象
工具栏	任意控件、页框和容器

控件类的封装比容器类更为严密，但也因此丧失了一些灵活性。区分两种类的方法是：容器类均有 AddObject 方法程序，该程序的功能是向容器中添加对象，而控件类则不可添加对象，因此没有这个方法程序。Visual FoxPro 的控件对象必须包含于一个容器类的对象，该容器类称为控件的父容器。

Visual FoxPro 的控件类有：复选框、编辑框、列表框、组合框、形状、微调控件、文本框、命令按钮、选项按钮、计时器、表格列、图像控件、标签控件、线条和分隔符。

Visual FoxPro 基类共有的事件包括：

① Init　当对象创建时激活；

② Destroy　从内存中释放对象时激活；

③ Error　类中的事件或方法程序过程中发生错误时激活。

Visual FoxPro 基类共有的属性包括：

① Class　该类所属类型；

② BaseClass　该类的派生基类；

③ ClassLibrary　该类所属的类库；

④ ParentClass　对象所基于的类（父类），如果该类直接由 Visual FoxPro 基类派生而来，则 ParentClass 属性值与 BaseClass 属性值相同。

8.2.2 自定义类

对于简单的应用，使用 Visual FoxPro 的基类产生对象已经足够。但是有时需要重新定义属性的默认值、事件的默认处理程序和方法程序的实现代码或者添加属性、事件或方法程序以扩展类的功能，这时可使用类的派生功能。从基类派生的类称为子类，这个基类称为父类，子类也称为自定义类。即使是子类，还可以作为父类进一步派生新的子类。子类继承父类中没有重新定义的属性、事件和方法程序。此外，还可以创建自定义的基类，而非子类。

1. 创建新的基类

创建基类的方法有三种：

(1) 在项目管理器中，选择"类"选项卡，单击"新建"按钮。

(2) 单击"文件"下拉菜单中的"新建"命令，选择"类"，然后单击"新建文件"按钮。

(3) 在程序中或者命令窗口中使用 CREATE CLASS 命令。

执行命令以后，Visual FoxPro 显示如图 8-1 所示的"新建类"对话框，可以在对话框中指定新类的名称、新类基于的类以及保存新类的类库。

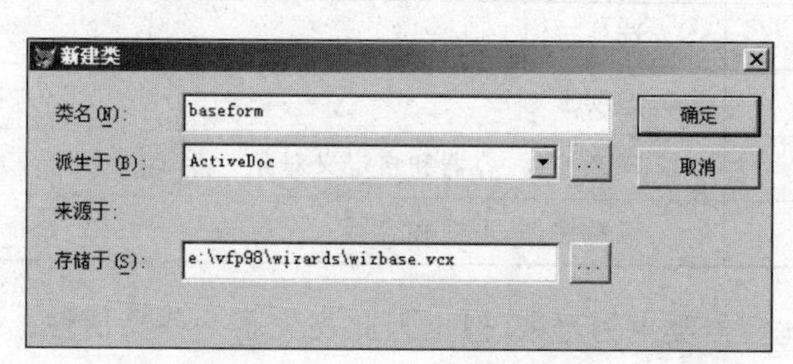

图 8-1 "新建类"对话框

2. 修改类定义

在创建类之后，还可以修改，对类的修改将影响所有的子类和基于这个类的所有对象，也可以增加类的功能和修改类的错误，所有子类和基于这个类的所有对象都将继承修改。

修改基类的方法有两种：

(1) 在项目管理器中，选择要修改的类，然后选择"修改"命令。

(2) 在程序中或者命令窗口中使用 MODIFY CLASS 命令修改一个可视类定义。

3. 创建子类

常用的创建子类的方法有两种：

(1) 在"新类"对话框中，单击"派生于"框右边的…按钮，然后在"打开"对话框，选择派生新类的父类。

(2) 使用 CREATE CLASS 命令。

8.2.3 使用类库

Visual FoxPro 定义的类和自定义的类都可以保存到类库文件中，在重新启动 Visual FoxPro 时，程序可以引用打开的类库文件中包含的任何类。类库文件简称类库，类库文件的默认扩展名为.vcx。

1. 创建类库

可以使用三种方法创建类库：

(1) 在项目管理器中新建一个类时，指定一个保存新类的新类库文件。

(2) 在程序或命令窗口中使用 CREATE CLASSLIB 命令创建一个新的类库文件。例如在“命令”窗口输入下面的命令，可以创建一个名为 new_lib 的类库。

```
CREATE CLASSLIB new_lib
```

(3) 在程序或命令窗口中使用 CREATE CLASS 命令创建新类的同时，指定保存新类的新类库文件。例如下面的语句创建了一个名为 myclass 的新类和一个名为 new_lib 的新类库。

```
CREATE CLASS myclass OF new_lib AS CUSTOM
```

2. 添加类库到项目文件

在项目管理器中，打开“类”选项卡。单击“添加”按钮，在打开的对话框中选择一个类库文件，则该类库文件即添加到当前的项目中。

3. 从项目文件移除类库

在项目管理器中，打开“类”选项卡，单击“移去”按钮。在打开的对话框中单击“移去”按钮，可以从项目文件中移去类库，但类库文件仍然存在；而单击“删除”按钮，则可以删除类库文件。

4. 在类库中创建新类

可以用两种方法在类库中创建新类：

(1) 在项目管理器中新建一个类时，指定保存新类的类库文件。

(2) 在程序或命令窗口中使用 CREATE CLASS 命令创建新类的同时，指定保存新类的类库文件。

5. 添加现有类

为在项目管理器和程序中添加类到类库中，可使用下述两种方法之一：

(1) 在项目管理器中，打开“类”选项卡，拖动一个类库下的类名到另一个类库名之下。

(2) 在程序和命令窗口中使用 ADD CLASS 命令可以将一个类库中的类添加到另一个类库文件中。

6. 删除类

为在项目管理器和程序中删除类,可使用下述两种方法之一:

(1) 在项目管理器中,打开"类"选项卡,选择要删除的类,单击"移去"按钮。

(2) 在程序或命令窗口中使用 REMOVE CLASS 命令可以移去或删除指定类库中的指定类。

7. 查看类库中的类

在项目管理器的"类"选项卡中,可以浏览项目可用的类库名及其类名,在类浏览器中可以详细查看打开的类库中包含的类及其定义代码。

8. 在表单设计期间使用类

在表单设计期间使用类有两种方法:

(1) 将项目管理器"类"选项卡的类拖动到表单设计器或类设计器中。

(2) 注册类。将类库的所有类像标准控件一样添加到表单控件工具栏,在表单设计器中设计表单时,通过选择工具栏的类按钮,添加类到表单或内部的其他容器中,具体步骤如下:

① 从 Visual FoxPro 主菜单的"工具"下列菜单中选择"选项",打开如图 8-2 所示的"选项"对话框。

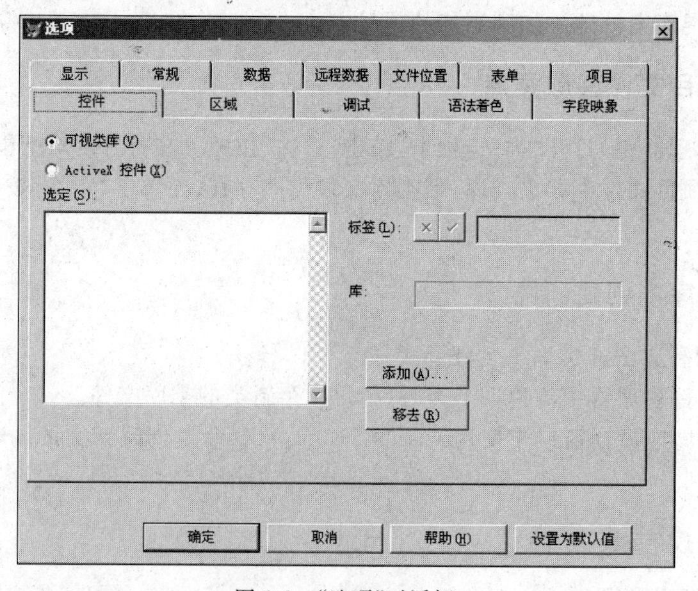

图 8-2 "选项"对话框

② 选择“控件”选项卡，选择“可视类库”单选按钮。

③ 单击“添加”按钮，打开“打开”对话框，在“打开”对话框中选择要注册的类库，单击“打开”按钮。

④ 单击“设置为默认值”单选按钮，单击“确定”按钮。

8.2.4 使用类浏览器

类浏览器用来显示类库或表单中的类，也可显示.tlb、.olb或.exe文件中的类型库信息。还可用类浏览器显示类库或表单中的表以及查看、使用和管理类及其用户定义成员。

打开类浏览器的方法有两种：

(1) 选择 Visual FoxPro 主菜单的“工具”下列菜单，选择其中的“类浏览器”命令。

(2) 在命令窗口中执行“DO(_BROWSER)”命令。

在执行上述命令后，Visual FoxPro 显示“类浏览器”对话框，单击“打开”按钮，显示“打开”对话框，要求选择或输入类库文件名或表单文件名等。例如选择 Visual FoxPro 6.0 系统根目录的子目录 Wizards 下的文件 Wizstyle.vcx，单击“确定”按钮，类浏览器显示如图 8-3 所示。

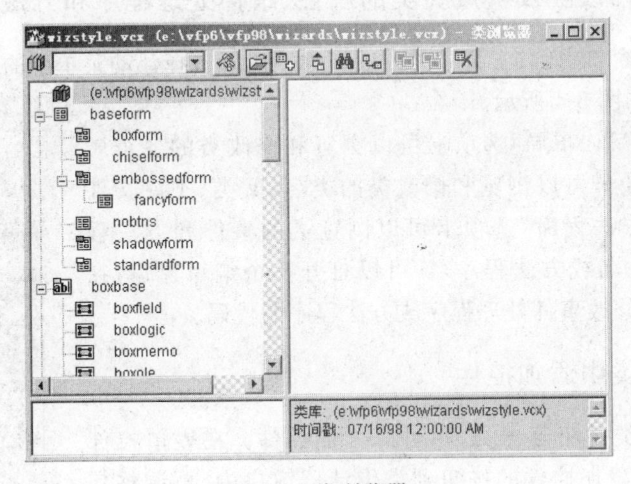

图 8-3 类浏览器

其中各个部分作用是：

① 类库和类的列表框：位于窗口的左中部，按照“类库—类—子类”的层次关系以树的形式显示每个类库和类的名称。可以展开或收缩树形的每个节点，通过单击可以选择当前的类库或类。

② “类型”组合框：位于窗口的左上部，通过选择列表框中的一个 Visual FoxPro 基类，要求类列表框中只显示指定基类的子类。

③ 类说明列表框：位于窗口的左下部，显示对选定类的说明，可以在框中编辑说明。

④ 类成员列表框：位于窗口的右中部，列出了类列表框中选择类的自定义属性和方法程序，通过单击可以选择当前的类成员。

⑤ 类信息列表框：位于窗口的右下部，显示当前选定的类库、类或者成员的信息。

8.2.5 使用类设计器

类设计器是一个可视化的类定义工具，可以显示类的属性、事件和方法程序，方便地修改属性默认值、事件处理程序和方法程序的实现代码。对于 Visual FoxPro 的可视基类或自定义类，如表单类、控件类等，Visual FoxPro 提供窗口界面来模拟显示可视类的对象，通过对各个控件的选择和拖放操作，可方便地修改控件的大小、位置、显示风格等属性。

在类设计器中，可以执行如下操作。

1. 显示可视化类及其成员类

类设计器的窗口内显示可视化类的位置、大小和显示风格，如果是容器类，窗口中还显示包含的可视化成员类的位置、大小和显示风格。通过选择和拖放这些类，可以改变各个类的相对位置和大小。

2. 浏览和修改类及其成员类的属性、事件处理程序和方法程序

在类设计器窗口内，右击某个类或成员类。然后选择浮动菜单中的命令“属性”，打开“属性”对话框，如图 8-4 所示。

其中，“数据”和“布局”选项卡可以浏览和修改类的各个属性值，“其他”选项卡可以浏览和修改类的类名、父类、类库文件等定义内容。“方法程序”选项卡可以浏览类的事件和方法程序，并且双击事件名或方法程序名，可以打开一个编辑窗口，在其中可以显示和修改事件处理程序或方法程序的代码。

图 8-4 “属性”对话框

3. 在容器类中添加控件

如果设计的类基于容器类，则可以添加控件。在表单控件工具栏中拖动要添加控件的按钮到类设计器窗口中，再调整其大小或定义属性和程序代码。

4. 添加属性和方法程序到类

可以在新类中添加任意多的新属性和新方法程序，但不可添加事件。属性保存值，而方法程序则保存调用时可以运行的过程代码。

创建类的新属性的步骤如下：

① 执行“类”→“新建属性”菜单命令，打开“新建属性”对话框。

② 输入属性的名称。

③ 指定属性的可访问性：公共、保护或隐藏。

④ 单击“添加”按钮。

创建类的新方法程序的步骤如下：

① 执行“类”→“新方法程序”菜单命令，打开“新方法程序”对话框。

② 输入方法程序的名称。

③ 指定方法程序的可访问性：公共、保护或隐藏。

8.3 在程序中使用类和对象

8.3.1 创建和定义类

既可以在类设计器或表单设计器中可视地定义类，也可以在.prg文件中以编程方式定义类。在程序文件中，正如程序代码不可出现在程序中的过程之后一样，程序代码仅可出现在类定义之前，而不可在类定义之后。

用DEFINE CLASS命令创建的类不可保存到类库文件中，仅可在程序中使用。以下是创建类的语法的基本框架：

```
DEFINE CLASS 类名 1. AS 父类名
[[PROTECTED 属性名 1,属性名 2…] 属性名 3.=表达式 1…]
[[HIDDEN 属性名 4,属性名 5…] 属性名 6.=表达式 2…]
[WITH 属性序列]
[ADD OBJECT [PROTECTED] 对象名 AS 类名 2.[NOINIT]
[[PROTECTED | HIDDEN] FUNCTION | PROCEDURE 过程名
命令序列
[ENDFUNC | ENDPROC]]
ENDDEFINE
```

其中类名1和父类名参数分别指定新类的类名和新类的父类的类名，父类可以是基类，也可以是打开的类库文件中的类。

“PROTECTED属性”和“HIDDEN 属性”子句：使用DEFINE CLASS命令中的PROTECTED和HIDDEN关键字可以保护和隐藏类定义中的属性和方法程序。被保护的属性和方法程序仅可被本类和其子类的方法程序和事件访问，被隐藏的属性和方法程序仅可被本类的方法程序和事件访问。

- “属性＝表达式”子句：在命令中可以用表达式的值作为新类属性的默认值。
- “WITH”子句：设置属性的默认值。
- “ADD OBJECT”方法程序：添加对象到创建的类中。使用该方法程序，可以编程方式将“类名2”指定的类的对象添加到新建的控件类或容器类中，所添加的对象就成为容器的一个成员，其Parent属性指向这个容器。当基于容器类或控件类的对象从内存释放时，添加的对象也随之释放。
- “FUNCTION | PROCEDURE 过程名……ENDFUNC | ENDPRC”程序段：添加或者重新定义方法程序代码和事件代码。这种结构的程序段定义一个过程或

函数的代码，以实现新类的一个方法程序或者事件处理程序，其中“过程名”参数必须指定类的一个方法程序或事件。

下面是编写事件代码和方法程序代码的规则：

① Visual FoxPro 基类的事件集合是固定的，不可扩充。

② 每个类都可识别固定的默认事件集合，其最小事件集包括 Init、Destroy 和 Error 事件。

③ 若类中创建的方法程序与某个类所能识别的事件重名，则当该事件发生时，同名方法程序被执行。

④ 可在类定义中通过创建过程或函数向类中添加方法程序。

【例 8-1】 首先创建一个简单的表单子类 FrmClass1，该表单子类中包含两个命令按钮 OK_BTN 和 CANCEL_BTN。然后以 FrmClass1 为父类，创建其子类 FrmClass2，其中重新设置了表单标题属性值和宽度、高度值。

创建程序中的新类程序清单如下：

```
DEFINE CLASS FrmClass1 AS Form
ADD OBJECT OK_BTN AS CommandButton
ADD OBJECT CANCEL_BTN AS CommandButton
ENDDEFINE
DEFINE CLASS FrmClass2 AS FrmClass1
WITH Caption="表单事例", Height=200, Width=300
ADD OBJECT EDT_BOX1.AS EditBox
ENDDEFINE
```

8.3.2 创建对象

可以创建程序中新建类的对象，也可以创建类库文件中类的对象。可以将创建的对象引用保存在变量或数组元素中，也可以只创建对象，而不获得对象指针。创建对象之前，可以首先检查某个变量的值是否为一个对象指针，还要注意释放对象的次序。

1. 由类创建对象

当已保存了一个可视类，则可在此基础上用 CTEATE OBJECT() 函数创建该类的对象。

【例 8-2】 首先创建表单子类 FrmClass，该表单子类中包含两个命令按钮 OK_BTN 和 CANCEL_BTN，并且重新设置了表单标题属性值和宽度、高度值。然后创建该类的对象 MyForm，MyForm 称为新建对象的引用，以后可以在程序命令中使用。

创建新类和对象程序清单如下：

```
DEFINE CLASS FrmClass AS Form
WITH Caption="表单事例",Height=200,Width=300
ADD OBJECT OK_BTN AS CommandButton
```

```
ADD OBJECT CANCEL_BTN AS CommandButton
ADD OBJECT EDT_BOX1.AS EditBox
ENDDEFINE
MyForm=CREATEOBJECT("FrmClass")
```

创建了对象之后，可以用 DISPLAY OBJECTS 命令显示该对象的类的层次结构、属性设置、包含的对象和可用的方法程序和事件，使用 AMEMBERS()函数将属性名、事件名、方法程序名和所包含的对象名填入数组。

2. 从内存中释放对象的引用

若存在一个对象引用，则释放该对象并不可从内存中完全将其清除，必须首先清除其包含的全部对象，最后用 RELEASE 命令释放对象。

3. 检查对象是否存在

可以使用 TYPE()和 ISNULL()函数检查对象是否存在。例如下面的代码检查名为 AboutDlg 的对象是否存在：

```
IF TYPE("AboutDlg")="0"AND ISNULL(AboutDlg)
*对象存在
ELSE
*对象不存在
ENDIF
```

4. 创建对象数组

也可以创建对象数组。例如在下面这段代码中，数组 MyArray 保存了 5 个命令按钮对象：

```
DIMENSION MyArray[5]
FOR x=1.TO 5
MyArray[x]=CREATEOBJECT("COMMANDBUTTON")
ENDFOR
```

在使用对象数组时，注意以下问题：

① 不可仅用一条命令将对象一次赋给整个数组，而要将对象单独地赋给数组的每个成员。

② 不可一次将值赋给整个数组的属性，下面的命令将发生错误：

```
MyArray.Enabled=.F.
```

当重定维数的对象数组比初始数组大时，则新数组的新增元素将被初始化为.F.；当重定维数的对象数组比初始数组小时，将释放原数组中下标数大于新下标中最大值的对象。

8.3.3 引用对象

在对象的嵌套层次关系中，要引用其中的某个对象，需要指明对象在嵌套层次中的位置。在 Visual FoxPro 中，对象的引用有两种方式：相对引用和绝对引用。

1. 绝对引用

从最高层次开始逐层向下直到某个对象为止的引用称为绝对引用。例如，在任何对象的任何事件过程中，可用下列绝对引用方式访问某表单中的命令按钮：

```
Formest1.Form1.Command1.Caption="OK"
```

2. 相对引用

从正在编写事件代码的对象出发，通过逐层向高一层或低一层直到另一对象的引用称为相对引用。使用相对引用常用到下列的属性或关键字：

① Parent：当前对象的直接容器对象。

② This：当前对象。

③ ThisForm：当前对象所在的表单。

④ ThisFormSet：当前对象所在的表单集。

【例 8-3】 如果 form1 中有一个命令按钮组 commandgroup1，该命令按钮组有两个命令按钮：command1 和 command2，label1 是表单 form1 上的一个标签控件。

如果要在命令按钮 command1 的事件(如单击事件)代码中修改该按钮的标题可用下列命令：

```
This.Caption="确定"
```

如果要在命令按钮 command1 的事件代码中修改命令按钮 command2 的标题可用下列命令：

```
ThisForm.commandgroup1.command2.Caption="取消"
```

或者

```
This.Parent.command2.Caption="取消"
```

但不能写成下列命令：

```
ThisForm.command2.Caption="取消"
```

如果要在命令按钮 command1 的事件代码中修改表单的标题可用下列命令：

```
This.Parent.Parent.Caption="测试窗口"
```

或者

```
ThisForm.Caption="测试窗口"
```

8.3.4 设置界面对象属性

在程序中设置对象的属性使用以下形式的命令：

```
Container.Object.Property=Value
```

其中：

- Container 为容器对象引用。
- Object 为容器包含的对象引用。
- Property 为属性名。
- Value 为属性值。

8.3.5 调用界面对象的方法程序

1. 一般形式

在程序中调用对象的方法程序语法如下：

```
Parent.Object.Method
```

其中：

- Parent 为对象的父容器。
- Object 为容器包含的对象引用。
- Method 为对象的方法程序名。

2. 在表单类或对象的方法程序或事件处理程序中调用方法程序

在表单类或表单对象的方法程序或事件处理程序中，调用本表单类或对象内部的方法程序，必须使用如下的调用形式：

```
THISFORM.Method
```

或者：

```
THISFORM.Object.Method
```

其中，THISFORM 是调用者表单的指针，第一种形式调用表单容器本身的方法程序，第二种形式调用表单包含的对象的方法程序。

3. 调用父类与子类的同名方法程序

当用户创建一个类时，这个类自动继承其父类的所有属性、方法程序和事件。如果代码是为父类事件而编写，则当子类对象发生该事件时执行此代码。当然，也可以在子类中改写为此事件编写的父类代码。如果父类和子类都有各自的响应某事件的代码，要在子类中明确调用父类事件代码，则使用 DODEFAULT()函数。为了防止基类代码被执行，可以通过在方法程序代码中加入 NODEFAULT 关键字实现。

对象和子类自动继承基类的功能。但也可以用新的功能替代这些继承的功能。如由某个基类派生出子类,或添加基于这个类的对象到一个容器中时,重新为相应的 Click 事件编程。那么在运行时,不运行基类的代码,而运行新的代码。而更多的是希望在新类或对象中添加新功能的同时,保留父类功能。事实上,在面向对象的程序设计中很关键的一点就是决定哪些功能应包含在基类中,哪些功能应包含在子类中,哪些功能应包含在对象中。可以在类或容器层次的各级代码中使用函数 DODEFAULT()或作用域操作符::优化类的设计。域操作符::用来调用本类之父类的方法程序,而操作符.用来调用本类的方法程序。

4. 调用事件处理过程

对象的事件处理过程不仅可在事件产生时自动执行,也可以在程序中调用某些事件处理程序。例如语句“AboutDlg. Activate”就是调用表单对象的 Activate 事件处理程序,但仅仅是执行该程序的代码,而不激活表单。激活表单应使用 Show 方法程序。

5. 响应事件

当对象的事件发生时,执行该事件的过程代码。例如当用户单击命令按钮时,执行命令按钮的 Click 事件过程代码。此外还可以用编程方式产生代替实际用户操作的事件,例如可以使用 MOUSE 命令产生 Click、DblClick、MouseMove 和 DragDrop 事件,使用 ERROR 命令产生 Error 事件,或者使用 KEYBOARD 命令产生 KeyPress 事件。

响应事件就是当事件产生时,调用事件处理程序。表单对象的事件和事件处理程序名称是固定的,不可增加或删除事件极其处理程序。Visual FoxPro 对每种事件提供默认的处理过程,但程序员可以重新实际事件处理过程,以按照自己的特殊要求处理事件。在事件处理程序中,可以调用方法程序,也可以调用 Visual FoxPro 的大部分命令和函数,包括数据库和标的查询、修改命令等。实际上,事件处理程序的编程方法与一般的 Visual FoxPro 命令过程是一致的。

本 章 小 结

面向对象程序设计是对结构化程序设计的一种改进,程序设计人员在进行面向对象的程序设计时,首先要考虑的是如何创建类和对象,利用对象来简化程序设计。

本章主要简单介绍了面向对象程序设计中的类和对象的概念,以及 Visual FoxPro 中的基类,最后简单介绍了自定义对象和子类的创建方法。

习 题 八

一、思考题

1. 名词解释:对象、类、属性、方法、事件。

2. 简述类的基本组成及对象与类的异同。
3. 类浏览器的功能是什么？如何查看类库中类的代码？
4. 举例说明对象的绝对引用和相对引用。

二、选择题

1. 面向对象程序设计中程序运行的最基本实体是________。
   (A) 对象　　(B) 类　　(C) 方法　　(D) 函数
2. 现实世界中的每一个事物都是一个对象，任何对象都有自己的属性和方法。对属性的正确描述是________。
   (A) 属性只是对象所具有的内部特征
   (B) 属性就是对象所具有的固有特征，一般用各种类型的数据来表示
   (C) 属性就是对象所具有的外部特征
   (D) 属性就是对象所具有的固有特征
3. 下面关于类的描述，错误的是________。
   (A) 一个类包含了相似的有关对象的特征和行为方法
   (B) 类只是实例对象的抽象
   (C) 类并不实行任何行为操作，它仅仅表明该怎样做
   (D) 类可以按所定义的属性、事件和方法进行实际的行为操作
4. 每个对象都可以对一个被称为事件的动作进行识别和响应，下面对于事件的描述中错误的是________。
   (A) 事件是一种预先定义好的特定的动作，由用户或系统激活
   (B) Visual FoxPro 基类的事件集合是由系统预先定义好的、是唯一的
   (C) Visual FoxPro 基类的事件也可以由用户创建
   (D) 可以激活事件的用户动作有按键、单击鼠标、移动鼠标等
5. 类是面向对象程序设计的关键部分，创建新类不正确的方法是________。
   (A) 在.PRG 文件中以编程方式定义类
   (B) 从菜单方式进入类设计器
   (C) 在命令窗口输入 CREATE CLASS 命令，进入类设计器
   (D) 在命令窗口中输入 ADD CLASS 命令
6. 下面关于控件类的各种描述中错误的是________。
   (A) 控件类用于进行一种或多种相关的控制
   (B) 可以对控件类对象中的组件单独进行修改或操作
   (C) 控件类一般作为容器类中的控件
   (D) 控件类的封装性比容器类更加严密
7. 下面是关于在子类的方法程序中如何继承父类的方法程序的描述，其中________是错误的。
   (A) 用＜父类＞::＜方法＞的命令继承父类的事件和方法
   (B) 用函数 DODEFAULT()来继承父类的事件和方法
   (C) 当在子类中重新定义父类中的方法或事件代码时，就用新定义的代码取代了父类

中原来的代码

(D) 用＜父类＞-＜方法＞的命令继承父类的事件和方法

8. 对象的属性是指________。

(A) 对象所具有的行为　　　　(B) 对象所具有的动作

(C) 对象所具有的特征和状态　　(D) 对象所具有的继承性

9. 当我们了解了对象可能发生的各种事件以后，最重要的就是如何编写事件代码，编写事件代码的方法中不正确的是________。

(A) 为对象的某个事件编写代码就是要编写一个扩展名为.prg的程序，其主文件名就是事件名

(B) 为对象的某个事件编写代码就是要将代码写入该对象的该事件过程中

(C) 可以由定义了该事件过程的继承性

(D) 在属性对话框中选择该对象的事件并双击，在事件窗口中输入相应的事件代码

10. 面向对象的程序设计是近年来程序设计方法的主流方式，简称OOP。下面这些对于OOP的描述错误的是________。

(A) OOP以对象及数据结构为中心

(B) OOP用对象表现事物，用类表示对象的抽象

(C) OOP用方法表现处理事物的过程

(D) OOP工作的中心是程序代码的编写

三、填空题

1. 现实世界中的每一个事物都是一个对象，对象所具有的固有特征称为________。
2. Visual FoxPro基类有两种：________和________。
3. 类是对象的集合，它包含了相似的有关对象的特征和方法，而________是类的实例。
4. 类具有________、________和多态性的特征，这就大大加强了代码的重用性。
5. 通常，我们应当在要使用某个类库之前用命令________打开它，而在使用完毕后用命令________及时关闭，以保证在应用程序中有足够多的内存。

第9章

表单和控件

表单(Form)是应用程序的用户界面,也是程序设计的基础,是 Visual FoxPro 提供的用于与用户进行沟通和交流的桥梁。表单是一个容器对象,表单内可以包含命令按钮、文本框、列表框等各种控件,生成标准的窗口或对话框。通过表单和各种控件,可以在窗口中显示需要输出的数据或接收用户输入的数据。本章将紧密结合数据库应用系统中登录、数据录入、数据维护以及数据查询等各主要功能的实现,介绍表单和控件的使用方法,以及面向对象的编程技术在 Visual FoxPro 中的应用。

9.1 表　　单

对于应用程序的开发者而言,不仅要设计结构合理的数据库,还要为用户创建友好的数据操作界面。表单就是用户与 Visual FoxPro 之间的操作界面,它为数据库信息的显示、输入和编辑提供了非常简便的方法。表单作为一个对象可以看作是一个容器,在该容器内可以进一步放入各种对象(如控件),并对对象的属性以及方法程序进行设置,它可以响应用户和系统的各种事件,帮助用户更容易地操作数据、管理信息。表单和控件为用户提供了极其灵活丰富的功能,充分体现了 Visual FoxPro 的可视性和面向对象性。

9.1.1 创建表单

表单是拥有自己的属性、事件和方法程序的对象。在创建表单之前,首先要明确这个表单需要完成什么任务,和数据库中的哪些数据有关系,然后再具体考虑设置表单的数据环境,向表单添加对象,设定这些对象的属性以及编写相应的方法、事件代码,最后再设定表单界面布局,使之成为简洁明了、美观友好的界面,以便用户可以准确、方便和快捷地进行操作。

对于表单中控件的选择,可根据需要完成的功能来决定,但不要在一个表单中放入过多的控件,设计时应遵循界面简洁、使用方便的原则。

通常,表单最好和数据库一样放到一个项目管理器中,利用项目管理器来创建、修改和管理表单以及数据库、菜单、视图、查询等各种 Visual FoxPro 应用程序的组成部分,这样使应用程序的开发更加方便。

创建表单一般有两种途径：

- 使用表单向导创建表单。
- 使用“表单设计器” 创建表单。

1. 用表单向导创建表单

启动表单向导有以下4种方法。

① 打开项目管理器，选择“文档”选项卡，从中选择“表单”，然后单击“新建”按钮，在弹出的“新建表单”对话框中单击“表单向导”按钮。

② 在系统菜单中选择“文件”→“新建”命令，或者单击工具栏上的“新建”按钮，打开“新建”对话框，在文件类型栏中选择“表单”，然后单击“向导”按钮。

③ 在系统菜单中选择“工具”→“向导”→“表单”命令。

④ 直接单击“常用”工具栏上的“表单向导”按钮。

“表单向导”启动后，首先弹出“向导选取”对话框，如图9-1所示。

如果数据源是一个表，应选取“表单向导”；如果数据源包括父表和子表，则应选取“一对多表单向导”。

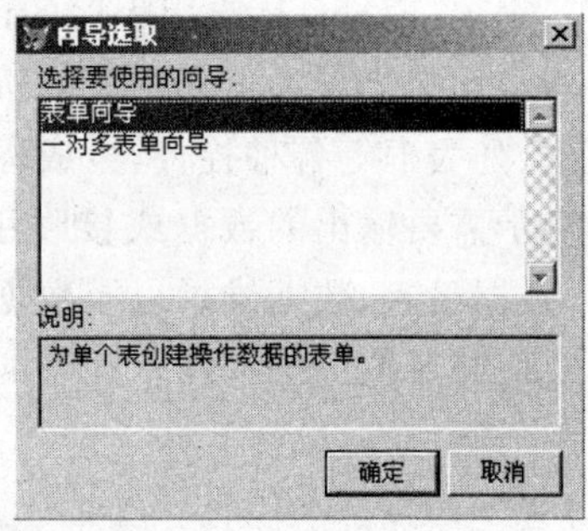

图9-1 “向导选取”对话框

下面通过例子来说明表单向导的使用。

【例9-1】 利用表单向导创建一个图书信息录入表单。

① 打开Bookroom项目，启动表单向导，在“向导选取”对话框中选择“表单向导”，单击“确定”按钮，系统打开如图9-2所示的“表单向导”对话框。

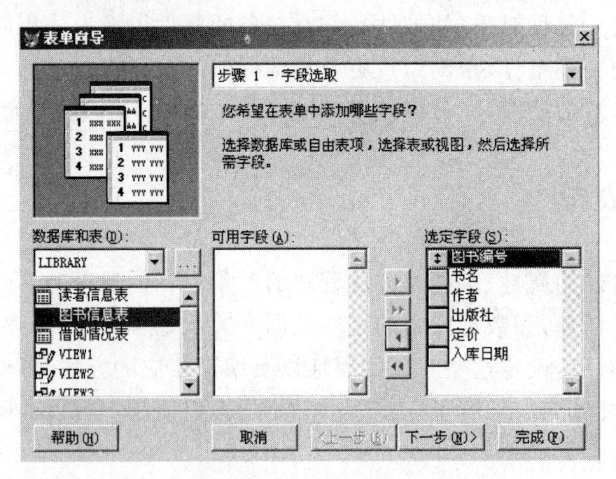

图9-2 表单向导-步骤1

② 在“数据库和表”下方的下拉列表框中选择数据库LIBRARY，在数据表列表框中选择表“图书信息表”，单击“可用字段”右侧的双箭头按钮，把所有字段添加到“选定字段”

列表中。单击“下一步”按钮,进入如图 9-3 所示的“表单向导”对话框。

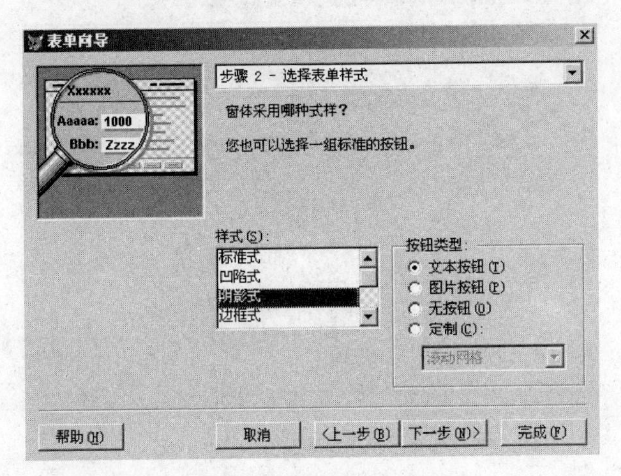

图 9-3 表单向导-步骤 2

③ 选择表单样式和按钮类型。本例样式选择“阴影式”,按钮类型选择“文本按钮”。对话框的左上角为所选样式的预览效果。单击“下一步”按钮,进入如图 9-4 所示的“表单向导”对话框。

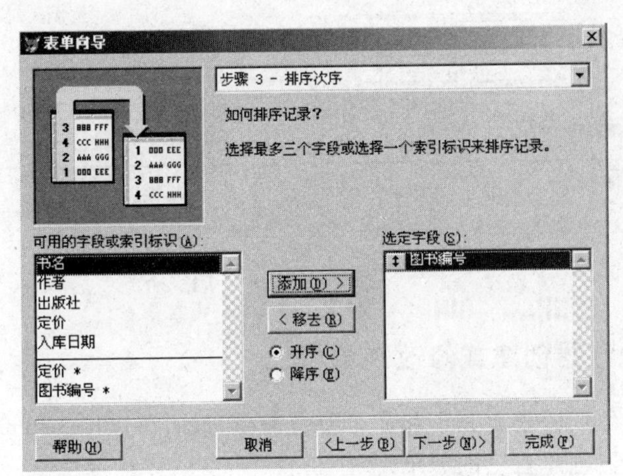

图 9-4 表单向导-步骤 3

④ 选择排序字段。本例选择“图书编号”,然后单击“添加”按钮,这样表单显示数据时将按图书编号从小到大的顺序排列。单击“下一步”按钮,进入如图 9-5 所示的“表单向导”对话框。

⑤ 输入表单标题。本例输入“图书信息管理”。单击“预览”按钮可以预览表单的设计效果。如果对样式、按钮类型不满意,可以单击“上一步”按钮回到前面的步骤重新设置;如果满意,单击“完成”按钮,在打开的“保存”对话框中输入文件名,本例输入 bookinfo。

⑥ 运行表单,结果如图 9-6 所示。

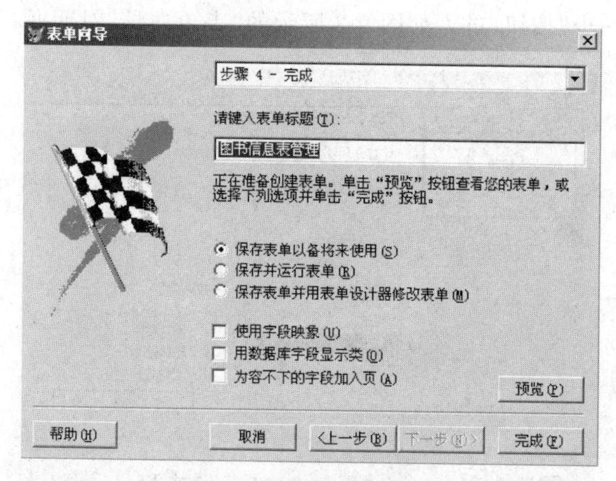

图 9-5　表单向导-步骤 4

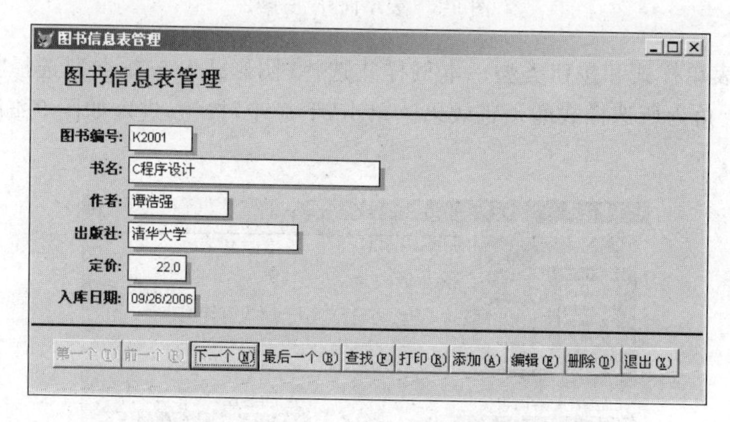

图 9-6　表单运行结果

2. 用表单设计器创建或修改表单

有时表单向导生成的表单并不能完全符合需要，这时可以用表单设计器进行修改，或者直接用表单设计器创建自己的表单。

启动表单设计器的方法有如下三种：

① 项目管理器方式：在项目管理器中，先选择“文档”选项卡，然后选择“表单”，单击“新建”按钮，在打开的“新建表单”对话框中单击“新建表单”按钮；若是修改表单，选择要修改的表单，单击“修改”按钮。

② 菜单方式：若是新建表单，在系统菜单中选择“文件”→“新建”，在“文件类型”对话框中选择“表单”，单击“新建文件”按钮；若是修改表单，则单击“文件”→“打开”，在“打开”对话框中选择要修改的表单文件名，单击“打开”按钮。

③ 命令方法：在命令窗口中键入如下命令：

```
CREATE FORM <文件名>            && 创建新表单
```

或

```
MODIFY FORM <文件名>                && 打开一个已有的表单
```

不管采用上述哪种方法，系统都将打开“表单设计器”窗口、“属性”窗口、“表单控件”工具栏及“表单设计器”工具栏，并将在系统菜单中增加“表单”菜单项。在表单设计器环境下，用户可以交互式、可视化设计各种样式的表单。

在打开的“表单设计器”窗口中有几个重要的表单设计区和工具，分别介绍如下。

(1) 设计器窗口

“表单设计器”窗口内包含正在设计的表单。用户可在表单窗口中可视化地添加和修改控件，改变控件布局。表单窗口只能在“表单设计器”窗口内移动。以新建方式启动表单设计器时，系统将默认为用户创建一个空白表单 Form1，如图 9-7 所示。

(2) 属性窗口

设计表单的绝大多数工作都是在“属性”窗口中完成的，因此用户必须熟悉“属性”窗口的用法。如果在表单设计器中没有出现“属性”窗口，可以在系统菜单中选择“显示”→“属性”菜单命令，“属性”窗口如图 9-8 所示。

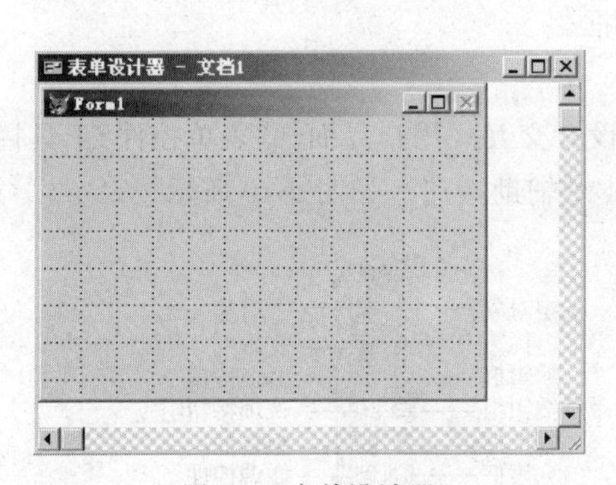

图 9-7　表单设计器

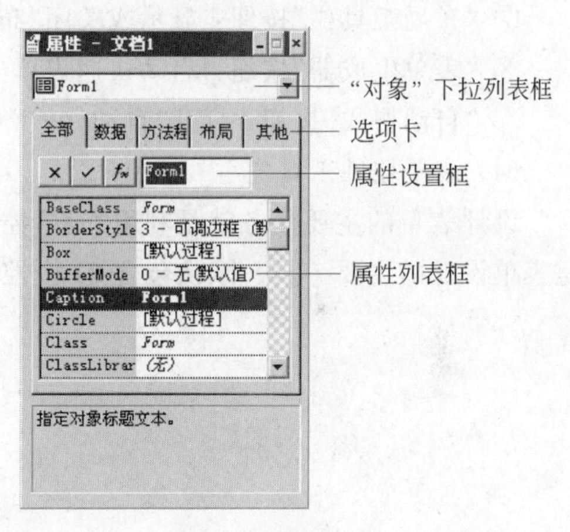

图 9-8　“属性”窗口

在“属性”窗口的顶部，有一个“对象”下拉列表框，其中含有当前表单以及当前表单中所有对象的名称，可在下拉列表中选择对象，或者在表单上单击选择一个对象。选中的对象不同，“属性”窗口显示的内容也有所不同，因为不同的对象有不同的属性。

在“全部”选项卡的下面有一个属性设置框，当在属性列表框中选择不同的属性时，该属性的值就显示在属性设置框中，如果要修改该属性值，用户可直接在属性设置框中输入一个新的值或表达式，输入表达式时必须用=开头。为引导用户输入合法的属性值，用户可单击设置框右侧的下拉按钮，从中选择一个符合要求的属性值，或者单击位于设置框左侧的 fx 按钮，启动表达式生成器，用表达式的值作为属性的值。

在“属性”窗口中更改某属性的值后，新的属性值在属性列表框中以黑体字型显示，以区别其他未更改的属性值，同时，在表单上反映出更新后的结果。有的属性用斜体显示，表示该属性的值不能更改。默认情况下，事件或方法都以“【默认过程】”显示，如果已为事件或方法编写了程序代码，则显示内容为“【用户自定义过程】”。

双击事件或方法程序，可打开代码编辑器，用户可在代码编写器中为相关的事件或方法编写程序代码。

(3) 表单设计器工具栏

打开表单设计器时，主窗口中会自动出现“表单设计器”工具栏，如图 9-9 所示。

此工具栏内各图标按钮(从左至右)的功能如下：

① “设置 Tab 键次序”按钮：表单在运行时，用户可按 Tab 键选择控件，设计时，单击该按钮可显示或修改各控件的 Tab 键次序。

② “数据环境”按钮：显示表单的“数据环境设计器”窗口。相当于“显示”菜单中的“数据环境”命令。

③ “属性窗口”按钮：打开或关闭属性窗口。

④ “代码窗口”按钮：打开或关闭代码窗口。

⑤ “表单控件工具栏”按钮：用于显示或关闭“表单控件”工具栏。

⑥ “调色板工具栏”按钮：用于显示或关闭“调色板”工具栏。

⑦ “布局工具栏”按钮：显示或关闭“布局”工具栏。

⑧ “表单生成器”按钮：启动快速表单生成器。

⑨ “自动格式”按钮：打开“自动格式”对话框。

(4) 表单控件工具栏

设计表单的主要任务就是利用“表单控件”设计交互式用户界面。“表单控件”工具栏是表单设计的主要工具。默认包含 21 个控件、4 个辅助按钮。如图 9-10 所示。

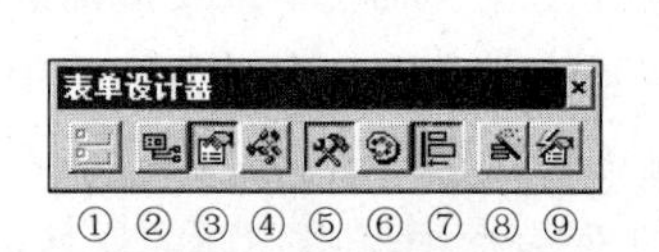

图 9-9 “表单设计器”工具栏

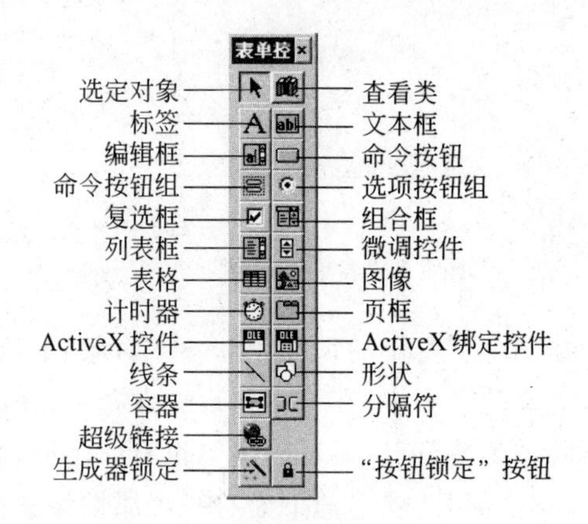

图 9-10 “表单控件”工具栏

在表单设计器中，可以单击“表单设计器”工具栏中的“表单控件工具栏”按钮或单击系统菜单中的“显示”→“工具栏”命令，打开或关闭“表单控件”工具栏。利用“表单控件”工具栏可以方便地往表单中添加控件，步骤如下：

① 单击“表单控件”工具栏中相应的控件按钮。

② 将鼠标移至表单窗口的合适位置单击或拖动鼠标以确定控件大小。

常用控件的功能和用法将在后续章节详细介绍。

“表单控件”工具栏中 4 个辅助按钮的功能如下：

- “选定对象”按钮：当该按钮处于按下状态时，鼠标为指针形状，此时可以在表单中选择对象并进行编辑，如改变大小、移动位置等。
- “按钮锁定”按钮：当该按钮处于按下状态时，可以从“表单控件”工具栏中单击选定某控件按钮，然后在表单窗口中添加这种类型的多个控件。添加控件后，必须单击“选定对象”按钮，鼠标才会恢复指针状态。如果该按钮处于未按下状态，添加一个控件后，鼠标自动恢复指针状态。
- “生成器锁定”按钮：当该按钮处于按下状态时，每次往表单中添加控件，系统都会自动打开相应的生成器对话框，以便用户对该控件的常用属性进行设置。
- “查看类”按钮：在可视化设计表单时，除了可以使用 Visual FoxPro 提供的基类，还可以使用保存在类库中的用户自定义子类，单击“查看类”按钮，在打开的菜单中选择“添加”命令即可将它们添加到“表单控件”工具栏中；单击“常用”命令或者“ActiveX 控件”命令可以在“表单控件”工具栏中分别显示常用控件或者 ActiveX 控件。

将一个类库文件中的类添加到“表单控件”工具栏中的步骤如下：

① 单击工具栏上的“查看类”按钮；

② 在打开的菜单中选择“添加”命令，弹出“打开”对话框；

③ 在对话框中选定所需的类库文件，并单击“确定”按钮。

这时“表单控件”工具栏中显示出类库中的自定义类。要使“表单控件”工具栏重新显示 Visual FoxPro 基类，可选择“查看类”按钮，在弹出的菜单中选择“常用”命令。

9.1.2 定义数据环境

在“表单控件”工具栏中，大部分控件可以与数据表或字段进行绑定，以便对数据库中的数据进行显示或编辑。如果表单需要处理数据表或视图中的数据，可以通过定义数据环境来实现。

1. 数据环境的定义

定义数据环境包含三个方面的内容。其一是临时表(或称游标)类的定义，其二是关系类的定义，其三是数据环境类的定义。其中的每一个类都有自己特定的属性、方法和事件。

(1) 游标(Cursor)类

当表在工作区中被打开，该表称为临时表(在大型数据库中称为游标)。它是数据库表在内存中的映像，当发出更新表命令之后，系统用临时表中的信息更新存储在磁盘上的数据库表中的信息。游标是一个专门的类，有其属性和方法，如表 9-1 所示。

表 9-1　Cursor 类的属性

属　性	含　义
Alias	别名。当表在工作区中被打开，可以赋予一个别名
BufferModeOverride	缓冲方式。0 无（不使用缓冲方式）；1 使用表单上设置的缓冲方式；3 保守式记录缓冲；4 开放式记录缓冲；5 保守式表缓冲；6 开放式表缓冲
CursorSource	临时表的数据源。它可以是数据库的表、视图、自由表
DateBase	数据库。说明数据来源的数据库名
Exclusive	表打开方式。如果值为.T.，表示表以独占方式打开
Filter	过滤。提供一个过滤表达式，可以在打开表时，过滤掉不需要的记录
Order	设置主控索引标记
ReadOnly	只读。如果设置为.T.，则表示该表只能读，而不能修改

Cursor 类只支持 Init、Destroy 和 Error 事件。

（2）关系（Relation）类

如果在表单中同时操作两个有关联的表，就必须创建关系类。表 9-2 列出了关系类的属性。

表 9-2　Relation 类的属性

属　性	含　义	属　性	含　义
ChildAlias	子表的别名	RelationExpr	关系表达式
ParentAlias	父表的别名	OneToMany	是否属于一对多关系
Childorder	子表的主控索引标记		

Relation 类同样只支持 Init、Destroy 和 Error 事件。

（3）数据环境（DataEnvironment）类

数据环境类中包含与表单相关的表、视图以及表之间的关系。在表单中可以直观地设置数据环境，并与表单一起保存。默认情况下，数据环境中的表或视图会随表单的运行而打开，并随表单的关闭而关闭。

数据环境类具有自己的属性、方法和事件，单击“数据环境”窗口，属性窗口会显示“数据环境类”的所有属性。表 9-3 列出了可以在属性窗口中设置的三个共同的数据环境属性。

表 9-3　DataEnvironment 类的属性

属　性	含　义
AutoCloseTables	自动关闭表。用于控制在关闭或者释放表单或表单集时，是否关闭表和视图。默认值为真(.T.)，表示自动关闭
AutoOpenTables	自动打开表。用于控制在运行表单时是否打开数据环境中的表和视图。默认值为真(.T.)，表示自动打开
InitialSelectedAlias	初始选择的表。用于表示运行表单时所选择的表或视图。默认值在设计时是一个空串。如果没有指定，则运行时将把第一个临时表添加到数据环境中作为初始的选择

与 Cursor 类和 Relation 类不同，DataEnvironment 类除了基本的方法外，还有两种方法：

- CloseTable() 用于关闭数据环境类中的所有表和视图；
- OpenTable() 用于打开数据环境类中的所有表和视图。

DataEnvironment 类支持两个事件：

- BeforeOpenTables() 在打开表之前运行；
- AfterCloseTables() 在关闭表之后运行。

2. 打开数据环境设计器

通常使用数据环境设计器来设置表单的数据环境。

在表单设计器环境下，单击“表单设计器”工具栏上的“数据环境”按钮，或选择“显示”→“数据环境”菜单命令，即可打开“数据环境设计器”窗口。此时，系统菜单栏上将出现“数据环境”菜单项。

3. 向数据环境中添加表或视图

在数据环境设计器中，向数据环境添加表或视图的操作步骤是：

① 打开“添加表或视图”对话框。在系统菜单中执行“数据环境”→“添加”菜单命令，或右击“数据环境设计器”窗口，然后在弹出的快捷菜单中选择“添加”命令，打开“添加表或视图”对话框，如图 9-11 所示。

注意： 如果数据环境原来是空的，在打开数据环境设计器时，该对话框会自动出现。

② 添加表或视图。在默认情况下，“数据库中的表”列表框中列出了当前打开的数据库中的所有表。

如果要添加视图，可选中“视图”单选按钮，这时列表框中将显示当前打开的数据库中的所有视图。在列表中选择要添加的表或视图并单击“添加”按钮。

如果要添加自由表，则单击“其他”按钮，将弹出“打开”对话框，用户可以选择需要的表。添加表后的数据环境设计器如图 9-12 所示。

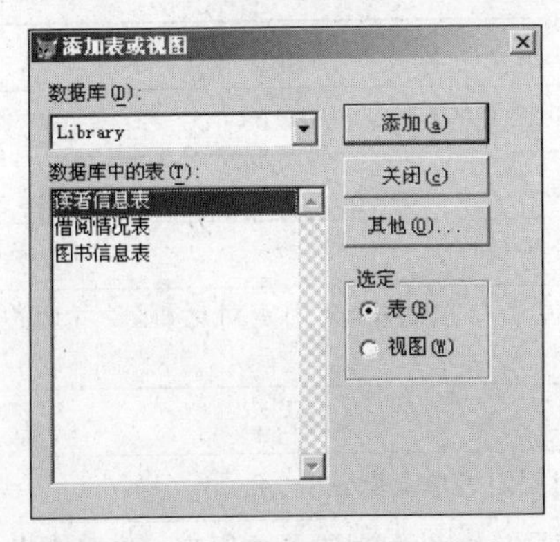

图 9-11 “添加表或视图”对话框

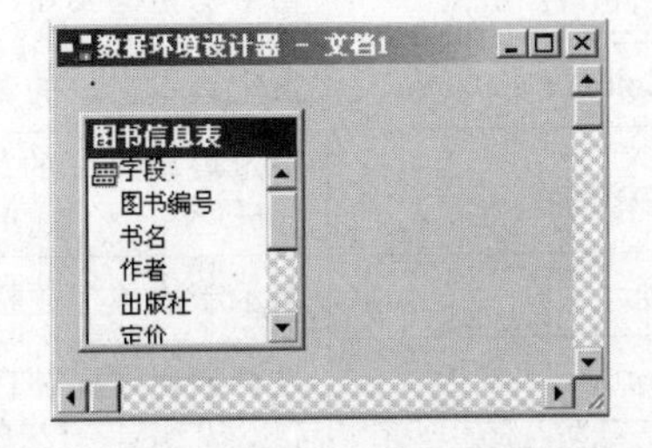

图 9-12 添加了数据表的数据环境设计器

③ 单击“关闭”按钮，关闭“添加表或视图”对话框。

4. 从数据环境中移去表或视图

在“数据环境设计器”窗口中，先选择要移去的表或视图，然后在系统菜单中选择“数据环境”→“移去”菜单命令，或者在要移去的表或视图上右击，然后在弹出的快捷菜单中选择“移去”命令，将选定的表或视图从数据环境中移去。

5. 在数据环境设计器中设置临时关系

如果添加到数据环境设计器中的表具有在数据库中设置的永久关系，这些关系也会自动添加到数据环境中。如果表间没有永久关系，可以根据需要在数据环境设计器中为这些表设置临时关系。

在数据环境设计器中设置临时关系的方法为：将主表的某个字段拖曳到子表的相匹配的索引标记上即可。如果子表中没有与主表字段相匹配的索引，也可以将主表字段拖动到子表的某个字段上，这时应根据系统提示确认创建索引。

在数据环境设计器中设置了一个关系后，在表之间将有一条连线指出这个关系。若要解除表之间的关系，可以先单击选定这条连线，然后按 Delete 键。

9.1.3 管理表单

用户在创建了表单之后，需要保存、添加、删除、修改或运行表单，并对创建的表单进行管理。

1. 表单的属性、方法和事件

(1) 表单常用属性

表单属性大约有 100 多个，但绝大多数很少用到。表 9-4 列出了一些常用属性。

表 9-4 表单常用属性

属　性	含　义
AlwaysOnTop	指定表单是否总是位于其他打开窗口之上。默认为.F.
AutoCenter	指定表单是否居中显示。默认为.F.
BackColor、ForeColor	指定表单窗口的背景颜色和前景颜色
BorderStyle	指定表单边框的风格。0-无边框，1-单边边框，2-固定对话框，3-可调边框（默认）
Caption	显示于表单标题栏上的文本
ControlBox	是否能通过标题栏的“关闭”按钮关闭表单。默认为.T.
Height, Width Left, Top	指定表单的高度、宽度、位于容器左边和上边的单位距离。度量单位由 ScaleMode 指定

续表

属　性	含　义
Name	表单的名称
Visible	表单在运行时是否可见，默认为.T.
Width	表单的宽度
WindowState	指定表单的状态：0-正常，1-最小化，2-最大化。默认为0

(2) 表单常用方法

- Release方法：将表单从内存中释放。如果表单有一个命令按钮，希望单击该命令按钮时关闭表单，就可以在该命令按钮的Click事件中写入如下代码：

```
ThisForm.Release
```

说明：当表单运行时，用户单击表单右上角的“关闭”按钮，系统会自动执行Release方法。

- Refresh方法：刷新表单。
- Show方法：显示表单。该方法将表单的Visible属性设置为.T.。
- Hide方法：隐藏表单。该方法将表单的Visible属性设置为.F.。与Release方法不同，Hide只是把表单隐藏，但并不将表单从内存中释放，之后可用Show方法重新显示表单。

说明：也可以通过程序代码直接设置表单的Visible属性来显示或隐藏表单。

(3) 表单常用事件

- Init事件：在表单创建时引发。在表单对象的Init事件引发之前，将先引发它所包含的控件对象的Init事件，所以在表单对象的Init事件代码中能够访问它包含的所有控件对象。在该事件中，可以为表单或表单控件设置初始属性值，定义表单的参数、变量，打开数据库和表等。
- Load事件：在创建表单前引发。
- Active事件：当激活表单对象时引发。
- Destroy事件：在表单对象释放时引发。表单对象的Destroy事件在它包含的控件对象的Destroy事件引发之前引发，所以在表单对象的Destroy事件代码中能够访问它包含的所有控件对象。在该事件中，主要是释放有关变量，关闭有关数据库和表等。
- UnLoad事件：在表单对象释放后引发。

所以，启动表单时，事件的触发顺序是：表单的Load事件→表单中控件的Init事件→表单的Init事件→表单的Active事件。

释放表单时，事件的触发顺序为：表单的QueryLoad事件→表单的Destroy事件→表单中控件的Destroy事件→表单的UnLoad事件。

2. 添加新的属性和方法

(1) 创建新属性

向表单添加新属性的步骤如下：

① 在系统菜单中选择“表单”→“新建属性”命令，打开“新建属性”对话框，如图 9-13 所示。

② 在“名称”框中输入属性名称 myprop。新建的属性将在“属性”窗口的列表框中显示出来。

③ 有选择地在“说明”框中输入新建属性的说明信息。这些信息将显示在“属性”窗口的底部。

用类似的方法可以向表单中添加数组属性，区别是：在“名称”框中不仅要指明数组名，还要指定数组维数，例如，myarray[5,4]。

数组属性在设计时是只读的，在“属性”窗口中以斜体显示。在运行时，可以像访问一般数组一样访问表单的数组属性，甚至可以重新设置数组维数。

④“Access 方法程序”/“Assign 方法程序”复选框：如果选中“Access 方法程序”，将为新创建的属性创建一个相应的 Access 方法，在运行时读取该属性将自动触发 Access 方法；如果选中“Assign 方法程序”，将为新创建的属性创建一个相应的 Assign 方法，该方法中的代码在属性的值被修改时自动执行。

(2) 创建新方法

在表单中添加新方法的步骤如下：

① 在系统菜单中选择“表单”→“新建方法程序”命令，打开如图 9-14 所示的“新建方法程序”对话框。

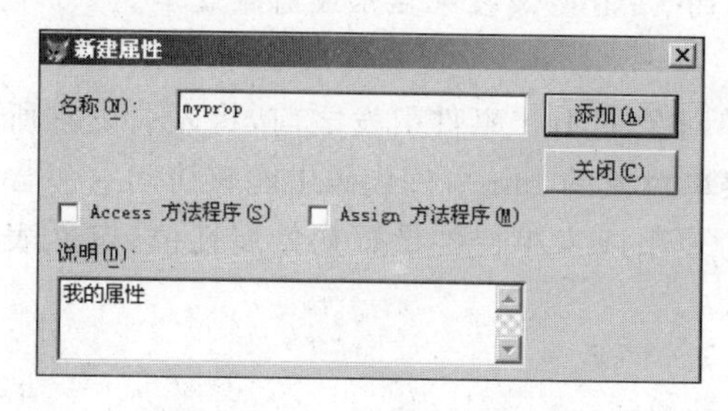

图 9-13 “新建属性”对话框

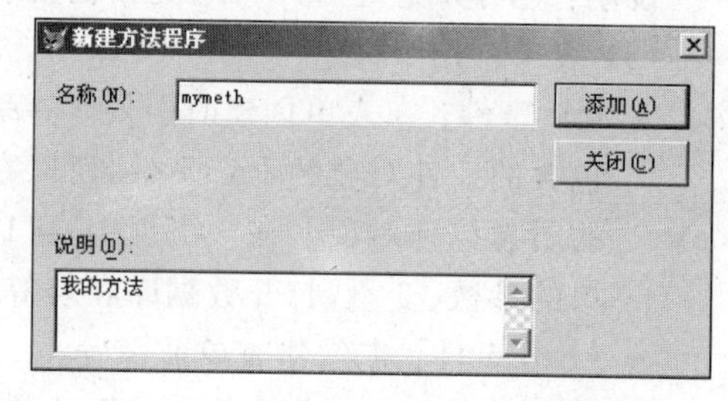

图 9-14 “新建方法程序”对话框

② 在“名称”框中输入方法名 mymeth。

③ 有选择地在“说明”框中输入新建方法的说明信息。新建的方法同样会在“属性”窗口的列表框中显示出来，可以双击它打开“代码编辑”窗口，然后输入或修改方法的代码。

要删除用户添加的属性或方法，在系统菜单中选择“表单”→“编辑属性/方法程序”命令，打开“编辑属性/方法程序”对话框，在对话框中选择不需要的属性或方法，然后单击“移去”按钮。

3. 保存表单

完成表单的设计工作后，可以将其保存起来供以后使用。若要保存表单，在表单设计器中，选择“文件”→“保存”菜单命令。表单保存为具有.scx 扩展名的文件。

4. 运行表单

保存表单后，可以运行该表单，看看它是如何工作的。运行表单的方法有以下 4 种：

① 在项目管理器中，从“文档”选项卡内选择要运行的表单，然后单击“运行”按钮。

② 选择“程序”→“运行”菜单命令，打开“运行”对话框，然后在“运行”对话框中选择要运行的表单文件，单击“运行”按钮。

③ 在命令窗口中执行命令：DO FORM <表单名>。

④ 在“表单设计器”窗口中，选择“表单”→“执行表单”菜单命令，或单击“常用”工具栏上的“运行”按钮。

注意：后两种方法必须在表单文件打开的情况下方可使用。

5. 修改表单

如果对创建的表单不满意，还可以在表单设计器中修改。利用表单设计器可以很容易地移动和调整控件的大小，复制或删除控件，对齐控件以及修改 Tab 键次序。其具体步骤是：先在项目管理器的“文档”选项卡中选定要修改的表单，然后单击“修改”按钮或直接双击表单名。

在设计或修改表单时，可以使用“表单设计器”工具栏，它提供了对常用命令和布局、对齐以及颜色控件的快速访问方法。

6. 使用表单集扩充表单

可以将多个表单包含在一个表单集中，作为一组处理。表单集具有以下优点：

- 可以同时显示或隐藏表单集中的全部表单。
- 可以直观地调整多个表单以控制它们的相对位置。
- 因为表单集中所有表单都是在单个.scx 文件中用单独的数据环境定义的，可以自动地同步改变多个表单中的记录指针，如果在一个表单的父表中改变记录指针，另一个表单中的子表记录指针也被更新。

(1) 创建表单集

表单集是包含有一个或多个表单的容器。可在表单设计器中创建表单集，若要创建表单集，在系统菜单中选择“表单”→“创建表单集”命令。

(2) 添加和删除表单

创建了表单集以后，可添加表单或删除表单。

若要向表单集中添加表单，可在系统菜单中选择“表单”→“添加新表单”命令。

若要从表单集中删除表单，操作步骤如下：

① 在“属性”窗口的对象列表框中，选择要删除的表单。

② 在系统菜单中选择“表单”→“移除表单”命令。

(3) 删除表单集

当表单集中只有一个表单时，可以删除表单集。方法是：在系统菜单中选择“表单”→“移除表单集”命令。

需要说明的是，移去表单集时不会删除表单。

9.2 控件概述

在“表单设计器”窗口中设计应用表单时，可以使用“表单控件”工具栏。在“表单控件”工具栏中包含了三类控件：标准控件、ActiveX 控件和自定义控件。

1. 标准控件

所谓标准控件，是指 Visual FoxPro 所提供的基类。但是在工具栏中显示的并不是所有 Visual FoxPro 系统提供的基类，只有独立的控件才能显示在其中（见图 9-10），而必须依附于其他控件的基类就无法通过表单控件工具栏来显示。

2. ActiveX 控件

ActiveX 控件是指文件扩展名为.OCX 的 OLE 自定义控件。它适用于 32 位开发工具与平台，这是 Microsoft 所定义的一个规范，可以使用它来扩展应用系统的功能。由于 Visual FoxPro 是 32 位开发工具，所以外挂了 ActiveX 控件到自己的开发环境中，使用时可像使用 Visual FoxPro 标准控件一样，直接设定所需要的对象。

使用 ActiveX 控件的步骤如下：

① 执行“工具”→“选项”菜单项，在“选项”对话框中选择“控件”选项卡并选定“ActiveX 控件”选项卡，如图 9-15 所示。

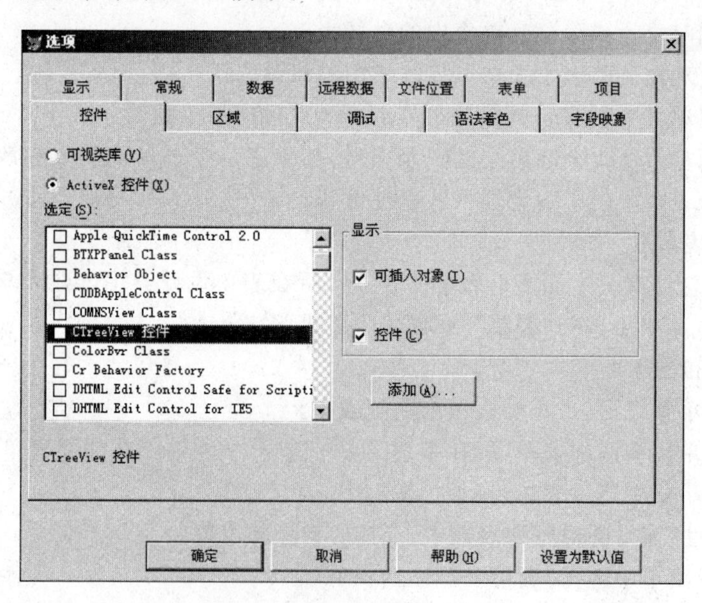

图 9-15 “ActiveX 控件”操作

② 在“ActiveX 控件”选项卡中选中需要使用的 ActiveX 控件，然后单击“确定”按钮，

关闭“选项”对话框。

③ 单击“表单控件”工具栏上的“查看类”按钮，打开如图 9-16 所示的菜单，选择“ActiveX 控件”，“表单控件”工具栏上将显示选定的 ActiveX 控件。此控件可以和其他的标准控件一样供用户使用。

3. 自定义控件

在“表单控件”工具栏中，除了可以显示 Visual FoxPro 所提供的标准控件和 ActiveX 控件外，还可以添加自定义的子类。在“表单控件”工具栏中单击“查看类”按钮，再在弹出的下拉式菜单中选择“添加”菜单项，最后在弹出的“打开”对话框中选择所用的类库文件名。

当添加了自定义的类库后，回到“表单控件”工具栏，可以发现显示了自定义的子类。在添加了自定义的类库后，“表单控件”工具栏中的“查看类”下拉式菜单中就会有已添加的类库文件名，如图 9-17 所示。

图 9-16　选择 ActiveX 控件

图 9-17　添加类库

9.3　登录表单

一个完整的数据库应用系统通常都包含“登录”界面，设置“登录”界面是出于对系统安全性的考虑，仅允许有权限的用户进入系统，所以在登录界面通常会要求用户输入用户名和密码，经过验证后方可进入系统。如果登录界面是系统运行后的首个界面，一般还会在其上显示该应用系统的基本信息，如系统名称、版本等。

如图 9-18 所示的登录表单是一个典型的登录界面。在表单中，使用了标签控件、文本框控件以及命令按钮控件。在介绍该表单的实现方法之前，首先介绍以上三种常用控件的使用方法。

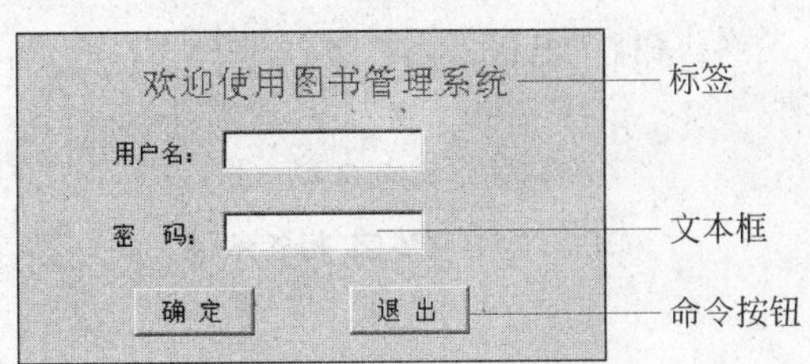

图 9-18　“登录”表单

9.3.1 标签(Label)控件

标签控件是非数据绑定型控件,不能与数据表或者其中的字段绑定,主要用于显示固定的文本信息。标签对象的名称默认为 Label1、Label2 等,可以在"属性"窗口中为标签对象的 name 属性设置新的值,以改变其默认名称。

标签虽然具有属性、事件和方法,也能够响应事件,但是标签主要用于表单的信息提示,因此通常只设置它的属性,很少使用它的方法和事件。

标签控件的常用属性如下。

- Caption:指定标签中的显示文本,最多允许 256 个字符。可以在设计时设置,也可以在程序运行时设置或修改。
- AutoSize:指定是否自动调整标签的大小。该属性如果为真,标签在表单中的大小由 Caption 属性中的文本长度决定;如果为假,其大小由 Width 和 Height 属性决定。
- BackStyle:设置标签的背景是否透明:0-透明,可看到标签后的内容;1-不透明(默认),背景由标签设置。
- ForeColor:设置标签中的文本颜色。
- BackColor:设置标签的背景颜色。
- FontBold:设置标签中的文本是否为粗体。
- FontItalic:设置标签中的文本是否为斜体。
- FontName:设置标签中的文本字体。
- FontSize:设置标签中的文本字号。
- WordWrap:指定文本显示时是否可换行。
- Alignment:指定文本在标签中的对齐方式:0-左对齐;1-右对齐;2-居中对齐。
- Name:标签对象的名称,是程序中访问标签对象的标识。

通过上述属性与标签的其他属性配合一般能够满足提示信息的各种要求,同时还能产生许多的特殊效果。

【例 9-2】 创建如图 9-19 所示的欢迎表单,并保存为 form1。

图 9-19 "立体字"标签示例

操作步骤如下:

① 新建表单

打开 bookroom 项目,在项目管理器的"文档"选项卡中选中"表单",单击"新建"按钮,在弹出的“新建”对话框中单击“新建表单”按钮,打开表单设计器。

② 设置表单属性

在“属性”窗口中设置表单对象的属性如下：

```
Width=450                  Height=150      AutoCenter=.T.
Caption="图书管理系统"     Name=Form1
```

③ 添加标签控件

在表单上添加两个标签控件 Label1 和 Label2。在“属性”窗口中设置标签控件的相关属性如下：

```
Label1:Caption="欢迎使用图书管理信息系统"   AutoSize=.T.
       BackStyle=0-透明  FontBold=.T.      FontSize=20
       ForeColor=255,255,128
Label2:Caption="欢迎使用图书管理信息系统"   AutoSize=.T.
       BackStyle=0-透明  FontBold=.T.      FontSize=20
       ForeColor=0,0,160
```

④ 调整控件位置

将 Label2 控件移动至 Label1 控件之上,二者略微错开一定距离,以便表单运行后呈现立体字效果。

⑤ 保存并运行表单。

9.3.2 文本框(TextBox)控件

文本框控件既可以用于输入信息,又可以用于输出信息。文本框控件作为数据绑定型控件使用时,通过设置 ControlSource 属性可以和数据源绑定,用于显示或编辑对应变量或字段的值;当其作为非数据绑定性控件使用(不设置 ControlSource 属性)时,则用于显示或接收单行文本信息,默认输入类型为字符型,最大长度为 256 个字符,除此以外,也可显示或接受数值型、日期型和逻辑型数据。文本框对象的默认名为 Text1、Text2 等。

1. 文本框控件的常用属性、事件和方法

文本框控件的常用属性如下：

- ControlSource：设置文本框的数据来源。一般情况下,可以利用该属性为文本框指定一个字段或内存变量。
- Value：该属性的值即为文本框当前显示的内容。如果没有为 ControlSource 属性指定数据源,Value 属性的初值决定了文本框中值的类型。初值为(无)、0、{}和.F.时,则对应的输入数据的类型分别为 C、N、D 和 L 型,其中(无)为 Value 的默认值。如果为 ControlSource 属性指定了数据源,该属性值与 ControlSource 属性指定的变量或字段的值相同。
- PassWordChar：在文本框中输入字符时显示的符号,通常用于密码的输入,例如

＊。该属性设置后，无论用户输入什么内容，文本框中均显示为该属性的值，但实际上文本框的 Value 属性值仍然是用户输入的内容。

- InputMask：设置文本框中输入值的格式和范围，其属性值是一个字符串。该字符串通常由一些所谓的模式符组成，每个模式符规定了相应位置上的数据的输入和显示行为。模式符的功能如表 9-5 所示。

表 9-5 InputMask 属性模式符的功能

模式符	功　能	模式符	功　能
X	任何字符	$$	在数值前面相邻的位置上显示当前货币符号
9	数字和正负号	*	在数值的左边显示星号 *
#	数字、空格和正负号	.	指定小数点的位置
$	在固定位置上显示当前货币符号	,	分隔小数点左边的数字串

- Format：指定 Value 属性数据的输入输出格式。其参数及意义如表 9-6 所示。

表 9-6 Format 属性模式符的功能

模式符	功　能	模式符	功　能
A	字符(非空格标点)	T	去头尾空格
D	当前日期格式	!	转换为大写字母
E	BRITISH 日期数据	^	用科学计数法显示数据
K	光标移入选择整个内容	$	显示货币符
L	数值数据加前导 0	R	屏蔽字符不放入控制源中
M	InputMask 属性中可放入输入选项表		

- ReadOnly：确定文本框是否为只读，为. T. 时，文本框的值不可修改。
- SelStart：文本框中被选择的文本的起始位置。
- SelLength：文本框中被选择的文本的字符数。
- SelText：文本框中被选择的文本内容。

文本框控件的常用事件如下：

- Interactivechange：文本框 Value 属性值发生变化时触发。
- Keypress：按下并释放键盘上的按键时触发。
- Lostfocus：失去焦点时触发。

文本框控件的常用方法是 Setfocus，用于使文本框控件获得焦点，即光标定位于该控件。

2. 文本框生成器

单击“表单控件”工具栏中的文本框控件，然后在表单上单击，得到一个空文本框。右

击该文本框，在弹出的快捷菜单中选择“生成器”选项，打开“文本框生成器”对话框。该对话框共有三个选项卡，分别如图 9-20、图 9-21 和图 9-22 所示，用户可以设置文本框中数据的数据类型、排列方式以及存储方向。

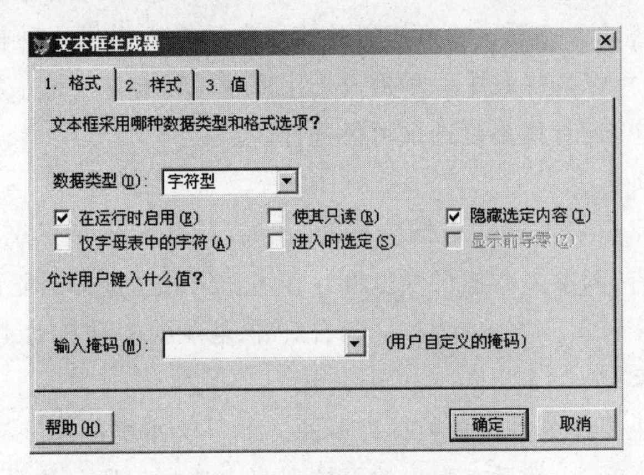

图 9-20 “格式”选项卡

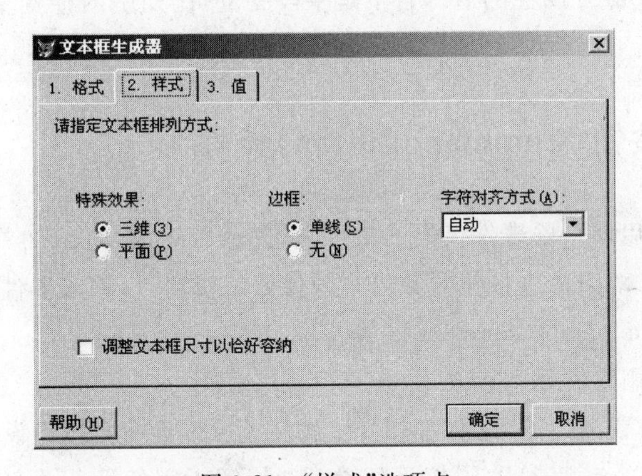

图 9-21 “样式”选项卡

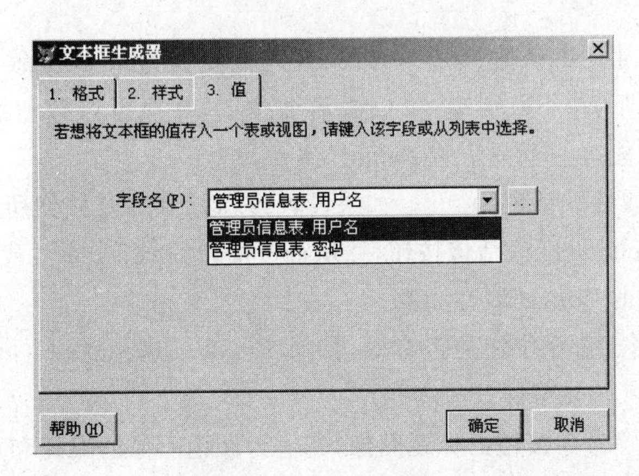

图 9-22 “值”选项卡

(1)“格式”选项卡

“格式”选项卡的主要功能之一是设置当前文本框的数据类型。如果数据源是字段变量，则自动使用字段变量的数据类型；如果是内存变量，则需要选择数据类型。

功能之二是设置输入掩码。输入掩码是给用户的输入提供一种输入控制，单击组合框右侧的下拉箭头，可以选择其中一种掩码。用户也可以自定义输入掩码。

在“格式”页面中，还有许多复选框可供选择。

(2)“样式”选项卡

“样式”选项卡是用来设置文本框款式的，比如，是平面还是三维，边框有无线条等。在该页面的最下面有“调整文本框尺寸以恰好容纳”复选框，选择该复选框后，可以自动调整文本框的大小。字符对齐方式有左对齐、右对齐、居中对齐和自动4种方式。

(3)“值”选项卡

“值”选项卡的主要任务是设置数据控制源。如果文本框的值来源于字段变量，单击“字段名”右侧的向下箭头，然后在弹出的下拉列表中选择字段。这种操作相当于为该文本框设置ControlSource属性的值。若不是字段变量，比如是内存变量，则直接在组合框中输入变量名即可。

9.3.3 命令按钮(CommandButton)控件

命令按钮用来启动一段事件代码的执行，以完成特定的功能，如关闭表单、移动记录指针、打印报表等。双击命令按钮对象可打开代码编辑窗口，输入事件代码。命令按钮对象的默认名称为command1、command2等。

命令按钮的常用属性如下：

- Caption：设置按钮的标题。同时，该属性还可以为命令按钮设置热键，若Caption属性中含有“\＜字符”，则按下组合键“ALT＋字符”，引发该命令按钮的Click事件。
- Default：该属性默认值为.F.。如果该属性设置为.T.，在命令按钮所在的表单激活的情况下，按Enter键，可以激活该按钮，并执行该按钮的Click事件代码。一个表单只能有一个按钮的Default属性为真。
- Cancel：该属性默认值为.F.。如果设置为.T.，在命令按钮所在的表单激活的情况下，按Esc键可以激活该按钮，并执行该按钮的Click事件代码。一个表单可以有多个按钮的Cancel属性为真。
- Enabled：确定命令按钮是否有效，如果Enabled属性为.F.，单击该按钮不会引发该按钮的Click事件。
- Picture：设置命令按钮的标题图像，其值为标题图像的路径和文件名。

命令按钮最常用的事件是Click。对于命令按钮的使用来说最重要的就是编写Click事件代码。

9.3.4 “登录”表单的实现

【例 9-3】 创建一个如图 9-18 所示的“登录”表单 logo.scx，要求当输入的用户名和密码正确时，弹出对话框显示“登录成功”，否则提示用户重新输入。

操作方法如下：

① 打开项目 Bookroom，在项目管理器的“文档”选项卡中选择“表单”，单击“新建”按钮，在弹出的“新建”对话框中单击“新建表单”按钮，打开表单设计器。

② 调整表单的大小并设置如下属性：

```
AutoCenter: .T.-真
BackColor: 174、224、148
TitleBar: 0-关闭
```

其他属性取默认值。

③ 加三个标签控件，并设置属性如表 9-7 所示。

表 9-7 例 9-3 控件属性设置

控件名	属性名	属 性 值	控件名	属性名	属 性 值
Label1	Caption	欢迎使用图书管理系统	Label2	AutoSzie	.T.一真
	FontName	隶书		BackStyle	0一透明
	FontSize	16	Label3	Caption	密码：
	AutoSzie	.T.一真		FontSize	10
	BackStyle	0一透明		AutoSzie	.T.一真
Label2	Caption	用户名：		BackStyle	0一透明
	FontSize	10			

④ 添加两个文本框，所有属性取默认值。

⑤ 添加两个命令按钮，并分别设置 Caption 属性为：确定、退出。

⑥ 打开数据环境设计器，将管理员信息表添加到表单的数据环境中。

⑦ 编写事件代码。

双击“确定”按钮或选择“确定”按钮后，在“属性”窗口中双击 Click Event 属性，系统将打开代码编辑器，在代码编辑器中输入如下代码：

```
If !Empty(Thisform.Text1.Value) And !Empty(Thisform.Text1.Value)
                                              && 判断文本框中内容是否为空
   Sele 管理员信息表                          && 将管理员信息表设置为当前表
   Locate For 用户名=Alltrime(Thisform.Text1.Value) And 密码=Alltrime
   (Thisform.Text2.Value)                     && 定位记录
   If Eof()                                   && 记录指针指向表末尾，即未找到记录
      Messagebox("用户名或密码错误，请重新输入！",64,"提示")
```

```
        Thisform.Text1.Value=""                    && 清空 Text1 中输入的内容
        Thisform.Text2.Value=""                    && 清空 Text2 中输入的内容
        Thisform.Text1.Setfocus()                  && 将光标定位到 Text1 中
    Else
        Messagebox("登录成功!",64,"提示")
    Endif
Else
    Messagebox("请输入用户名和密码!",64, "提示")
Endif
```

在“退出”按钮的单击事件中输入如下代码：

```
Thisform.Release
```

⑧ 在系统中选择“文件”→“保存” 菜单命令，或单击工具栏上的“保存”按钮，在“另存为”对话框中输入表单名：logo。

注意：当数据环境中添加了多张表或视图时，如果需要操作其中的某张表，需先使用 Select 命令将该表设置为当前表。

9.4 数据浏览表单

在使用数据库应用系统时，数据浏览是常用的基本操作，因此数据库应用系统都会给用户提供这项基本功能。在浏览过程中，可以顺序查看每一条记录，也可以按条件有选择地查看记录，还可以批量浏览记录。如图 9-23 所示的表单提供了逐条浏览记录的功能。

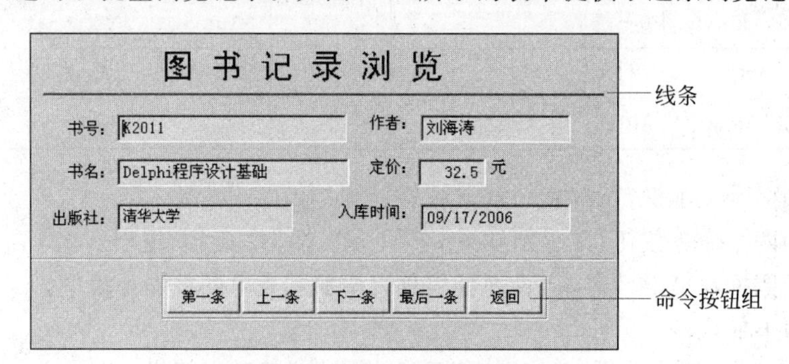

图 9-23 “图书记录浏览”表单

在“图书记录浏览”表单中包含了已经学习过的标签、文本框控件，也出现了一些新的控件，其中命令按钮组控件用于控制一组类似的操作，线条控件用于美化表单界面。

9.4.1 命令按钮组(CommandGroup)控件

命令按钮组是包含一组命令按钮的容器控件，可以将其作为一个整体来操作，也可以对其中的每一个命令按钮单独操作。在表单设计器中,为了选择命令按钮组中的某个按钮,以便为其单独设置属性、方法或事件,可采用下列两种方法:

① 从属性窗口的对象下拉列表中选择所需要的命令按钮。

② 右击命令按钮组,然后从弹出的快捷菜单中选择"编辑"命令,这样命令按钮组就进入编辑状态,用户可以通过单击来选择某个具体的命令按钮。

命令按钮组的默认名为 CommandGroup1、CommandGroup2 等。

1. 命令按钮组控件的常用属性和事件

命令按钮组的常用属性如下:

- ButtonCount:指定命令按钮组中命令按钮的数目,默认为 2。
- Value:在默认情况下,命令按钮组中的各个按钮被自动赋予一个编号,如 1、2、3 等,当运行表单时,一旦用户单击某个按钮,Value 属性将保存该按钮的编号,于是在程序中通过检测 Value 的值,就可以为相应的按钮编写特定的程序代码。

命令按钮组的常用事件是 Click。使用时,可以在命令按钮组的 Click 事件中编写事件代码,也可以在其中各个命令按钮的 Click 事件代码中分别编写事件代码。

2. 创建命令按钮组

首先单击"控件"工具栏中的命令按钮组控件,再在表单中单击,就会创建一个具有默认属性,含有两个垂直排列的命令按钮的命令按钮组。右击该命令按钮组,在快捷菜单中选择"生成器"命令,打开"命令组生成器"对话框,在"命令组生成器"对话框中有"按钮"和"布局"两个选项卡,如图 9-24 和图 9-25 所示。

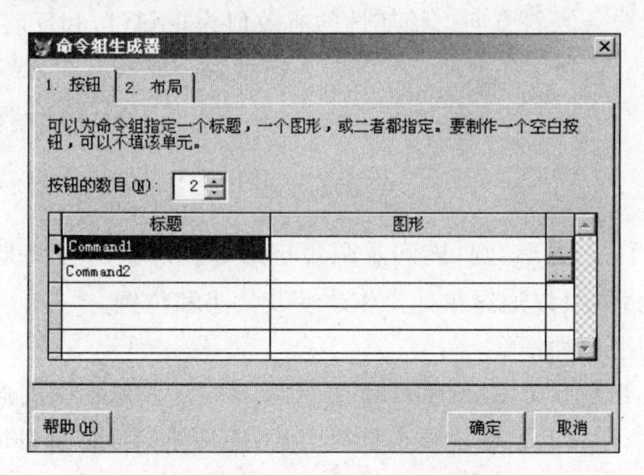

图 9-24　命令组生成器—"按钮"选项卡

在"按钮"选项卡中,可以指定命令按钮的数目(相当于指定命令按钮组的 Buttoncount 属性);在标题栏中可以为每个按钮指定标题(相当于指定每个按钮的 Caption 属性);也可以为每个按钮指定一个显示图形(相当于指定每个按钮的 Picture 属性)。在"布局"选项卡中,用户可以指定按钮的排列方向、按钮间的间隔及边框样式。

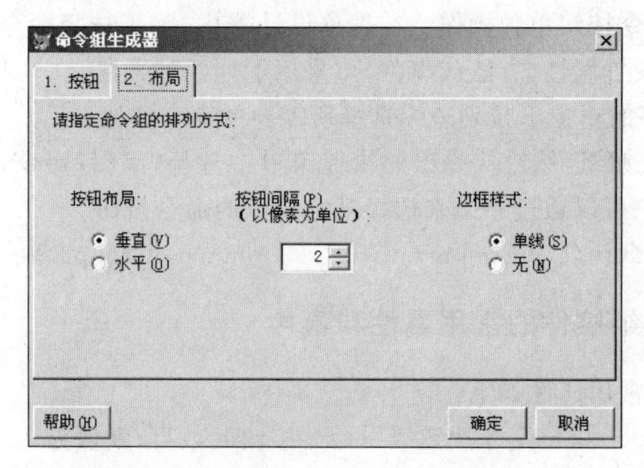

图 9-25　命令组生成器—“布局”选项卡

9.4.2　线条和形状控件

线条与形状控件的主要功能是在表单上绘制简单图形。

1. 线条控件

线条控件的功能是在表单上绘制一条直线。

在实际应用中,线条有三个常用的属性:

- BorderWidth:线宽。设置线条的宽度。
- LineSlant:线条倾斜方向。该属性的有效值为正斜(/)和反斜(\)。
- BorderStyle:线型。0-透明,1-实线,2-虚线,3-点线,4-点划线,5-双点划线,6-内实线。

2. 形状控件

形状可以是矩形、正方形、圆、椭圆及圆角矩形等。形状的样式是通过 Curvature 属性控制的,默认为矩形,可以通过鼠标操作改变其大小和位置。

形状控件的常用属性如下:

- Curvature:形状。0 表示直角,99 表示圆,0～99 表示不同的形状。
- FillStyle:填充类型。确定是否是透明的,还是使用一种背景填充。
- SpecialEffect:特殊效果。确定是平面还是三维的。仅当 Curvature 为 0 有效。

9.4.3　“图书信息浏览”表单的实现

【例 9-4】 设计一个具有图书记录浏览功能的表单 tsxg2.scx,如图 9-23 所示。该表单用命令按钮组来控制对图书信息表中记录的浏览。

① 打开项目 Bookroom,在项目管理器的“文档”选项卡中选择“表单”,单击“新建”

按钮，在弹出的“新建”对话框中单击“新建表单”按钮，打开表单设计器。

② 调整表单的大小并设置如下属性：

```
AutoCenter: .T.-真
TitleBar: 0-关闭
```

其他属性取默认值。

③ 添加数据环境，将图书信息表添加到表单的数据环境中。

④ 在数据环境设计器中，选择图书信息表中的字段，将其拖曳至表单中，此时，文本框的 ControlSource 属性自动与相关字段相关联，如图 9-26 所示。查看文本框的 ControlSource 属性，发现其值为对应的字段名，如图 9-27 所示。

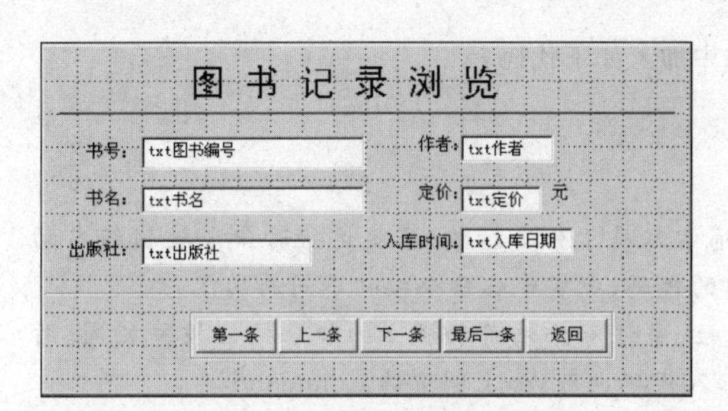

图 9-26　从数据环境中拖曳字段

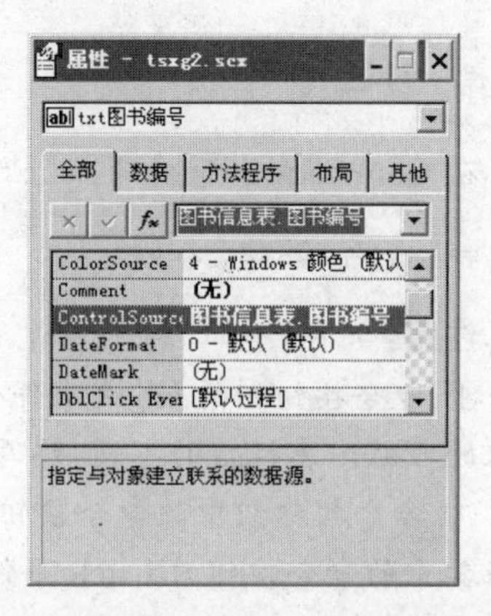

图 9-27　文本框的 Controlsource 属性设置

注意：也可以如图 9-23 所示，在表单中添加相关的标签、文本框控件，然后将文本框控件的 ControlSource 属性设置为对应的字段名，从而建立文本框与表中字段的关联。

⑤ 创建命令按钮组 CommandGroup1，该命令按钮组中包含 5 个命令按钮 Command1～Command5。属性设置如表 9-8 所示。

表 9-8　例 9-4 命令按钮组属性设置

控件名	属性名	属性值	控件名	属性名	属性值
CommandGroup1	ButtonCount	5	Command3	Caption	下一个
	AutoSzie	.T.	Command4	Caption	最后一个
Command1	Caption	第一个	Command5	Caption	返回
Command2	Caption	上一个			

⑥ 为命令按钮组编写事件代码：

在 CommandGroup1 的 Click 事件中加入如下代码：

```
sel=This.Value      && 获取命令按钮组的 value 属性值，判断当前单击了哪一个命令按钮
Do Case
  Case sel=1        && 单击"第一条"命令按钮
```

```
    Go Top
  Case sel=2                                    && 单击"上一条"命令按钮
    If !Bof()
      Skip -1
    Endif
  Case sel=3                                    && 单击"下一条"命令按钮
    If !Eof()
      Skip 1
    Endif
  Case sel=4                                    && 单击"最后一条"命令按钮
    Go Bottom
Endcase
Thisform.Refresh
```

在Command5(返回)的click事件中加入如下代码:

```
Thisform.Release
```

注意:

① 命令按钮组的Click事件代码通常都属于分支结构,根据运行时命令按钮组自动获取的Value属性值的不同,编写不同的代码,以实现各命令按钮不同的功能。

② 命令按钮组中的命令按钮的属性、事件和方法都和独立的命令按钮控件相同,所以在其中的命令按钮的Click事件中加入代码也可,如上例中的Command5。

9.5 添加记录表单

数据库应用系统除了要提供数据浏览功能外,数据的输入功能也是其重要的组成部分。数据库中的数据往往都是由用户从外部输入的,数据的内容和类型有多种多样。有些数据只有两个或者固定的几个值,如职称、性别等,有的数据有一定取值范围,如成绩等。在设计表单时就应根据数据的这些特性对数据输入进行初步的分类。不同类型的数据选择不同的输入控件,以方便用户使用,减少录入错误。

数据录入表单中包含的控件类型种类较多,如图9-28所示。

表单中除了有标签、文本框和命令按钮控件等常规控件之外,还加入选项按钮组控件用于进行“性别”数据的单项选择,复选框控件用于逻辑型字段值的输入,编辑框控件用于长文本的输入。

9.5.1 编辑框(EditBox)控件

编辑框控件用于显示或编辑多行文本信息。编辑框实际上是一个完整的简单字处理器,在编辑框中,能够选择、剪切、粘贴、复制正文;可以实现自动换行;能够有自己的垂直滚动条。在表单设计过程中,遇到需要输入或者显示大段文本,则应该选用编辑框控件,

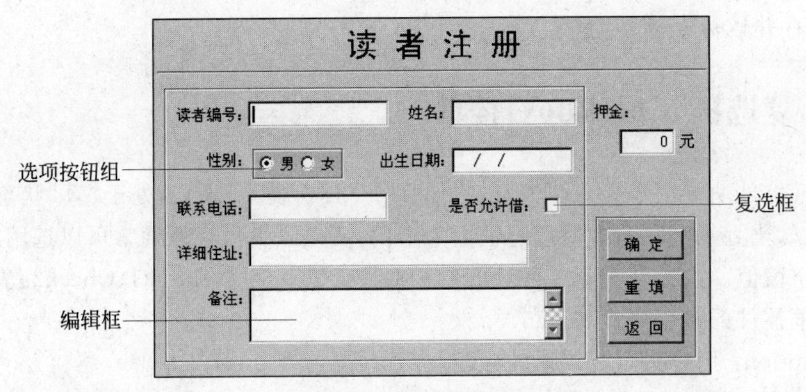

图 9-28 “读者注册”表单

所以与备注型字段相对应的控件通常选择编辑框。通过表单控件工具栏创建的编辑框控件的默认名是 Edit1、Edit2 等。

编辑框控件的常用属性如下：

- ControlSource：设置编辑框的数据源，一般为数据表的备注字段。
- Value：保存编辑框中的内容，可以通过该属性来访问编辑框中的内容。
- SelText：返回用户在编辑区内选定的文本，如果没有选定任何文本，则返回空串。
- SelLength：返回用户在文本输入区中所选定字符的数目。
- ReadOnly：确定用户是否能修改编辑框中内容。
- Scrollbars：指定编辑框是否具有滚动条，当属性值为 0 时，编辑框没有滚动条，当属性值为 2(默认值)时，编辑框包含垂直滚动条。

【例 9-5】 创建表单如图 9-29 所示。在该表单中能够将左边编辑框中的选择内容复制到右边文本框中。

图 9-29 编辑框内容复制表单

设计和操作步骤如下：

① 设计表单。

表单包含下列对象：编辑框 Edit1 和 Edit2，命令按钮 Command1。

② 设置对象属性如表 9-9 所示。

表 9-9 例 9-5 控件属性设置

控件名	属性名	属性值	控件名	属性名	属性值
Eidt1	Format	K	Eidt2	Scrollbar	0-无
	Value	VFP6.0 是 MicroSoft 公司的关系数据库管理系统	Command1	Caption	->

③ 编写事件代码。

Command1 的 Click 事件代码：

```
This.Parent.Edit2.Value=This.Parent.Edit1.SelText
                                 && 将 Edit1 中选定内容复制到 Edit2 中
```

④ 保存并运行表单。

9.5.2 复选框(CheckBox)控件

复选框控件功能用于标识两值状态,如真(.T.)或假(.F.),当处于“真”状态时,复选框内显示√,当处于“假”状态时复选框内为空白,所以逻辑型字段通常可以选用复选框控件表示其字段值。由控件工具栏创建的复选框控件默认名为Check1、Check2等。

复选框控件的常用属性如下:

- Caption:用来指定复选框的标题。
- Value:用来指明复选框的当前状态。复选框的Value属性的值有三种:
  0或.F.—未选中(默认值)
  1或.T.—选中
  >=2或null—不确定(只在代码中有效)
- ControlSource:用于指定复选框的数据源。作为数据源的字段变量或内存变量,其类型可以是逻辑性或数值型。对于逻辑变量,值.F.、.T.和null分别对应复选框的“未选中”、“选中”和“不确定”状态;对于数值型变量,值0、1、>=2(或null)分别对应复选框的“未选中”、“选中”和“不确定”状态。用户对复选框的操作结果会自动存储到数据源变量以及Value属性中。

需要说明的是复选框的“不确定”状态与“不可选”状态(Enabled属性值为.F.)不同,“不确定”状态只表明“复选框”的当前状态不属于两个正常状态值中的一个,但用户仍能对其进行操作,而“不可选”状态则表明用户现在不能对它进行操作。

复选框控件的常用事件是Click事件。

9.5.3 选项按钮组(OptionGroup)控件

选项按钮组控件是一种包含选项按钮的容器。一个选项按钮组中往往有若干个选项按钮,但用户只能从中选择一个按钮。当用户单击某个选项按钮时,该按钮即成为“选中”状态,而选项组中的其他选项按钮,不管原来是什么状态,都变为“未选中”状态。当字段值为固定的两个值时,如性别,或者多选一状态下,可以选用选项按钮组控件。选项按钮组控件的默认名是OptionGroup1、OptionGroup2等,选项按钮组中的选项按钮的默认名是Option1、Option2等。

1. 选项按钮组控件的常用属性和事件

选项按钮组控件的常用属性如下。

- ButtonCount:指定选项按钮组中选项按钮的数目,其默认值为2,即包含两个选项按钮。用户可以通过改变该属性的值来重新设置选项按钮组中选项按钮的数目。
- Value:用于指定选项组中哪个选项按钮被选中。该属性值的类型可以是数值型的，也可以是字符型的。若为数值型值 N，表示选项组中第 N 个选项按钮被选中；若为字符型值 C，则表示选项组中 Caption 属性值为 C 的选项按钮被选中。程序中可以通过检测 Value 的值来判断用户选择了哪个选项按钮。

- ControlSource：指定选项按钮组数据源。作为选项按钮组数据源的字段变量或内存变量，其类型可以是数值型或字符型。当数据源是字符型数据时，其值与被选中选项按钮的 Caption 属性的值一致；当数据源是数值型数据时，其值是被选中的选项按钮的序号。

选项按钮组控件的常用事件是 Click 事件，其事件代码结构多为分支结构。

2. 选项按钮的属性和事件

选项按钮由一个圆形框和标题文字组成，当它处于选中状态时，圆形框中有一黑点，否则为空白。选项按钮的常用属性如下。

- Caption：用于指定选项按钮的标题。
- Value：其类型可以是逻辑型或数值型。对于逻辑变量，值.F.和.T.分别对应“未选中”和“选中”两种状态；对于数值型变量，值 0 和 1 分别对应“未选中”和“选中”状态。

选项按钮的常用事件也是 Click 事件，其事件代码结构为单分支或双分支结构。

3. 创建选项按钮组

首先单击“控件”工具栏的“选项按钮组”按钮，再在表单中单击，就会创建一个具有默认属性、只有两个垂直排列的选项按钮的选项按钮组。右击该选项按钮组，在快捷菜单中选择“生成器”命令，打开“选项按钮组生成器”对话框。在“选项按钮组生成器”对话框中有“按钮”、“布局”和“值”三个选项卡，其中“按钮”和“布局”选项卡内容和操作与命令按钮组生成器类似，“值”选项卡用于设置选项按钮组对应的数据源字段。

【例 9-6】 设计如图 9-30 所示的“读者阅读倾向调查”表单。

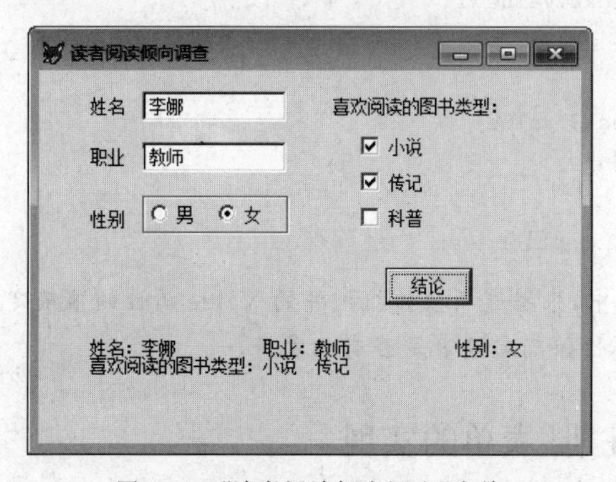

图 9-30 “读者阅读倾向调查”表单

设计和操作步骤如下：

① 创建如图 9-30 所示表单界面。在表单中添加 5 个标签、2 个文本框、1 个选项按钮组、3 个复选框和 1 个命令按钮。

② 设置对象属性如表 9-10 所示。

表 9-10　例 9-6 控件属性设置

控件名	属性名	属性值	控件名	属性名	属性值
Label1	Caption	姓名	OptionGroup1	ButtonCount	2
Label2	Caption	职业	Option1	Caption	男
Label3	Caption	性别	Option2	Caption	女
Label4	Caption	喜欢阅读的书籍	Check1	Caption	小说
Label5	Caption	(空白)	Check2	Caption	传记
	Wordwrap	. T.	Check3	Caption	科普
Command1	Caption	结论			

③ 为命令按钮编写事件代码。

在 Command1 的 Click 事件中加入如下代码:

```
str="姓名:"+thisform.text1.value+"职业:"+thisform.text2.value+"  性别:"
if thisform.optiongroup1.value=1
    str=str+"男"+"喜欢阅读的图书类型:"
else
    str=str+"女"+"喜欢阅读的图书类型:"
endif
if thisform.check1.value=1
    str=str+"小说  "
endif
if thisform.check2.value=1
    str=str+"传记  "
endif
if thisform.check3.value=1
    str=str+"科普  "
endif
thisform.label2.caption=str
```

说明:在该程序中,根据选项按钮组控件的 Value 属性的值确定读者的性别,根据复选框控件的 Value 属性值确定读者是否有此爱好。

9.5.4　"读者注册"表单的实现

【例 9-7】　创建一个如图 9-28 所示的"读者注册"表单 dzlr. scx,用于向 Readerinfo 表中插入新记录。

在该表单中,“性别”字段的对应控件是选项按钮组,“是否允许借”字段的对应控件为复选框,“备注”字段的对应控件是编辑框。当单击“确定”按钮时,表单中各控件的值存入到表 Readerinfo 的对应字段中;当单击“重填”按钮时,清空表单控件中的值;单击“返回”按钮,释放表单。

操作步骤如下:

① 打开项目 Bookroom,在项目管理器的“文档”选项卡中选择“表单”,单击“新建”按钮,在弹出的“新建”对话框中单击“新建表单”按钮,打开表单设计器。

② 调整表单的大小并设置如下属性:

```
AutoCenter: .T.-真
TitleBar: 0-关闭
```

其他属性取默认值。

如图 9-28 所示添加相关的控件,并如表 9-11 所示设置相关属性。

表 9-11　例 9-7 控件属性设置

控件名	属性名	属性值	控件名	属性名	属性值
OptionGroup1	ButtonCount	2	Check1	Caption	是否允许借:
	AutoSzie	.T.		Alignment	1-右
Option1	Caption	男	Command1	Caption	确定
Option2	Caption	女	Command2	Caption	重填
Text3	Value	{}	Command3	Caption	返回
Text6	Value	0			

另外,在选项按钮组 OptionGroup1 的“生成器”对话框中设置“布局”为“水平”。

注意:文本框 Text3 用于保存出生日期,所以将其 Value 属性的初值设置为{}。文本框 Text6 用于保存押金,所以将其 Value 属性的初值设置为 0。

③ 在数据环境中添加表 Readerinfo。

④ 为命令按钮编写事件代码:

在 Command1 的 Click 事件中加入如下代码:

```
Select readerinfo
If Thisform.Text1.Value=="" .Or. Thisform.Text2.Value=="";
   .Or. Thisform.Text4.Value=="" .Or. Thisform.Text5.Value==""
  Messagebox("请输入完整的必要信息!",64,"提示")
Else
  Append Blank                                    && 在表尾追加一条空记录
  Repl 读者编号 With Thisform.Text1.Value         && 输入每个字段的值
  Repl 姓名 With Thisform.Text2.Value
  Repl 出生日期 With Thisform.Text3.Value
  Repl 联系电话 With Thisform.Text4.Value
  Repl 详细住址 With Thisform.Text5.Value
```

```
  Repl 押金 With Thisform.Text6.Value
  Repl 备注 With Thisform.Edit1.Value
  Repl 注册日期 With Date()
  If Thisform.Optiongroup1.Value=1        && 根据选项按钮组的值,输入字段"性别"的值。
    Repl 性别 With "男"
  Else
    Repl 性别 With "女"
  Endif
  If Thisform.Check1.Value=1      && 根据复选框的值,确定字段"是否允许借"的值。
    Repl 是否允许借 With .T.
  Else
    Repl 是否允许借 With .F.
  Endif
  Thisform.Command2.Click         && 触发 command2 的 click 事件,清空文本框和编辑框
Endif
```

说明:虽然文本框、编辑框、选项按钮组等控件均可以和字段绑定,但是在该表单中并未设置其 ControlSource 属性,所以需要通过 Replac 命令把用户输入的内容替换到新记录中。

在 Command2 的 Click 事件中加入如下代码:

```
Thisform.Text1.Value=""
Thisform.Text2.Value=""
Thisform.Text3.Value={}
Thisform.Text4.Value=""
Thisform.Text5.Value=""
Thisform.Text6.Valuc=0
Thisform.Edit1.Value=""
Thisform.Text1.Setfocus
```

说明:上述代码用于清空文本框和编辑框中的内容,并使光标定位于 Text1 中,便于用户再次输入。

在 Command3 的 Click 事件中加入如下代码:

```
Thisform.Release
```

⑤ 保存表单并运行。

9.5.5 微调(Spinner)控件和"读者注册"表单的优化

1. 微调控件的常用属性和事件

微调控件是一种用来调整一定增量的按钮,图 9-28 中的"押金"文本框就可以用微调控件来替换。这样,在微调控件中可以先设计一个初始值,然后通过单击上下箭头来改变输入的押金数值。微调控件没有生成器来帮助设置其属性,该控件的常用属性如下。

• ControlSource：数据控制源，可以是字段变量，也可以是内存变量。
• Increment：增量。用户每次单击向上或向下按钮所增加或减少的值。
• KeyboardHighValue：键盘输入的最大值。
• KeyboardLowValue：键盘输入的最小值。
• SpinnerHighValue：单击向上按钮时，微调控件能显示的最大值。
• SpinnerLowValue：单击向下按钮时，微调控件能显示的最小值。
• Value：微调控件所显示的值。

微调控件常用的事件如下。

• InteractiveChange：当微调控件的 Value 属性值发生变化时触发。
• UpClick：单击微调控件的向上箭头时触发。
• DownClick：单击微调控件的向下箭头时触发。

2. "读者注册"表单的优化

【例 9-8】 修改如图 9-28 所示的读者注册表单为如图 9-31 所示的表单。要求利用微调控件调整"押金"和"出生日期"的输入值。

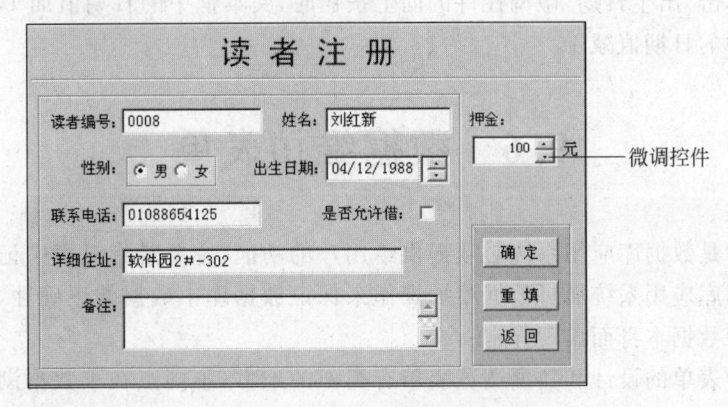

图 9-31 优化的"读者注册"表单

操作步骤如下：

① 在项目管理器中，选择"文档"→"表单"→dzlr，单击"修改"按钮，打开表单设计器。

② 删除表单中的"押金"文本框 Text6，添加微调控件 Spinner1。

微调控件 Spinner1 的属性设置为：

```
Increment-10                Value-50
KeyboardHighValue-200       KeyboardLowValue-50
SpinnerHighValue-200        SpinnerLowValue-50
```

③ 添加微调控件 Spinner2。

将微调控件 Spinner2 调整其成为只有向上向下按钮部分，放置到"出生日期"文本框内的右部，并贴紧。设置微调控件的 BorderStyle 属性为 0，表示没有边框。

注意：这里用微调控件调整"出生日期"字段的值属于组合控件应用范畴，因为微调控件本身不能修改非数据类型的变量值，但可以通过 UpClick 和 DownClick 事件来调整其值。

④ 编写事件代码。

为微调控件 Spinner2 的 UpClick 事件添加如下代码：

```
ThisForm.Text3.Value =ThisForm.Text3.Value+1        && 出生日期值加 1
ThisForm.Refresh
```

为微调按钮 Spinner2 的 DownClick 事件添加如下代码：

```
ThisForm.Text3.Value =ThisForm.Text3.Value-1        && 出生日期值减 1
ThisForm.Refresh
```

当然，要实现表单中各命令按钮的功能，还需要修改命令按钮的 Click 事件代码，这比较简单，本书就不赘述了。

⑤ 保存表单并运行。

表单运行后，当单击"押金"微调控件的向上按钮时，押金值加 10，单击向下按钮时，押金值减 10。当押金值超过 200 或者低于 50 时，屏幕右上角出现"提示框"，指出正确的输入范围。单击"出生日期"微调控件的向上按钮时，文本框中的日期值加 1，单击向下按钮时文本框中的日期值减 1。

9.6 数据维护表单

数据维护是数据库应用系统必须提供给用户的功能，主要是指对表中记录进行更新和删除。数据库应用系统通过数据维护操作来保证数据库中数据的正确性，防止系统运行过程中因为数据本身而出现异常。

数据维护表单的设计和数据浏览表单有类似的地方，不同点在于数据浏览只提供数据的查看而不能修改，数据维护表单用于修改记录和删除记录。对数据进行维护首先要找到需要更新或删除的记录，所以数据维护表单必须提供按条件定位的功能。在数据维护表单中有时使用文本框，让用户直接输入定位条件，有时使用列表框和组合框控件，它们可以提供一组数据以供用户选择，以免用户输入错误的值以致定位失败。

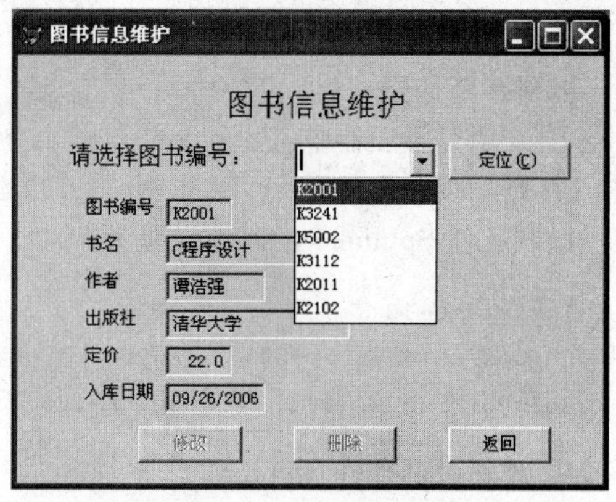

图 9-32 "图书信息维护"表单

本节将以如图 9-32 所示的"图书信息维护"表单为例，介绍数据库应用系统中数据维护功能的实现。在此之前，首先介绍该表单中将要使用的两个新控件——列表框控件和组合框控件。

9.6.1 列表框(ListBox)控件

列表框控件提供一组条目(数据项),用户可以从中选择一个或多个条目。当条目较多显示空间不够的情况下,可以通过滚动条操作查看其他未显示的条目内容。

1. 列表框控件的常用属性和事件

列表框控件的常用属性如下:

- RowSourceType:指明列表框数据源的类型。
- RowSource:指定列表框的数据源。它常与 RowSourceType 属性搭配使用,如表 9-12 所示。

表 9-12 RowSourceType 和 RowSource 属性的常用搭配

RowSourceType 属性值	RowSource 属性
0—无(默认)	无(默认)
1—值,列出在 RowSource 属性中指定的所有数据项	可以是用逗号隔开的若干数据项的集合
2—别名,顺序列出指定表各字段的值	打开的表的别名
3—SQL 语句,列出查询结果	一条 SQL 查询命令
4—查询(.QPR),列出查询文件执行结果	查询文件路径和文件名
5—数组,列出数组的所有元素	使用一个已定义的数组名
6—字段,列出指定字段的值	字段名,多个字段之间用逗号隔开
7—文件,列出指定目录的文件清单	磁盘驱动器或文件目录
8—结构,列出数据表的结构	表名

注意:列表框中数据条目内容和编辑框、文本框不同,不能由用户在表单上直接输入,而是由 RowSourceTyp 和 RowSource 这一对属性决定的,属性设置后,条目的增删只能通过 AddItem 和 RemoveItem 方法程序实现。

- ColumnCount:指定列表框的列数。

说明:无论 RowSourceTyp 和 RowSource 属性如何设置,列表框的显示列数都由 ColumnCount 属性来决定,如图 9-33 中的列表框(2)和列表框(3)。

列表框上述属性设置的实例见表 9-13,运行结果参见图 9-33。

表 9-13 RowSourceType、RowSource 和 ColumnCount 属性运用举例

RowSourceType	RowSource	ColumnCount	运行结果
1	人民币,美元,港币,欧元	0(默认)	图 9-33 中的列表框(1)
2	Booksinfo	2	图 9-33 中的列表框(2)
3	Sele 图书编号,出版社,定价 from Booksinfo into cursor temp	2	图 9-33 中的列表框(3)
6	作者,书名	2	图 9-33 中的列表框(4)

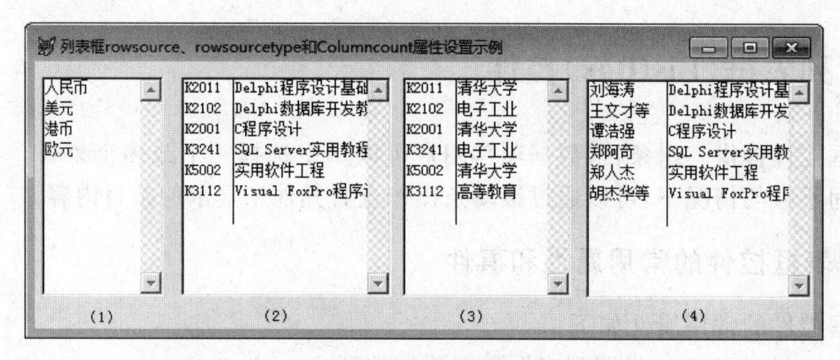

图 9-33　列表框属性设置示例运行结果

- List：用以存取列表框中数据条目的字符串数组。
- ListCount：列表框中数据条目的个数。该属性在设计时不可用，在运行时只读。在程序中可以通过 ListCount 属性和 List 属性遍历每个数据项。例如，下面的程序段可以输出列表框中各个数据条目的内容。

```
For i=1 To ListCount
    ?List(i)
Next
```

- Value：返回列表框中被选中的条目内容。该属性可以是数值型，也可以是字符型。若为数值型，返回的是被选条目在列表框中的次序号；若为字符型，返回的是被选条目本身的内容。
- ControlSource：该属性在列表框中的用法与其他控件中的用法有所不同，在这里，用户可以通过该属性指定一个字段或变量用以保存用户从列表框中选择的结果。
- Selected：该属性是一个逻辑型数组，第 i 个数组元素代表第 i 个条目，如果 Selected(i)值为真(.T.)表示该条目被选中，为假(.F.)表示该条目未被选中。该属性在设计时不可用，在运行时可读写。
- MultiSelect：指定用户能否在列表框控件内进行多重选择。默认值是 0 或.F.，表示不能多重选择；1 或.T.表示允许多重选择。在选择多个条目时，按住 Ctrl 键并单击条目。该属性在设计时可用，在运行时可读写，仅适用于列表框。列表框控件的常用事件是 Click 事件和 InteractiveChange 事件。

2. 列表框控件的常用方法

- Additem：增加数据项。
- Removeitem：移去数据项。
- Clear：移去所有数据项。
- Requery：当 RowSourceType 为 3 和 4 时，根据 RowSource 中的最新数据重新刷新数据项。

3. 列表框控件的创建

首先单击“控件”工具栏中的“列表框”按钮，再在表单中单击，在表单中出现一个列表框。为了简化属性设置操作，可以右击列表框，在快捷菜单中选择“生成器”命令，打开“列表框生成器”对话框，在“列表框生成器”对话框中设置列表框的属性。“列表框生成器”对话框如图 9-34 所示。

在“列表项”选项卡中，用户可以确定列表框中显示数据项的类型和来源。在“用此填充列表”下拉列表中有三个选项，其中“表或视图中的字段”表示将表或视图的字段作为列表中的数据项，如果选择此项，可从“数据库和表”列表框中选择一个表，并从“可用字段列表”中选择作为列表项的字段，单击向左的箭头按钮，加入到“选定字段”列表。用户可以选择多个字段，如果选择多个字段，列表框自动多列显示。

在“样式”选项卡中可以定义列表框显示的格式和显示的行数。

在“布局”选项卡中可以调整列表框的列宽和行高。

在“值”选项卡中可以指定一个字段或变量，用以保存从列表框中选择的结果。

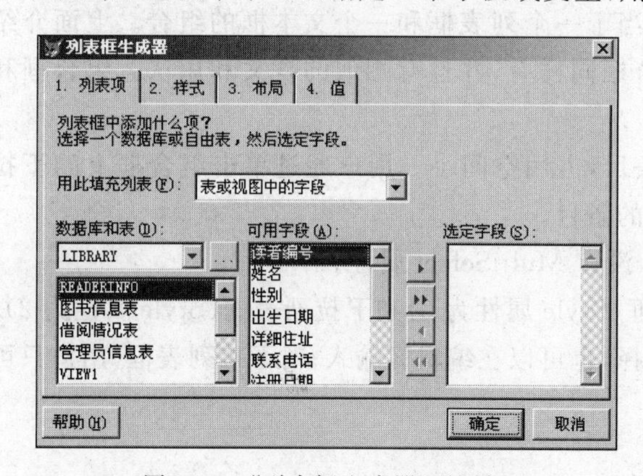

图 9-34 “列表框生成器”对话框

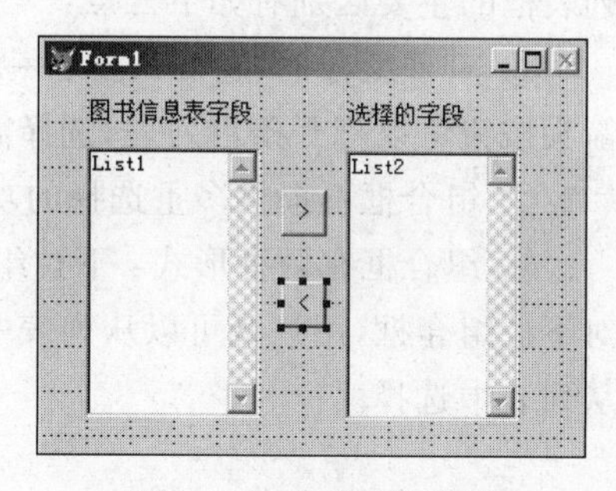

图 9-35 列表框的应用

【例 9-9】 按图 9-35 所示设计一个表单。要求表单运行时，List1 列表框显示图书信息表的所有字段，单击向右箭头按钮时，List1 中选择的字段移到 List2 中；单击向左箭头按钮时，List2 中内容复制到 List1 中。

操作步骤如下：

① 按图 9-35 所示在表单中加入 2 个列表框、2 个标签、2 个命令按钮，设置它们的相关属性。

② 在表单的 Init 事件中加入如下代码：

```
Thisform.List1.Value=0
Thisform.List2.Value=0
Open Database Library
Use Booksinfo
For i=1 To Fcount()                          &&Fcount()函数用于计算数据表中字段个数
  Thisform.List1.Additem(Fields(i))          && 将表 Booksinfo 中各个字段添加到 List1 中
```

```
Next
Close Database
```

③ 在向右箭头按钮(Command1)的 Click 事件中加入如下代码：

```
Thisform.List2.Addlistitem(Thisform.List1.List (Thisform.List1.Value))
        && 将 List1 中选定字段添加到 List2 中,其中 List(i)属性为数组属性
Thisform.List1.Removeitem(Thisform.List1.Value)
        && 将 List1 中选定字段移除
```

向左键头按钮(Command2)的 Click 事件代码请用户自行编写。

9.6.2 组合框(ComboBox)控件

列表框控件通常会在表单中占有比较大的空间,所以有时会给表单的布局带来麻烦。为此,Visual FoxPro 提供了另一种与列表框类似的控件——组合框控件。组合框控件也是提供一组条目供用户从中选择,它相当于一个列表框和一个文本框的组合。上面介绍的有关列表框的属性、方法和事件,组合框同样有,并且有相似的含义和用法。组合框和列表框的主要区别有如下三点：

① 对于组合框,通常只显示一个条目,占用空间小。用户通过单击组合框上的下拉箭头按钮可以打开条目列表,选择需要的条目。

② 组合框不提供多重选择的功能,没有 MultiSelect 属性。

③ 组合框有两种形式：下拉组合框(Style 属性为 0)和下拉列表框(Style 属性为 2)。对下拉组合框,用户既可以从列表中选择,也可以在编辑区输入;对下拉列表框,用户只可从列表中选择。

9.6.3 “图书信息维护”表单的实现

【例 9-10】 图书信息维护表单的设计。

利用 Visual FoxPro 提供的表单设计器设计一个表单,如图 9-36 所示,用于完成对图书信息的定位、修改和删除操作,要求必须先定位,方可进行其他操作。

设计过程如下：

① 执行“文件”→“新建”菜单命令,打开表单设计器。

② 在表单设计器中,右击,在弹出的快捷菜单中选中“数据环境”,同时打开“数据环境设计器”窗口和“添加表或视图”对话框。

③ 在“添加表或视图”对话框中选择“图书信息表”,将表添加到数据环境中,然后单击“关闭”按钮。

④ 在表单上添加控件并设置属性。

在数据环境中,按住图书信息表中“字段”左边的图标,拖放至表单,可产生如图 9-36 所示的效果,文本框的 ControlSource 属性已经自动设置完毕。

图 9-36 例 9-10 的设计界面

其他控件设置情况如表 9-14 所示。

表 9-14 例 9-10 控件属性设置

控件名	属性名	属性值	控件名	属性名	属性值
Form1	Caption	图书信息维护	Label2	Caption	请选择图书编号：
Label1	Caption	图书信息维护		Autosize	.T.
	Autosize	.T.	Command1	Caption	定位(\<C)
Combo1	RowSourceType	6—字段	Command2	Caption	修改
	RowSource	图书信息表.图书编号	Command3	Caption	删除
			Command4	Caption	返回

⑤ 编写事件代码。

在表单 Form1 的 Init 事件中加入如下代码：

```
Thisform.txt图书编号.readonly=.T.
Thisform. txt书名.readonly=.T.
Thisform. txt作者.readonly=.T.
Thisform. txt出版社.readonly=.T.
Thisform. txt定价.readonly=.T.
Thisform. txt入库日期.readonly=.T.
Thisform.Command2.enabled=.F.
Thisform.Command3.enabled=.F.
```

上述代码用于初始化表单，使文本框中的内容是只读的，在单击“修改”按钮前不可改动，并使“修改”按钮、“删除”按钮处于“不可用”状态。

在“定位”命令按钮(Command1)的 Click 事件中加入如下代码：

```
Thisform.init                          && 执行 Form1 的 Init 事件代码
Thisform.Command2.Enabled=.T.          && 使得"修改"按钮可用
```

```
Thisform.Command3.Enabled=.T.          && 使得"删除"按钮可用
Thisform.Refresh                       && 刷新表单,在文本框中显示当前记录的值
```

在“修改”命令按钮(Command2)的 Click 事件中加入如下代码:

```
Thisform.txt图书编号.readonly=.F.
Thisform. txt书名.readonly=.F.
Thisform. txt作者.readonly=.F.
Thisform. txt出版社.readonly=.F.
Thisform. txt定价.readonly=.F.
Thisform. txt入库日期.readonly=.F.
Thisform.Command2.enabled=.F.
```

上述代码使得表单中的文本框内容可被修改,同时使“修改”命令按钮重新置于“不可用”状态。由于文本框控件均与表中字段绑定,所以用户修改后的内容会直接保存在表中。

在“删除”命令按钮(Command3)的 Click 事件中加入如下代码:

```
mb=Messagebox("确定要删除吗?",4+32)
if mb==6
  Delete
  If Eof()
    Go Top
  Else
    Skip
  Endif
  Thisform.Refresh
Endif
Thisform.Command3.Enabled=.F.
```

上述代码执行逻辑删除,并使“删除”按钮恢复至“不可用”状态。

在“返回”命令按钮(Command4)的 Click 事件中加入如下代码:

```
Thisform.Rlease
```

⑥ 保存表单文件为 tsxg. scx,并运行表单。

9.7 查询统计功能表单

数据录入、数据维护表单可以用来向数据表中插入数据,并保证其中数据的正确性。但是人们开发数据库应用系统的最终目的并不仅仅在于把数据保存起来,而更在于对数据的利用。比如通过统计各类图书的借阅频次,了解读者的兴趣所在,为新书购买提供参考;统计商品的销售总量、利润额,可以了解哪些是销量好、利润大的商品,为经营者进货提供依据等,以上种种均属于数据库应用系统的查询统计功能。查询统计功能建立在数

据表基础之上，主要通过执行 SQL 命令完成查询功能，通过表格、文本框等控件显示查询结果。本章将通过实例来说明查询统计功能表单的设计和实现，并介绍所使用的表格等控件的使用方法。

9.7.1 表格(Grid)控件

在查看、维护数据库应用系统中的数据时可以用单条记录的方式进行，也可以以浏览的方式同时查看或维护多条记录。要实现这个功能，最常用的方法就是利用表格控件。表格控件在与相关的数据表进行绑定之后，运行时可以在控件中将数据表中所有数据一次性地全部显示出来；与查询文件或者 SQL 查询命令绑定后，可以将查询结果完整显示出来。

表格是一种容器对象，其外观与 Browse 窗口相似，按行和列的形式显示数据。一个表格对象由若干列对象(Column)组成，每个列对象包含一个标头对象(Header)和若干控件。这里，表格、列、标头和控件都有自己的属性、事件和方法，使用户对表格的控制更加灵活。

1. 表格控件的常用属性

- RecordSourceType 和 RecordSource 属性

RecordSourceType 指明表格数据源的类型，RecordSource 属性指定数据的来源。它们的取值及含义如表 9-15 所示。

表 9-15 RecordSourceType 和 RecordSource 属性的取值及含义

RecordSourceType 属性值	RecordSource 属性
0－表 数据来源于 RecordSource 属性指定的表，该表能被自动打开	表名
1－别名 数据来源于已打开的表	表的别名
2－提示 运行时，由用户根据提示选择表格数据源	
3－查询 数据来源于查询文件的运行结果	查询文件名
4－SQL 说明 数据来源于 SQL 语句的执行结果	SQL 语句

注意：RecordSourceType 和 RecordSource 属性在使用时必须匹配。例如，当 RecordSourceType＝1 时，RecordSource 属性的值就必须是表的别名，如 booksinfo，运行结果如图 9-37 中表格(1)所示；当 RecordSourceType＝4 时，RecordSource 属性的值就必须是一条 SQL 命令，如“sele 图书编号，作者，出版社 from booksinfo order by 出版社”，运行结果如图 9-37 中表格(2)所示。

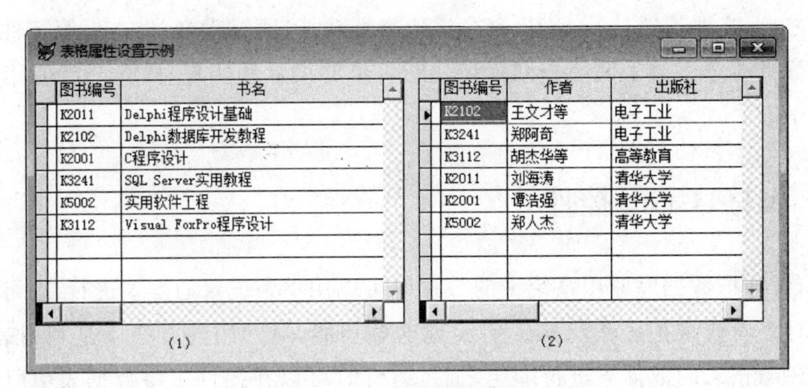

图 9-37　表格属性设置示例

- ColumnCount 属性

指定表格的列数。该属性的默认值为－1，此时表格的列数等于数据源中的字段数。

- LinkMaster 属性

用于指定表格控件中所显示的子表的父表名称。使用该属性在父表和表格中显示的子表之间建立一对多的关联关系。不过，要在两个表之间建立这种一对多关系，除了要设置该属性，还要用到 ChildOrder 和 RelationRxpr 属性。

- ChildOrder 属性

指定子表的索引。

- RelationRxpr 属性

确定基于主表字段的关联表达式，当主表中的记录指针移至新的位置时，系统首先会计算出关联表达式的结果，然后再从子表中找出在索引表达式上的取值与该结果相匹配的所有记录，并将它们显示在表格中。

2. 列的常用属性

每个列都是一个对象，有它自己的属性、方法和事件，设计时要设置列对象的属性，首先得选择列对象。

选择列对象的方法有两种：一种是从属性窗口的对象列表中选择相应列；另一种是右击表格，在弹出得快捷菜单中选择“编辑”命令，这时表格进入编辑状态（表格的周围有一个粗框），用户可单击选择列对象。列对象的常用属性如下：

- ControlSource：指定在列中显示的数据源，常见的是表中的一个字段。如果所有列都不设置该属性，将按表格数据源中的字段顺序显示。
- CurrentControl：指定列对象中显示和接收数据的控件，默认为 TextBox。用户可以根据需要往列对象中添加所需要的控件，并将 CurrentControl 属性设置为其中的某个控件。
- Sparse：用于确定 CurrentControl 属性影响列中的所有单元格还是只影响活动单元格。如果该属性为真，只有列中的活动单元格使用 CurrentControl 属性指定的控件显示和接收数据，其他单元格仍使用默认的 TextBox 控件，否则，列中的所有单元格都使用 CurrentControl 属性指定的控件显示数据。

3. 标头的常用属性

标头也是一个对象，设计时要设置标头对象的属性，首先选择标头对象，选择标头对象的方法与选择列对象的方法类似。标头对象的常用属性如下：

- Caption：指定标头对象的标题文本，显示于列顶部。默认为对应字段的字段名。
- Alignment：指定标题文本在对象中显示的对齐方式。

4. 调整表格的行高和列宽

一旦指定了表格的列的具体数目，就可以有两种方法来调整表格的行高和列宽：

① 设置表格的 HeaderHeight 和 RowHeight 属性调整行高，设置列对象的 Width 属性调整列宽。

② 让表格处于编辑状态下，将鼠标指针置于表格两列的标头之间，这时，鼠标指针变为水平双箭头的形状，拖动鼠标，调整列至所需要的宽度；将鼠标置于表格左侧的第一个按钮和第二个按钮之间，这时，鼠标指针变成垂直双箭头的形状，拖动鼠标，调整行至所需要的高度。

5. 使用表格生成器设计表格

通过表格生成器能够交互式地快速设置表格的有关属性，创建所需要的表格。右击表格，在弹出的快捷菜单中选择“生成器”命令，打开“表格生成器”对话框，如图 9-38 所示。

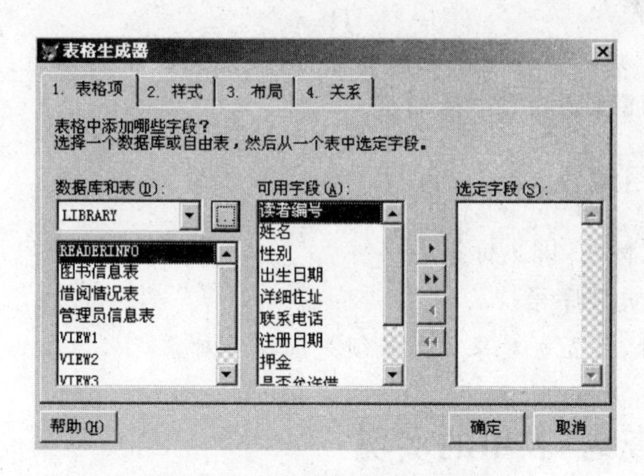

图 9-38 “表格生成器”对话框

“表格生成器”对话框包括 4 个选项卡，其作用大致如下：

(1)“表格项”选项卡：用于设置表格内显示的字段。

(2)“样式”选项卡：指定表格的样式，如标准型、专业型、账务型等。

(3)“布局”选项卡：调整行高和列宽、设置列标题、选择控件类型。

(4)“关系”选项卡：设置一个一对多关系，指明父表中的关键字段与子表中的相关索引。

在对话框中设置有关选项参数后单击“确定”按钮，关闭对话框返回时，系统就会根据指定的选项参数设置表格的有关属性。

9.7.2 页框(PageFrame)控件

页框是包含页面(Page)对象的容器对象，属于不可视控件。页面本身也是一种容器，它和表单类似，其中可以包含多种控件，如图 9-38 所示的“表格生成器”对话框就是一个使用页框控件的典型例子。

利用页框控件可以扩充表单的使用空间，页框中每个页面都可以像设计表单一样添加各类控件。

注意：在添加控件前，一定要使页框控件处于编辑状态，否则，控件将会被添加到表单而不是页框的当前页面中，即使看上去好像在页面中。

1. 页框控件常用属性

- PageCount：指定一个页框对象所包含的页对象的数量，其取值范围为 0～99。
- Pages：该属性是一个数组，用于存取页框中的某个页对象。该属性仅在运行时可用。例如运行时可以下列代码访问第 2 个页面：

```
Thisform.Pageframe1.Pages(2).Caption="第2页"
```

- Tabs：指定页框中是否显示页面标签栏，如果属性值为.T.(默认值)，则页框中包含页面标签栏。
- ActivePage：返回页框中活动页的页号，或使页框中的指定页成为活动的。运行时可通过该属性访问当前活动页。

2. 页对象常用属性

- Captiom：页标题，即页标签。
- Pageorder：页顺序号。

注意：在设计时，设置页对象属性必须先选择页对象。

9.7.3 “图书查询”表单的实现

【例 9-11】 设计如图 9-39 所示的表单 tscx.scx，要求能按多种方式查询图书信息。

① 打开项目 Bookroom，选择“文档”选项卡中的“表单”，单击“新建”按钮，在弹出的“新建”对话框中单击“新建表单”按钮，打开表单设计器。

② 调整表单的大小并设置如下属性：

```
AutoCenter: .T.-真
TitleBar: 0-关闭
```

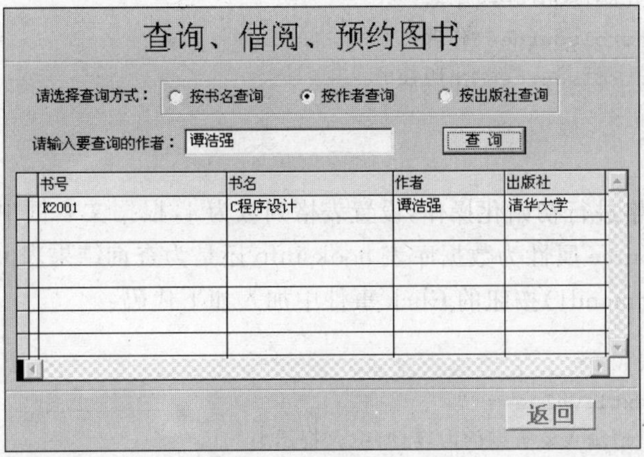

图 9-39 “图书查询”表单

其他属性取默认值。

③ 添加数据环境,将图书信息表和借阅信息表添加到表单的数据环境中。

④ 按图所示添加相关的控件,并设置相关属性。

其中,表格 Grid1 的属性设置如下:

ReadOnly:.T.—真

RecordSource:readerinfo

RecordSourceType:1—别名

ScrollBars:3—既水平又垂直

⑤ 编写程序代码:

在表单(Form1)的 Init 事件中加入如下代码:

```
With Thisform.Grid1
  .Columncount=4                           &&表格列数为 4 列
  .Column1.Header1.Caption="书号"
  .Column2.Header1.Caption="书名"
  .Column3.Header1.Caption="作者"
  .Column4.Header1.Caption="出版社"
  .Column1.Width=152
  .Column2.Width=135
  .Column3.Width=90
  .Column4.Width=80
  If Thisform.Text1.Value==""              &&Text1 中无输入时表格控件数据源为表 booksinfo
    .Recordsource="Booksinfo"
  Else                                     &&Text1 中有输入时表格控件数据源为表 booksls
    .Recordsource="Booksls"
  Endif
  .Recordsourcetype=1
  .Column1.Controlsource="图书编号"
```

```
  .Column2.Controlsource="书名"
  .Column3.Controlsource="作者"
  .Column4.Controlsource="出版社"
  .Refresh
Endwith
```

该程序段对表格进行初始化操作，设置表格列数为4，根据文本框中的输入内容决定该表格的RecordSource属性为数据库表booksinfo还是为查询结果表booksls。

在"查询"(Command1)按钮的Click事件中加入如下代码：

```
Sele 图书信息表
If Thisform.Text1.Value==""
  Messagebox("请输入要查询的内容!",64,"提示")
  Thisform.Text1.Setfocus
Else
  If Thisform.Optiongroup1.Option1.Value==1
    Sele 图书编号,书名,作者,出版社 From Booksinfo Into Cursor Booksls;
        Where 书名=Thisform.Text1.Value
  Endif
  If Thisform.Optiongroup1.Option2.Value==1
    Sele 图书编号,书名,作者,出版社 From Booksinfo Into Cursor Booksls;
        Where 作者=Thisform.Text1.Value
  Endif
  If Thisform.Optiongroup1.Option3.Value==1
    Sele 图书编号,书名,作者,出版社 From Booksinfo Into Cursor Booksls;
        Where 出版社=Thisform.Text1.Value
  Endif
  Thisform.Init
Endif
```

该程序段中通过对所选选项按钮进行判断，决定查询方式，并将查询结果保存到表booksls中。

在"返回"(Command2)按钮的Click事件中加入如下代码：

```
Thisform.Release
```

⑥ 保存运行表单。

9.7.4 "读者借阅情况统计"表单的实现

【例9-12】 读者借阅情况统计表单的设计。

该表单使用页框控件，如图9-40所示，在"读者图书借阅情况一览表"页面中用表格显示读者借阅图书的总体情况，包括读者编号、姓名、性别、年龄以及书名，要求按读者编号排序；如图9-41所示，在"读者图书借阅情况统计"页面中，添加选项按钮组，以便用户选择按读者编号查询还是按姓名查询，添加文本框控件，以便输入读者编号或者姓名，单击“统计”按钮后，在表格中显示该读者的借阅详情，同时用标签显示其借阅次数。

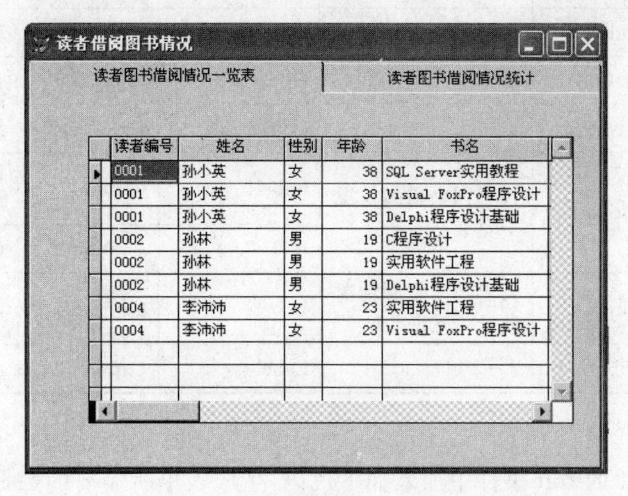

图 9-40 “读者借阅情况一览表”页面

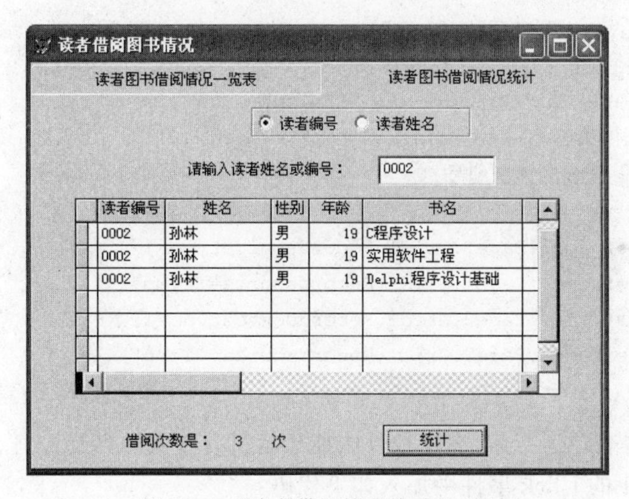

图 9-41 “读者借阅情况统计”页面

该表单的设计过程如下：

① 执行“文件”→“新建”菜单命令，打开表单设计器。

② 在表单中添加页框控件 Pageframe1，并设置相关属性。

③ 在“属性”窗口中选中“读者借阅情况一览表”页面(Page1)，在其中添加一个表格(Grid1)控件。

④ 在“属性”窗口中选中“读者借阅情况统计”页面(Page2)，在其中添加一个选项按钮组(Optiongroup1)、一个表格(Grid1)控件、一个文本框(Text1)、4 个标签(Label1～Label4)和一个命令按钮(Command1)。主要控件的属性设置参见表 9-16。

表 9-16　例 9-12 控件属性设置

控件名	属性名	属性值	控件名	属性名	属性值
Form1	Caption	读者借阅图书情况	Option1	Caption	读者编号
Pageframe1	PageCount	2	Option2	Caption	读者姓名
	ActivePage	1	Command1	Caption	统计
Page1	Caption	读者图书借阅情况一览表	Label1	Caption	请输入读者姓名或编号
			Label2	Caption	借阅次数是：
Page2	Caption	读者图书借阅情况统计	Label3	Caption	（无内容）
Optiongroup1	ButtonCount	2	Label 4	Caption	次

⑤ 编写事件代码。

在表单 Form1 的 Init 事件中加入如下代码，生成表单所需要的数据源，并初始化表格控件。

```
Sele Readerinfo.读者编号,姓名,性别,Year(Date())-Year(出生日期)As 年龄,书名;
From Readerinfo,Lendinfo,Booksinfo;
Where Readerinfo.读者编号=Lendinfo.读者编号;
And Lendinfo.图书编号=Booksinfo.图书编号;
Order By Readerinfo.读者编号;
Into Cursor Temp                            && 生成临时表
Thisform.Pageframe1.Page1.Grid1.Recordsourcetype=1
Thisform.Pageframe1.Page1.Grid1.Recordsource="Temp"
Thisform.Pageframe1.Page2.Grid1.Recordsourcetype=1
Thisform.Pageframe1.Page2.Grid1.Recordsource="Temp"
                                            && 把临时表作为表格控件的数据源
```

上述代码使得表单运行后，表格控件中能显示所有读者的借阅详情。

在 Command1 的 Click 事件中加入如下代码：

```
i=Thisform.Pageframe1.Page2.Optiongroup1.Value
If !Empty(Thisform.Pageframe1.Page2.Text1.Value)
  Sele Temp
  a=Thisform.Pageframe1.Page2.Text1.Value
  Do Case
    Case i=1                            && 用户选择"读者编号"
      Set Filter To 读者编号=Allt(a)
                          && 按读者编号筛选表 Temp,使表格显示当前读者的信息
      Sele Count(*) From Temp Where 读者编号=Allt(a) Into Array cs
                                        && 统计借阅次数,并保存在数组 cs 中
    Case i=2                            && 用户选择"读者姓名"
      Set Filter To 姓名=Allt(a)
```

```
    Sele Count(*) From Temp Where 姓名=Allt(A) Into Array cs
  Endcase
  Thisform.Pageframe1.Page2.Grid1.Refresh          && 刷新表格
  Thisform.Pageframe1.Page2.Label3.Caption=Str(cs(1),2)
                                                   && 使 Label3 显示数组变量的值
Else
  MessageBox("请输入读者姓名或编号")
Endif
```

注意：标签的 Caption 属性只能接收字符型数据，所以要把数值型变量 cs 先转变成字符型方可赋值。

⑥ 保存表单文件为 dzjytg.scx，并运行表单。

运行结果如图 9-40 和图 9-41 所示，在"读者图书借阅情况统计"页面中，选中选项按钮"读者编号"，并在文本框中输入 0002，单击"统计"按钮，表格中显示出 0002 号读者的基本情况和所借阅的书籍，表格下方显示出该读者共借阅了 3 次。

9.8 系统封面表单

一个完整的数据库应用系统必须要提供前面章节所提到的登录、数据录入、数据浏览、数据维护和查询等功能，让用户通过相关的功能表单来完成对数据库中数据的操作和利用。除此之外，在系统交付给用户使用时，为了界面的美观，往往还会给系统设计一张封面。

封面表单就像是一个标志，仅仅起到美观的效果，和系统本身功能并无太大的关系，有些系统为了简化操作，往往也直接把登录表单作为系统封面。在本例中，就将前面提到的登录表单修改为"图书管理系统"的封面表单。在其中通过计时器控件，让标签控件运动起来，制造出流动字幕的效果。

9.8.1 计时器(Timer)控件

计时器控件和页框控件一样也是一种不可视控件，在设计时可视，在运行时不可视，所以它的位置和大小都无关紧要。在程序运行过程中，计时器不断检查系统时钟并进行时间积累，当达到给定的时间间隔时，自动触发一个名为 Timer 的事件。

计时器控件主要有两个属性：Interval 属性和 Enabled 属性。

- Interval 属性为时间间隔属性(单位是毫秒)，范围在 0～2147483647(596.5h)。如果计时器有效，将以等间隔的时间触发一个事件(Timer 事件)。
- Enabled 属性为真(.T.)表示启动计时器，为假(.F.)表示终止计时器。

【例 9-13】 创建表单如图 9-42 所示，用户在微调按钮控件中设置形状的曲率，当单击"开始"按钮时，形状控件的曲率每隔 0.5s 将按用户所设置的值逐步缩小，直到该形状控件的曲率变为 0 或接近 0 时停止。

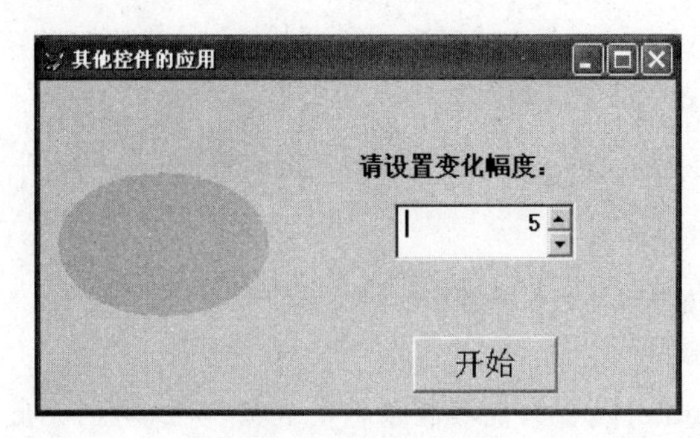

图 9-42　形状控件示例

操作步骤如下：

① 打开项目 Bookroom，在项目管理器“文档”选项卡中选中“表单”，单击“新建”按钮，在弹出的“新建”对话框中单击“新建表单”按钮，打开表单设计器。

② 调整表单的大小并设置如下属性：

```
Caption: 其他控件应用
```

③ 在表单上添加一个形状控件 Shape1，设置其属性如下：

```
Curvature: 99
FillSyle: 0-实线
```

④ 在表单上添加一个微调按钮控件 Spinner1，设置其属性如下：

```
Increment:1                  KeyboardHighValue:99
KeyboardLowValue:0           SpinnerHighValue:99
SpinnerLowValue:0
```

⑤ 在表单上添加一个计时器控件 Timer1，设置其属性如下：

```
Enabled:.F.-假               Interval:500
```

⑥ 在表单上添加一个标签控件和命令按钮控件，其属性参照图 9-42 设置。

⑦ 编写事件代码。

在命令按钮 Command1 的 Click 事件中加入如下代码：

```
Thisform.Timer1.Enabled=.T.       && 令 Timer1 控件开始工作
```

在计时器控件 Timer1 的 Timer 事件中加入如下代码：

```
Thisform.Shape1.Curvature=Thisform.Shape1.Curvature-Thisform.Spinner1.Value
If Thisform.Shape1.Curvature<Thisform.Spinner1.Value
   Thisform.Timer1.Enabled=.F.
Endif
```

该程序段令 Timer1 控件的曲率每隔 0.5 秒变化一次，直到最小为止。

9.8.2 图像(Image)控件

使用图像控件的目的是将一幅图形(如照片)放置在表单上。图像控件和其他控件一样,也有属性:

- Picture:图像文件名。可以是 BMP、JPG 等格式的图像文件。
- BorderStyle:边界风格。设置图像控件是否需要边框,默认为 0,表示无边框。
- Stretch:填充方式。0-裁剪,超出图像框给定的部分被裁掉;1-等比填充,保持图像的原有比例填充;2-变比填充,使图像正好放在图像框内。

【例 9-14】 设计如图 9-43 所示的表单 picture.scx,当用户在列表框中选择不同的 .jpg 图像文件名时,在右侧显示对应的图像。

图 9-43 "图像控件应用"表单

① 执行"文件"→"新建"菜单命令,在弹出的"新建"对话框中选择"表单",并单击"新建文件"按钮,打开"创建"对话框。

② 在"创建"对话框中,输入文件名:picture,单击"确定"按钮,打开"表单设计器"窗口。

③ 调整表单的大小并设置如下属性:

```
Caption:图像控件应用
AutoCenter:.T.-真
TitleBar:0-关闭
```

其他属性取默认值。

④ 按图 9-40 所示添加列表框控件 List1 并设置如下属性:

```
RowsourceType:7-文件
Rowsource:e:\图书管理系统\*.jpg
```

添加图像控件 image1 并设置属性如下:

```
BackStyle:0-透明
BorderStyle:0-无
Stretch:1-等比填充
Picture:e:\图书管理系统\Paris.jpg
```

⑤ 编写事件代码：

在 List1 的 InteractiveChange 事件中加入如下代码：

```
if right(this.value,3)="jpg"
   thisform.image1.picture=this.value
endif
```

⑥ 保存表单并运行，结果如图 9-43 所示。

当在列表框中选择不同的图像文件时，列表框右边出现了不同的图像。

9.8.3 "欢迎"表单的实现

【例 9-15】 为例 9-3 中设计的 logo 表单添加一个计时器控件，使得"欢迎"标签能够在表单上水平滚动。

操作步骤如下：

① 在项目管理器的"文档"选项卡中，选择表单文件：logo，单击"修改"按钮，打开表单设计器。

② 在表单中任意位置添加一个计时器控件，如图 9-44 所示。设置计时器控件相关属性：

```
Interval:200
Enabled:.T.-真
```

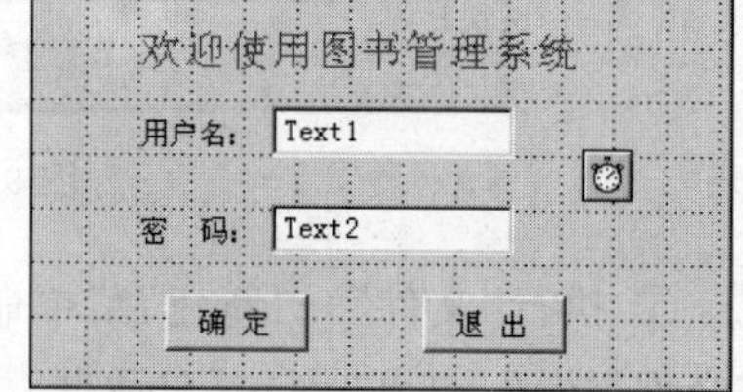

图 9-44　计时器控件示例

③ 编写程序代码：

在计时器控件 Timer1 的 Timer 事件中加入如下代码：

```
If Thisform.Label1.Left<-220                  && 控制 label1 的左边与界面的边距
  Thisform.Label1.Left=Thisform.Width
  Thisform.Label1.Left=Thisform.Label1.Left-5  && 使标签向左移动
Else
  Thisform.Label1.Left=Thisform.Label1.Left-5
Endif
```

④ 保存表单，单击常用工具栏中的"运行"按钮，可以看到"欢迎使用图书管理系统"标签在表单中从右到左循环滚动。

本 章 小 结

数据库应用系统的基本功能包括系统登录、数据录入、数据维护以及数据的查询和统计，本章即从系统功能设计和实现的角度阐述了表单以及标签、文本框、命令按钮等基本控件在数据库应用系统中的使用。重点介绍了表单和各种控件的属性、方法、事件及其应用。本章内容是 Visual FoxPro 可视化设计的精华所在,它充分体现了面向对象程序设计的风格。

习 题 九

一、思考题

1. 简述数据环境的作用以及数据环境设计器的使用。
2. 简述组合框与列表框的异同。
3. 简述编辑框与文本框的异同。
4. 表格中的列控件有几种类型?通过什么属性进行设置?
5. 简述复选框与单选按钮的异同。

二、选择题

1. 以下属于容器类控件的是________。
   (A) TEXT　(B) FORM　(C) LABEL　(D) COMMAND
2. 以下属于非容器类控件的是________。
   (A) GRID　(B) LIST　(C) PAGE　(D) CONTAINER
3. 不可以作为文本框数据源的是________。
   (A) 数据型字段　(B) 数组元素　(C) 字符型变量　(D) 备注型字段
4. 计时器控件的主要属性是________。
   (A) Enabled　(B) Caption　(C) Interval　(D) Value
5. 在表单 Form1 的某控件的单击事件中,改变另一控件 command1 的标题属性,下列命令正确的是________。
   (A) form1. command1. caption="确定"　(B) thisform. command1. caption="确定"
   (C) thisformset. form1. caption="确定"　(D) this. parent. caption="确定"
6. 决定微调控件最大值的属性是________。
   (A) KeyBoardHighValue　(B) Value
   (C) KeyBoardLowValue　(D) Iinterval
7. 下面关于表单控件基本操作的叙述中,不正确的是________。
   (A) 要在表单中复制某个控件,可以按住 Ctrl 键并拖曳该控件
   (B) 要使表单中所有被选控件具有相同的大小,可单击"布局"工具栏中的"相同大小"按钮
   (C) 要将某个控件的 Tab 序号设置为 1,可设置其 TabIndex 属性为 1
   (D) 要在"表单控件"工具栏中显示某个类库文件中的自定义类,可以单击工具栏中的"查看类"按钮,然后在弹出的菜单中选择"添加"命令
8. 在表单 myform 的一个控件的事件或方法代码中,改变该表单的背景色为绿色的正确命令是________。
   (A) myform. BackColor=RGB(0,255,0)

(B) This. Parent. BackColor＝RGB(0,255,0)

(C) Thisform. Myform. BackColor＝RGB(0,255,0)

(D) This. BackColor＝RGB(0,255,0)

9. 下列关于表单布局的设计的叙述，不正确的是________。

(A) 利用布局工具栏可以设置表单中控件的布局

(B) 设置控件布局前必须先选中该控件

(C) 用鼠标可以拖动表单中对象的位置，用箭头键可以微调对象的位置

(D) 直接按 Del 删除键可以删除表单上的控件

10. 表单中包含一个命令按钮，在运行表单时，下列有关事件引发次序的叙述中，正确的是________。

(A) 先是命令按钮的 Init 事件，然后是表单的 Init 事件，最后是表单的 Load 事件

(B) 先是表单的 Init 事件，然后是命令按钮的 Init 事件，最后是表单的 Load 事件

(C) 先是表单的 Load 事件，然后是表单的 Init 事件，最后是命令按钮的 Init 事件

(D) 先是表单的 Load 事件，然后是命令按钮的 Init 事件，最后是表单的 Init 事件

11. 假设某个表单中有一个命令按钮 cmdClose，为了实现当用户单击此按钮时能够关闭该表单的功能，应在该按钮的 Click 事件中写入语句________。

(A) Thisform. Close　　(B) Thisform. Erase

(C) Thisform. Release　　(D) Thisform. Return

12. 对于表单来说，用户可以设置其 ShowWindow 属性。该属性的取值可以为________。

(A) 在屏幕中或在顶层表单中或作为顶层表单

(B) 普通、最大化或最小化

(C) 无模式或模式

(D) 平面或三维

13. 下述与表单数据环境有关，其中正确的是________。

(A) 当表单运行时，数据环境中的表处于只读状态，只能显示不能修改

(B) 当表单关闭时，不能自动关闭数据环境中的表

(C) 当表单运行时，自动打开数据环境中的表

(D) 当表单运行时，与数据环境中的表无关

14. 下列关于标签控件的叙述中，错误的是________。

(A) 标签是一种用于显示提示信息的控件

(B) 显示的信息可在设计时通过属性窗口进行设置，也可在表单运行时通过命令设置

(C) 显示的文字是通过 Caption 属性设置来实现的

(D) 显示的文字可以取表中的某个字符型字段值

15. 将文本框的 PasswordChar 属性值设置为星号(*)，那么，当在文本框中输入"电脑2004"时，文本框中显示的是________。

(A) 电脑 2004　　(B) *****

(C) ********　　(D) 错误设置，无法输入

16. 假设表单上有一选项组：●男○女，如果选择第二个按钮“女”，则该项组 Value 属性的值为________。

(A) .F.　　(B) 女　　(C) 2　　(D) 女 或 2

17. 假定表单 Form1 里有一个文本框 Text1 和一个表格控件 Grid1，如果要在表格的标题 Header1 的某个事件中访问文本框 Text1 的属性 Value 属性值，________是正确的。

(A) This. ThisForm. Text1. Value

(B) This. parent. parent. Text1. Value

(C) This. parent. Text1. Value

(D) This. parent. parent. parent Text1. Value

18. 页框(PageFrame)控件的________属性实质是一个数组，用于存取页框中的某个页对象。

(A) PageCount　　(B) Tabs　　(C) Pages　　(D) TabStretch

19. 下列所述有关列表框和组合框，正确的是________。

(A) 列表框可以设置成多重选定，而组合框不能

(B) 列表框和组合框都可以设置成多重选定

(C) 组合框可以设置成多重选定，而列表框不能

(D) 列表框和组合框都不能设置成多重选定

20. 下列关于编辑框的说法中，正确的是________。

(A) 编辑框可用来选择、剪切、粘贴及复制正文

(B) 在编辑框中只能输入和编辑字符型数据

(C) 编辑框实际上是一个完整的字处理器

(D) 以上说法均正确

三、填空题

1. 创建表单有三种方法，它们是________、________和________。
2. 组合框控件可以认为是________和________组成的。
3. 在命令窗口中可以用命令________启动表单设计器。
4. 要使表单中某控件无效，可设置该控件________的属性为.F.。
5. ButtonCount 属性是用来定义命令按钮组控件的________个数。
6. 如果想在表单上添加多个同类型的控件，则可在选定控件按钮后，单击控件工具栏上的________按钮，然后在表单的不同位置单击，就可以添加多个同类型的控件。
7. 在程序中为了显示已创建的表单对象，应当使用表单对象的________方法。
8. 在命令窗口中执行________命令，即可打开表单设计器窗口，创建表单。
9. 要使标签标题文字竖排，必须将其________属性值设置为.T.。
10. 当对象获得焦点时引发的事件是________。
11. 微调器控件的________属性用来设定数值增加或减少的量。
12. 复选框的________属性用来确定它是否被选中。
13. 形状控件的 Curvature 属性决定形状控件显示什么样的图形，它的取值范围是 0～99。当该属性的值为________时，用来创建矩形。

14. 页框对象是包含页面的容器对象。在默认情况下，一个页框对象包含两个页面对象，如果要修改页框对象所包含的页面对象数，则应该修改页框的________属性值。

15. 若要计时控件每隔 0.5s 引发一个 Timer 事件，则应将其 Interval 属性设为________。

16. 计时控件是用来处理复发事件的控件。该控件正常工作的 3 要素是 Timer 事件、Enabled 属性和________属性。

四、上机练习

1. 建立如图 9-45 的表单 FORM1，单击"计算"命令按钮，将根据文本框中半径的值，计算圆面积，并显示在另一个文本框中。
（提示：将两个文本框的 Value 属性的初值设置为 0。）

2. 设计如图 9-46 所示表单 FORM2，实现图书信息浏览功能。
（提示：在数据环境中添加图书信息表。）

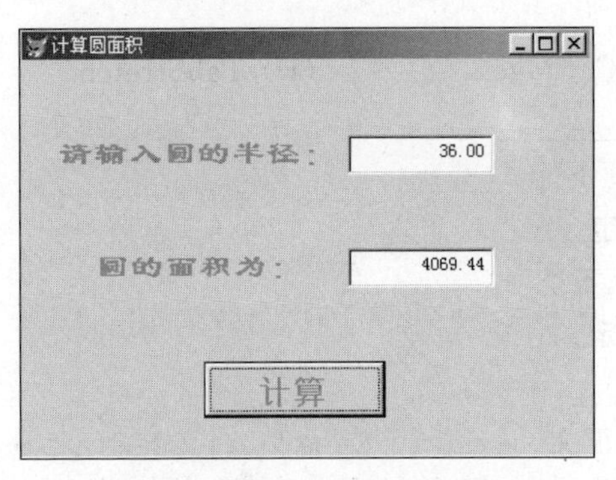

图 9-45　表单 FORM1 的运行界面

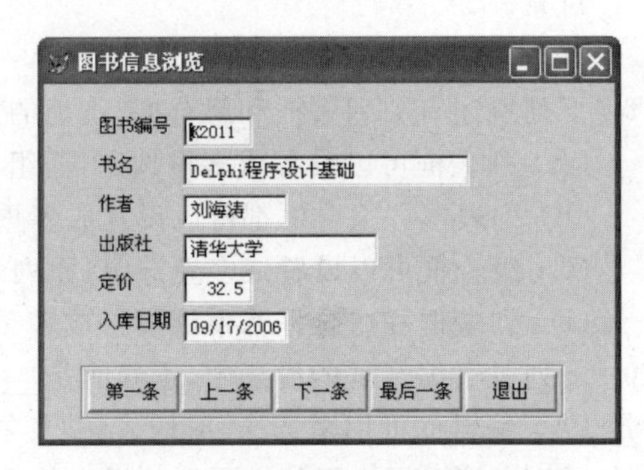

图 9-46　表单 FORM2 的运行界面

3. 设计如图 9-47 所示表单 FORM3，列表框中有固定的数据项：钢笔、圆珠笔、水彩笔和铅笔。单击命令按钮时，如果文本框中的值与列表框中的数据项不重复，则被添加列表框中，如果是重复的，则弹出对话框，提示"不得添加重复值"。请编写相应的事件代码完成上述功能。

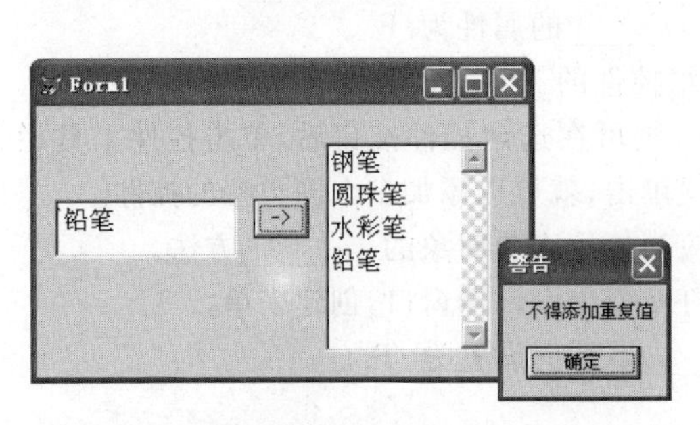

图 9-47　表单文件 FORM3 的运行界面

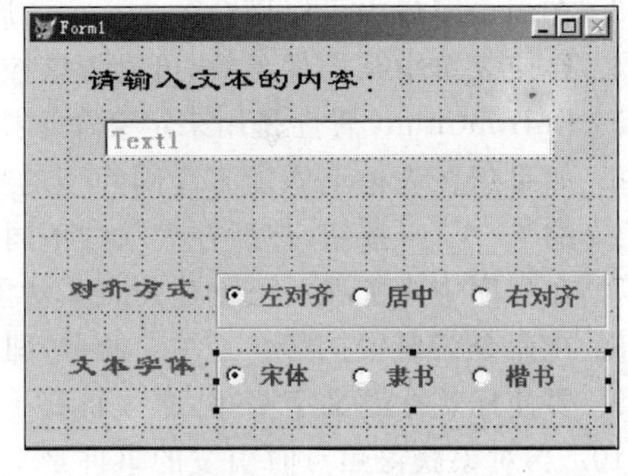

图 9-48　表单文件 FORM4 的设计界面

4. 如图 9-48 所示，表单 FORM4 上有一个文本框和两个选项按钮组，当选中"对齐方式"选项按钮组中的某个选项时，文本框中的文字呈现相应的对齐方式，当选中"文本字体”选项按钮组中的某个按钮时，文本框中的文字呈现出相应的字体。请编写相应的事件代码完成上述功能。

5. 如图 9-49 所示，表单 FORM5 上有组合框、表格以及标签、文本框、命令按钮各一个。当选择某本图书时，在表格中出现该书的借阅情况，当单击“统计”命令按钮时，在文本框中显示该书被借阅的次数。请按照以下步骤完成上述功能表单的设计。

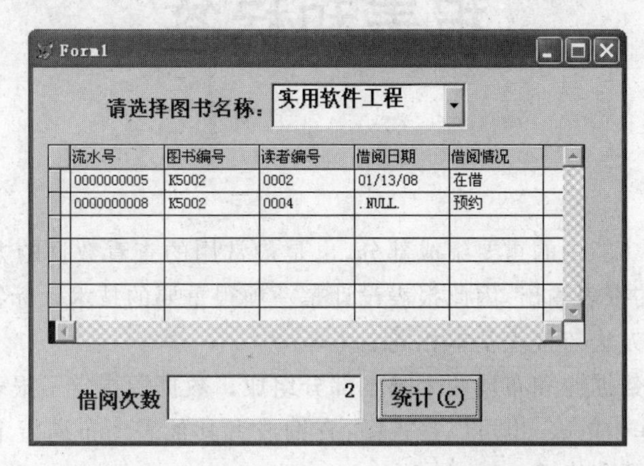

图 9-49　表单文件 FORM5 的运行界面

(1) 新建表单，并在数据环境中添加图书信息表和借阅情况表。

(2) 在表单上添加控件并设置控件属性。要求将组合框控件(Combo1)的 RowsourceType 属性设置为 6-字段，Rowsource 属性设置为：图书信息表.书名，Style 属性设置为 2-下拉列表框；从数据环境中将借阅情况表拖到表单上形成一个表格(grd 借阅情况表)；文本框控件(Text1)的 Value 属性的初值设置为 0；其他控件的属性参照图 9-49 自行设置。

(3) 在命令按钮的 Click 事件中编写代码如下：

```
if !empty(thisform.combo1.value)
  bookname=thisform.combo1.value
  select count(*) from Lendinfo where 图书编号=;
(select 图书编号 from Booksinfo where 书名=bookname);
  into array a
  thisform.text1.value=a
else
  messagebox("请选择图书",0,"提示")
endif
```

(4) 保存并运行表单。

第10章

报表和标签

报表是数据库功能中的重要组成部分，也是最常用的查看数据的方法。在应用系统中，往往需要大量的报表输出，因此报表设计是一项很重要的技术。标签是一种特殊的报表，它的创建、修改方法与报表基本相同。

报表和标签由数据源和布局两个基本部分组成。数据源指定了报表和标签中数据的来源，通常是数据库中的表，也可以是视图、查询或者其他表。布局指定了报表和标签中各个输出内容的位置和格式。

报表创建后保存在后缀名为.frx的报表文件中，标签创建后保存在后缀名为.lbx的标签文件中。本章将介绍报表和标签的创建方法。

10.1 报表向导

报表向导提示用户回答简单的问题，按照“报表向导”对话框的提示进行操作即可。启动报表向导的方法与启动表单向导的方法类似。

下面通过例子来说明使用报表向导的操作步骤。

【例10-1】 利用报表向导设计借阅情况统计表，要求输出读者编号、流水号、图书编号、借阅日期、借阅情况，并保存为“借阅统计”。

(1) 启动报表向导。

在项目管理器的“文档”选项卡中选择“报表”项目，单击“新建”按钮，弹出“新建报表”对话框。在“新建报表”对话框中单击“报表向导”按钮，进入“向导选取”对话框，如图10-1所示。

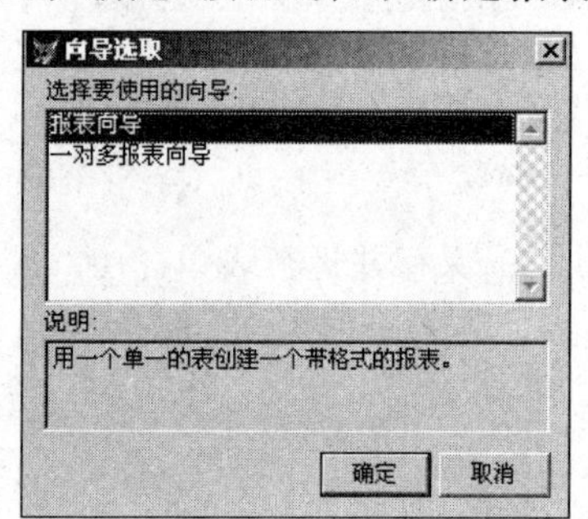

图10-1 “向导选取”对话框

注意：*在Visual FoxPro 6.0中，提供了两种不同的报表向导。一是“报表向导”，针对单一表或视图进行操作；二是“一对多报表向导”，针对多表或视图操作。*

因为本例报表数据仅基于一张数据表Lendinfo.dbf，所以在“向导选取”对话框中选择“报表向导”并单击“确定”按钮，向导的第一个对话框为“字段选取”对话框，如图10-2所示。

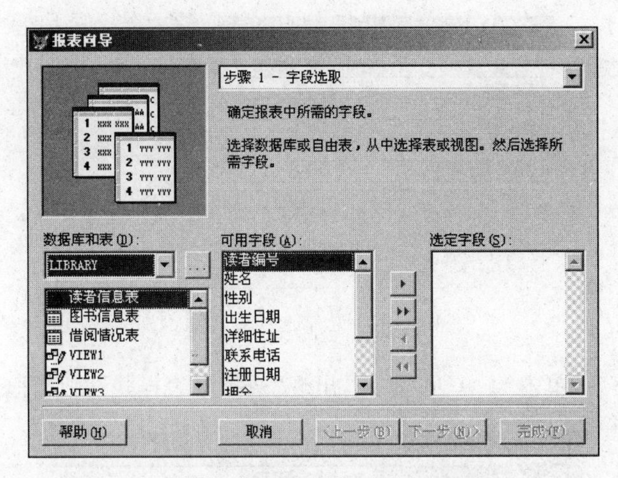

图 10-2 “报表向导”对话框-步骤 1

(2) 选择字段。

在图 10-2 的“数据库和表”列表中选择“借阅情况表”数据表，从“可用字段”列表中选择“读者编号”，单击右边的单左箭头按钮，或者直接双击“读者编号”字段，该字段会自动出现在“选定字段”列表中，按同样方法添加图书编号、流水号等字段。单击“下一步”按钮，出现“分组记录”对话框，如图 10-3 所示。

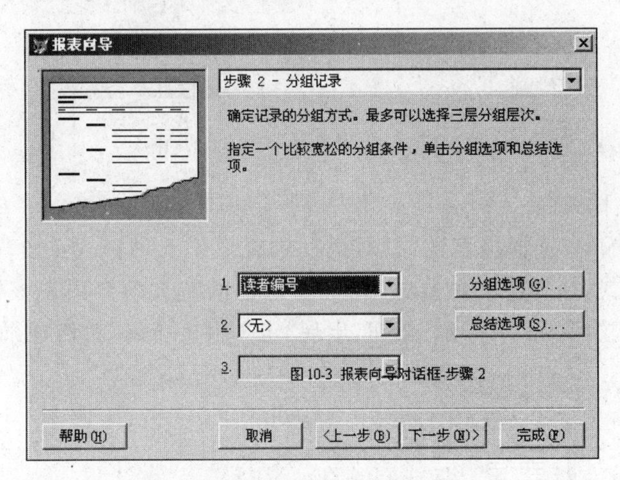

图 10-3 报表向导对话框-步骤 2

(3) 分组记录。

在本例中对记录按读者编号进行分组，在分组层次 1 中选择“读者编号”，这样报表中的数据就会按照读者编号分组显示。

另外，还可以对分组条件进行进一步的细化，单击“分组选项”按钮，出现“分组间隔”对话框，在这个对话框中可以细化分组条件。

除了将数据分组，也可以对每个分组项进行数据统计，单击“总结选项”按钮，出现如图 10-4 所示的“总结选项”对话框，如要对每位读者的借阅数量进行统计，可以选中“图书编号”字段对应的“计数”复选框。

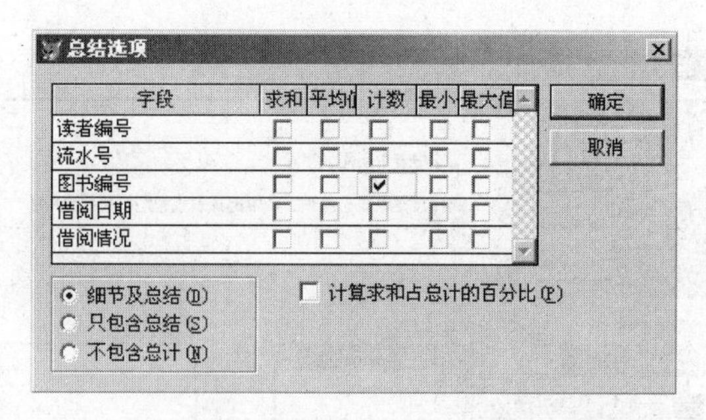

图 10-4　总结选项对话框

分组设置结束后，单击“下一步”按钮，出现“选择报表样式”对话框，如图 10-5 所示。

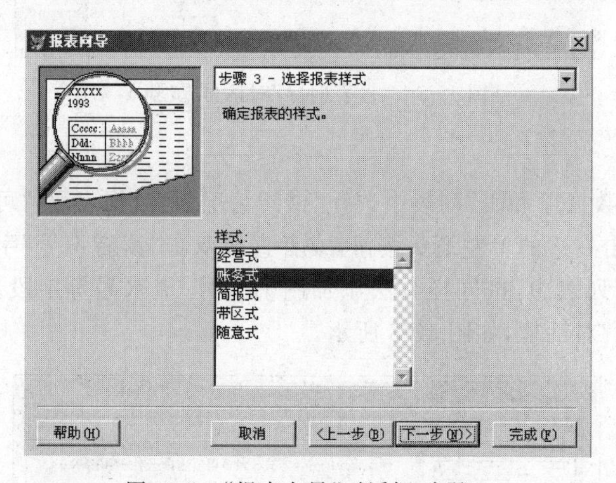

图 10-5　“报表向导”对话框-步骤 3

(4) 选择报表样式。

在图 10-5 所示的“选择报表样式”对话框中提供了 5 种样式：经营式、账务式、简报式、带区式和随意式，选择某一种样式后，在对话框的左上角会出现该样式的预览效果。这里，选择“账务式”，单击“下一步”按钮，出现“定义报表布局”对话框，如图 10-6 所示。

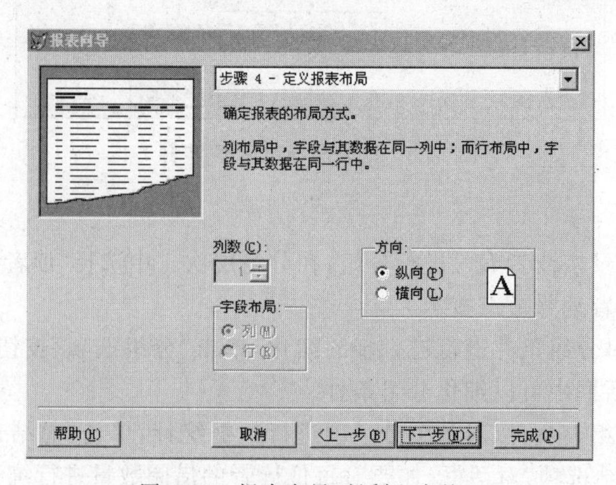

图 10-6　报表向导对话框-步骤 4

(5) 定义报表布局。

在“定义报表布局”对话框中，可以设置数据的打印方向：纵向和横向；也可以设置数据字段的布局方向：按列和按行。单击“下一步”按钮，出现“排序记录”对话框，如图 10-7 所示。

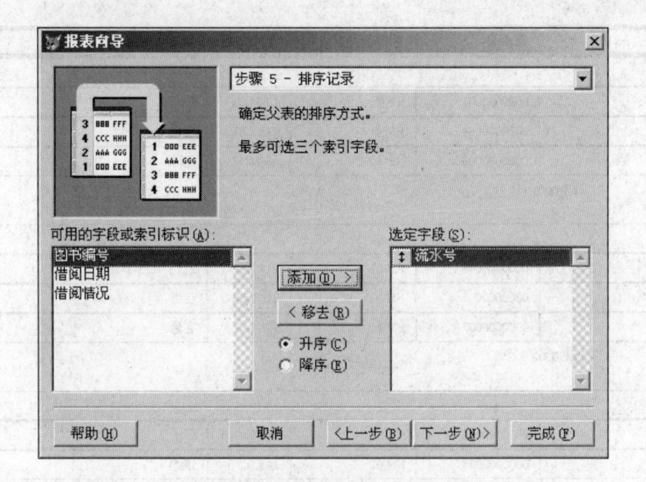

图 10-7 “报表向导”对话框-步骤 5

(6) 排序字段。

在“排序字段”对话框中，设置数据的排序方式，最多可以设置三个索引字段。这里，按“书号”排列数据，在“可用的字段或索引标识”列表中选择“流水号”字段，单击“添加”按钮，将它添加到右边的“选定字段”列表中。同时，可以设置“升序”或“降序”排列。单击“下一步”按钮，打开最后一个对话框，如图 10-8 所示。

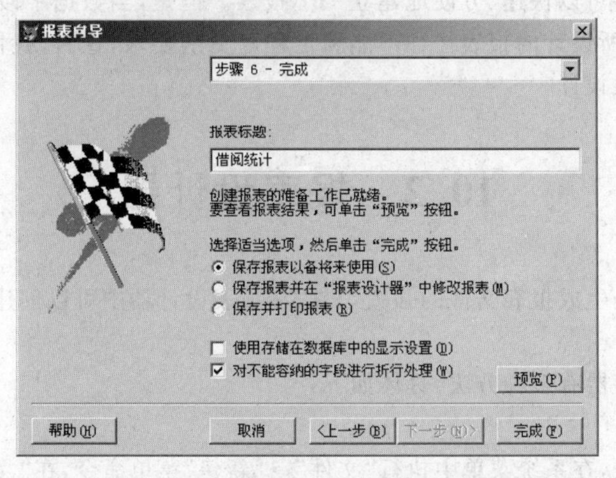

图 10-8 “报表向导”对话框-步骤 6

(7) 保存报表。

在图 10-8 所示的对话框中，设置报表标题为“借阅统计”，单击“预览”按钮可以观察报表效果如图 10-9 所示，如果满意，单击“完成”按钮，系统会打开“另存为”对话框，输入报表文件名(借阅情况)后,单击“确定”按钮保存报表。对于由报表向导产生的报表,如果不满足用户要求,可以在报表设计器中作进一步修改。

借阅统计

05/05/08

读者编号	流水号	图书编号	借阅日期	借阅情况
0001				
	0000000001	K2011	12/24/06	已还
	0000000004	K3241	12/17/07	在借
	0000000006	K3112	06/17/07	已还
计数0001:		3		
0002				
	0000000003	K2001	02/12/07	已还
	0000000005	K5002	01/13/08	在借
	0000000007	K2011	12/11/07	在借
计数0002:		3		
0004				
	0000000002	K3112	04/12/07	已还
	0000000008	K5002	.NULL.	预约
计数0004:		2		
汇总计数:		8		

图 10-9　图书借阅统计报表

从预览的报表中可见:在按照读者编号分组的原始(细节)记录之后是统计记录,统计记录是图书编号字段的计数统计。在整个报表末尾是一行总计记录。

利用报表向导可以快速、方便地建立一个报表。但是,当数据字段较多、数据条件较复杂时,报表向导所设计的报表往往不能满足程序员的要求,这时,我们往往需要利用报表设计器进行报表设计。

10.2　报表设计器

报表设计器是生成报表文件的强大工具,在报表设计器中可以创建新的报表,也可以修改已有报表。

启动报表设计器有多种方法,具体如下:

① 菜单方式

若是新建报表,在系统菜单中执行“文件”→“新建”菜单命令,在“文件类型”对话框中选择“报表”,单击“新建”按钮;若是修改报表,则执行“文件”→“打开”菜单命令,在“打开”对话框中选择要修改的报表文件名,单击“打开”按钮。

② 命令方式

在命令窗口中输入如下命令:

```
CREATE REPORT <文件名>                      && 创建新的报表
```

或

```
MODIFY REPORT <文件名>                      && 打开一个已有的报表
```

③ 在项目管理器中操作

在项目管理器中,先选择"文档"标签,然后选择"报表",单击"新建"按钮。若需要修改报表,则选择要修改的报表,单击"修改"按钮。

10.2.1 报表格式与布局

报表格式文件与表单文件类似,同样以表形式存储所设计的格式。所不同的是,报表具有固定格式。

1. 报表格式类型

设计报表格式前,先要明确报表类型。一般有4类:

(1) 列报表:报表中每行打印一条记录,字段按从左到右的顺序排列,类似于在"浏览"窗口浏览数据。

(2) 行报表:报表中多行打印一条记录,字段按从上到下的顺序排列,类似于在"编辑"窗口编辑数据。

(3) 一对多报表:用于打印具有一对多关系的多表数据。报表中每打印一条主表记录,子表中就打印多条记录。类似于一对多表单显示数据。

(4) 多栏报表:报表中每行打印多条记录的数据。

2. 报表数据来源

在确定报表类型后,就需要确定数据来源。报表的数据来源可以是数据库中表、视图、查询的结果,也可以是计算结果等。设计数据来源时,在"报表设计器"窗口中右击,然后在弹出的菜单中选择"数据环境"菜单项,就可以从数据库中添加相应对象到数据环境之中。

3. 带区分类

打开的报表设计器如图10-10所示,默认包括三个基本带区:页标头(Page Header)、细节(Detail)和页注脚(Page Footer),每个带区的底部显示分隔栏。

在系统菜单中,如果执行"报表"→"标题/总结"菜单命令,报表设计器会增加两个带区:标题、总结;如果执行"报表"→"数据分组"菜单命令,报表设计器还会增加两个带区:组标头和组注脚;如果是制作分栏报表,将会出现列标头和列注脚带区。Visual FoxPro 6.0提供了9种不同的带区,每个带区都有自己不同的打印属性。下面说明各个带区的作用和组成。

1) 标题区(Title)

标题区的信息在报表的开始处打印一次。可利用该区在报表的开头打印报表的大

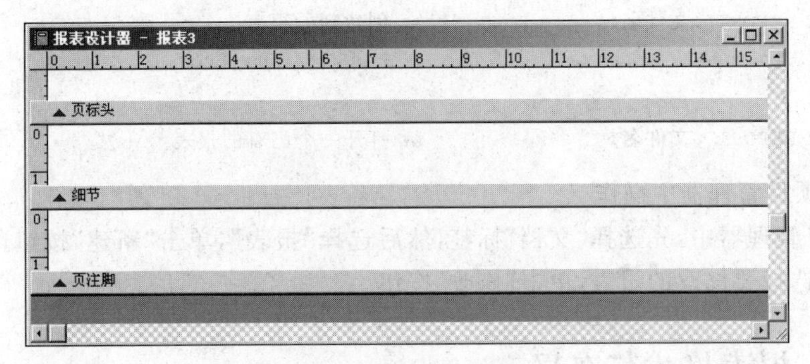

图 10-10 “报表设计器”窗口

标题。

2) 页标头区(Page Header)

页标头区的内容在报表的每一页开头打印一次。可以把报表的名称和列标题信息放在这一区域,列标题信息一般对应细节区数据字段名。

3) 细节区(Detail)

细节区是报表的主体,用于输出数据表中的记录,一般在该区放置数据表字段。一般情况下一条记录在细节区中占据一行。

4) 页注脚区(Page Footer)

页注脚区的内容在每页的最底部打印,一般包含页码、每页的总结和说明信息等。

5) 总结区(Summary)

总结只在报表的末尾打印一次,一般利用本区打印总计或平均值等信息。

6) 组标头和组注脚区

用于分组报表,组标头在每个分组开始时打印一次,组注脚带区的内容在每个分组结束时打印一次。

7) 列标头和列注脚区

列标头和列注脚区主要用于分栏报表,执行“文件”→“页面设置”菜单命令,打开“页面设置”对话框,将“列数”设置成>1 的值,将“间隔”框内的值稍作调整,单击“确定”,则列标头和列注脚会在报表设计器中出现。列标头的内容一般为列(栏)标题,在每栏的顶端打印一次,列注脚的内容可以是该列(栏)的总结,在每列(栏)的尾部打印一次。

10.2.2 报表控件

报表控件是实现报表的关键之一,利用报表控件,可以设计各种复杂格式的报表。报表控件中域控件和 OLE 控件较为复杂,其他控件与数据无关,只起美化报表的作用。

“报表控件”工具栏中控件的名称及作用如图 10-11 所示。

1. 域控件设计

所谓域控件就是通过表达式生成器设置字段变量、内存变量或表达式输出的控件。

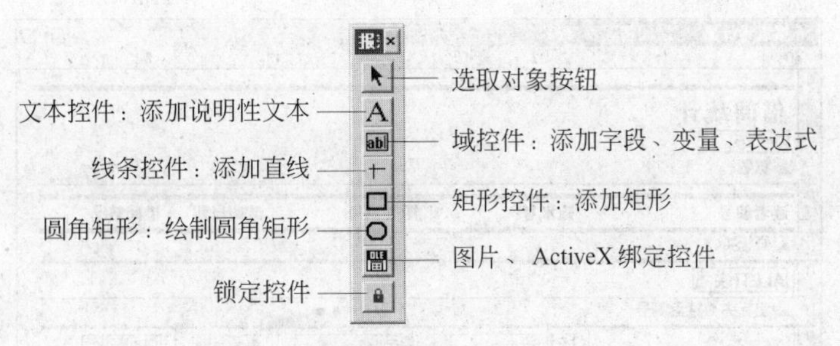

图 10-11　报表工具栏

设计域控件的操作是：从数据环境设计器中将相应的字段名拖入“报表设计器”窗口中，或者在“报表控件”工具栏中单击“域控件”项，然后单击相应带区，就会出现“报表表达式”对话框，如图 10-12 所示，然后设置相应变量或表达式。

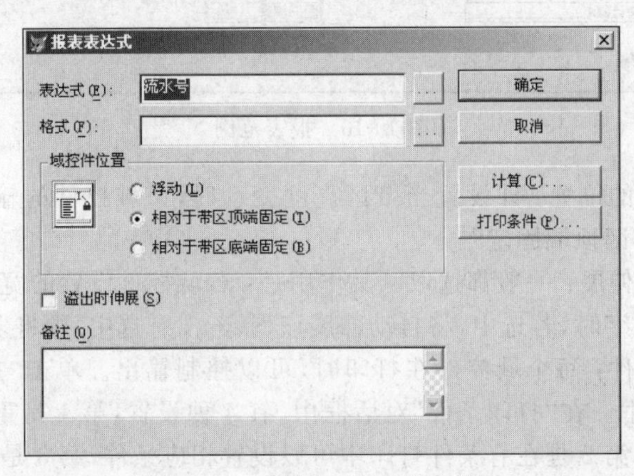

图 10-12　“报表表达式”对话框

【例 10-2】　制作借阅统计报表，要求在细节区放置流水号、图书编号、借阅日期、借阅情况字段变量。设计结果如图 10-13 所示。

① 在项目管理器中，执行“文档”→“报表”菜单命令，单击“新建”按钮，在打开的“新建报表”对话框中，单击“新建报表”按钮，打开“报表设计器”窗口。

② 在“报表设计器”窗口上右击，在弹出菜单中选择“数据环境”菜单项，打开“数据环境设计器”窗口；在“数据环境设计器”窗口上右击，在弹出菜单中选择“添加”菜单项，然后在打开的“添加表或视图”对话框中，选择“借阅情况表”，将其添加到数据环境设计器中。

③ 从数据环境设计器中，将“流水号”字段拖入报表设计器的细节区，即可将该字段变量放置到细节区，其余字段类似操作。结果如图 10-13 所示。

或者，在“报表控件”工具栏中单击“域控件”项，在细节区适当位置单击，打开如图 10-12 所示的“报表表达式”对话框。在“表达式”文本框中输入“流水号”，如果不能准确地写出字段名，可以单击该文本框右边的按钮，将打开表达式生成器，通过表达式生成器选择相应的字段变量名。

④ 设置输出格式：在“格式”文本框中设置，也可以选择该文本框右边的…按钮，打开“格式”对话框，然后在此对话框中选择或设置。

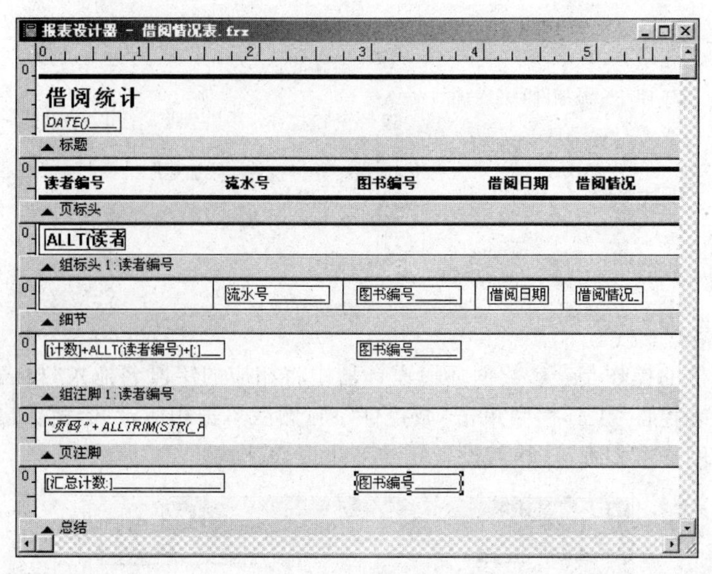

图 10-13 报表范例

⑤ 设置域控件的位置：即设置当带区高度变动时，该域控件的输出位置如何变动。在此选择"相对于带区顶端固定"。

⑥ 设置溢出时伸展：一般都选取。其作用是：若域控件设置的宽度是 10 个汉字，当字段值超过 10 个汉字时，若选中，将自动伸展该列；若没有选中，则将多余部分截掉。

⑦ 设置打印条件：每个域控件在打印时，可以控制输出。单击"打印条件"按钮，打开"打印条件"对话框。在"打印条件"对话框中，有 4 种设置，第 1 是重复值设置，可以设置是否打印重复值；第 2 是在有条件打印中可以设置相应条件；第 3 是若是空白行是否删除；第 4 是设置特定打印条件。

⑧ 保存报表为"借阅情况表"。

2. 标签控件设计

报表中标签控件不如表单中标签控件灵活。报表中标签控件用来显示各种文本信息，如设计页标头，设计报表标题等。

【例 10-3】 在例 10-2 的报表中的页标头区设置读者编号、流水号、图书编号、借阅日期和借阅情况标签控件。

① 打开报表文件"借阅情况表"。

② 在"报表控件"工具栏中单击"标签"控件，然后在页标头区单击，接着输入"读者编号"，就完成该标签的设计。

③ 设置标签属性：标签只有位置属性，双击"读者编号"标签，得到如图 10-14 所示的窗口。从图中可以看出，对象位置选择和域控件中的相同，在此不再重复。

④ 用同样的方法设置其他 4 个标签属性，结果参见图 10-13 所示。

⑤ 字体、字号设计：单击"读者编号"标签，执行"格式"→"字体"菜单命令，打开"字体"对话框，选择"粗体"、"小五"字，单击"确定"按钮完成设计。其他标签类似设置。

⑥ 保存报表。

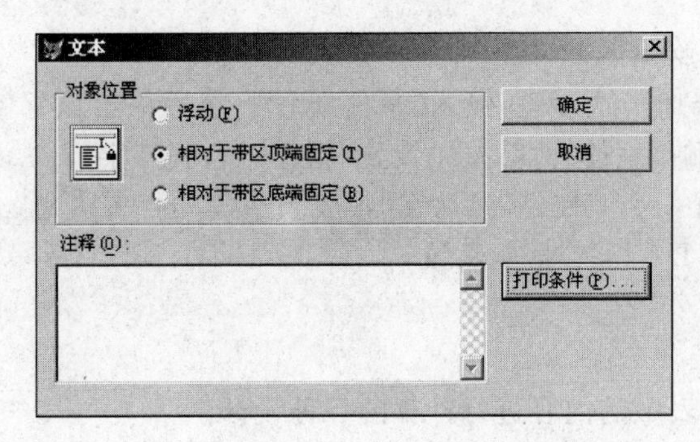

图 10-14　文本标签属性

3. 线条控件设计

在报表格式中画线的目的是使报表像表格。“线条”控件是专门用来画线的控件。“线条”控件分为横线和竖线。

画线操作是在“报表控件”工具栏中单击“线条”控件，然后在相应带区拖动鼠标就可以画一条线。向右拖动画一条横线，向下拖动画一条竖线。

【例 10-4】 在例 10-2 的报表中画表格线。

① 打开报表文件“借阅情况表”。

② 在“报表控件”工具栏中单击“线条”控件，然后在页标头中从“读者编号”标签的左上方拖动鼠标至页面的右上方，画出一条横线。

③ 选定该横线，然后执行“格式”→“绘图笔”菜单命令，在此选择线条的粗细和形式，本例选择“4 磅”。

④ 选定该横线，执行“编辑”→“复制”菜单命令，然后执行“编辑”→“粘贴”菜单命令，复制该横线。

⑤ 拖动被复制的横线到“读者编号”标签的下方，完成页标头的横线设置。

⑥ 保存报表。

4. 标题/总结设计

报表标题和总结是对报表头和尾的设计。

1）报表标题设计

每个报表可以添加一个标题，从“报表”菜单中选择“标题/总结”菜单项，得到如图 10-15 所示的“标题/总结”对话框。

报表标题中有两项设置。“标题带区”复选框是指在报表格式中增加“标题”带区；“新页”复选框是指标题在第 1 页，相当于封面，内容从第 2 页开始。一旦增加了标题带区，就可以在该带区设置相应的信息。

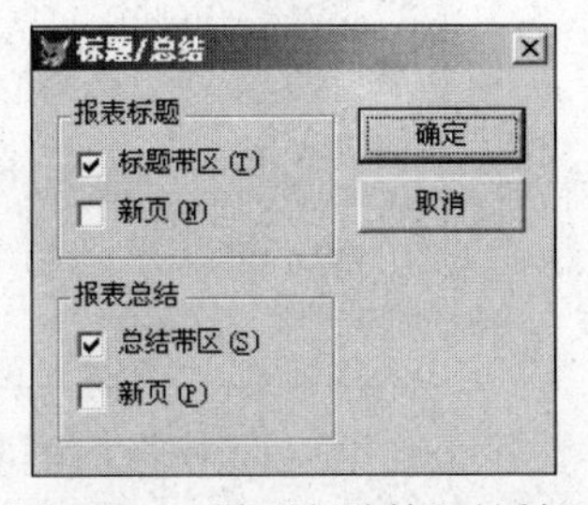

图 10-15　“标题/总结”对话框

【例 10-5】 在例 10-2 的报表中增加一个带日期的标题。

① 打开报表文件“借阅情况表”。

② 从“报表”菜单中选择“标题/总结”菜单项，选择“标

题带区”，单击“确定”按钮。

③ 在标题带区添加一个标签，输入“借阅统计”，然后单击该标签，执行“格式”→“字体”菜单命令，在打开的“字体”对话框中设置“粗体”、“四号”字。

④ 在标题区设置一个域控件，然后在“报表表达式”的“表达式”编辑框中输入或在其表达式生成器中选择 DATE()日期函数。

⑤ 保存报表。

2）报表总结设计

总结设计是对报表中的内容进行计算的一种设计。

报表总结通常放置在报表的总结带区。在图 10-15 所示的对话框中，选择“总结带区”，就会在报表格式布局中增加总结带区。

【例 10-6】 在例 10-2 报表中，设计借阅书籍册数。

① 打开报表文件“借阅情况表”。

② 从“报表”菜单中选择“标题/总结”菜单项，选择“总结带区”，单击“确定”按钮。

③ 在总结带区左边设置标签控件，输入“汇总计数：”。

④ 在总结带区添加一个域控件，然后在“报表表达式”的“表达式”编辑框中输入或在其表达式生成器中选择“图书编号”，单击“计算”按钮，在弹出的“计算字段”对话框中选择“计数”，如图 10-16 所示。

⑤ 保存报表。

5. 分组设计

记录在表中是按录入顺序排列的，如果希望将记录以某种特定规律输出，就需要对其分组。

【例 10-7】 在例 10-2 的报表中，按读者编号分组统计读者的借阅次数。

① 打开报表文件“借阅情况表”。

② 选择“报表”菜单中的“数据分组”菜单项，打开如图 10-17 所示的“数据分组”对话框。

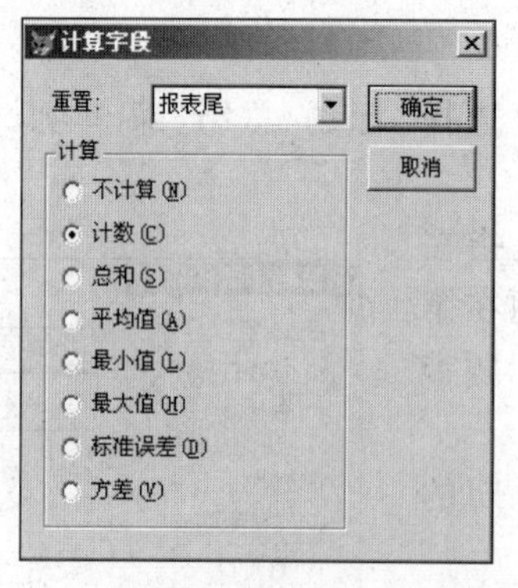

图 10-16 “计算字段”对话框

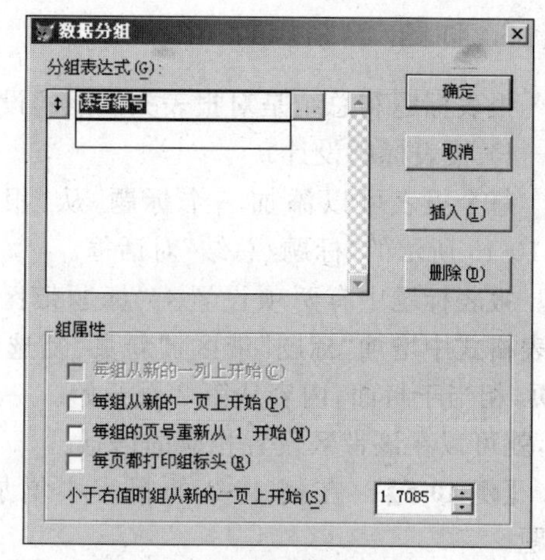

图 10-17 “数据分组”对话框

③ 在“分组表达式”编辑区中，单击右边的…按钮，然后在弹出的表达式生成器中选择“借阅情况.读者编号”字段名。

在“数据分组”对话框中，每个分组具有如下属性：

- 每组从新的一列上开始：这是针对列格式的报表。
- 每组从新的一页上开始：当越组时，自动换页。
- 每组的页号重新从 1 开始：新组重置页号。
- 每页都打印组标头：每页都打印该组的标题。

④ 保存报表。

运行报表，结果如图 10-18 所示。

借阅统计

05/05/08

读者编号	流水号	图书编号	借阅日期	借阅情况
0001				
	0000000001	K2011	12/24/06	已还
	0000000004	K3241	12/17/07	在借
	0000000006	K3112	06/17/07	已还
计数0001:		3		
0002				
	0000000003	K2001	02/12/07	已还
	0000000005	K5002	01/13/08	在借
	0000000007	K2011	12/11/07	在借
计数0002:		3		
0004				
	0000000002	K3112	04/12/07	已还
	0000000008	K5002	.NULL.	预约
计数0004:		2		
汇总计数:		8		

图 10-18 借阅情况报表

10.2.3 报表输出

使用报表设计器创建的报表文件只是一个外壳，仅为数据提供一个带有一定格式的框架，在报表文件中并不包含要打印的数据。

1. 菜单方式打印报表

在“文件”菜单中选择“打印”命令，在弹出的“打印”对话框中单击“选项”按钮，然后在弹出的“打印选项”对话框的“类型”列表框中选择打印类型为“报表”，在“文件”文本框中输入报表文件名，单击“选项”按钮，设定打印记录的范围和条件，最后单击“确定”按钮即可将数据源中的记录送往打印机打印。

2. 命令方式报表输出

报表最直接的输出方式是通过 REPORT 命令输出，命令格式如下：

```
REPORT FORM <报表文件名>|?[ENVIRONMENT]
[<范围>][FOR <expL1>][WHILE <expL2>]                    && 在指定范围输出
[HEADING<标题文本>][NOCONSOLE][NOOPTIMIZE][PLAIN]
[RANGE <起始页号>][,<结束页号>]]                         && 从第几页到第几页
[PREVIEW [[IN] WINDOW<窗口>| IN SCREEN][NOWAIT]]        && 在何处预览
[TO PRINTER [PROMPT] | TO FILE <文件名>[ASCII]]          && 输出到打印机或文件
[NAME <对象名>][SUMMARY]
```

10.3 快速报表

如果是初次设计报表,可使用"快速报表"方式,然后再在报表设计器中对已生成的报表进行修改和定制,这样往往可以节省时间。

打开报表设计器,执行"报表"→"快速报表"菜单命令,将出现"打开"对话框,选择报表所需的数据表(如 Bookinfo.dbf),单击"确定"后,出现如图 10-19 所示的对话框。

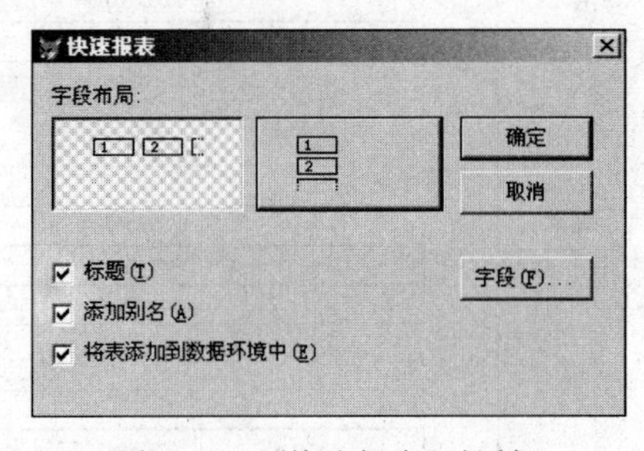

图 10-19 "快速报表"对话框

该对话框有 4 个选项:

① 字段布局:用以选择字段排列方式,选择左侧按钮时,字段横向排列,选择右侧按钮时,字段纵向排列。

② 标题:选择此项,字段名将作为列标题出现。

③ 添加别名:选择此项,将为所有字段添加别名。

④ 将表添加到数据环境中:选择此项,则把报表的数据源添加到数据环境中,这样打印报表时,数据表自动打开,打印完报表时数据表自动关闭。否则,调用报表前需先打开数据源。

【例 10-8】 为图书情况表(Bookinfo.dbf)建立一张快速报表。

① 在项目管理器中选择"文档"选项卡中的"报表",单击"新建"按钮,在弹出的"新建报表"对话框中选择"新建报表",打开"报表设计器"窗口。

② 执行"报表"→"快速报表"菜单命令,在弹出的"打开"对话框中选择数据表 Bookinfo.dbf,单击"确定"按钮,打开"快速报表"对话框,如图 10-19 所示。

③ 单击"字段"按钮,打开"字段选择"对话框,用户可以选择报表中将出现哪些字段,在默认情况下,包括除"通用"字段外的全部字段。单击"全部"按钮,将所有字段移至"选定字段"列表框中,单击"确定"按钮,返回"快速报表"对话框。

④ 以上各项设计好后,单击"确定"按钮生成报表,如图 10-20 所示。右击报表中空白区域,在快捷菜单中选择"预览"命令,可预览报表效果,如图 10-21 所示。如果不满意,可在报表设计器中进行修改。

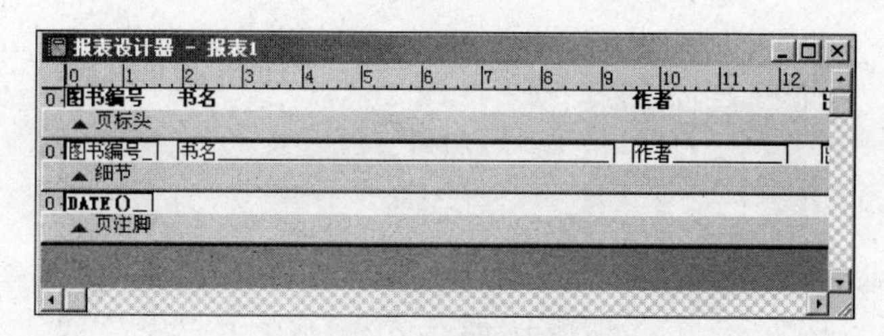

图 10-20　生成报表后的窗口

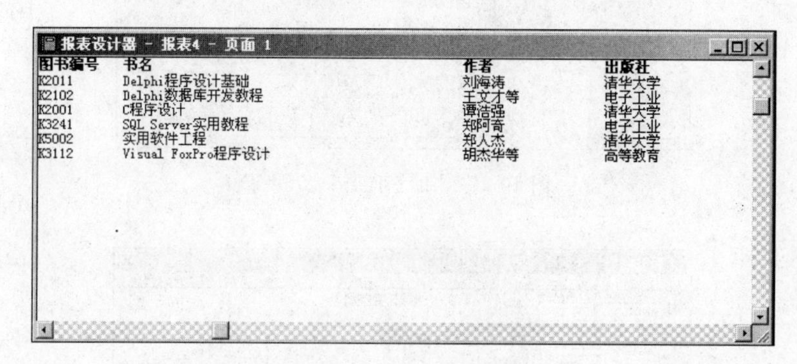

图 10-21　快速报表示例

10.4　标 签 设 计

在实际应用中并不总是要求数据以表格形式输出，例如个人名片、邮件标签、借书卡片等，往往需要以标签卡片的形式输出某些数据。这就需要通过建立标签文件来实现。在 Visual FoxPro 6.0 中，标签文件的扩展名为.LBX。实际上，标签是采用多列报表布局，为匹配特定标签纸而对列作特定设置的报表。

10.4.1　标签向导

使用标签向导可以快速地创建标签。

【例 10-9】　为读者信息表创建读者标签。

① 启动“标签向导”对话框。

进入项目管理器，在“文档”选项卡中选中“标签”，然后单击“新建”按钮，在出现的“新建标签”对话框中单击“标签向导”按钮，将出现如图 10-22 所示的“标签向导”的第一个对话框。

该对话框用于为标签指定数据源，例如选择“读者信息表”作为标签的数据源，再单击“下一步”按钮，则出现如图 10-23 所示的对话框。

② 选择标签类型。

图 10-23 所示的对话框用于选择标签类型。系统为用户提供了很多种标签类型，标

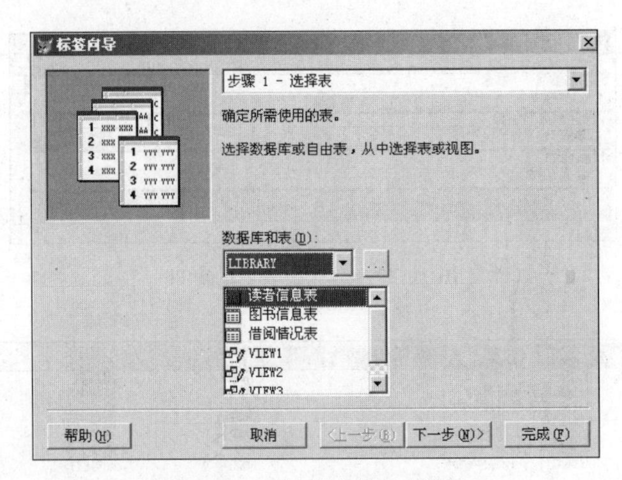

图 10-22 “标签向导”-步骤 1

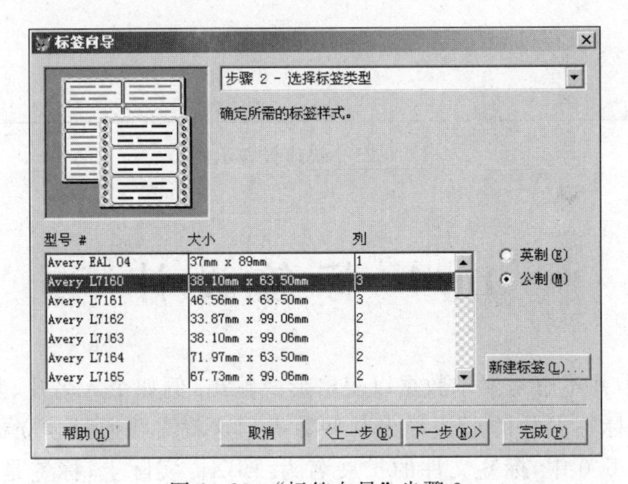

图 10-23 “标签向导”-步骤 2

签尺寸“高×宽”既可以用英制也可以用公制显示；而“列”是指沿纸张水平方向打印的标签个数。用户可以根据需要从中选择一种，如果均不符合用户的要求，可以单击“新建标签”按钮，自己创建一种任意尺寸规格的标签类型。这里选择型号为 Avery L7160 (46.56mm×63.50mm×3)标签。单击“下一步”按钮，打开如图 10-24 所示的对话框。

③ 定义布局。

图 10-24 所示对话框用于定义标签的布局。有三种对象可以被置于标签中：“可用字段”、文本、逗号和冒号等特殊符号。在“文本”输入框中可输入任何字符串，例如输入“读者信息卡”，单击“添加”按钮可把文字串添加到“选定字段”框中，成为每张标签上都出现的文字。在“可用字段”列表框中选中的任何字段，都可以添加到“选定字段”框中。如果想另起一行，可以单击中部的“回车”按钮。在同一行可以放置多个字段或文本，字段之间可以用空格、句号、短线、逗号、冒号隔开。在定义布局的过程中，可以随时观察左上角的预览框，查看标签外观的变化。单击“字体”按钮，可以设置各个字段行的字体、字型、大小和颜色等。单击“下一步”按钮，将出现如图 10-25 所示的对话框。

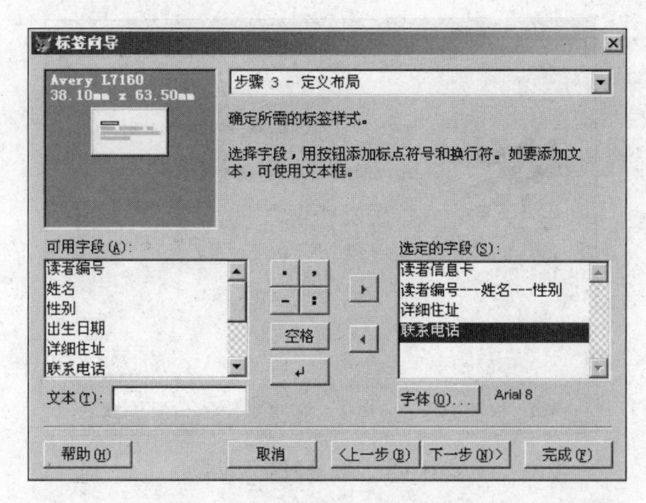

图 10-24 “标签向导”-步骤 3

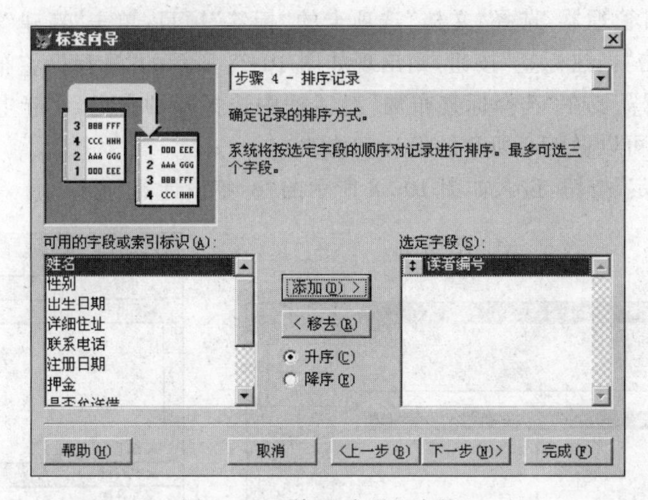

图 10-25 “标签向导”-步骤 4

④ 排序记录。

在“标签向导-步骤 4”对话框中指定记录的排序方式，如选择“读者编号”。单击“下一步”按钮，将进入如图 10-26 所示的对话框。

⑤ 完成保存标签。

“标签向导-步骤 5”是向导的最后一步，用户可以单击“预览”按钮，预览标签的布局情况。最后单击“完成”按钮，在打开的保存对话框中，用户输入标签文件的名字，至此就创建了一个完整的标签文件。

10.4.2 标签设计器

利用标签设计器可以更全面、更精细地创建或修改标签。标签设计器是报表设计器的一部分，它们使用相同的菜单和工具栏。

图 10-26 "标签向导"-步骤 5

标签设计器的启动步骤如下：

① 进入项目管理器，选择"文档"选项卡的"标签"项目，单击"新建"按钮，在"新建标签"对话框中单击"新建标签"按钮，则出现如图 10-27 所示的"选择标签布局"对话框。

② 用户根据需要在"选择标签布局"对话框中选择一种布局，实际上可以任选一个，在标签设计器中可以做随心所欲的设计和修改。

③ 单击"确定"按钮，进入如图 10-28 所示的"标签设计器"窗口。

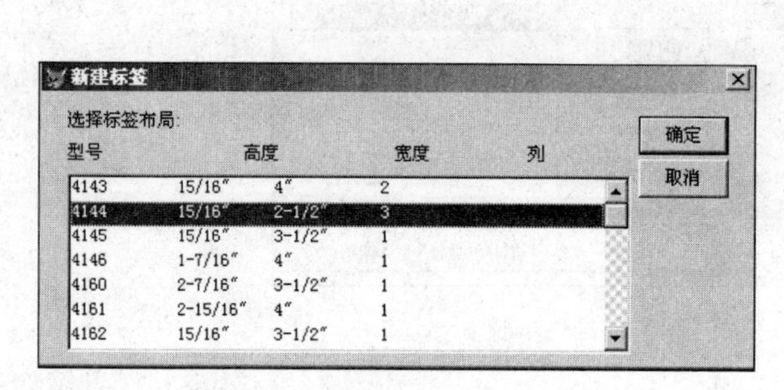

图 10-27 "选择标签布局"对话框

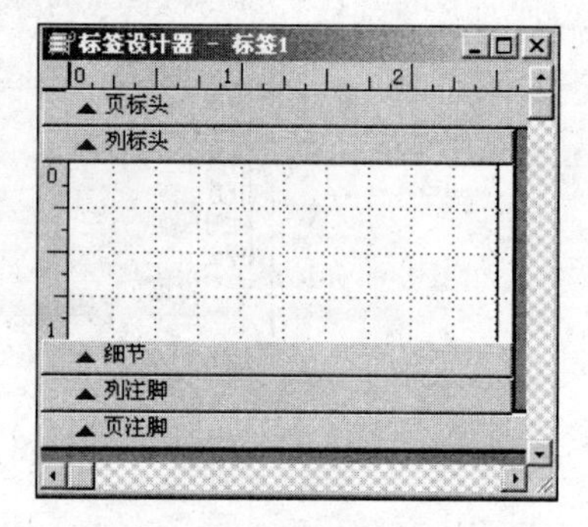

图 10-28 标签设计器

在"标签设计器"窗口中，虽然也有页标头、列标头、列注脚和页注脚带区，但用户是不使用它们的。用户只需关心细节带区，标签的内容也只能出现在细节带区中。

在项目管理器中，选择"文档"选项卡的"标签"项目，选择一个已存在的标签，单击"修改"也可以进入标签设计器，并对标签进行修改。

标签设计器的常规操作和报表设计器完全相同，所以这里就不再赘述了。

10.4.3 标签输出

在程序或命令窗口中打印标签可用下列命令：

```
LABEL FORM <标签文件名> [范围] [FOR 条件] [WHILE 条件] [TO PRINTER]
```

在程序或命令窗口中预览标签可用下列命令:

```
LABEL FORM <标签文件名> [范围] [FOR 条件] [WHILE 条件] [PREVIEW]
```

本章小结

使用报表与标签,可以将数据库中的数据输出到纸介质上。从面向对象的角度看,报表和标签可看成是由各种控件组成的,报表和标签设计主要是对控件及其布局的设计。

本章内容要点包括使用报表向导和报表设计器的使用;报表中的控件设计;报表的打印输出以及标签的设计。

习 题 十

一、思考题

1. 报表类型有哪几种?
2. 报表的基本格式分为几个带区?
3. 标题带区和页标头带区在输出时有何区别?

二、选择题

1. 在 Visual FoxPro 中报表文件的文件扩展名为________。
   (A) .FRX 和.FRT　　(B) .FRX 和.FPT
   (C) .FXP 和.FPT　　(D) .FXP 和.FRT
2. 设计报表时可以使用的控件是________。
   (A) 标签、文本框和列表框　　(B) 标签、域控件和列表框
   (C) 标签、域控件和线条　　(D) 布局、图片和数据源
3. Visual FoxPro 的报表文件.FRX 中保存的是________。
   (A) 打印报表的预览格式　　(B) 已经生成的完整报表
   (C) 报表的格式和数据源　　(D) 报表设计格式的定义
4. 创建报表的命令是________。
   (A) CREATE REPORT　　(B) MODIFY REPORT
   (C) RENAME REPORT　　(D) DELETE REPORT
5. 报表的数据源可以是________。
   (A) 自由表或其他报表　　(B) 数据库表、自由表或视图
   (C) 数据库表、自由表或查询　　(D) 表、视图或查询
6. 如果想在报表中每条记录的上端都显示该字段的标题,则应将这些字段标题标签都设置在________带区中。
   (A) 页标头　　(B) 组标头　　(C) 细节　　(D) 页注脚

7. 在 Visual FoxPro 中,在报表和标签布局中不能插入的控件是________。
   (A) 域控件　　(B) 线条　　(C) 文本框　　(D) 图片/OLE 绑定控件
8. 系统变量_PAGENO 的值表示________。
   (A) 报表当前页的页码　　(B) 已经打印的报表页数
   (C) 报表文件的总页数　　(D) 尚未打印的报表页数

三、填空题

1. 报表是最常用的打印文档,设计报表主要是定义报表的数据源和报表的布局。Visual FoxPro 中,报表布局的常规类型有:列报表、________、一对多报表以及多列报表。
2. 在 Visual FoxPro 系统中,报表上可以分为不同的带区,用户利用不同的报表带区控制数据在报表页面的打印位置,其中________只在报表的每一页上打印一次。
3. 为了在报表中插入一个文字说明,应该插入一个________控件。
4. 在报表设计器中,报表被划分为多个带区。其中,打印每条记录的带区为________带区。
5. 首次启动报表设计器时,报表设计器只包含三个带区,它们是________、________和________。
6. 报表设计器中可以使用许多报表控件,为了在报表中打印当前时间,应该插入一个________控件。
7. 在报表设计器中修改报表文件 REP1 的命令是________,调用报表文件 REP1 预览报表的命令是________。
8. 如果已设定了对报表的分组,报表中将增加________和________带区。

四、上机练习

1. 使用报表向导完成图书借阅情况统计表的设计,统计每本图书的借阅次数以及借阅情况,如图 10-29 所示。
2. 使用报表设计器完成如图 10-18 所示的报表。

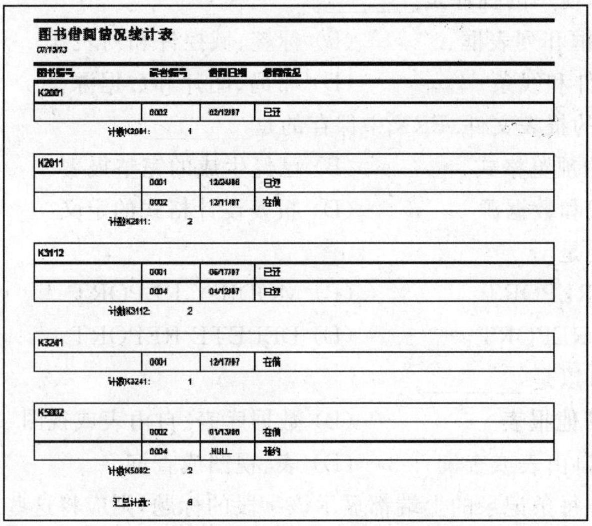

图书借阅情况统计表

图书编号	读者编号	借阅日期	借阅情况
K2001			
	0002	[illegible]	已还
计数K2001:	1		
K2011			
	0001	[illegible]	已还
	0002	[illegible]	在借
计数K2011:	2		
K3112			
	0001	[illegible]	已还
	0004	[illegible]	已还
计数K3112:	2		
K3241			
	0001	[illegible]	在借
计数K3241:	1		
K5002			
	0002	[illegible]	在借
	0004	.NULL.	预约
计数K5002:	2		
汇总计数:	8		

图 10-29　上机练习 1 样图

第11章 菜单设计

应用程序通常由若干个功能相对独立的程序模块组成，要将这些功能模块组织成一个系统，可以通过菜单系统来实现。因此，菜单系统设计的好坏不仅反映了应用程序中功能模块的组织水平，同时也反映了应用程序的用户友善性。对数据库进行操作时，菜单程序尤为重要。

11.1 菜单系统的结构

菜单通常是显示在屏幕上的一组可供用户选择的功能选项。菜单系统结构主要用于说明菜单的具体组成形式和名称。

首先介绍以下几个常用的术语。

(1) 条形菜单(MENU)

条形菜单是指在屏幕上水平放置的、由若干个条形菜单项组成的菜单。每个条形菜单必须有一个名称，如果用户不指定，系统会自动指定名称，如_Msysmenu。

(2) 条形菜单项(PAD)

条形菜单中的选项称为条形菜单项。一个条形菜单由若干个条形菜单项组成。

(3) 弹出式菜单(POPUP)

弹出式菜单是指在屏幕上垂直放置的、由若干个弹出式菜单项组成的菜单。激活此菜单后，该弹出式菜单就弹出显示，用完后，又隐藏起来。

(4) 弹出式菜单项(BAR)

弹出式菜单中的选项称为弹出式菜单项。一个弹出式菜单由若干个弹出式菜单项组成。

各个用户应用程序的菜单系统的内容可能是不同的，但其基本结构是相同的。一个典型的用户应用系统的菜单与 Visual FoxPro 6.0 的系统菜单一样，都是一个下拉式菜单，它由一个条形菜单和一组弹出式菜单组成。其中条形菜单作为主菜单，而弹出式菜单作为子菜单。当单击某个条形菜单选项时，激活相应的弹出式菜单。

另外，在应用系统中还可通过编程建立右击才出现的快捷菜单，它通常是一个由一组弹出菜单式项组成的弹出式菜单。

11.2 创建菜单系统

11.2.1 创建菜单的步骤

不管应用程序的规模有多大,打算使用的菜单有多么复杂,创建菜单系统都需经过以下步骤。

(1) 规划与设计菜单系统。

根据应用程序的功能和使用的要求,确定需要哪些菜单,菜单出现在界面的何处以及哪几个菜单要有子菜单等。

(2) 创建菜单和子菜单。

利用菜单设计器创建所需要的菜单和子菜单。

(3) 按实际要求为菜单系统指定任务。

指定菜单所要执行的任务,例如显示表单或对话框等。另外,如果需要,还可以包含初始化代码和清理代码。

(4) 选择"预览"按钮,预览整个菜单系统。

(5) 保存菜单文件并生成菜单程序。

(6) 运行及测试菜单系统。

11.2.2 菜单设计器

创建菜单系统虽然可以用程序设计命令或向导完成,但大量的工作还是在 Visual FoxPro 6.0 提供的菜单设计器中完成的。

1. 启动菜单设计器

在 Visual FoxPro 6.0 中,可以采用以下三种方式打开菜单设计器。

(1) 通过项目管理器。

在项目管理器的"其他"选项卡中选择"菜单"选项,并单击"新建"按钮。

(2) 使用系统菜单。

执行"文件"→"新建"菜单命令,在弹出的"新建"对话框中选择"菜单",然后再单击"新建文件"按钮。

(3) 使用 VFP 命令。

① 创建新菜单文件:

```
CREATE MENU <文件名>
```

② 修改已存在的菜单文件:

```
MODIFY MENU <文件名>
```

执行上述任意一种操作后，系统弹出如图 11-1 所示的“新建菜单”对话框，单击“菜单”按钮，进入“菜单设计器”窗口。

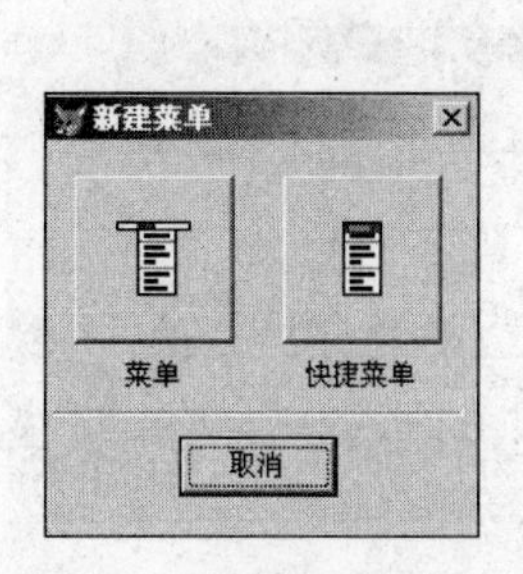

图 11-1 “新建菜单”对话框

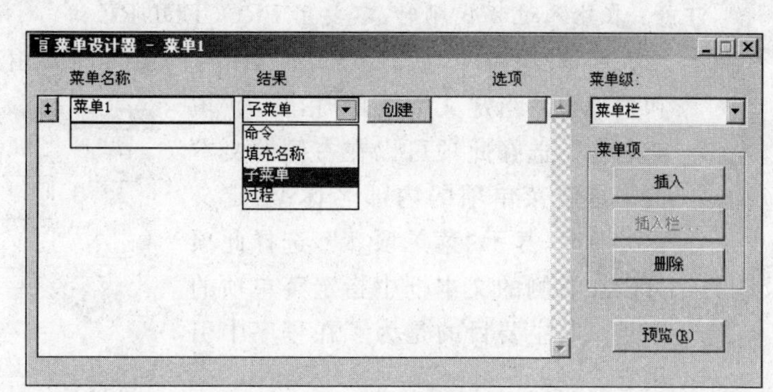

图 11-2 菜单设计器

2. 菜单设计器简介

打开的“菜单设计器”窗口如图 11-2 所示。使用菜单设计器可以创建菜单、菜单项、菜单项的子菜单和分隔相关菜单组的线条等。菜单设计器中各项含义如下。

(1)“菜单名称”列

在“菜单名称”文本框中输入的文本将作为菜单的提示字符串显示。设计良好的菜单都具有访问键，这样通过键盘同时按下 Alt 键和指定键就可以快速访问菜单项。

如果要给菜单项设置访问键，可以在要设定为快捷键的字母前加反斜杠和小于号(\<)。例如，给“文件”菜单设置快捷键为 F，只要在“菜单名称”文本框中输入“文件(\<F)”即可。

内容相关的菜单常常被分为一组，为了给菜单项进行逻辑分组，往往需要在组与组之间加上分隔线以提高菜单的可读性和易操作性。系统提供的实现方式是在两组相邻菜单项之间插入新的菜单项，并在“菜单名称”文本框中输入\-两个字符，在显示时，这两组相邻菜单项之间出现一条分隔线。

(2)“移动”按钮

“移动”按钮指“菜单名称”列左边的双向箭头按钮。在设计时允许可视化地调整菜单名称的位置。

(3)“结果”列

此列设定菜单项的功能类别，共有命令、子菜单、过程和填充名称 4 种选择。

- 子菜单(Submenu)：如果所定义菜单项具有子菜单，则应选择该项。选择此选项后，列表框右侧出现“创建”按钮，单击此按钮可以创建下一级子菜单。若子菜单已经创建，此按钮变成“编辑”按钮，单击后可对下一级子菜单进行编辑。
- 命令(Command)：如果所定义菜单项的任务是执行一条命令，则应选择该项。当选择该选项后，右侧出现一个文本框，可在其中输入要执行的命令。

- 过程(Procedure)：如果所定义菜单项是执行一组命令，则应选择该项。当选择该选项后，列表框右侧会出现“创建”按钮。单击该按钮进入“过程代码编辑”窗口，可在其中输入对应的一组命令。

注意：在输入过程代码时，不要用 PROCEDURE 语句。

- 填充名称/菜单项#(Pad Name/Bar#)：用于标识由菜单生成过程所创建的菜单和菜单项。当定义主菜单时，显示“填充名称”，选择此项可以在右侧的文本框中指定菜单项的内部名称；当定义子菜单时，显示“菜单项#”，选择此项可以在右侧的文本框中指定菜单项的序号。其主要目的是为了在程序中引用它。

(4)“选项”按钮

单击该按钮打开“提示选项”对话框，如图 11-3 所示，可以在其中为菜单项设置各种属性。

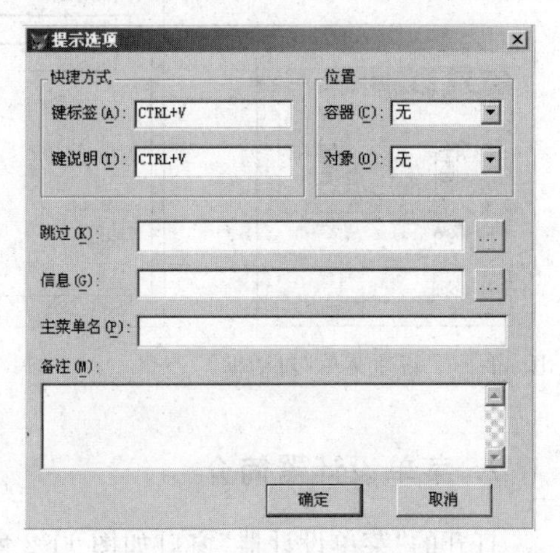

图 11-3 “提示选项”对话框

该对话框中主要设置如下：

- 快捷方式：用于定义菜单项快捷键。
  其中“键标签”用于定义快捷键；“键说明”用于定义在菜单项后显示的快捷键名称。例如，定义快捷键为 Ctrl＋V，当按下 Ctrl＋V 键时，“键标签”文本框出现 Ctrl＋V，“键说明”文本框内也出现相同内容，但该内容可以根据需要修改。

注意：“键标签”中的文本内容不是用输入法输入的，而是按下组合键后由系统产生的。

- 位置：设置菜单项标题位置。当在应用程序中编辑一个 OLE 对象时，用户可指定菜单项的标题位置。
- 跳过：定义菜单项禁用条件。在文本框中输入一个表达式，或单击右侧按钮进入“表达式生成器”对话框生成一个表达式，定义允许或禁用菜单项的条件。当表达式值为“假”时，菜单项为可用状态；否则为禁止状态，菜单项以灰色显示。
- 信息：定义菜单项说明信息。当鼠标指向菜单或菜单项时，在 Visual FoxPro 6.0 状态栏中显示说明其功能及用途的文字信息。这些信息必须用引号括起来。
- 主菜单名：显示“主菜单名”对话框，可在其中指定可选的菜单标题。此选项仅在“菜单设计器”窗口的“结果”列显示为“命令”、“子菜单”或“过程”时可用。
- 备注：指定菜单备注信息。在文本编辑框中可输入用户注释内容。任何情况下注释内容都不影响生成的代码，运行菜单程序时 Visual FoxPro 6.0 忽略所有注释。

(5)“菜单级”下拉列表框

菜单系统是分级的，最高一级是菜单栏菜单，其次是每个菜单的子菜单。从该下拉列表框选择某菜单级时，可以进行相应级别菜单的设计。

(6)“菜单项”选项组

在“菜单项”选项组中有三个命令按钮,为菜单设计提供相应的操作功能。其功能如下。

“插入”按钮：用于在当前菜单项前面插入一个新菜单项目,默认名称为“新菜单项”。

“删除”按钮：用于删除当前菜单项。

“插入栏”按钮：用于插入标准的 Visual FoxPro 6.0 系统菜单中的某些项目。单击该按钮打开“插入系统菜单栏”对话框,如图 11-4 所示。其中列出 Visual FoxPro 6.0 中所有标准菜单项目以供选择。

注意：当菜单级处于“菜单栏”时,该项不可用。

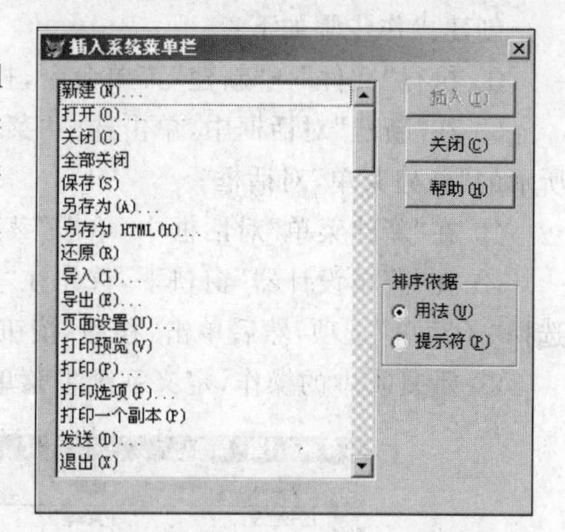

图 11-4 “插入系统菜单栏”对话框

(7)“预览”按钮

单击“预览”按钮,可以暂时屏蔽系统菜单,而显示用户所创建的菜单,同时在屏幕中显示“预览”对话框。每当用户选择一个菜单项后,在“预览”对话框中都会显示出正在预览的菜单的菜单名、提示和命令等信息。

11.2.3 应用系统菜单设计

设计应用系统菜单的主要任务是完成主菜单、子菜单项的设计。现以创建一个简单的图书管理系统的菜单为例,说明使用菜单设计器创建菜单的一般方法。

1. 规划菜单系统

在创建菜单之前,应首先进行菜单系统的规划。本系统菜单设计如图 11-5 所示。

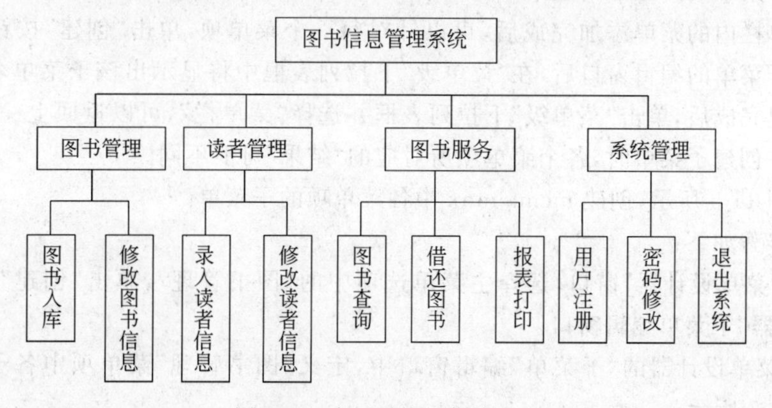

图 11-5 应用系统的菜单设计

下面通过菜单设计器完成该菜单系统的建立。

2. 创建主菜单

应用程序主菜单如图 11-5 所示，共有 4 个菜单项：图书管理、读者管理、图书服务和系统管理，其中系统管理具有菜单访问键 Alt+S。

创建操作步骤如下：

① 执行“文件”→“新建”菜单命令，打开“新建”对话框；

② 在“新建”对话框中，单击选中“菜单”选项，再单击“新建文件”按钮，打开如图 11-1 所示的“新建菜单”对话框；

③ 在“新建菜单”对话框中，单击“菜单”按钮，进入“菜单设计器”窗口；

④ 在“菜单设计器”窗口下，首先在“菜单名称”项中输入“图书管理”，在“结果”项中选择“子菜单”选项，然后单击“移动”按钮进入下一项；

⑤ 重复④中的操作，定义系统主菜单中各菜单的选项名，结果如图 11-6 所示。

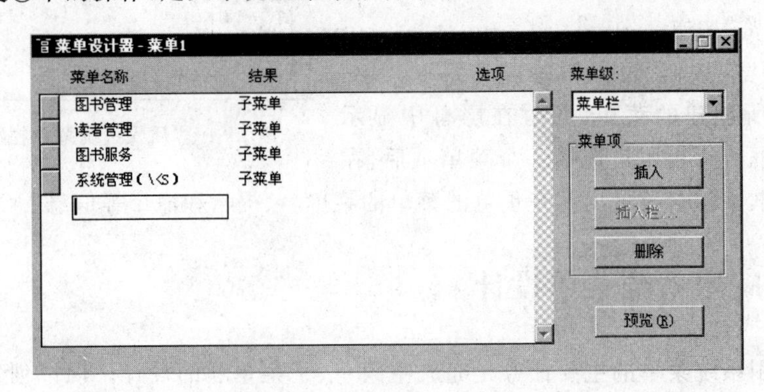

图 11-6　应用程序主菜单

3. 创建子菜单

创建子菜单实际上是给主菜单定义子菜单选项。

当菜单栏内的菜单添加完成后，可以针对每一个菜单项，单击“创建”按钮创建子菜单。进入子菜单的编辑窗口后，在“菜单级”下拉列表框中将显示出该子菜单名称。一个子菜单创建完成后，单击“菜单级”下拉列表框并选择“菜单栏”，可以返回上一级菜单，即主菜单。在创建子菜单时，各个菜单项所对应的“结果”可能不同。

按照图 11-5 所示，创建 menu.mnx 中各菜单项的子菜单。

操作步骤如下：

① 在“菜单设计器”窗口，选择主菜单选项中的“图书管理”，单击“创建”按钮，进入“菜单设计器”子菜单编辑窗口。

② 在菜单设计器的“子菜单”编辑窗口中，定义“图书管理”菜单项中各子菜单选项名，如图 11-7 所示；

然后，在“图书入库”和“修改图书信息”菜单项之间插入一个菜单项，在菜单名称中输入：\-，运行菜单时，将在“图书入库”和“修改图书信息”菜单项之间出现一条分隔线。

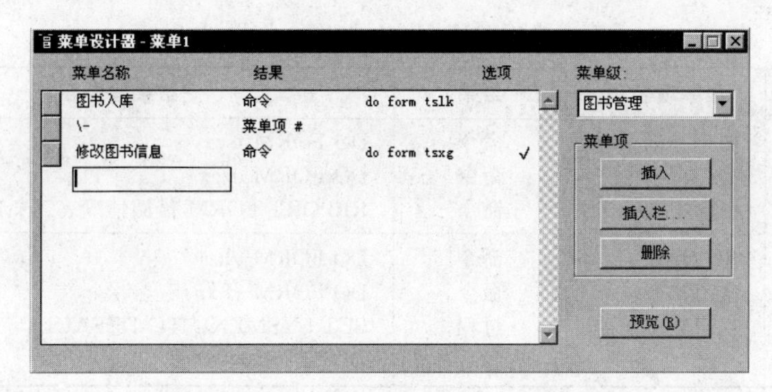

图 11-7 “图书管理”选项中各子菜单选项

③ 单击“修改图书信息”菜单项的“选项”按钮，在弹出的“选项”对话框中设置快捷键Ctrl＋V。

④ 在“图书管理”菜单设置完成后，单击“菜单级”的下拉箭头，在下拉列表中选择“菜单栏”选项，返回上一级菜单设置。

⑤ 在菜单设计器的“子菜单”编辑窗口，定义“读者管理”菜单项中各子菜单选项名，如图 11-8 所示。依此类推，直到将最后一个菜单“系统管理”的子菜单创建完成。

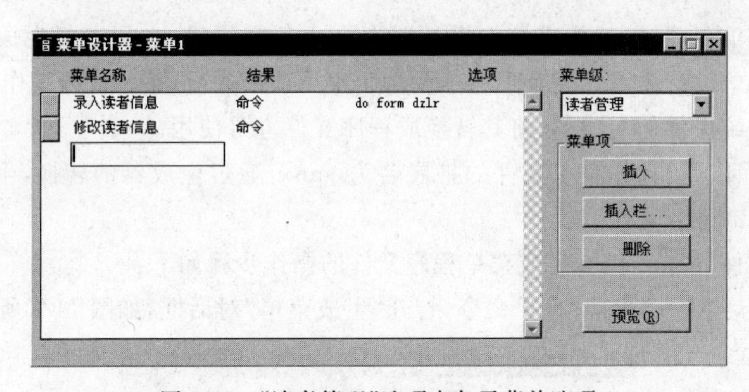

图 11-8 “读者管理”选项中各子菜单选项

4. 为菜单或菜单项指定任务

创建菜单系统时，需要考虑系统访问的简便性，必须为菜单和菜单项指定所执行的任务，如指定菜单访问键、添加键盘快捷键、显示表单等。菜单选项的任务可以是子菜单、命令或过程。菜单任务对应的命令必须明确指定，对应的过程必须输入相应的过程代码。

如表 11-1 所示，在菜单设计器中为各菜单项添加命令和过程。

表 11-1 图书信息管理系统菜单设计

菜单标题	菜单项名称	结果	结果框内容
图书管理	图书入库 修改图书信息	命令 命令	DO FORM tslr DO FORM tsxg
读者管理	录入读者信息 修改读者信息	命令 命令	DO FORM dzlr DO FORM dzxg

续表

菜单标题	菜单项名称	结果	结果框内容
图书服务	图书查询 借还图书 打印报表	命令 命令 命令	DO FORM tscx DO FORM dzcx REPORT FORM 借阅情况表. frx PREVIEW
系统管理	用户注册 密码修改 退出系统	命令 命令 过程	DO FORM yhzc DO FORM yhxg SET SYSMENU TO DEFAULT QUIT

5. 预览并保存菜单文件

在菜单设计过程中可随时单击“预览”按钮预览设计的菜单。

菜单设计完成后，执行“文件”→“保存”菜单命令，将菜单设计结果保存在菜单文件 menu. mnx 和备注文件 menu. mnt 中。

6. 生成菜单程序

菜单与表单不同，它不能直接在设计器中生成程序代码，必须专门生成菜单程序代码。所以用菜单设计器设计完菜单选项及每个菜单项任务后，菜单设计工作并未结束，用户还要通过系统提供的生成器，将其转换成程序文件方可使用。

用菜单设计器设计的菜单文件的扩展名为. mnx，通过生成器的转换，生成的程序文件的扩展名为. mpr。

将菜单文件 menu. mnx 生成菜单程序文件的操作步骤如下：

① 执行“菜单”→“生成”菜单命令，打开“生成菜单”对话框，如图 11-9 所示；

图 11-9 “生成菜单”对话框

② 输入菜单程序文件名(扩展名为. mpr)，或者单击文本框右侧的“打开”按钮，在弹出的“另存为”对话框中输入菜单程序文件名，单击“生成”按钮，生成相应的菜单程序文件。

7. 运行菜单

运行菜单实际上是运行菜单程序，因此运行的方法与运行其他程序文件的方法是相似的。有以下三种方式：

1) 菜单方式

执行“程序”→“运行”菜单命令，在弹出的对话框中选择需要运行的菜单程序文件名。

2）命令方式

在命令窗口直接输入“DO <菜单文件名.mpr>”命令。

3）项目管理器方式

在项目管理器中选择相应菜单文件并单击“运行”按钮。

如在命令窗口中输入：DO menu.mpr，命令执行结果如图 11-10 所示。单击主菜单，将弹出下拉菜单，单击其中的菜单项，将执行相应的菜单命令。

图 11-10　菜单运行结果

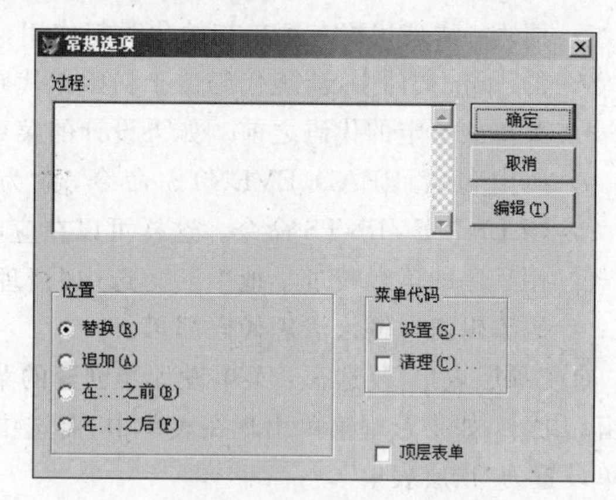

图 11-11　“常规选项”对话框

11.2.4　定制菜单系统

设计好菜单系统后，需要对菜单系统进行定制。这时可以通过“常规选项”对整个菜单系统进行定制，也可以利用“菜单选项”对主菜单或者指定的子菜单进行定制。启动菜单设计器后，在“显示”菜单中会出现这两个菜单命令。

1. 常规选项

“常规选项”是针对整个菜单的，它的主要作用是：一、为整个菜单指定一个过程；二、可以确定用户菜单与系统菜单之间的位置关系；三、为菜单增加初始化过程和清理过程。

执行“显示”→“常规选项”菜单命令，打开图 11-11 所示的“常规选项”对话框。该对话框主要由以下几部分组成。

① 过程：为整个菜单系统指定过程代码。如果菜单系统中某菜单项没有规定具体操作，则选择此菜单选项时，将执行该默认过程代码。可以在“过程”框直接输入过程代码，也可以单击“编辑”按钮打开代码编辑窗口，编辑、输入过程代码。

② 位置：在这个选项组中有 4 种选择，决定用户菜单与系统菜单之间的位置关系。

替换：用户定义菜单替换 Visual FoxPro 系统菜单，这是默认的选择。

追加：用户定义菜单附加在 Visual FoxPro 系统菜单之后。

• 在…之前：用户定义菜单插入在指定的 Visual FoxPro 系统菜单项前面。选择该项后，右边出现下拉列表框，其中列出 Visual FoxPro 系统菜单的各个菜单项，从中选择一项，将用户菜单置于该菜单项之前。

- 在…之后：意义与上面类似，只是用户菜单将置于所选择的菜单项之后。

③ 菜单代码：它包括“设置”和“清理”两个复选框：

- 设置：为菜单系统添加初始化代码用以定制菜单系统。初始化代码可以包含环境设置、变量定义、相关文件的打开等，该代码在菜单显示之前执行。选中“设置”复选框，单击“确定”按钮，在打开的代码编辑窗口中输入初始化代码即可。
- 清理：清理代码在菜单初始化时起作用，功能是启动或废止某些菜单项。在菜单的.mpr 文件中，清理代码位于初始化代码和菜单定义代码之后，而位于为菜单及菜单项指定的代码之前。如果设计的菜单是应用程序的主菜单，则应该在清理代码中包含 READ EVENTS 命令，并为退出菜单系统的菜单命令指定一个 CLEAR EVENTS 命令。这样可以在应用程序运行期间禁止命令窗口，以防止应用程序的运行被过早地中断。选中“清理”复选框，单击“确定”按钮，在打开的代码编辑窗口输入清理代码即可。

④ “顶层表单”复选框：菜单设计器创建的菜单系统默认位置是在 Visual FoxPro 系统窗口之中，如果希望菜单出现在表单中，需选中“顶层表单”复选框，同时还必须将对应表单设置为“顶层表单”。

2. 菜单选项

执行“显示”→“菜单选项”菜单命令，打开“菜单选项”对话框。该对话框中主要有两项功能，一是为指定菜单编写一个过程，二是修改菜单项名称。如果用户正在编辑主菜单，则此处的文件名是不可改变的，即所有主菜单共享一个过程，如图 11-12(a)所示。如果用户正在编辑的是某个子菜单或菜单项，则该过程为局部过程，对应子菜单或菜单项的名称可以更改，如图 11-12(b)所示。

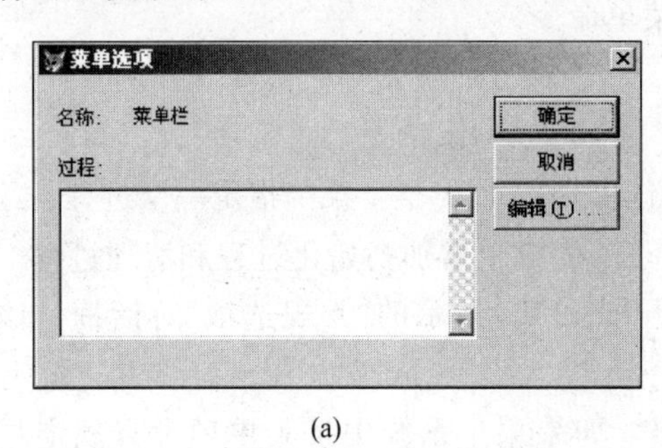

(a)

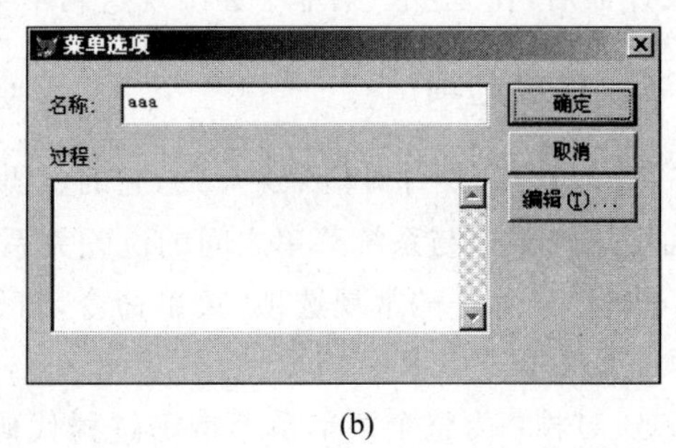

(b)

图 11-12 “菜单选项”对话框

11.2.5 快速菜单功能

若要从已有的 Visual FoxPro 菜单系统开始创建菜单，则可以使用“快速菜单”功能。在打开菜单设计器后，执行“菜单”→“快速菜单”菜单命令，将在菜单设计器中自动生成菜单,其中包含了 Visual FoxPro 的主要菜单,如图 11-13 所示。

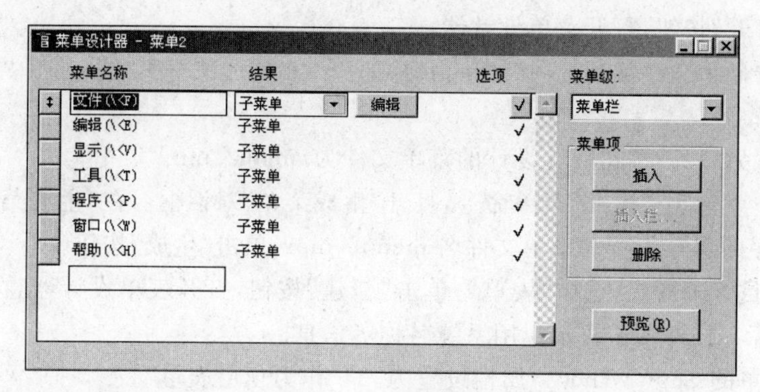

图 11-13　快速菜单

如果对生成的菜单不满意时,可以在菜单设计器中修改。比如,可以单击“插入”按钮,在当前菜单项前插入新的菜单项,也可以把不需要的菜单项删除。拖动“移动”按钮,还可以改变菜单栏上各菜单项的位置。

11.3　创建表单菜单

如图 11-10 所示,一般情况下,使用菜单设计器建立的菜单,是在 Visual FoxPro 6.0 窗口中运行的,也就是说,用户建立的菜单并不是运行在窗口的顶层,而是在第二层。

要使菜单出现在顶层,可以通过表单菜单来实现。建立表单菜单与前面介绍的普通下拉菜单不同,当菜单设计完成以后,必须在“常规选项”对话框中将其设置为“顶层表单”,菜单才能在表单中得以执行。

若要在表单中添加菜单,可以按如下步骤操作:

① 在菜单设计器中建立普通的用户自定义菜单。

② 在菜单的“常规选项”对话框中选择“顶层表单”复选框,创建顶层表单的菜单。

③ 将对应表单的 ShowWindow 属性设置为“2—作为顶层表单”。

④ 在对应表单的 Init 事件中,运行菜单程序,命令格式如下:

```
DO <文件名>WITH oForm,IAutoRename
```

＜文件名＞指定被调用的菜单程序文件;oForm 是表单对象的引用,在表单的 Init 事件中,THIS 作为第一个参数进行传递;IAutoRename 指定了是否为菜单取一个新的唯一名字。

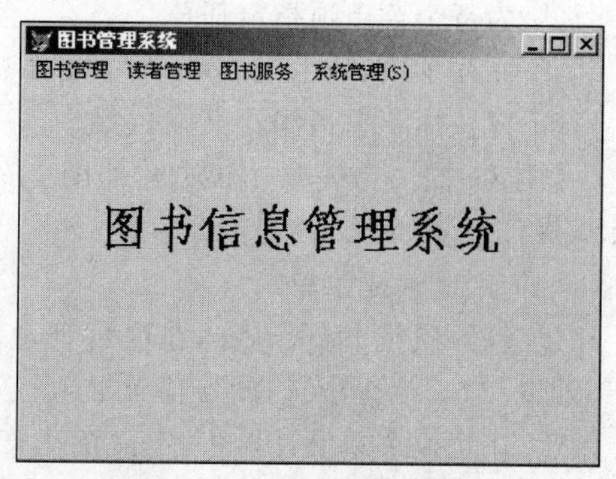

图 11-14　为顶层表单添加菜单

【例 11-1】 如图 11-14 所示,在顶层表单中添加菜单 menu。

操作步骤如下:

① 执行“文件”→“打开”菜单命令，在“打开”对话框中选择要打开的菜单文件 menu.mnx，单击“打开”按钮，打开菜单设计器。

② 执行“显示”→“常规选项”菜单命令，打开“常规选项”对话框，选中“顶层表单”复选框。

③ 单击“另存为”按钮保存设计的菜单文件为 menu2.mnx。

④ 执行“菜单”→“生成”菜单命令，打开“生成菜单”对话框。在“生成菜单”对话框中确定菜单程序的保存位置和菜单文件名 menu2.mpr，单击“生成”按钮。

⑤ 在项目管理器中，选中“表单”，单击“新建”按钮，打开表单设计器，在表单设计器中添加 1 个标签控件用于显示应用系统名称等信息。

⑥ 将表单的 ShowWindow 属性设置为“2－作为顶层表单”。

⑦ 在表单的 Init 事件代码中添加调用菜单程序的命令：

```
DO menu2.mpr WITH THIS, .T.
```

⑧ 保存并运行表单，结果如图 11-14 所示。

11.4 创建快捷菜单

在 Windows 环境中，快捷菜单的使用非常广泛，它给软件的使用带来了很多方便。在控件或对象上右击时，就会显示快捷方式菜单，可以快速展示当前对象可用的所有功能。

在 Visual FoxPro 6.0 中也可以创建快捷方式菜单，并将这些菜单附加到控件中。例如，可创建包含“清除”、“剪切”、“复制”和“粘贴”命令的快捷方式菜单。当用户在表单上右击时，将出现快捷菜单。

创建快捷菜单与创建下拉菜单的方法类似，主要步骤如下：

① 打开“快捷菜单设计器”窗口。

执行“文件”→“新建”→“菜单”→“新建文件”→“快捷菜单”，打开“快捷菜单设计器”窗口，其界面及使用方法与“菜单设计器”窗口完全相同，如图 11-15 所示。

② 添加菜单项。

③ 为每个菜单项指定任务。

④ 保存菜单，并生成.mpr 菜单文件。

⑤ 将快捷菜单指派给某个对象。

【例 11-2】 为表单 dzlr 创建如图 11-15 的快捷菜单。

操作步骤如下：

(1) 创建快捷菜单

① 打开项目 Bookroom，在项目管理器中选择“菜单”，单击“新建”按钮。在打开的“新建菜单”对话框中选择“快捷菜单”，打开“快捷菜单设计器”窗口。

② 在快捷菜单设计器中，定义快捷菜单各选项的内容，如图 11-15 所示。

③ 保存菜单，并生成 kjcd.mpr 菜单文件。

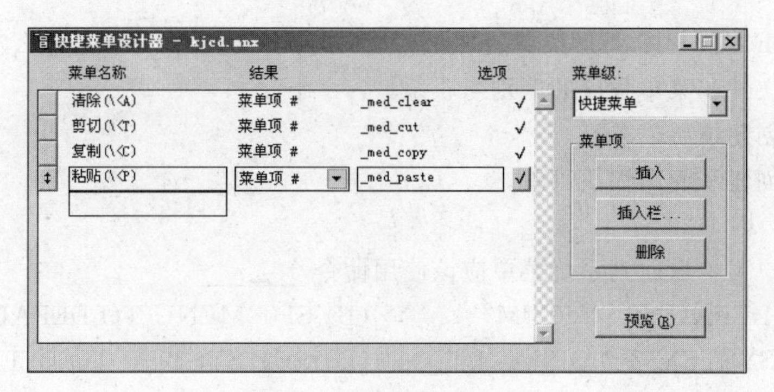

图 11-15　创建快捷菜单

(2) 将快捷菜单附加到表单中

① 打开需要设置快捷菜单的表单 dzlr.scx。

② 在表单的 RightClick 事件代码窗口中输入命令：DO kjcd.mpr。

③ 保存并运行修改后的表单。

右击表单将弹出如图 11-16 所示的快捷菜单。

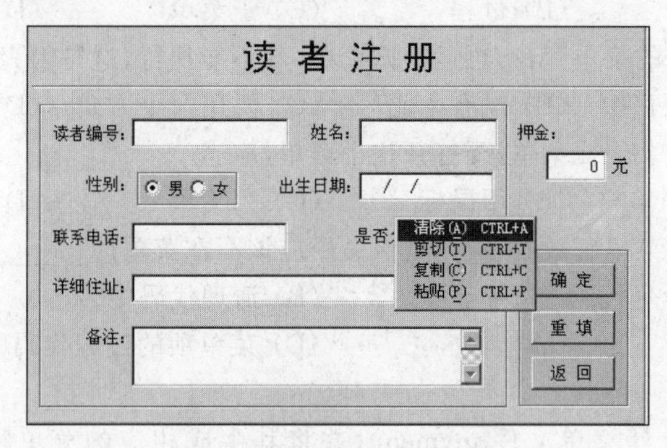

图 11-16　表单的快捷菜单

本 章 小 结

菜单为用户提供了一个结构化的、可访问的途径，便于使用应用程序中的命令和工具。本章主要介绍了菜单的操作，包括规划用户菜单系统、利用菜单设计器创建菜单、生成菜单程序、执行菜单程序等内容。

习 题 十 一

一、思考题

1. Visual FoxPro 中菜单系统由哪几部分组成？

2. 在 Visual FoxPro 中，条形菜单的“结果”项中有几种选项？分别是什么？

3. 简述菜单文件和菜单程序的区别与联系。

4. 简述如何创建顶层表单。

5. 简述如何创建和使用快捷表单。

二、选择题

1. 为了从用户菜单返回到系统菜单应该使用命令________。

   (A) SET DEFAULT SYSTEM　　(B) SET MENU TO DEFAULT

   (C) SET SYSTEM TO DEFAULT　　(D) SET SYSTEM TO DEFAULT

2. 某菜单项名称为 HELP，要为该菜单项设置访问键 Alt＋H，则在菜单项名称中的设置应为________。

   (A) Alt＋HELP　　(B) \<HELP

   (C) HELP\<H　　(D) Alt\<H

3. 在“菜单设计器”窗口中，建立主菜单的菜单项时，若希望选择后产生一个子菜单，则该项的“结果”应为________。

   (A) 命令　(B) 过程　(C) 子菜单　(D) 菜单项

4. 将一个预览成功的菜单存盘，再运行该菜单，却不能执行，这是因为________。

   (A) 没有放到项目中　(B) 没有生成　(C) 要用命令方式　(D) 要编入程序

5. 为表单创建了一个快捷菜单，要打开这个菜单，应当________。

   (A) 用快捷键　(B) 用鼠标　(C) 用菜单　(D) 用热键

6. 某条命令需要在菜单释放时执行，则该命令应该写在菜单的________。

   (A) 菜单项的命令代码中　　(B) 清理代码中

   (C) 设置代码中　　(D) 菜单项的过程代码中

三、填空题

1. 用菜单设计器设计菜单文件 mymenu，并将其生成相应的菜单程序文件 mymenu.mpr，运行该菜单程序的命令是________。

2. 菜单设计器窗口中的________组合框用于上、下级菜单之间的切换。

3. 弹出式菜单可以分组，插入分组线的方法是在“菜单名称”项中输入________两个字符。

4. 某菜单在运行时，其中某菜单项显示为灰色，则此时该菜单项的“跳过”条件的逻辑值为________。

5. 若要为表单设计下拉式菜单，要注意两点。其一是在菜单设计过程中，选择“常规选项”对话框中“顶层表单”复选框；其二是将附加表单的 ShowWindow 属性值设置为“2-作为顶层表单”，然后在表单的________事件代码中添加命令________。

四、上机练习

1. 按照图 11-5，建立图书管理系统的菜单系统。

2. 根据例 11-1，建立如图 11-14 所示的表单。

3. 根据例 11-2，为表单 dzlr 创建快捷菜单。

第12章

应用系统集成

Visual FoxPro应用程序通常由以下几个部分组成：数据库、应用程序的主程序、用于与用户信息交互的界面(包括表单、工具栏和菜单等)。除此以外，应用程序还可以包含用于检索数据和格式输出数据的查询与报表。Visual FoxPro应用系统集成就是将这些组件组成一个有机的系统。

本章在了解应用程序的各个组件元素的设计与使用方法的基础上，讨论一个完整的应用程序的集成和发布。

12.1 编译应用程序

使用Visual FoxPro创建面向对象的事件驱动应用程序时，可以每次只建立一部分模块。这种模块化构造应用程序的方法可以使开发人员在每完成一个组件后，就对其进行检验。在完成了所有的功能组件之后，就可以进行应用程序的编译了。

为了快速建立一个应用程序及其项目，即一个具有完整应用程序框架的项目，可以使用应用程序向导。

一般来讲，应用程序的建立需要以下步骤：

- 构造应用程序框架；
- 将文件添加到项目中；
- 编辑项目信息；
- 创建并运行应用程序。

12.1.1 构造应用程序框架

一个典型的数据库应用程序由数据结构、用户界面、查询选项和报表等组成，如图12-1所示。在设计应用程序时，应仔细考虑每个组件将提供的功能以及与其他组件之间的关系。

一个经过良好组织的Visual FoxPro应用程序一般需要为用户提供菜单；提供一个或多个表单，供数据输入并显示。同时还需要添加某些事件响应代码，提供特定的功能，

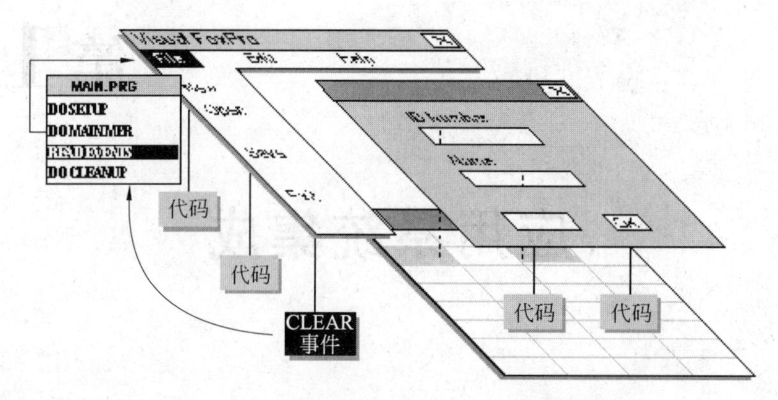

图 12-1　一个典型 Visual FoxPro 应用程序的结构

保证数据的完整性和安全性。此外，还需要提供查询和报表，允许用户从数据库中选取信息。

在建立应用程序时，需要考虑如下的任务：

- 设置应用程序的起始点；
- 初始化环境；
- 显示初始的用户界面；
- 控制事件循环；
- 退出应用程序时，恢复原始的开发环境。

1. 设置起始点

在 Visual FoxPro 中，使用主文件作为应用程序执行的起始点。主文件可以是一个程序、一个查询、一个表单、一个菜单，甚至是报表。当用户运行应用程序时，Visual FoxPro 将为应用程序启动主文件，然后主文件再依次调用所需要的应用程序其他组件。所有应用程序必须包含一个主文件。一般来讲，最好的方法是为应用程序建立一个主程序。但是，也经常使用表单作为主文件，因为这样可以将主程序的功能和初始的用户界面集成在一起。

设置主文件的步骤是：

① 在项目管理器中，选择要设置为主文件的文件。

② 执行“项目”→“设置主文件”菜单命令或者在快捷菜单中选择“设置主文件”命令，如图 12-2 所示。

注意：

① 应用程序的主文件自动设置为“包含”。这样，在编译完应用程序之后，该文件作为只读文件处理。

② 项目中仅有一个文件可以设置为主文件。该文件在项目管理器中以黑体形式表示。

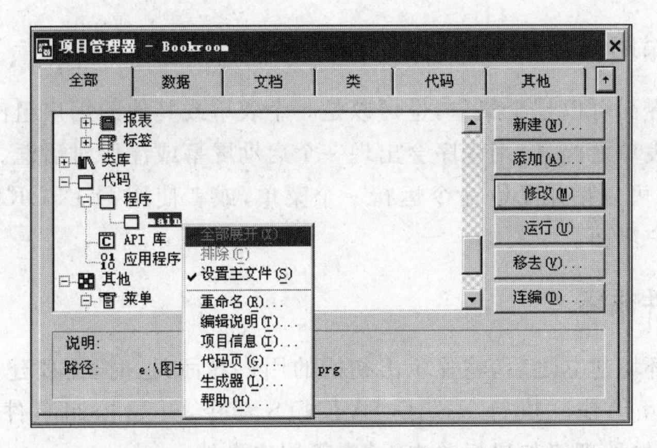

图 12-2 在项目管理器中设置主文件

2. 初始化环境

主文件的第一项任务就是对应用程序的环境进行初始化。在打开 Visual FoxPro 时，默认的 Visual FoxPro 开发环境将利用 SET 命令设置某些系统变量或值。但是，对应用程序来说，这些值并非是最合适的。

注意：如果要查看 Visual FoxPro 开发环境默认的设置值，在命令窗口中执行 DISPLAY STATUS 命令即可。

对于应用程序来说，初始化环境的理想方法是先将初始的环境设置保存起来，然后在启动代码中为程序建立特定的环境设置。

在一个应用程序特定的环境下，可能需要使用代码执行以下操作：

① 初始化变量。

② 建立一个默认的路径。

③ 打开任一需要的数据库、自由表及索引。如果应用程序需要访问远程数据，则初始的例行程序也可以提示用户提供所需的注册信息。

④ 添加外部库和过程文件。

例如，如果要测试 SET TALK 命令的默认值，同时保存该值，并将应用程序的 TALK 设为 OFF，可以在启动过程中包含如下的代码：

```
IF SET('TALK')="ON"
   SET TALK OFF
   cTalkVal="ON"
ELSE
   cTalkVal="OFF"
ENDIF
```

如果要在应用程序退出时恢复默认的设置值，一个好的方法是把这些值保存在公有变量、用户自定义类或者应用程序对象的属性中。

```
SET TALK &cTalkVal
```

3. 显示初始的用户界面

初始的用户界面可以是个菜单，也可以是一个表单或其他的用户组件。通常，在显示已打开的菜单或表单之前，应用程序会出现一个启动屏幕或注册对话框。

在主程序中，可以使用 DO 命令运行一个菜单，或者使用 DO FORM 命令运行一个表单以初始化用户界面。

4. 控制事件循环

应用程序的环境建立之后，将显示出初始的用户界面，这时，需要建立一个事件循环来等待用户的交互动作。执行 READ EVENTS 命令，开始控制事件循环，该命令使 Visual FoxPro 开始处理诸如鼠标单击、键击等用户事件。

从执行 READ EVENTS 命令开始，到相应的 CLEAR EVENTS 命令执行期间，由于主文件中所有的处理过程全部挂起，因此将 READ EVENTS 命令正确地放在主文件中十分重要。例如，在初始化过程中，可以将 READ EVENTS 作为最后一个命令，在初始化环境并显示了用户界面后执行。如果在初始化过程中没有 READ EVENTS 命令，应用程序运行后将返回到操作系统中。

在启动了事件循环之后，应用程序将处在所有最后显示的用户界面元素控制之下。例如，如果在主文件中执行下面的两个命令，应用程序将显示表单 Startup. scx：

```
DO FORM STARTUP.SCX
READ EVENTS
```

如果在主文件中没有包含 READ EVENTS 或等价的命令，虽然在“命令”窗口中，可以正确地运行应用程序。但是，如果要在菜单或者主屏幕中运行应用程序，程序将显示片刻，然后退出。

应用程序必须提供一种方法来结束事件循环，在 Visual FoxPro 中，执行 CLEAR EVENTS 命令，将结束事件循环。

一般情况下，可以使用一个“退出”菜单项或者在表单上添加“退出”按钮，当用户单击此命令按钮或菜单项时，执行 CLEAR EVENTS 命令。CLEAR EVENTS 命令将挂起 Visual FoxPro 的事件处理过程，同时将控制权返回给执行 READ EVENTS 命令并开始事件循环的程序。

5. 恢复初始的开发环境

如要恢复储存的变量的初始值，可以将它们宏替换为原始的 SET 命令。例如，如果在公有变量 cTalkVal 中保存了 SET TALK 设置，可以执行下面的命令恢复初始设置。

```
SET TALK &cTalkval
```

如果初始化时使用的程序和恢复时使用的程序不同(例如，如果调用了一个过程进行初始化，而调用另外一个过程恢复环境)，这时，为了确保可以对存储的值进行访问，可以在公有变量、用户自定义类或应用程序对象的属性中保存值，以便恢复环境时使用。

6. 将程序组织为一个主文件

如果在应用程序中使用一个程序文件(.prg)作为主文件,必须保证该程序中包含一些必要的命令,这些命令可控制与应用程序的主要任务相关的任务。在主文件中,没有必要直接包含执行所有任务的命令,常用的方法是调用过程或者函数来控制某些任务,例如环境初始化和清除等。

一个简单的主程序一般包含如下内容:

- 初始化运行环境,打开数据库、变量声明,等等。
- 调用菜单或表单建立初始的用户界面。
- 执行 READ EVENTS 命令建立事件循环。
- 在菜单或者表单按钮的代码中加入 CLEAR EVENTS 命令,结束事件循环。主程序不应执行此命令。
- 应用程序退出时,恢复运行环境设置。

例如,主程序可以如下所示:

```
DO SETUP.PRG                        && 调用程序建立环境设置(在公有变量中保存值)
DO FORM LOGO                        && 将"登录"表单作为初始的用户界面
READ EVENTS                         && 建立事件循环
DO CLEANUP.PRG                      && 在退出之前,恢复环境设置
```

注意:通常在另外一个程序,如菜单文件的"退出"项中执行 CLEAR EVENTS 命令。

12.1.2 将文件加入到项目中

一个 Visual FoxPro 项目包含若干独立的组件,这些组件作为单独的文件保存。例如,一个简单的项目可以包括表单、报表和程序。除此之外,一个项目经常包含一个或者多个数据库、表及索引等。一个文件若要被包含在一个应用程序中,必须被添加到项目中。这样,在编译应用程序时,Visual FoxPro 会在最终的产品中将该文件作为组件包含进来。

1. 将文件加入到项目中

向一个项目添加文件的方法有以下几种:

(1) 使用应用程序向导

如果要利用已有文件创建项目,可以使用应用程序向导。执行"工具"→"向导"→"应用程序向导"菜单命令,可以打开"应用程序向导"窗口,按照向导的提示完成项目的建立和文件的添加。

(2) 使用项目管理器新建文件

打开项目,直接在项目管理器中新建文件,新建文件将自动添加到该项目中。

(3) 使用项目管理器添加文件

打开项目,在项目管理器中单击"添加"按钮,在弹出的"添加"对话框中,选择要添加

的文件,把已有的文件添加到项目中。

(4) 利用程序语句添加文件

如果在一个程序中或者表单中引用了某些文件,那么 Visual FoxPro 会在连编时将它们添加到项目中。例如,在一个项目中,如果某程序包含了如下的命令,那么 Visual FoxPro 会将 sale.scx 文件添加到项目中:

```
DO FORM sale.scx
```

2. 文件的包含与排除

当将一个项目编译成一个应用程序时,所有项目包含的文件将组合为一个单一的应用程序文件。在项目连编之后,那些在项目中标记为“包含”的文件变为只读,如表单文件、菜单文件等。但是有一部分的文件(如表)可能经常会被用户修改,在这种情况下,应该将这些文件标为“排除”。“排除”文件仍然是应用程序的一部分,因此 Visual FoxPro 仍可跟踪,将它们看成项目的一部分,但是这些文件没有在应用程序的文件中编译,所以用户可以更新它们。

注意:Visual FoxPro 假设表在应用程序中可被修改,所以默认表为“排除”文件。

作为通用的准则,包含可执行程序(如表单、报表、查询、菜单和程序)的文件应该在应用程序文件中设置为“包含”,而数据文件则设置为“排除”。不过,也可以根据应用程序的需要包含或排除文件。例如,一个文件如果包含敏感的系统信息或者包含只用来查询的信息,那么该文件可以在应用程序文件中设为“包含”,以免被误操作。反过来,如果应用程序允许用户动态更改一个报表,那么可将该报表设为“排除”。

如果将一个文件设为排除,必须保证 Visual FoxPro 在运行应用程序时能够找到该文件。例如,当一个表单引用了一个可视的类库,表单会存储此类库的相对路径。如果在项目中包含该库,则该库将成为项目的一部分,而且表单总能找到该库。但是,如果在项目中将该库排除,表单会使用相对路径或者 Visual FoxPro 的搜索路径(使用 SET PATH 命令来设置的路径)查找该库。如果此库不在期望的位置时(例如,如果在建立表单之后把类库移动了),Visual FoxPro 会显示一个对话框来询问用户指定库的位置,所以应尽量将不需要用户更新的文件设为“包含”。

将文件设置为“排除”的步骤如下:

① 打开项目文件,在项目管理器中,选择可修改文件。

② 执行“项目”→“排除”菜单命令,或者单击鼠标右键,在快捷菜单中选择“排除”。

注意:如果该文件已经被排除,则菜单中的“排除”命令将不可用,由“包含”命令取而代之(图 12-3),单击“包含”命令,文件可以由“排除”变为“包含”。被排除的文件在其文件名左边有排除符号 ϕ。标记为主文件的文件不能排除。

3. 给文件编辑说明信息

在项目管理器中可以给其中的文件编辑说明信息。当选中该文件时,将在项目管理

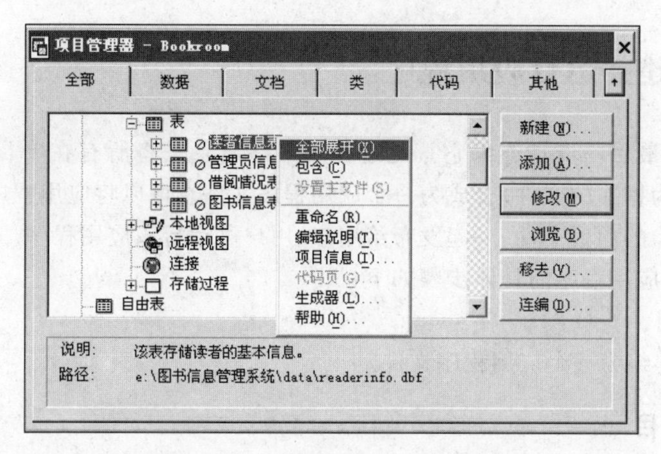

图 12-3　文件的“包含”与“排除”

器中出现说明信息，这样有助于对文件功能的进一步说明。

编辑说明信息的方法是：首先选中文件，执行“项目”→“编辑说明”菜单项，或者在快捷菜单中选择“编辑说明”命令，打开“说明”编辑窗口，输入内容。

12.1.3　编辑项目信息

在项目的开发过程中，如果需要向项目中添加开发者或者项目的信息，可以执行“项目”→“项目信息”菜单命令，打开 “项目信息”对话框，在其中输入相关的信息。

“项目信息”对话框共有三个选项卡。如图 12-4(a)所示，“项目”选项卡用于输入开发者信息，同时选中“附加图标”复选项可以指定在程序中使用的图标；如图 12-4(b)所示，“文件”选项卡主要用于选择或者删除应用程序所包含的文件；“服务”选项卡用于指定应用程序的服务程序。

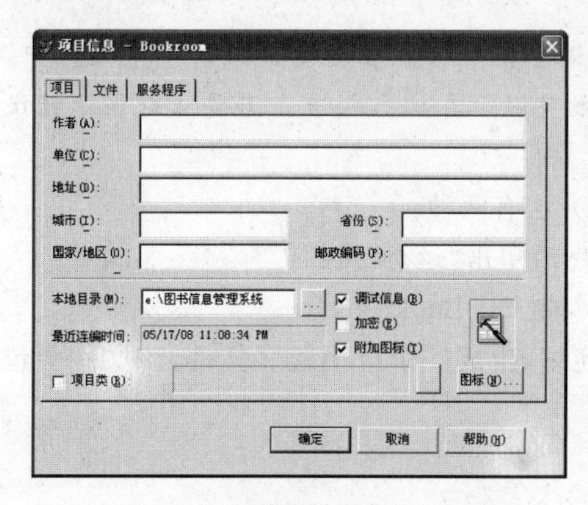

(a) “项目”选项卡

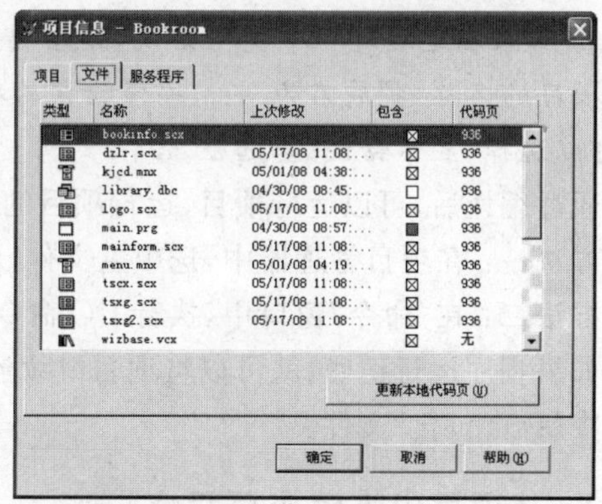

(b) “文件”选项卡

图 12-4　“项目信息”对话框

12.1.4 创建并运行应用程序

编译项目的最后一步是连编它。此过程的最终结果是将所有在项目中引用的文件(除了那些标记为排除的文件)合成为一个应用程序文件。可以将应用程序文件和数据文件(以及其他排除的项目文件)一起发布给用户,用户可运行该应用程序。

从项目建立应用程序的具体步骤如下:

① 测试项目。

② 将项目连编为一个应用程序文件。

1. 测试项目

为了对程序中的引用进行校验,同时检查所有的程序组件是否可用,可以对项目进行测试。方法是:

① 在项目管理器中,选择"连编",打开"连编选项"对话框,如图12-5所示。

② 在"连编选项"对话框的"操作"选项组中,选择"重新连编项目"。

③ 在"选项"栏中选择需要的选项,单击"确定"按钮。

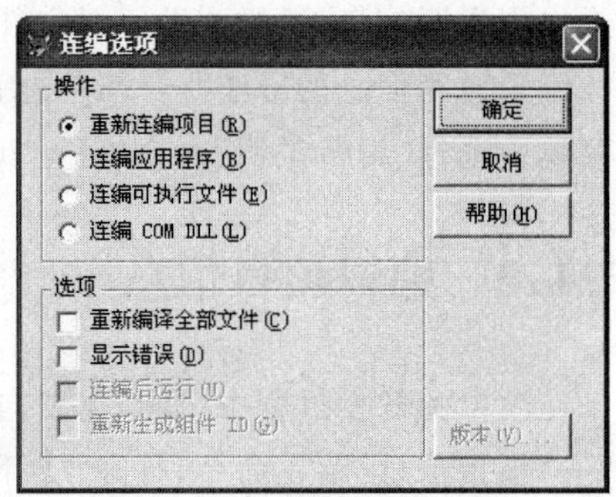

图 12-5 "连编选项"对话框

也可以使用 BUILD PROJECT 命令。例如,为了连编项目 Bookroom,可在命令窗口中输入:BUILD PROJECT Bookroom。

说明:

① 如果没有选中"重新编译全部文件"复选框,当向项目中添加组件时,只重新编译上次连编后修改过的文件。

② 如果在连编过程中发生错误,这些错误会集中收集在当前目录的一个文件中,名字为项目的名称,扩展名为.err,编译错误的数量显示在状态栏中。若要立刻显示错误文件,可以选择"显示错误"复选框。

通过编译后,可以运行项目,运行项目的方法有两种:

方法一:在项目管理器中,选中主文件,然后单击"运行"按钮。

方法二:在"命令"窗口中,执行 DO 命令,如 DO Bookroom。

如果程序运行正确,就可以将项目继续连编,生成一个应用程序文件,该文件会包括项目中所有"包含"文件。

2. 从项目中连编应用程序

若要从应用程序建立一个最终的文件,需要将它连编为一个应用程序文件或者可执行文件。连编结果有两种:

① 应用程序文件(.app):必须在 Visual FoxPro 系统环境中运行。

② 可执行文件(.exe):可以直接在 Windows 环境中运行。

连编应用程序的步骤如下:

① 在项目管理器中,选单击“连编”按钮,打开“连编选项”对话框。

② 在“连编选项”对话框中,选择“连编应用程序”,生成.app 文件;或者单击“连编可执行文件”,建立一个.exe 文件。

③ 选择其他所需选项,并单击“确定”按钮。

也可以使用 BUILD APP 或 BUILD EXE 命令。例如,若要从项目 Bookroom.pjx 连编得到一个应用程序 Bookapp.app,可输入:

```
BUILD APP Bookapp FROM Bookroom
```

如果要建立一个可执行的应用程序 Bookexe.exe,可输入:

```
BUILD EXE Bookexe FROM Bookroom
```

3. 运行应用程序

当为项目建立了一个最终的应用程序文件之后,用户就可运行它了。运行.app 应用程序方法如下:

方法一:执行“程序”→“运行”菜单命令,然后在“运行”对话框中选择要执行的.app 文件。

方法二:在“命令”窗口中输入命令,例如,DO Bookapp.app。

方法三:在资源管理器中双击.app 文件的图标。

运行.exe 文件的方法与运行 app 文件相似,用户可以在“运行”对话框中选择要运行的.exe 文件;也可以使用 DO 命令,如 DO Bookexe.exe;还可以在 Windows 中,双击该.exe 文件的图标。

注意:运行.app 文件的前提是系统中安装了 Visual FoxPro 开发环境,而.exe 文件可以在没有 Visual FoxPro 开发环境的 Windows 操作系统中运行。

12.2 生成可发布的应用程序

要将应用程序作为一个软件向用户发布,还必须对程序进行进一步处理,制作成可安装的媒介,供用户使用。

发布 Visual FoxPro 应用程序主要包括以下步骤:

- 使用 Visual FoxPro 开发环境创建并调试应用程序。
- 为运行环境准备并定制应用程序。
- 创建文档和联机帮助。
- 生成应用程序或者可执行文件。
- 创建发布目录,存放用户运行应用程序所需的全部文件。
- 使用“安装向导”创建发布磁盘和安装路径。

• 包装并发布应用程序磁盘，以及一些印刷文档。

12.2.1 准备要发布的应用程序

为运行环境准备应用程序时，应该考虑以下几点：

① 选择生成的文件类型；

② 考虑用户的实际运行环境；

③ 在应用程序中包含必须的资源文件；

④ 删除受限制的功能和文件；

⑤ 定制应用程序。

在发布应用程序之前，必须连编一个以.app为扩展名的应用程序文件，或者一个以.exe为扩展名的可执行文件。在选择连编类型时，必须考虑应用程序的最终大小，以及用户是否拥有Visual FoxPro。

12.2.2 准备制作发布磁盘

在考虑了所有需求和Visual FoxPro提供的选项，并且将文件生成了应用程序后，可按照下列步骤制作发布磁盘：

① 创建发布目录；

② 把应用程序文件从项目中复制到发布目录的适当位置；

③ 创建发布磁盘。

1. 创建发布目录

发布目录用来存放构成应用程序的所有项目文件的副本。发布目录树的结构也就是由安装向导创建的安装程序，将在用户机器上创建的文件结构。

创建发布目录的步骤如下：

① 创建目录，目录名为希望在用户机器上出现的名称。

② 把发布目录分成适合于应用程序的子目录。

③ 从应用程序项目中复制文件到该目录中。

可利用此目录模拟运行环境，测试应用程序。如果必要，还可以暂时修改开发环境的一些默认设置，模拟目标用户机器的最小配置情况。当一切工作正常时，就可以使用安装向导创建磁盘映射，以便在发布应用程序副本时重建正确的环境。

2. 制作安装磁盘

若要创建发布磁盘，可以使用安装向导。安装向导首先压缩发布目录树中的文件，并把这些压缩过的文件复制到磁盘映射目录，每个磁盘放置在一个独立的子目录中。用安装向导创建应用程序磁盘映射之后，就把每个磁盘映射目录的内容复制到一张独立的磁盘上。

在发布软件包时，用户通过运行 Setup. exe 程序，便可安装应用程序的所有文件。

本章小结

在完成项目中各类文件的建立后，需要将这些文件集成为一个有机的整体，即生成应用程序，然后对应用程序进行测试，寻找可以优化的部分。在完成上述工作后，就可以发布该应用程序了。

本章首先介绍了运用项目管理器编译应用程序的过程，该过程包括构造应用程序框架、将文件添加到项目中、编辑项目信息、创建并运行应用程序等；其次，介绍了软件的发布过程，主要包括创建发布目录存放相关文件、使用安装向导创建发布磁盘和安装路径、包装并发布应用程序磁盘以及一些印刷文档。

习题十二

一、思考题

1. 简述应用程序的主程序的功能。
2. 简要说明连编 Visual FoxPro 应用程序的过程。

二、选择题

1. 表 Config. dbf 中的内容在连编后的应用程序中应该不能被修改，为此应在连编以前将其设置为________。

   (A) 包含　　(B) 排除　　(C) 更改　　(D) 主文件

2. 在一个项目中可以设置主程序的个数是________。

   (A) 1 个　　(B) 2 个　　(C) 3 个　　(D) 任意一个

3. 在应用系统中常用________来提供用户的交互界面。

   (A) 项目、数据库和表　　(B) 表单、菜单和工具栏

   (C) 表、查询和视图　　(D) 表单、报表和标签

4. 下列________中的所有类型均可被设置为项目的主程序。

   (A) 项目、数据库和. prg 程序　　(B) 表单、菜单和. prg 程序

   (C) 项目、菜单和类　　(D) 任意文件类型

5. 作为整个应用程序入口点的主程序文件至少应具有以下功能________。

   (A) 初始化环境

   (B) 初始化环境，显示初始的用户界面

   (C) 初始化环境，显示初始的用户界面，控制事件循环

   (D) 初始化环境，显示初始的用户界面，控制事件循环，退出时恢复环境

6. 关于“包含”和“排除”，下列说法中错误的是________。

   (A) 在项目连编后，在项目中设置为“包含”的文件不能被修改

(B) 不能将数据文件设为“包含”

(C) 新添加的数据库文件名左侧有符号 Φ

(D) 被指定为主文件的文件不能设置为“排除”

三、填空题

1. 在主程序的设计过程中，需要建立一个事件循环，用于启动事件循环的命令是________。
2. 要把项目文件 myproject 连编可执行文件 mycommand 的命令是________。
3. 通过项目连编，可能生成的文件包括________、________和________。
4. 项目连编生成的文件中，________既可以在 Visual FoxPro 环境中运行，又可以在 Windows 环境中直接运行，________必须在 Visual FoxPro 环境中运行。

四、上机练习

先为项目 Bookroom 编写主程序，调试程序代码，然后连编项目 Bookroom，并打包发布。

附录A

图书管理数据库主要数据表记录

表 A1　表 Readerinfo 中的记录

读者编号	姓名	性别	出生日期	详细住址	联系电话	注册日期	押金	是否允许借
0001	孙小英	女	1970/05/12	常州清秀园小区	13681678263	2006/09/17	50	.T.
0002	孙林	男	1989/01/25	常州蓝天小区	051988978239	2006/09/17	50	.T.
0004	李沛沛	女	1985/02/16	常州白云小区	051953343344	2006/09/17	50	.T.
0006	白林林	女	1985/11/23	常州花园小区	051989782394	2006/10/11	50	.T.

表 A2　表 Booksinfo 中的记录

图书编号	书名	作者	出版社	定价	入库日期
K2011	Delphi 程序设计基础	刘海涛	清华大学	32.5	2006/09/17
K2102	Delphi 数据库开发教程	王文才等	电子工业	33.5	2006/09/17
K2001	C 程序设计	谭浩强	清华大学	22	2006/09/26
K3241	SQL Server 实用教程	郑阿奇	电子工业	32	2006/07/13
K5002	实用软件工程	郑人杰	清华大学	34.5	2006/08/22
K3112	Visual FoxPro 程序设计	胡杰华等	高等教育	25.5	2006/10/11

表 A3　表 Lendinfo 中的记录

流水号	图书编号	读者编号	借阅日期	借阅情况
0000000001	K2011	0001	2006/12/24	已还
0000000002	K3112	0004	2007/04/12	已还
0000000003	K2001	0002	2007/02/12	已还
0000000004	K3241	0001	2007/12/17	在借
0000000005	K5002	0002	2008/01/13	在借
0000000006	K3112	0001	2007/06/17	已还
0000000007	K2011	0002	2007/12/11	在借
0000000008	K5002	0004	NULL	预约

附录B

VF6 文件类型

在 Visual FoxPro 系统中会产生很多的类型文件，比如项目文件、数据库文件、表文件、表单文件等，以及它们的相关文件。这些文件可以用不同的扩展名来区分。各种文件的关联文件是 Visual FoxPro 数据库管理系统自身使用的，一般不直接使用，也不能删除，否则系统将不能正常处理数据操作。在表 B-1 中列举了常用的 Visual FoxPro 文件扩展名及其关联的文件类型。

表 B-1　Visual FoxPro 中常用的文件类型

扩展名	文件类型	扩展名	文件类型
. APP	应用程序	. CDX	复合索引文件
. DBC	数据库文件	. DBF	表文件
. DCT	数据库备份文件	. DCX	数据库索引文件
. DLL	Windows 动态链接库文件	. ERR	编译错误信息文件
. ESL	Visual FoxPro 支持的库文件	. EXE	可执行的程序文件
. FRT	报表备注文件	. FRX	报表文件
. FXP	编译后的程序文件	. H	头文件
. HLP	图形方式帮助文件	. IDX	独立索引文件
. FLL	Visual FoxPro 动态链接函数库	. FPT	表备注文件
. LBT	标签备注文件	. LBX	标签文件
. MEM	内存变量存储文件	. MNT	菜单备注文件
. MPR	生成的菜单程序文件	. MNX	菜单文件
. MPX	编译后的菜单程序文件	. OCX	OLE 控件文件
. PJT	项目备注文件	. PJX	项目文件
. PRG	程序文件	. QPR	生成的查询程序文件
. QPX	编译后的查询程序文件	. SCT	表单备注文件
. SCX	表单文件	. TBK	备注备份文件
. TXT	文本文件	. VCT	可视类库备注文件
. VCX	可视类库文件	. WIN	窗口文件